国防特色学术专著·控制科学与工程

复杂系统的脆性理论及应用

金鸿章　韦　琦　郭　健　等著

西北工业大学出版社

北京航空航天大学出版社　北京理工大学出版社
哈尔滨工业大学出版社　哈尔滨工程大学出版社

内容简介

本书主要介绍了与复杂系统脆性理论相关的研究方法和成果，其内容涵盖了与复杂系统脆性理论相关的各种定义和模型，以及该系统在相关领域的应用成果。

全书共分15章，包括复杂系统的一般理论及其相关的研究内容，复杂系统脆性理论，基于熵的原理、元胞自动机原理、突变理论和适应性Agent图理论对复杂系统脆性理论的研究，系统脆性的自组织临界性分析，复杂系统脆性理论在煤矿事故、非典型性肺炎、舰船电力系统、通信系统和电力系统中的应用。

本书可作为高等学校控制科学与工程类专业的研究生教材或参考书，也可供从事复杂系统研究的科研人员参考。

图书在版编目(CIP)数据

复杂系统的脆性理论及应用/金鸿章，韦琦，郭健等著．—西安：西北工业大学出版社，2010.4

（国防特色学术专著·控制科学与工程）

ISBN 978-7-5612-2690-2

Ⅰ.①复…　Ⅱ.①金…②韦…③郭…　Ⅲ.①复杂性理论—脆性—研究　Ⅳ.①TP301.5

中国版本图书馆CIP数据核字(2009)第242725号

复杂系统的脆性理论及应用

金鸿章　韦琦　郭健　等著

责任编辑　王蓁

*

西北工业大学出版社出版发行

西安市友谊西路127号(710072)　发行部电话：029-88493844　传真：029-88491147

http://www.nwpup.com　E-mail:fxb@nwpup.com

陕西向阳印务有限公司印装　各地书店经销

*

开本：787×1 092　1/16　印张：21.5　字数：515千字

2010年4月第1版　2010年4月第1次印刷　印数：2 000册

ISBN 978-7-5612-2690-2　定价：45.00元

前　言

从人类科学发展的历史来看,近代科学对客观世界的探索经历了一个由简单到复杂,由单一、具体逐渐到整体、抽象的过程。人们研究的对象从质点、质点组、刚体到人体、社会,从机械运动、物理运动、化学运动到生物运动、思维运动、社会发展,从宏观物体到微观粒子、宇宙天体,越来越复杂。研究方法也包括了实验、理论计算、定性分析,甚至直觉判断等各种手段。

开放的复杂巨系统的概念是由我国著名科学家钱学森院士于20世纪80年代末总结和提炼出来的。钱学森、于景元、戴汝为3人署名的论文《一个科学新领域——开放的复杂巨系统及其方法论》在《自然杂志》1990年第1期发表,首次向世人公布了这一新的科学领域及其基本观点:对于自然界和人类社会中一些极其复杂的事物,从系统学的观点来看,可以用开放的复杂巨系统来描述。

随着科学技术和社会需求的发展,系统越来越大,功能也越来越复杂,一旦系统的某个局部发生问题,就可能导致整个系统的崩溃。例如一个地区的电力系统,由于某个电器元件的故障,导致了某个地区电力系统的崩溃,给当地造成了巨大的社会影响和经济损失。

复杂系统的脆性研究是在这样一个背景下提出的:2001年,原国防科学技术工业委员会(以下简称原国防科工委)副主任、国家航天局局长栾恩杰,根据复杂大系统经常由于一个局部的因素引起全局崩溃的问题,提出了复杂系统脆性的新思想,并认为应该对复杂系统脆性进行研究。

2002年,"复杂大系统的脆性研究"项目在原国防科工委基础研究项目基金资助下,正式批准立项研究。

由于复杂系统脆性理论是新提出的,因此,初期的研究工作是十分困难的。在金鸿章教授的组织下,集中了以博士研究生为主体的研究团队,进行了数年的研究。金鸿章教授提出了脆性理论研究的总体思想,并提出了用熵的理论和系统突变的理论进行系统脆性研究的思想。在他的指导下,韦琦博士和郭健博士分别在这两个方向上进行了研究。该阶段的研究工作奠定了复杂系统脆性理论的研究基础,为后续的研究创造了条件。

在后续的研究中,金鸿章教授带领的研究生团队在复杂系统脆性理论的充实、完善和应用方面进行了研究。这里面包括林德明博士、阎丽梅博士、薛萍博士、吴红梅博士和李琦硕士的研究工作。事实上,本著作是金鸿章教授和他的研究生团队的集体研究成果,著作内容也是他们学位论文的综合。

复杂系统的脆性研究是针对系统中的某一个行为特性的研究,它是复杂系统理论研究的一个重要组成部分。脆性是复杂系统在产生和发展过程中所固有的,而且是隐性的，不易为人们所察觉的。人们需要通过不断的努力，从宏观和微观的角度上去认识它，以便及时地在复杂系统设计的初期，以及在复杂系统发展的过程中，评价与分析其脆性问题。只有充分地认识脆性问题，才能驾驭它，以免造成不必要的损失。

复杂系统脆性是复杂系统的一个重要属性。对复杂系统脆性的研究则是以复杂系统为研究对象，针对复杂系统崩溃行为的研究，是复杂性研究的一个重要课题。目前，在这方面已经取得了一定的成果：归纳总结了复杂系统脆性的定义及其性质；建立了包括多米诺骨牌模型，金字塔、倒金字塔模型，二维元胞自动机等几种复杂系统脆性基本模型；建立了复杂系统脆性研究的理论基础，建立了脆性联系熵的概念，并应用其对复杂系统进行分析；以突变级数法为基础，建立了对复杂系统脆性的评价方法，并初步应用到舰船电力系统、煤矿事故系统、通信系统和电力系统的脆性分析研究中。

全书共分 15 章。第 1 章主要介绍了与复杂系统脆性理论相关领域的研究现状，目前所做的研究及其研究所带来的影响。其中林德明博士对国内外的发展现状及课题组所做的工作进行了总结性的研究，而韦琦博士对复杂系统脆性理论与相关学科的关系进行了研究。第 2 章介绍了复杂系统的基本理论及与脆性相关的内容，为后续的研究奠定基础。郭健博士在对复杂系统的发展进行阐述的基础上，对复杂系统的特性、复杂系统的判断与描述及复杂系统的故障诊断进行了研究。第 3 章阐述了复杂系统脆性的基本理论，以及复杂系统脆性的含义、复杂系统脆性的相关定义、复杂系统脆性的特性、脆性模型、复杂系统脆性源等级判别的方法。其中林德明博士给出了复杂系统脆性的语言描述和数学描述，并且给出了复杂系统脆性的相关定义，又对复杂系统脆性源等级判别进行了研究。韦琦博士对复杂系统脆性模型进行了研究。郭健博士对复杂系统脆性的特性、脆性过程进行了研究。第 4 章主要是利用熵的理论对复杂系统脆性理论进行研究，建立了复杂系统脆性联系熵、脆性风险熵，对子系统之间的非合作博弈现象进行了详细的分析。其中韦琦博士在对熵及信息熵原理研究的基础上，对复杂系统脆性联系函数、脆性联系熵及子系统之间的非合作博弈进行了研究。李琦硕士对复杂系统的脆性风险熵进行了研究。第 5 章主要利用元胞自动机理论建立了复杂系统的脆性模型并进行了仿真，同时也对平均状态参数与脆性源总数、激发规模之间的关系进行了研究。阎丽梅博士利用元胞自动机理论对复杂系统的脆性模型、脆性激发方向的模拟、复杂系统的脆性源等方面进行了研究。第 6 章主要利用突变理论对复杂系统脆性进行了研究，通过两种不同的方法建立了脆性势函数，并进行了脆性分析，通过突变级数法建立了脆性评价指标。郭健博士利用突变理论中的脆性势函数对复杂系统进行了脆性分析，并利用突变级数评价法建立了脆性评价指标，同时又利用系统之间的演化关系对复杂系统进行了脆性分析。第 7 章利用适应性 Agent 图理论建立了复杂系统脆性关系的图形表示，即脆性行为的适应性 Agent 图模型。林德明博士利用复杂适应系统理论和适应性 Agent 图的相关理论，对复杂系统脆性关系的图形表示，即脆性行为的适应性 Agent 图模型进行了研究。第 8 章主要研究的是煤矿事故脆性模型，同时对矿山系统与其他系统之间的脆性联系也进行了研究。吴红梅博士在对煤矿事故现状、煤矿事故特点与脆性特点进行比较的基础上，对煤矿事故发生的机理进行了描述，并对矿山系统之间的联系进行了研究。第 9 章对系统脆性的自组织临界性进行了研究，同时对系统脆性与自组织临界性、幂律及长程关联间的关系进行研究，建立了脆性激发的判断条件。阎丽梅博士在对自组织临界性的相关理论进行研究的基础上，对复杂系统脆性与幂律的关系、复杂系统脆性与长程关联间的关系进行了研究，并给出了系统脆性激发的判断条件。第 10 章基于图论对系统脆性模型的建立，对电力变压器的脆性源进行了研究。阎丽梅博士对系统脆性模型的建立和电力变压器的脆性源评价进行了研究。第 11 章主要是利用尖点突变对非典型性肺炎进行了分析。郭健博士在突变理论对复杂系统脆性问题进行研究的基础上，将其应用到了存在于非典型性肺炎危机事件中的脆性研究。第 12 章主要是对舰船电力系统中存在的脆性问题进行了分析，对舰船电力系统的脆性行为进行了描述，并对舰船电力系统脆性进行了适应性 Agent 图分析。林德明博士将其利用 Agent 图理论建立的脆性模型应用到了对舰船电力系统的脆性分析及研究中，并对舰船电力系统的脆性及脆性行为进行了分析。第 13 章根据所建立的煤矿系统的脆性模型，对煤矿系统的内部脆性模型和外部脆性模型分别进行了分析和研究。吴红梅博士在对煤矿系统的内部系统及外部系统进行研究的基础上，分别建立了煤矿事故系统的外部脆性模型和煤矿事故系统的脆性模型。第 14 章建立了通信系统的脆性风险模型、通信系统内部的脆性关联结构模型、通信系统的脆性底层模型和通信系统的模糊综合评价方法。薛萍博士将利用熵理论和模糊综合评判方法建立的脆性模型和脆性风险评估应用到对通信系统的脆性研究中，并给出了通信系统脆性风险评价实例。第 15 章对电力系统脆性的自组织临界性的证明、电力系统自组织临界性形成的模拟、电力系统自组织临界态的临界点、电力系统脆性源的辨识等方面进行了研究和分析。阎丽梅博士将其利用临界性相关理论及元胞自动机理论对复杂系统脆性研究的成果应用到对电力系统的脆性研究中，并对电力系统脆性激发的触发条件、脆性模型及脆性源的辨识等方面进行了研究。

荣盘祥博士在复杂系统的结构、基于元胞自动机的复杂系统脆性问题、复杂系统的脆性与系统演化分析和基于脆性联系熵的复杂系统性的研究方面做了更深入一步的研究，对脆性理论的完善做出了贡献。王辉博士后在复杂系统的流型分析和可修复复杂系统的脆性分析方面进行了研究。

笔者特别感谢栾恩杰副主任提出复杂系统脆性的思想，他的这一思想为复杂系统脆性研究奠定了基础。在研究工作最困难的初期，栾副主任多次对研究工作提出了指导性的意见。在此对栾副主任表示最诚挚的感谢！

复杂系统脆性理论是一个崭新的理论。一个新理论的创立，不是仅靠几个人在几年的时间内能完成的。虽然我们对此进行了6年多的研究，但这还是很初步的研究工作，许多理论问题还须进行更深入的探讨。我们提出的部分理论有可能是不完善、不严密，甚至是不正确的。可喜的是目前已经引起了国内外一些学者对该项研究的注意，并在此基础上对复杂系统的脆性理论及在各个领域的应用进行了更深入、更广泛的研究。笔者希望本著作的出版能起到抛砖引玉的作用，引起更多的学者对复杂系统脆性理论研究的兴趣，进而推进该理论的研究工作，使其进一步完善。

著　者

2009年3月于哈尔滨工程大学

目 录

第1章 绪　论

1.1 复杂系统脆性理论研究的目的和意义

1.1.1 复杂系统脆性理论研究的提出

从20世纪40年代到60年代，系统论、信息论、控制论、运筹学、系统工程等理论和方法，先后是为了解决以往科学技术难以解决的复杂系统的问题而被提出来的[1-3]。关于复杂性的探索，真正开始于20世纪70年代产生的自组织理论。普利高津、哈肯、艾根认为复杂性是物质世界自组织运动的产物，他们坚持以自组织为基础，揭示复杂性的本质和来源[4-6]。

开放的复杂巨系统理论，是由钱学森院士等人发起研究的系统科学研究新领域[7]。中国科学家自1980年提出建立系统学的任务以来，20多年过去了，采用从定性到定量的综合集成方法，对复杂系统进行了一定的研究工作。目前普遍认为，复杂系统具有复杂性、开放性、巨量性、进化涌现性、自组织性、层次性、非线性[8-11]等特点。但是，复杂系统难免要受到来自于系统外部和内部的干扰，这些干扰有大有小，有确定的也有不确定的，有的是可以预测的，有的则是无法预测的。另外，任何事物从产生开始就不是完美的，由于复杂系统自身的硬件与软件存在固有的缺陷，一个极小的干扰就可能使其突然崩溃。在由大量的不同层次的子系统组成的复杂系统内，由于一个子系统崩溃而产生的连锁崩溃效应，最终可能会使整个复杂系统坍塌。

随着科学技术日新月异的发展，我们身边的系统变得越来越复杂、规模越来越庞大、外部环境越来越不确定，因此，针对复杂系统的研究成为系统科学领域的焦点，尤其是复杂系统的安全性研究显得尤为重要。在复杂系统中，往往一个小的扰动或失误，就可能导致整个系统的崩溃，造成不可估量的损失。

1986年1月，美国的“挑战者号”航天飞机在发射73 s后发生爆炸，包括两名女宇航员在内的7名优秀的宇航员全部罹难。这次事故给美国的航天事业造成了沉重打击，在以后的3年中航天飞机都停止飞行。据调查这一事故的总统委员会的报告，事故的原因是：当时佛罗里达州的气温比较低，造成推进器两个底层部件之间的O型密封环膨胀效果减弱，使得密封失效，失效的密封环使炽热的气体泄漏，点燃了外部燃料罐的燃料，进而酿成了这一幕惨剧。2000年8月，被称为“航母终结者”的俄罗斯核潜艇“库斯克号”在一次军事演习中发生爆炸，舰上的118名官兵全部遇难。这次事故引起了人们广泛的关注和猜测，事故的原因也是众说纷纭。2002年俄罗斯正式公布了事故的调查结果：由于易燃物质——过氧化氢——从鱼雷上一个微小的裂缝泄露后与铁锈接触，造成鱼雷发射装置发生爆炸，爆炸引起潜艇隔仓内温度急剧上升至2 000～3 000℃的高温，进而导致整个潜艇爆炸。

通过对以上两起典型的恶性事故的研究，可以发现它们有一个共同点，就是事故都是由于系统中的一个子系统的某一个部件出现问题，而使某一子系统崩溃，最后导致整个系统崩溃。复杂系统的这一行为特性称为脆性。正所谓千里之堤，溃于蚁穴，像这样的例子在我们周围屡见不鲜。例如一起偶然的交通事故，就可能造成整个北京市的交通堵得一塌糊涂，进而使整个交通系统崩溃。又如在北美曾经发生的大规模停电就是由一个支路的故障引起的。在国防领域，这样的事故也是屡有发生。2003 年 5 月，我国的一艘常规潜艇在训练中失事，造成 70 名官兵不幸遇难；2007 年 3 月，英国"不倦"号核潜艇在军演中失事。因此，对复杂系统尤其是大型武器装备系统的安全性的研究，引起了原国防科工委的重视。

复杂系统的脆性研究正是在这样一个背景下提出的。2001 年 9 月，前国家航天局栾恩杰局长在一次研讨会上，根据国防系统的特点首次提出了复杂系统脆性(brittleness)的研究任务。2002 年，"复杂大系统的脆性研究项目"在原国防科工委基础研究项目基金的资助下正式批准立项，作为针对大型武器装备系统、国防系统等复杂系统的研究课题，由哈尔滨工程大学自动化学院承担。目前，该项目已经通过前国防科工委的鉴定，达到国际先进水平。

脆性研究是针对系统中的某一个行为特性的研究，它是复杂系统理论研究的一个重要组成部分。脆性是复杂系统在产生和发展过程中所固有的，而且是隐性的，不易为人们所察觉的[12]。人们需要通过不断的努力，从宏观和微观的角度上去认识它，以便及时地在复杂系统设计的初期，以及在复杂系统发展的过程中，评价与分析其脆性问题。只有充分地认识脆性问题，才能驾驭它，避免造成不必要的损失。

1.1.2 研究的目的和意义

(1)为国民经济建设稳定健康发展提供指导意见

复杂系统的脆性概念及其相关理论方法的建立，为国民经济建设的决策者提供了理论上的指导，从宏观战略角度指明了各种复杂系统未来的发展方向。随着社会经济的发展，人们为了追求舒适的生活，各个复杂系统的规模越来越大，复杂程度越来越高。一旦复杂系统中的一个或几个子系统发生崩溃而不能正常的工作，整个复杂系统便可能会丧失了它应有的功能而崩溃。

例如，以一个城市的集中燃气供应系统为例，当其中的关键环节发生故障时，可能会影响整个系统用户的燃气供应。伴随着燃气供应系统的崩溃所出现的连锁反应，反而降低了人们的生活质量。

因此，未来的国家建设必须考虑复杂系统的脆性问题，以保证国民经济建设稳定、健康、和谐地发展。

(2)为国防武器的装备提供指导意见

国防武器装备的建设关系着国家的安全和稳定。例如，在复杂系统脆性理论的基础上，设计武器装备不但要考虑该种装备在一定打击下是否还具备正常工作的能力，而且还要分析此装备一旦崩溃会对其他装备的影响。

此外，在国防武器的设计、采办、配置等各方面，需要各个系统协同完成，任何一个环节出现问题都会影响全局。

(3)提高国家承受解决突发事件的能力

突发事件，是人们对出乎意料发生的事件的总称。通常，突发事件包括各种突发的传染性疾病、自然灾害、严重事故、恐怖主义行为及重大群众性骚乱,重大政治、经济事件,等等。因为有的突发事件对社会的影响不是转瞬即逝的,而往往会持续一个时期。复杂系统由于无可避免地要遭遇各种内外突发事件的干扰,从而引发危机。若从这个角度来看,危机的产生和发展源于复杂系统的脆性。

(4)有利于深入对复杂系统的认识

对复杂系统的认识是逐渐深入的,尤其是对其特性的研究。脆性作为复杂系统的一个基本特性的提出,是认识上的一次飞跃,它同已经提出的复杂系统的其他特性为进一步深入研究复杂系统打下了坚实的基础。

1.2 国内外相关领域研究现状

1.2.1 国内外发展现状

复杂系统脆性是研究系统在不确定环境中,面对干扰的安全性问题,即由于外界一个极小的干扰,引起系统的一个或几个子系统崩溃,随着崩溃行为的传递与扩大,进而使整个系统崩溃。在国内外针对复杂系统安全性的研究中,对于复杂系统的这种行为特性也有涉猎,但是并没有明确提出"脆性"这个概念,也没有对这种行为进行系统的研究,更没有把它作为复杂系统的属性提出。

虽然国内外没有明确提出"脆性"这个概念,并对其进行研究,但是近几年,在国内外的研究中针对不同研究领域,在不确定环境中的动态行为的研究越来越多。一些研究也与复杂系统的脆性有关,这些研究已经涉及国防装备武器系统、环境保护、工业生产、网络与通信、控制系统、财政与金融、航空航天、计算机软件工程及人工智能、电力系统、道路交通等领域[13-24]。

针对系统对外界不确定环境的敏感性行为,A. A. Fouad 教授和他的学生 Qin Zhou 早在1994年就曾经首次提出对电力系统脆弱性(power system vulnerability)的研究,并且建立了一种应用暂态能量函数以及神经网络的脆弱性分析方法。这种研究只是局限于电力系统[13-14]。2000年7月 *Nature* 杂志发表了封面文章 *The Internet's Achilles Heel*(Internet 的 Achilles 之踵)。Achilles 是古希腊传说中的战士,他有一副刀枪不入的钢铁之躯,他所向披靡,无坚不摧,但是脚后跟却是他的致命弱点,最终他在一次战斗中死于自己的致命弱点上[15]。对于系统中这个 Achilles 之踵的研究正是对脆性中所说的脆性源的研究。在 *Nature* 的广泛影响下,这种对系统特别是复杂网络系统的脆弱性(vulnerability)研究逐渐广泛地开展起来[16-17]。但是这些研究都只是侧重于对 Achilles 之踵的判断和崩溃后果的研究,并没有深入考虑到作为一个系统它的各部件之间的耦合作用的影响。

针对系统中故障的传递行为,美国学者 Carreras,Dobson 等以北美的大停电事故作为研究对象,提出了对电力系统相继故障(cascading failure)的研究[18-19],这种连锁性故障又称为"雪崩(avalanche)"。这项研究引起了很多学者的关注,于是开展了电力系统、复杂网络等其他系统的相继故障的研究[20-22]。"相继故障"就是指系统中的某一部件发生故障后,引起其他部件故障的雪崩效应。2004年,我国学者汪小帆在参考文献[23]、[24]中提出了相继故障的耦合映像格子模型,为复杂网络的相继故障模型提供了很好的数学手段。相继故障的研究恰好与复杂系统的脆性行为研究不谋而合。复杂系统的脆性研究就是考虑到某一系统崩溃后,它对全局的影响是通过崩溃行为在子系统之间的传递与扩张实现的,这种传递与扩张的过程,我们称之为脆性行为[25]。

那么以上的研究只是针对 Internet、复杂网络或电力系统等某些特定对象提出的,而且都只是对复杂系统脆性的某一方面的研究,并没有形成一个具有普适性的体系。而复杂系统脆性的研究,就是要从复杂系统的子系统行为之间的耦合关系以及个体行为对系统全局特性的影响入手,以前人的研究成果为基础,建立一种针对所有复杂系统的普适性研究方法和分析手段。下面介绍目前复杂系统脆性研究的进展情况。

1.2.2 本课题组所做的研究工作

复杂系统脆性研究的课题组经过几年不懈的努力,在复杂性科学的基础之上以复杂系统作为研究对象,已经取得了复杂系统脆性研究的初步成果。该项研究首次提出脆性是复杂系统的一个基本特性,即复杂系统除了具有开放性、复杂性、巨量性、进化涌现性、层次性等特性之外,还具有脆性[12],而且指出脆性作为复杂系统的一个基本特性是客观存在的。在给出脆性的定义、特点和模型的基础上,建立了复杂系统脆性的相关概念、理论,并将此理论用于分析和处理非典型性肺炎给复杂系统带来的影响和危机,提出了对电力系统的脆性分析[25-42]。主要研究工作有以下几项:

1)针对复杂系统脆性的定义和特点进行研究。从材料力学领域关于脆性的定义出发,将其引申到复杂系统特性的研究中。复杂系统脆性重点强调崩溃的连锁效应,即由于复杂系统中的某一子系统的崩溃,引发的连锁的崩溃效应,会使整个复杂系统崩溃。以脆性定义为基础,分析了复杂系统脆性的基本特点。脆性具有以下的特点:隐藏性、伴随性、作用结果的表现形式的多样性、作用结果危害的严重性、连锁性、延时性、整合性以及子系统之间的非合作博弈性。

2)为了形象化说明复杂系统脆性的概念,提出了多米诺骨牌模型、金字塔与倒金字塔模型、元胞自动机模型等几种基本模型。同时,为了分析各个子系统间的脆性联系,以脆性联系函数为基础建立了脆性同一度、对立度、波动度、脆性变化率和子系统的脆性相关序列等一系列相关的概念,定性地分析了各个子系统之间的脆性联系。

3)建立了复杂系统脆性研究的理论基础。根据集对分析的理论和方法,在复杂系统的一个脆性基元内,建立了脆性联系熵的概念。即一个脆性基元内的子系统崩溃后,其他子系统功能与状态及受崩溃的子系统所影响的程度,体现在脆性同一熵、对立熵、波动熵 3 个方面。在崩溃的子系统影响下,未崩溃的子系统为了自己的生存,需要从外界环境获得负熵流,来降低由于脆性联系熵造成的它们的熵增,且它们之间的关系属于非合作博弈。若外界环境的负熵流无法满足时,它们的脆性熵将达到使它们发生崩溃的临界值。

4)以突变级数法为基础,在一个脆性基元内,利用尖点突变级数法和燕尾突变级数法进行脆性评价。一个子系统在干扰下崩溃后,根据尚未崩溃的子系统与崩溃的子系统之间的同一度、对立度、波动度来评价它们之间的脆性关系。采用突变理论的势函数来进行复杂系统的脆性分析,根据齐曼突变机构推导出尖点突变的势函数模型,并且给出了 7 个基本突变类型的势函数。根据复杂系统某一层次子系统的描述模型，结合 8 个突变标志之一——反常方差中的随机系统分布函数和势函数的关系——建立复杂系统某一层次子系统描述模型的脆性势函数。

5）将复杂系统脆性理论应用于非典型性肺炎危机的脆性研究。根据国家卫生部 2003 年 4 月下旬到 5 月上旬期间发布的非典型性肺炎疫情通报，以北京、内蒙古为例，从复杂系统脆性的角度来分析非典型性肺炎危机，提出相应的危机处理策略，并提出了危机事件的脆性分析方法。

6）建立脆性风险熵的概念并进行分析，同时对复杂系统内部脆性关联结构进行分析。在已有的研究成果基础上，进一步分析复杂系统内部的联系和传播方式，从脆性关系链和脆性关系环入手，对复杂系统内部脆性扩散方式进行分析，将风险分析理论引入复杂系统的脆性问题中。由于脆性因子关系复杂，难以精确计算，将德菲尔方法引入脆性因子的分类问题中，去繁就简，简化问题和计算。利用最大熵准则和德菲尔分析方法建立复杂系统脆性风险的计算模型，并用这一模型计算某个交通系统的脆性风险。

简言之，目前我们课题组对于系统脆性理论已进行了如下几个方面的研究[12-16,43-50]：

1）给出了脆性的数学定义、脆性的特点和脆性基元的结构。

2）基于集对分析和熵理论建立了脆性联系熵，指出系统的非合作博弈是造成熵增，使系统崩溃之源。

3）基于突变理论建立了脆性势函数，并求出了脆性临界点的集合。

4）建立了系统脆性的模型，并基于概率风险的方法定义了脆性风险函数，对系统脆性的概率风险进行了定量的分析。

5）基于一维元胞自动机理论建立了脆性模型，以熵作为中间量，对脆性发生的连锁故障进行了模拟，并以恶性传染病为例，对系统脆性发生过程进行了仿真。

系统的脆性理论是我们课题组首次提出的一种全新的理论。它研究的不仅是连锁故障的表面现象，而且从连锁故障的本质和根源的深入层面进行研究。

1.2.3 本课题产生的影响

目前，对于复杂系统脆性的一些研究成果已经引起了一些学者的关注，主要体现在以下几个方面：

（1）供应链系统的脆性模型[51]

对供应链系统进行脆性研究，根据复杂系统脆性结构建立三级供应链系统的脆性模型，利用脆性熵建立三级供应链系统内部的脆性关联模型，并以此导出系统的脆性关联系数矩阵及整体脆性度，最后建立基于脆性因子的三级供应链系统的脆性风险模型，并且给出了实例，对供应链系统的脆性进行数值演示。

（2）黄河中下游灾害系统的脆性研究[18,52-53]

1）黄河中下游灾害系统的脆性源控制[53]。将复杂系统的脆性理论引用到黄河灾害的研究，量化了复杂系统脆性的定义和特性，并基于复杂系统的脆性特征，运用系统动力学原理对黄河中下游的自然灾害进行系统的分析，建立了自然灾害系统的链锁式反应机制模型。在此基础上，结合黄河中下游的现状，提出了工程和非工程的灾害预防控制措施。

2)基于模糊层次分析法(简称 FAHP)的黄河中、下游灾害系统脆性评价[52]。首次将复杂系统的脆性引用到黄河灾害的研究中,并根据复杂系统的层次结构,采用 FAHP 对黄河中、下游灾害系统进行了分析。由此求得了灾害子系统的相对重要度排序向量,找出了极易使黄河中下游系统崩溃的脆性因素。结合黄河中、下游的现状,通过对系统必要的脆性分析,为决策者提供重要的参考依据。

(3)基于 FAHP 的电力变压器的脆性分析[54]

由于复杂系统具有层次结构,采用 FAHP 对复杂系统进行了脆性分析。由此得到了子系统(或元件)的相对重要度排序向量,通过定义脆性激发度及激发阈值,对复杂系统的脆性是否被激发进行了理论的分析。通过分析,可以找出复杂系统中的脆性元件或因素,对其进行重点监测,最大程度地避免了脆性的发生。最后以变压器故障的模糊层次分析为例,分析了变压器故障的因素的相对重要度,找出了易使变压器崩溃的脆性因素,以此说明进行复杂系统的脆性分析是必要的。

(4)基于 FAHP 的舰船电力系统的脆性分析[55]

首次将复杂系统脆性引用到舰船电力系统研究中,由于舰船电力系统是复杂系统,具有层次结构,因此采用 FAHP 对其进行脆性分析。由此求得舰船电力系统各子系统的相对重要度排序向量,找出极易使舰船电力系统崩溃的脆性因素,为决策者提供重要的参考依据。

(5)基于脆性熵理论的舰船电力系统的脆性评价[56-58]

将脆性理论引用到舰船电力系统研究中,通过对舰船电力系统脆性概率熵、脆性综合概率熵、脆性风险熵、脆性综合风险熵的定义和研究来分析舰船电力系统的脆性。通过仿真表明以上定义能很好地评价舰船电力系统的脆性。

(6)矿井通风安全系统的脆性关联分析[59]

将脆性联系理论应用到矿井通风安全系统中,并建立该系统的脆性关联层次结构模型,利用传统层次分析法(简称 AHP)来定量分析系统的脆性关联关系,找到影响安全的脆性所在。

(7)基于 FAHP 的溜井平硐运输系统的脆性分析[60]

利用 FAHP 对露天矿山溜井平硐运输系统这一复杂系统进行了脆性分析,找出了该矿山溜井平硐运输系统的脆性因素,分析结果与实际情况一致。

(8)金融体系脆弱性的研究[61-62]

1)基于复杂系统脆性理论的金融体系脆弱性结构模型的建立[61]。根据复杂系统脆性理论,可看出金融体系脆弱性风险是由系统内部组织结构和外部脆弱性环境两部分构成的,经深入探究,可建立一种包含外部环境输入和系统内部组成的金融体系脆弱性结构模型。

2)金融系统脆弱性理论研究[62]。首先,对金融系统的脆弱性形成机理作了结构性描述,分析了金融系统脆弱性的基本特性;其次,在其形成机理和基本特性的基础上建立了基于脆性熵的金融脆弱性测度函数;再次,利用金融系统脆性熵函数的基本性质,对金融系统的脆弱性演化问题进行了系统分析;最后,对中国的金融体系改革提出了建议。

(9)基于蚁群算法的供应链系统脆性研究[63]

供应链系统是典型的复杂系统,脆性亦为供应链的特征属性,应用蚁群算法同时考虑到供应链脆性因子的重要性和脆性事件的发生概率,可以有效地选择导致供应链脆性事件发生的脆性因子。

(10)农业风险管理方法及其应用研究[64]

将复杂系统理论应用到农业风险管理中。分析了农业系统及其风险的复杂性特征，提出了农业系统的脆性是农业系统风险的表现的观点，并从农业系统的吸引子原理、从分岔到混沌、农业系统的分形原理和农业系统的突变性等方面对农业系统的混沌风险管理进行了探讨。

(11)基于复杂系统脆性的危机检测[65]

从复杂系统脆性理论与界壳论出发，集合可拓学、集对分析等知识来探讨系统危机检测的新方法。

除此之外，还进行了一般系统的脆性研究[66]、子系统脆性故障的研究[67]等方面的探索，并且在利用经营难度系数对我国机场企业领导人员薪酬设计[68]、突变理论在医学上的应用[69]等方面间接地利用了复杂系统的脆性理论。

1.3　复杂系统脆性理论研究的内容

1.3.1　复杂系统脆性理论研究的对象

复杂系统是脆性研究的研究对象，对于复杂系统我们给出以下的描述：复杂系统是与相对牛顿时代以来构成科学事业中心的简单系统相比而言的，两者具有根本性的不同。简单系统通常具有少量个体对象，它们之间的相互作用比较弱，或者具有大量相近行为的个体，比如封闭的气体或遥远的星系，以至于我们能够应用简单的统计平均的方法来研究它们的行为。而复杂并不一定与系统的规模成正比，复杂系统要有一定的规模，但也不是越大就意味着越复杂。另外，复杂系统中的个体一般来讲具有一定的智能性，例如组织中的细胞、股市中的股民、城市交通系统中的司机、生态系统中的动植物……这些个体都可以根据自身所处的部分环境通过自己的规则进行智能的判断或决策[43]。

根据以上的描述，可以得到复杂性科学中对复杂系统的描述性定义：复杂系统是具有中等数目基于局部信息作出行动的智能性、自适应性主体的系统。根据这个定义，我们不难总结出复杂系统以下几个核心的特点[44]：

1)中等大小数目的主体，通俗地讲也就是元素不能少，也不能太多。对于一般的系统可以按照系统内个体的数目以及相互作用的强度进行分类。无组织的“复杂”系统，其特征是元素和变量数很多，但其间的耦合是微弱的或随机的，即只能用统计的方法去分析。热力学研究的对象一般就是这样的系统。有组织的复杂系统，其特征是元素数目很多，且其间存在着强烈的耦合作用。

复杂性科学所感兴趣的正是有组织的复杂系统。因为对于第一类系统来说，传统的牛顿力学范式的分析方法已经给出了这类系统行为的很好的解释。而对于第二类系统，由于其元素数目太多，必然是元素间的耦合“失去”个性，从而能够用统计方法去研究，成为一种简单的系统。所以，复杂系统的元素并不是数目多就复杂，只有具有中等数目元素的系统才是一个有趣的系统，也才是一个复杂系统。

2)智能性和自适应性，这意味着系统内的元素或主体的行为遵循一定的规则，根据“环境”和接收的信息来调整自身的状态和行为，并且主体通常有能力根据各种信息调整规则，产生以前从未有过的新规则。通过系统主体的相对低等的智能行为,系统在整体上显现出层次更高、复杂度更大、职能更加协调的有序性。

3)局部信息,没有中央控制。在复杂系统中,没有哪个主体能够知道其他所有主体的状态和行为,每个主体只可以从个体集合的一个相对较小的集合中获取信息,处理"局部信息",作出相应的决策。系统的整体行为是通过个体之间的相互竞争、协作等局部相互作用而本现出来的。最新研究表明,在一个蚂蚁王国中,每一只蚂蚁并不是根据蚁王的命令来统一行动,而是根据同伴的行为以及环境调整自身行为,这是一个有机的群体行为。另外,复杂系统还具有突现性、不稳定性、非线性、不确定性、不可预测性等特征。

复杂系统除了具有开放性、复杂性、巨量性、进化与涌现性、层次性之外,还具有脆性[12]。本书所指的复杂系统是那些子系统数目众多、子系统之间具有层次复杂性、强耦合性以及整个系统规模庞大的系统。这些开放的复杂系统关系到国家正常的社会经济生活,一旦它们崩溃,则会给国家经济、人们安定舒适的生活造成重大损失和干扰。

1.3.2 复杂系统脆性理论研究的内容和方法

目前,对于复杂系统脆性的研究主要从以下几个方面展开:

(1)复杂系统脆性的定义和特点的研究

一个复杂系统新特性的提出,首先要证明它的存在并且给出它的定义,在给出脆性定义的基础上研究复杂系统脆性的基本特点;其次,研究复杂系统脆性理论与其他系统科学理论的关系,利用相关的系统科学理论来建立复杂系统脆性的理论体系。

(2)研究复杂系统中各部分、各个子系统之间的脆性联系

定性分析复杂系统中各部分、各个子系统之间的脆性联系,建立了子系统间的脆性联系函数,研究子系统之间的脆性联系率,并定性地分析了子系统之间的脆性联系。将时间序列理论和方法引入复杂系统脆性的研究中,定义了子系统脆性相关序列的概念,研究脆性相关序列的复杂度和功率谱密度,通过掌握脆性序列相关值的变化规律,分析子系统之间的脆性联系。

(3)复杂系统脆性源的研究

脆性源是指引起整个系统崩溃的那一部分元件,例如"挑战者号"中的 O 型密封环,"库斯克号"上的鱼雷就都是系统崩溃的脆性源。如何找到最容易成为脆性源的器件,是复杂系统脆性研究的前提,只有找到这样的脆性源,才能够有的放矢,有效地避免事故发生。

(4)复杂系统脆性行为的研究

复杂系统的脆性行为就是脆性源发生崩溃后,崩溃行为对其他子系统的作用过程。对脆性行为的研究是脆性研究的重要部分,是复杂系统各子系统的脆性关系在系统崩溃过程中的表现形式。复杂系统脆性行为具有隐蔽性,一般情况下不表现出来。

(5)研究复杂系统脆性的基本模型

根据对复杂系统建模的特点,基于复杂系统脆性的定义与基本特点研究其模型。研究以形象化的图形模型来说明复杂系统脆性被激发,进而导致整个复杂系统崩溃的过程。

(6)研究复杂系统脆性的评价方法

评价系统脆性的程度,为系统的预报与决策提供有效的依据。在参考文献[33]中曾经应用突变理论和突变级数法,研究复杂系统进行脆性评价的方法,提出以尖点突变级数法和燕尾

突变级数法作为复杂系统脆性评价方法，并且根据隶属关系给出了脆性评价指标。

(7)复杂系统脆性的预报与控制

无论是对复杂系统脆性源的研究、脆性行为的研究还是对脆性评价体系的研究，其目的都是实现对复杂系统脆性的有效预报和控制。由于复杂系统的非线性、复杂性和涌现性等特点，基于现有的对复杂系统的认知程度，对复杂系统行为进行预报与控制是相当困难的，但是随着复杂性研究以及其他学科的不断发展和进步，对复杂系统脆性的预报与控制是可以实现的。

(8)复杂系统脆性理论的应用研究

一个新概念、新理论的提出需要在实践中进行应用。通过应用研究不断丰富和发展复杂系统脆性理论，将复杂系统脆性理论应用于复杂系统尤其是国防武器装备系统的分析中，是脆性研究的初衷，也是它的重要研究方向。

对于复杂系统理论与现有传统学科和非线性学科交叉的研究被人们称为“复杂性研究”。目前对于复杂性研究已经掀起了一股热潮，数学家、物理学家、经济学家、生物学家和计算机学家等都在共同开展这一问题的研究，复杂性科学将成为一个驾驭21世纪生命科学、信息科学、材料科学等高新领域之间的一个横断型交叉学科，被誉为“21世纪的科学”。

复杂系统的脆性研究正是复杂性研究的一个组成部分，复杂性科学的研究方法为脆性研究提供了丰富的手段与方法。纵观科学界对复杂性科学的研究，大致可以分成3个流派或3条主线：以数学设计信念为特点，并带有强烈的哲学思想和人文情怀的欧洲学派；以实验科学和计算机模拟为主要手段的美国学派；以中国传统文化思想为根基、以综合集成法等为中心的中国学派。

欧洲学派是复杂性研究的发起者。20世纪60年代末，以普利高津为首的布鲁塞尔学派开展了远离平衡态热力学系统的研究，提出了耗散结构理论，从热力学角度为复杂系统的研究提供了思想理论武器。1984年，普利高津明确提出了“探索复杂性”的目标，其创新性概念及开拓性思想，特别是在关于复杂性的哲学观点、科学思想和方法论等方面对复杂性研究影响深远，可以说普利高津学派是复杂性科学的开路先锋[45]。20世纪70年代，哈肯提出了协同学理论，论证了客观世界的复杂性是通过自组织的方式演化而来的，自组织是刻画复杂性的科学概念[46]。协同学利用自组织理论很好地解释了普利高津的耗散系统，是普利高津学派的一个延拓；同时协同学也为复杂性研究提供了一种基于数学模型的研究手段。虽然这种方法有一定的局限性，在面对过于复杂的系统时力不从心，但它也是一门探索复杂性的非常有用的硬科学理论。普利高津和哈肯是欧洲学派的代表性人物，他们在欧洲的传统哲学思想和人文情怀的基础上，提出了复杂系统的哲学观点，为复杂性研究奠定了基础。

美国复杂性研究的中心是圣塔菲(Santafe)研究所。圣塔菲研究所成立于1982年，是一个开放的研究中心，它吸收了众多世界级的各领域的科学家参与，开展了规模空前的跨学科、跨文化的综合研究，加上强大的软、硬件的支撑，已经逐渐成为世界复杂性研究的中枢。研究人员提出了很多有创新性的概念和方法，其中最具代表性的就是霍兰(Holland)提出的复杂适应系统理论[47-48]，被称作是“代表着一种新的态度、一种看问题的新角度和一种全新的世界观”。圣塔菲研究所有着强大的计算机软、硬件环境和顶级的科学家，所以能够对从核酸分子、人工生命到社会组织、股票市场等复杂系统进行模拟和运算，通过海量数据和图像来解释复杂性科学中的问题。由于欧洲学派的科学理论有时抽象到哲学，有时又具体到理论物理，其间有很大的距离，而圣塔菲研究所所做的工作恰恰可以弥补这些空白，成为复杂性科学研究的中坚力量。

中国对于复杂性的研究是建立在中国传统文化基础上的，早在两千多年前的《周易》《老子》等古典哲学著作就提出了系统科学的观点。现代国内的复杂性研究就是在 20 世纪 80 年代，钱学森院士首次提出了开放的复杂巨系统理论，发起的系统科学研究新领域[49]，其概念形成经历了三部曲：巨系统—复杂巨系统—开放的复杂巨系统。钱学森的主要贡献是提出了从定性到定量的综合集成法以及从定性到定量的综合集成研讨厅体系[8]，在认识论方面强调解决复杂性问题必须利用整个科学技术体系的知识，对各种理论知识综合集成，对逻辑思维和非逻辑思维、形象思维综合集成，对机器智能和人的智慧综合集成，对定性分析和定量数据综合集成。在具体方法层次方面，面对复杂系统工程建立综合集成研讨厅体系，用于复杂巨系统的预测和决策有很强的操作性[50]。中国学派在复杂性研究中独树一帜，是复杂性研究中举足轻重的力量。

总之，对于复杂性的研究要有广阔的视野，合理的思维结构，优秀的创新品质以及博大的人文情怀。复杂系统的脆性研究作为复杂性研究的一部分，就要兼收并蓄，集百家之所长，不断开拓创新。

1.4 复杂系统脆性理论与相关学科的关系

1. 复杂系统脆性理论与协同学的关系[70]

“协同”这个词是从古希腊语中借用来的，它标志着开放的系统中大量子系统之间相互作用的、整体的、集体的或合作的效应。协同学是德国斯图加特大学理论物理学教授赫尔曼·哈肯在研究激光理论的基础上，于 20 世纪 70 年代提出，1977 年正式问世的。它横跨自然科学和社会科学，适应范围非常广泛。协同学以各类开放系统所共有的“协同性”为研究对象，探讨各类开放系统发展演化的原因及其规律，从方法论的角度揭示了客观世界的本质联系，扩大了人们认识客观世界的视野。

协同学是从系统演化的角度研究开放系统在一定外部条件的作用下，其内部诸要素、诸层面和诸子系统之间，如何通过非线性相互作用而形成协同效应，自组织成为一个协同系统的内部机制和规律的科学。它在物质世界的整体性、结构性和层次性之外，又发现了物质世界系统的协同性。

系统脆性与协同学之间具有如下的联系：

1)它们研究的都是开放的系统，都是复杂系统的基本特性、协同性和脆性，它们都随着系统的演化而发展。

2)脆性理论试图揭示的是，在开放的复杂系统中，由于内、外的干扰作用而导致的子系统连锁的崩溃效应，即伴随性。协同学阐明了子系统之间依靠自组织性形成的有序结构，若序参量在外部和内部干扰下改变时，不是系统自身稍加改变，而是系统的宏观状态经历了剧变。

2. 复杂系统脆性理论与稳定性的关系[70]

稳定性是指系统在受到扰动后，能够回复到系统原来所处状态的特性。在系统被施加干扰的时候，系统可能会仍处于稳定状态，也可能会偏离稳定状态做振荡运动，此时系统在外在的表现上并无损坏；干扰消失后，系统仍会回到原来的稳定状态。稳定性内涵涉及以下 4 组概念：一是反映自然生态系统结构、功能状态的易变程度和幅度，即易变性；二是系统结构、功能状态对外界干扰变化的反应强度和速率，即敏感性；三是某种变化后系统恢复到初始状态的能力，即系统的恢复力（弹性）；四是系统变化后其功能或自然产生变动状态，即系统的易损性。稳定性是控制系统设计中所要考虑的首选因素。但是，复杂系统脆性理论研究的是：当复杂系统的脆性被激发时，所造成的影响是具有破坏力的，是不可恢复的。

3. 复杂系统脆性理论与可靠性的关系[70]

系统可靠性是指系统在现有环境下和预定的时间内实现其功能的概率。可靠性是衡量系统优劣的一个重要指标。对于系统来说，可靠性可以说明系统发生崩溃的概率。

一个可靠性程度再好的复杂系统，也是具有脆性的。在一定条件下，复杂系统因为脆性的激发而发生崩溃。

4. 复杂系统脆性理论与突变理论的关系[70]

法国数学家 Thom 在 1972 年发表的《结构稳定性和形态发生学——建模一般理论概要》奠定了突变理论的基础。突变理论试图从数学方面讨论微分动力体系中状态发生跳跃性变化的现象，主要研究光滑动力体系中稳定平衡态的分岔问题。一个系统具有突变特性主要体现在以下 5 个方面：

1)突跳；

2)发散性；

3)不可达性；

4)多模态；

5)滞后性。

脆性是系统本身的一个基本特性，它是随着系统的演化、复杂程度的提高以及规模的增加而由隐性变为显性的。在内、外的干扰下，由一个或者几个子系统的崩溃到整个系统的崩溃，是在短时间内完成的，其结果对于国家和社会是有危害的。

突变理论主要研究的是在一个系统内部的系统状态变量发生的突然变化，其变化后的结果并不一定对国家和社会造成危害。而系统脆性所考虑的则是系统之间的关联，即由于一个子系统的崩溃，脆性的激发，对另一个子系统产生的连锁的影响。

突变理论可以作为研究系统脆性的数学手段，用来分析系统的脆性。即当系统中的一部分在干扰下崩溃后，整个系统的突发崩溃是崩溃的子系统与未崩溃的子系统之间的自组织的结果。脆性作为系统一个基本特性的提出，丰富了系统科学理论。它们之间虽然具有一定的联系，但是也互不包含，而且也不能仅仅从字面的意义上将二者等同。

参 考 文 献

[1]　姜璐. 复杂系统的层次结构. 自然辩证法研究，1994，10(2)：16－21.

[2]　葛兵. 利用数字仿真对复杂系统进行可靠性设计分析. 船电技术，1998(3)：27－30.

[3] 张卓民,康荣平.系统方法.沈阳:辽宁人民出版社,1985.
[4] 昝廷全.复杂系统的一般数学框架(I).应用数学和力学,1993,14(4):367-374.
[5] 颜泽贤,陈忠,胡皓.复杂系统演化论.北京:人民出版社,1993.
[6] 何建中.耗散结构与协同学简介.气象教育与科技,1993(1):20-24.
[7] 周秋蓉.对耗散结构理论的思考.重庆师范学院学报,1995,12(2):20-23.
[8] 范少华.耗散结构理论简析.阜阳师范学院学报,1997(4):12-14.
[9] 王贵友.从混沌到有序——协同学简介.武汉:湖北人民出版社,1987.
[10] 李湘洲.协同学的产生与现状.科技导报,1997(4):38-40.
[11] 廖红,蔡心红.协同学理论建立过程对人们研究自然事物的启示.贵州教育学院学报,2000(3):67-70.
[12] WEI Qi, JIN Hongzhang, JI Ming. The research on brittle catastrophe of complex giant system. Proceedings of IEEE Region 10th Technical Conference on Computers, Communications, Control and Power Engineering, 2002: 1435-1438.
[13] QIN Zhou, Davidson J, Fouad A A. Application of artificial neural networks in power system security and vulnerability assessment. IEEE Transactions on Power Systems, 1994, 9(1): 525-532.
[14] Fouad A A, ZHOU Qin, Vittal V. System vulnerability as a concept to assess power dynamic security. IEEE Transactions on Power Systems, 1994, 9(2): 1009-1015.
[15] Albert R, Barabasi A L, Jeong H. The internet's achilles heel: error and attack tolerance of complex networks. nature, 2000(406): 378-382.
[16] Holme P, Kim B J, Yoon C N, et al. Attack vulnerability of complex networks. Phys. Rev. E, 2002, 65: 1-14.
[17] Bollobas B, Riordan O. Robustness and vulnerability of scale-free random graphs. Internet Math, 2003, 1: 1-35.
[18] Dobson I, Chen J, Thorp J S, et al. Examining criticality of blackouts in power system models with cascading events. Proceedings of 34th Hawaii International Conference on System Sciences, Hawaii, USA, 2002: 63-72.
[19] Carreras B A, Lynch V E, Dobson I, et al. Dynamics, criticality and Self-organization in a model for blackouts in power transmission systems. Proceedings of 34th Hawaii International Conference on System Sciences, Hawaii, USA, 2002: 1-9.
[20] Crucitti P, Latora V, Marchiori M. Model for cascading failures in complex networks. Phys. Rev. E. 2004, 69: 1-4.
[21] Kinney R, Crucitti P, Albert R, et al. Modeling cascading failures in the north american power grid. Eur. Phys. J. B, 2005, 46:101-107.
[22] Lee D S, Goh K I, Kahng B, et al. Sandpile avalanche dynamics on scale-free networks. Physica A, 2004, 338: 84-91.
[23] Wang X F, Xu J. Cascading Failures in Coupled Map Lattices. Phys. Rev. E, 2004, 70: 056113.
[24] Xu J, Wang X F. Cascading failures in scale-free coupled map lattices. Physica A,

2005, 349: 685 - 692.

[25] WEI Qi , JIN Hongzhang, GUO Jian. Study on complex system based on the brittleness. Proceedings of 2003 IEEE International Conference on Systems, Man and Cybernetics, Washington, USA, 2003: 3056 - 3061.

[26] 韦琦，金鸿章，姚绪梁，等. 基于脆性的复杂系统崩溃的初探. 哈尔滨工程大学学报，2003,24(2):161 - 165.

[27] 韦琦,金鸿章,郭健. 复杂系统崩溃的脆性致因的研究. 系统工程,2003,21(4):1 - 5.

[28] 金鸿章,郭健,韦琦,等. 基于滑动 t 检验法的非典型性肺炎疫情的脆性分析. 哈尔滨工程大学学报,2003,24(6):640 - 645.

[29] WEI Qi , JIN Hongzhang, GUO Jian. et al. Research on the complex system based on the brittle characteristic. Proceedings of Annual Conference of the Society of Instrument and Control Engineers, Fukui, Japan, 2003: 669 - 674.

[30] 韦琦,金鸿章,郭健,等. 基于脆性的复杂系统研究. 系统工程学报,2004,19(3): 326 -328.

[31] 金鸿章,阎丽梅,徐建军. 基于 FAHP 的复杂系统的脆性过程分析. 系统工程,2004, 22(6): 1 - 4.

[32] JIN Hongzhang, GUO Jian, WEI Qi. Research on basic characteristics of complex system brittleness. Journal of Marine Science and Application, 2004, 3(1): 57 - 63.

[33] 金鸿章,郭健,韦琦. 基于尖点突变模型对复杂系统脆性问题的研究. 舰船电子工程, 2004,24(2):1 - 3,8.

[34] LIN Deming, JIN Hongzhang, LI Qi, et al. The brittleness model of complex system based on cellular automata. Journal of Marine Science and Application, 2004, 3(2): 69 - 72.

[35] 金鸿章, 林德明, 韦琦,等. 基于复杂系统脆性的传染病扩散研究. 系统工程, 2004, 22(10): 5 - 8.

[36] GUO Jian, LI Wanchen, WU Dongjian. Research on the brittleness of complex system based on brittleness potential function. , Proceedings of 2004 IEEE International Conference on Systems, Man and Cybernetics, Hague, Netherlands, 2004: 2735 -2740.

[37] 徐建军,阎丽梅,刘小斌. 模糊层次分析法在变压器脆性分析中的应用. 电工技术学报,2005, 20(2):94 - 98.

[38] 金鸿章,李琦,吴红梅. 基于脆性因子的复杂系统脆性分析. 哈尔滨工程大学学报, 2005, 26(6):739 - 743.

[39] JIN Hongzhang, YAN Limei, RONG Panxiang, et al. Brittleness analysis of electric network. Proceedings of 4th International Conference on Engineering Applications and Computational Algorithms, Ontario, Canada, 2005: 32 - 36.

[40] 林德明,金鸿章,韦琦. 基于元胞自动机的复杂系统脆性仿真. 系统工程学报,2005, 20(2): 167 - 171.

[41] 阎丽梅,金鸿章,荣盘祥,等. 变压器脆性的传播源分析. 仪器仪表学报,2006,27(9):

1024 - 1028.
[42] WANG Hui, JIN Hongzhang . Brittleness theory analysis of complex system by calculus on manifolds. Journal of Information and Decision Science, 2007, 2 (1): 1 - 6.
[43] 颜泽贤,陈忠,胡皓. 复杂系统演化论. 北京:人民出版社,1993.
[44] Auyang S Y. Foundations of complex system theories in economics, evolutionary biology and statistical physics. New York: Cambridge University Press, 1998: 1 - 404.
[45] 尼科里斯,普利高津. 探索复杂性. 罗久里,陈奎宁,译. 成都:四川教育出版社,1986.
[46] 哈肯. 高等协同学. 郭治安,译. 北京:科学出版社,1989.
[47] Holland, Hidden J H. How Adaptation Builds Complexity. Massachusetts: Perseus Books, Reading, 1995.
[48] 约翰. 霍兰 H. 隐秩序——适应性造就复杂性. 上海:上海科技教育出版社, 2000.
[49] 钱学森,于景元,戴汝为. 一个科学的新领域——开放的复杂巨系统及其方法论. 自然杂志,1990,13(1):3 - 10.
[50] 戴汝为,操龙兵. 一个开放的复杂巨系统. 系统工程学报,2001,16(5):76 - 81.
[51] 钟波,谢挺. 供应链系统的脆性模型研究. 中国管理科学,2005, 13(10): 443 - 446.
[52] 孙庆荣,韩传峰,陈建业,等. 基于FAHP的黄河中下游灾害系统脆性评价. 自然灾害学报,2005, 14(3): 105 - 109.
[53] 韩传峰,陈建业,孙庆荣,等. 黄河中下游灾害系统的脆性源控制. 系统工程理论与实践,2006, 26(6): 135 - 140.
[54] 张江,应俊,王琼,等. 基于FAHP的电力变压器系统的脆性分析. 自动化技术与应用,2004,23(7):9 - 12.
[55] 刘明,王德明,刘维亭. 基于FAHP的舰船电力系统脆性分析. 舰船科学技术,2007,29(4):57 - 60.
[56] 刘明,刘维亭. 基于脆性熵理论的舰船电力系统脆性评价. 舰船工程,2007,29(5):5 - 8.
[57] 陈俊英,张冰. 基于熵的复杂系统的脆性理论研究基础. 微计算机信息,2008,24(4):309 - 311.
[58] 刘明,刘维亭. 基于熵理论的舰船电力系统脆性分析. 江苏科技大学学报:自然科学版,2007,21(2):58 - 61.
[59] 张志霞,陆秋琴,邵必林. 矿井通风安全系统的脆性关联分析. 金属矿山,2006, 6: 68 - 71.
[60] 蒲传金. 基于FAHP的溜井平硐运输系统的脆性分析. 矿山机械,2007,35(9):63 - 65.
[61] 严太华,艾向军. 基于复杂系统脆性理论的金融体系脆弱性结构模型的建立. 重庆广播电视大学学报,2007,19(2):36 - 37.
[62] 李正辉. 金融系统脆弱性理论研究. 统计与信息论坛,2006,21(3):39 - 44.
[63] 刁力,刘西林. 基于蚁群算法的供应链系统脆性研究. 华东交通大学学报,2007,24(1): 82 - 84.
[64] 刘金霞. 农业风险管理理论方法及其应用研究. 天津:天津大学,2004.
[65] 胡映月. 基于复杂系统脆性的危机检测. 计算技术与自动化,2006,25(4):17 - 20

[66] 郭亚军,郭亚平,吕君英.一般系统的脆性研究.自动化技术与应用,2005,24(2):1-3,12.

[67] 曹宇辉,张瑜,王辉.有储备的可修复子系统脆性故障的研究.哈尔滨师范大学自然科学学报,2007,23(2):17-20.

[68] 唐琮沅,张明玉,周俊杰.基于经营难度系数的我国机场企业领导人员薪酬设计.生产力研究,2006,(1):192-194.

[69] 徐国萍,曹相燕.突变理论在医学上的应用.淮南职业技术学院学报,2005,5(4):123-124.

[70] 韦琦.复杂系统脆性理论及其在危机控制中的应用.哈尔滨:哈尔滨工程大学,2004.

第2章 复杂系统的一般理论及相关的研究内容

2.1 复杂系统的发展

从人类科学发展的历史来看，近代科学对客观世界的探索经历了一个由简单到复杂，由单一、具体逐渐到整体、抽象的过程。人们研究的对象从质点、质点组、刚体到人体、社会，从机械运动、物理运动、化学运动到生物运动、思维运动、社会发展，从宏观物体到微观粒子、宇宙天体，越来越复杂。研究方法也包括了实验、理论计算、定性分析，甚至直觉判断等各种手段[1-4]。

开放的复杂巨系统[5]的概念是由我国著名科学家钱学森院士于20世纪80年代末总结和提炼出来的。以钱学森、于景元、戴汝为3人署名的论文《一个科学新领域——开放的复杂巨系统及其方法论》在《自然杂志》1990年第1期发表，首次向世人公布了这一新的科学领域及其基本观点：对于自然界和人类社会中一些极其复杂的事物，从系统学的观点来看，可以用开放的复杂巨系统来描述。处理这种开放的复杂巨系统，在目前只能用从定性到定量的综合集成法。

系统科学从系统局部与整体的关系出发研究系统，并按复杂程度将系统分成4类：简单系统（包括小系统和大系统，几个子系统到几百个子系统）、简单巨系统、复杂巨系统、特殊复杂巨系统（社会系统）[6]。

简单系统包含子系统数目少，用牛顿力学等通常的解析方法，再加上电子计算机，就能得到它们的演化规律，这种确定性的解析方法目前仍在不断完善、发展。后来针对微观粒子、高速运动的物体提出了量子力学、相对论的处理方法，使人们对简单系统处理的范围大大地扩大了。最近在物理学中迅速发展起来的混沌（chaos）等理论使人们对简单系统在非线性作用下的演化特点又有了较全面的了解。简单巨系统包含的子系统数目非常多，甚至达到1 023个，但由于系统之间作用较简单，可以用统计物理、热力学的方法来研究它们达到平衡态以后或在离平衡态比较近的线性区域内的性质。

近年来，I. Prigogine，H. Haken等人提出来的耗散结构、协同学等理论又使人们可以研究远离平衡的非线性区的演化性质。对于另外两类更复杂的系统，由于其组织结构的复杂性，目前还没有系统的处理方法。分析各类系统的特点，可以发现从简单巨系统到复杂巨系统，子系统数目没有多大改变，有些复杂巨系统内子系统之间的相互作用也不复杂，而整体性质却十分复杂、丰富多彩。究其原因，认为系统性质主要由层次决定，一个系统内子系统是否存在层次结构是这个系统是否复杂的主要标志之一。实际上，系统科学对系统分类也主要依赖于它们的层次结构。

复杂系统并不总是意味着系统本身的“大”或“巨”。从系统的外部行为来看，除结构复杂性以外，系统复杂性还表现在其动态特性上。浑浊动力学中研究的许多极为简单的数学模型，对外却表现出分歧、吸引子甚至混沌等非常复杂的动态行为。

在生物学中,由于现代科学技术尚未完全揭开生命之谜,因而难以严格和明确地定义"生命",生物学中放弃寻求"生命"的严格定义而通过生命物体的一系列特征来理解生命现象。诸如运动能力、繁殖能力、环境适应能力,等等,大多数生物体都有这些特征而且人们还在继续探索生命现象和生物体的特性[7-8]。

研究开放系统时,系统的环境特性非常重要。环境不确定性、复杂性是系统复杂性的又一个重要来源。环境的突变以及不可预测的不确定性增加了处理系统的难度。例如,难以预测的自然灾害对工农业生产以及人民生活的影响,政策因素对社会经济系统的制约,社会环境对文化教育的冲击,等等,都是环境不确定性复杂性的实例,控制领域所研究的自动车在种种环境中行驶与避碰、煤矿采掘面的多变工作环境等也属于这种环境不确定性复杂性。系统与周围环境的关系在系统模型上往往用噪声项或其他附加项来表示。环境的大量不确定性可造成系统与环境之间的关系难以定量描述,这些都是由环境不确定性引起的系统复杂性[9-10]。

与此类似,也可以从处理复杂系统这一最终目的出发,通过内部结构、外部行为以及与环境的关系等方面来认识和理解复杂系统。内部结构特性是系统的重要特性之一。在自然、社会和工程系统中,存在着大量的结构复杂系统。而复杂系统又是系统科学的研究对象,什么样的系统算得上是复杂系统,并不以该系统的规律是否已经研究清楚为标准。

2.2　复杂系统的特点及特性

2.2.1　复杂系统的组成特点——层次结构

系统科学对系统的分类并不是依靠系统内包含子系统数目的多少,而是依靠系统内子系统组成的层次关系。系统科学从系统局部与整体的关系出发研究系统,并按照复杂程度将系统分成 4 大类:简单系统(包括小系统和大系统,几个子系统到几百个子系统)、简单巨系统、复杂巨系统、特殊复杂巨系统(社会系统)[6,11]。

当系统是一个简单系统的时候,虽然它也包含很多子系统,但由于这些子系统的相互作用比较小或者说是相互独立的,因此可以分别研究这些子系统的性质,进而得到整个系统的性质。

但是由于科学技术的发展,现在系统的子系统之间不是简单的线性关系,而是具有很强的耦合作用,相互之间的影响也比较大,不可以将系统简单地分成几个小部分单独进行研究,然后简单地汇集各部分知识以达成对总体的理解。因此,就出现了这样的情况,即系统的整体效应既存在大于部分之和,也存在等于或小于部分之和的情况。而人们通常所说的"整体大于部分之和"的真实含义,就是指系统整体的性质和功能是其构成要素自身所没有的,并不等于组成要素的性质和功能的简单相加[1]。

简单巨系统内所有子系统都在同一层次上进行相互作用,每一个子系统都以相同的概率和所有其他子系统进行作用;复杂巨系统则不同,复杂巨系统中的子系统是以层次结构的形式组成系统。

简单系统和简单巨系统,从表面上看它们之间的差别在于子系统数目的多少,但从系统科学研究问题的特点来分析,可以看到这也与层次结构有关系。简单系统只讨论一个层次的状态变量:质点的动量、坐标等;简单巨系统就需要研究两个层次上的状态变量。对于热力学系统既需要研究每个分子的动量与坐标,也需要讨论整个系统的压强、温度。可以认为这两类系统的区别主要不在于其包含子系统数目的多少,而在于简单巨系统除了分析子系统的状态变量外,还选择了系统整体的变量,从整体与局部的关系上来讨论系统的演化。

复杂系统的层次结构包含有多种形式。组织形式上的层次结构,例如人体结构,简单地说,人体内的相互作用可以分成细胞之间、器官之间、"系统"之间 3 个层次的相互作用,而这是人们最容易看到的一种层次结构,也是最重要的一种层次结构。

除此以外,系统还有时间上的层次结构。描写系统的各个状态变量随时间变化的尺度不一样,这也是一种层次结构。复杂系统在空间尺度上也存在着层次结构。观察外部世界,人们日常生活所遇到的系统其空间尺度大都为米的量级,称为宏观世界;在微观粒子领域,分子、原子、基本粒子是在 10^{-18} cm 的量级,称为微观世界;太阳系、银河系通常称为宇观世界,它的空间尺度在 1~105 l. y. 的量级。钱学森教授还进一步讨论了更小的渺观世界及更大的胀观世界,给出了客观世界的完整的空间尺度的层次结构。

在上述的不同层次上,不仅空间尺度不同,更重要的是它们运动演化的规律不同,处理它们所采用的理论也不同。在宇观上,人们利用广义相对论来讨论问题;在宏观上,牛顿力学是我们研究系统演化的有效工具;在微观上则采用量子力学。同时我们也看到处理不同层次问题的指导思想也不同,宇观层次的运动必须要考虑时间、空间的联系,并且时空不能是脱离物质运动的一个框架,而应该与物质运动紧密联系在一起;在微观上只能采取概率的方式描写系统,必须抛弃确定性的观念,反映系统状态的变量——坐标、动量不能同时确定。这些观念上的差别在讨论复杂巨系统时将带来很多无法想象的困难。

总之,造成系统复杂性的主要原因之一是系统的层次结构,而子系统数目的多少不是主要因素。特别是现在,单纯地增加系统内子系统的数目,如果其演化规律已知,完全可以利用计算机帮助解决问题,而层次结构的出现将使我们的研究变得更为复杂。

一般而言,不同层次的系统具有不同的运动形式,也具有不同的特征时间尺度和物理尺度。这就是说,每个层次的系统都有其独特的特征,这就使得对任一层次的系统可以进行相对独立的研究,而且,高层次的系统是以低层次的系统为载体的。低层次系统是高层次系统的子系统。因此,高层次系统制约和支配着低层次系统的状态和行为,后者构成了前者的微观机制[12]。

2.2.2 复杂系统的特性

下面将论述复杂系统的几点特性:

(1)开放性(openness)

复杂系统是开放的,受外界影响,复杂系统及其子系统与系统的环境之间有物质、能量和信息的交换。

(2)复杂性(complexity)

复杂系统中子系统的种类繁多,子系统之间存在多种形式、多种层次的交互作用。

(3)进化涌现性(evolution and emergence)

在特定条件下,作用者相互作用。相互作用开始,将有微小变化,但系统能自组织、自加强、自协调,并随之扩大、发展,发生质变。这种质变,在复杂系统中称为涌现(或"突现")[13]。

(4)层次性(hierarchy)

从已经认识的比较清楚的子系统到可以宏观观测的整个复杂系统之间层次很多,甚至有几个层次也不清楚。组成复杂系统的个体之间存在强烈的非线性相互作用,复杂系统具有不可逆性和敏感性。复杂系统具有层次,个体在低层次的相互作用可以在高层次涌现出全新的性质[3]。

(5)巨量性(giant)

复杂系统中基本单元或子系统的数目极其巨大,成千上万甚至到上百亿万个。例如神经网络,由亿万个神经元组成,人脑中大约有 1 000 亿个神经细胞。

2.3　复杂系统的判断与描述

2.3.1　复杂系统的语言描述

人们试图严格地定义复杂系统,但由于目前尚未充分认识和了解复杂系统,故难以给出其严格和实用的定义,但这种情形并不妨碍对复杂系统理论方法的探讨。

近年来,复杂系统理论方法的研究引起了广泛的注意。复杂系统的概念早已产生,例如在耗散结构理论和协同学中便有大量的研究。由于复杂系统的广泛存在性以及复杂系统理论方法多种多样,造成了复杂系统概念的多样化,未形成统一的认识。在处理复杂系统的方法上,一方面将传统的基于模型的微观分析方法向纵深发展;另一方面又出现了许多特殊的宏观定性处理方法。但前者在处理一般的复杂系统时困难重重,后者又缺乏统一描述和基本理论框架。

通过前面对复杂系统的论述,笔者认为,一般地说,一个系统如果具有以下性质就应当看做复杂系统:组成系统的个体之间存在强烈的非线性相互作用,系统具有不可逆性和敏感性;系统具有层次,个体在低层次的相互作用可以在高层次涌现出全新的性质;组成系统的子系统存在强耦合现象,不可以将系统分成几个小部分单独进行研究,然后简单地汇集各部分知识以达成对总体的理解。

2.3.2　复杂系统的定性描述

任何系统的存在和演化都遵循一定的规律,但由于受到主观的或客观的种种限制,目前对系统的认识总是局部的、有限的。一般地说,对系统的刻画总是希望通过对系统某些关键因素测得的一组实际的输入、输出观测值来研究系统所遵循的数学模型结构。但对于一个复杂的大系统,由于其涉及的相关因素非常多且相互关系非常复杂,一方面,人们对它的认识不可能一下子很全面、很深刻,另一方面,系统不是一成不变的,而是处于不断发展变化之中的,对系统某一时刻的认识和研究不能推广到整个系统的运行过程中，因此，对系统的认识和研究需要一开始就能从大量的、繁杂的各种定性相关因素中提取出对系统至关重要的影响变量 能定性地去粗取精，得到对系统构成、演化起决定作用的相关因素[14-16]。

根据复杂系统的语言描述，可以将其用数学形式描述出来。

定义 2.1 如果一个系统中的任意两个子系统 X,Y，其中 $X=\{\boldsymbol{X}_1,\boldsymbol{X}_2,\cdots,\boldsymbol{X}_i,\cdots\}$，$Y=\{\boldsymbol{Y}_1,\boldsymbol{Y}_2,\cdots,\boldsymbol{Y}_j,\cdots\}$，且有 $\boldsymbol{X}_i=[x_1,x_2,\cdots,x_m,\cdots]$，$\boldsymbol{Y}_j=[y_1,y_2,\cdots,y_n,\cdots]$，$x_{m,t+1}=f(x_{m,t},t)$，$y_{n,t+1}=g(y_{n,t},t)$（$m=1,2,\cdots,M;n=1,2,\cdots,N;t=0,1,2,\cdots$）为观测的时间序列，满足如下条件：

1）X 和 Y 属于同一层次，即所处的地位是一样的，记为 $X\overset{\mathrm{s}}{\leftrightarrow}Y$，反之 $X\overset{\mathrm{ns}}{\leftrightarrow}Y$，则有 $\{\boldsymbol{X}_1,\boldsymbol{X}_2,\cdots,\boldsymbol{X}_i,\cdots\}\overset{\mathrm{s}}{\leftrightarrow}\{\boldsymbol{Y}_1,\boldsymbol{Y}_2,\cdots,\boldsymbol{Y}_j,\cdots\}$，$[x_1,x_2,\cdots,x_m,\cdots]\overset{\mathrm{s}}{\leftrightarrow}[y_1,y_2,\cdots,y_n,\cdots]$。

2）$\boldsymbol{Y}_j=\boldsymbol{A}\boldsymbol{X}_i^{\mathrm{T}}$，$\boldsymbol{A}=\begin{bmatrix} a_{11} & a_{12} & \cdots & a_{1n} & \cdots \\ \vdots & \vdots & & \vdots & \\ a_{m1} & a_{m2} & \cdots & a_{mn} & \cdots \\ \vdots & \vdots & & \vdots & \end{bmatrix}_{M\times N}$，其中 $\boldsymbol{X}_i=[x_m^l](l=1,2,\cdots,L)$ 且满足 $L\geqslant 2$。当 $L>2$ 时，矩阵 $\boldsymbol{A}$ 中对应于 $\boldsymbol{X}_i$ 中的元素的次数大于或等于 2 的系数至少有一个不为零；当 $L=2$ 时，矩阵 $\boldsymbol{A}$ 中对应于 $\boldsymbol{X}_i$ 中的元素的次数等于 L 的系数一定不为零。

3）$X_i\cap Y_j\neq\varnothing$。这里“$\cap$”的含义为 X_i 与 Y_j 中的元素相互之间有关联的部分，得出的结果是以二维平面坐标形式表示的；$\varnothing$ 为空集。如果 $\boldsymbol{X}_i$ 中的 x_2 与 $\boldsymbol{Y}_j$ 中的 y_3 有关联，则 $\boldsymbol{X}_i\cap\boldsymbol{Y}_j=[x_2,y_3]$。

4）$F(\boldsymbol{X}_1)+F(\boldsymbol{X}_2)+\cdots+F(\boldsymbol{X}_i)+\cdots\neq F(X)$，即 $\sum\limits_{i=1}F(\boldsymbol{X}_i)\neq F(X)$。也有 $F(\boldsymbol{Y}_1)+F(\boldsymbol{Y}_2)+\cdots+F(\boldsymbol{Y}_j)+\cdots\neq F(Y)$，即 $\sum\limits_{j=1}F(\boldsymbol{Y}_j)\neq F(Y)$。

这里“+”表示各部分功能的叠加；$F(\cdot)$ 表示某一部分所具有的功能，则称由此任意两个子系统组成的整个系统为复杂系统。

现在对定义 2.1 进行一些分析与说明。定义 2.1 中给出了复杂系统所具有的一些特点。从这 4 个条件中可以得出如下几点：一是复杂系统具有层次性，从第一个条件可以知道一个复杂系统至少具有 3 个层次；二是复杂系统具有非线性，在第二个条件中对矩阵 $\boldsymbol{A}$ 中系数和 $\boldsymbol{X}_i$ 中元素的次数的规定说明了这一特点；三是复杂系统的子系统具有耦合性；四是整体属性不等于部分属性之和，即整体的属性不能由部分属性的和简单叠加而成。也就是说，个体在低层次的表现在总体上涌现出全新的性质。

一个子系统不是以相同的作用力形式和作用力强度与所有子系统相互作用的，而是与某些子系统的作用较强，与另一些子系统的作用较弱。所有的子系统按照相互作用的紧密程度可分成若干个集团，最后组成整个系统。根据定义 2.1 中的条件 3），可以给出如下 3 个定义：

定义 2.2 系统 $\boldsymbol{X}_i$ 与系统 $\boldsymbol{Y}_j$ 完全独立：当且仅当 $\boldsymbol{X}_i\cap\boldsymbol{Y}_j=\varnothing$ 时，称系统 $\boldsymbol{X}_i$ 与系统 $\boldsymbol{Y}_j$ 完全独立。

定义 2.3 系统 $\boldsymbol{X}_i$ 与系统 $\boldsymbol{Y}_j$ 完全耦合：只有在当系统 $\boldsymbol{X}_i$ 与系统 $\boldsymbol{Y}_j$ 中元素的个数相等且当 $\boldsymbol{X}_i\cap\boldsymbol{Y}_j=A$ 时，A 为系统 $\boldsymbol{X}_i$ 中的元素与系统 $\boldsymbol{Y}_j$ 中的元素一一相对应关联的集合，则称系统 $\boldsymbol{X}_i$ 与系统 $\boldsymbol{Y}_j$ 完全耦合。

定义 2.4　系统 $\boldsymbol{X}_i$ 与系统 $\boldsymbol{Y}_j$ 部分耦合：当系统 $\boldsymbol{X}_i$ 与系统 $\boldsymbol{Y}_j$ 之间的关系不满足定义 2.2 和定义 2.3 的条件时，称系统 $\boldsymbol{X}_i$ 与系统 $\boldsymbol{Y}_j$ 部分耦合。

定义 2.1 中给出了复杂系统的定性描述，此定义是根据复杂系统所具有的层次结构给出的，此种定义方式也体现了复杂系统的演化过程，是一种动态的描述方法。由于复杂系统的层次性，可以按层次来研究和分析复杂系统的演化过程。首先从复杂系统的最底层考虑，通过对底层子系统的研究，来了解底层子系统的演化对其上一层子系统的影响，依此类推，从而达到对整个复杂系统演化的了解。根据定义 2.1 只给出了一个宏观、总体的思想，但对于实际问题还是要具体的分析，逐步解决，从而达到解决问题和分析问题的目的。

任何系统，无论是简单系统还是复杂系统，都存在演化，只是复杂系统的演化在目前还无法像简单系统那样运用牛顿力学等简单规律可以描写，复杂系统的演化还没有一个规范的研究方法，不同的系统遵循着不同的演化规律。我们必须要强调注重研究系统作为一个整体的演化，研究在不同层次上演化规律的一致性，研究如何处理不同层次上演化的不同特点。只有这样才能对系统结构上的特点有深入的了解，才能对系统的层次有全面的认识。

客观实际中的复杂系统，往往内部结构复杂，输入、输出变量众多，采用单个模型或部分的因素和指标仅能体现系统的局部，多个模型的有效组合或多个变量的科学综合能显著地提高预测精度与模拟评价效果。任何数学模型都是对实际系统的某种简化和抽象，描述同一个系统的多种模型往往各有特点和利弊，合理综合可获得博采众长的效果。下面，根据组合预测的方法给出描述复杂系统某一层次子系统演化的数学描述的表达方式。

设 $\{x_t\}$ $(t=1,2,\cdots,N)$ 为复杂系统的某一层次子系统的输出观测序列，对 x_{N+l} $(l=1,2,\cdots,L)$ 用 J 个不同模型获得预测值 $\hat{x}_{N+l}(j)$ $(j=1,2,\cdots,J)$，将 J 个模型对 x_{N+l} 的组合预测值记为 $\hat{x}_{N+l}$，则有[17-18]

$$\hat{x}_{N+l}=\sum_{j=1}^{J}\omega_j\hat{x}_{N+l}(j) \tag{2.1}$$

式中，ω_j $(j=1,2,\cdots,J)$ 为第 j 个模型赋予的权重，为保持综合模型的无偏性，ω_j 应满足约束条件

$$\sum_{j=1}^{J}\omega_j=1 \tag{2.2}$$

权重的选择方法有算术平均法、标准差法、方差倒数法、二项式系数法、层次分析法，等等。分别简介几种方法如下：

(1) 算术平均法

$$\omega_j=\frac{1}{J},\quad j=1,2,\cdots,J \tag{2.3}$$

该法对全部模型平等对待，通常在对各个模型的重要性缺乏了解时采用。

(2) 标准差法

$$\omega_j=\frac{1}{J-1}\left(1-S_j\Big/\sum_{j=1}^{J}S_j\right),\quad j=1,2,\cdots,J \tag{2.4}$$

式中，S_j 为第 j 个模型的标准差，

$$S_j=\left\{\frac{1}{N-1}\sum_{t=1}^{N}[\hat{x}_t(j)-\bar{x}(j)]^2\right\}^{1/2} \tag{2.5}$$

$$\bar{x}(j)=\frac{1}{N}\sum_{t=1}^{N}\hat{x}_t(j) \tag{2.6}$$

权数 ω_j 的大小与模型标准差大小相反,体现了以模型拟合精度进行综合的思想。

(3) 方差倒数法

$$\omega_j=D_j^{-1}/\sum_{j=1}^{J}D_j^{-1},\quad j=1,2,\cdots,J \tag{2.7}$$

式中,D_j 为第 j 个模型的误差平方和,且

$$D_j=\sum_{t=1}^{N}[x_t-\hat{x}_t(j)]^2 \tag{2.8}$$

该法对误差平方和小的模型赋予高权重。

(4) 层次分析法

用传统层次分析法(AHP)求各模型的权重,是定性与定量相结合的办法。此时,目标层为预测模型的综合评价;准则层为用以评价模型的标准;最底层为参加综合的各个模型。

因此,可以根据客观实际的需要,来确定采取哪种权重的方法。如果实际情况中,复杂系统的某一层次子系统的输出观测序列 $\{x_t\}(t=1,2,\cdots,N)$ 为满足具有某种分布规律的随机过程,则会给分析复杂系统提供又一已知条件。

2.3.3 复杂系统的判断

如前所述,已经基本上了解了复杂系统的概念和组成特点。概念是用来判别事物的标准,只有知道了某个事物的概念,才可以有据可循来判断此事物是否是彼事物。但是,在有的时候,概念也会带来判断上的不便,会产生一些由于条件不足所带来的判断失误。因此,本小节中给出了另一种简单直观的判别复杂系统的方法,既可以将此种判别方法与复杂系统的定义结合起来进行判断,也可以根据实际问题的具体情况来确定采用哪种判别方法,最终达到判断的目的。

在复杂系统的演化过程中,一般不能用子系统的性质来代替系统本身的性质,这是两个不同层次上的问题,必须在不同的层次上进行研究。研究系统整体的性质就应该从整体的层次上来进行分析,讨论子系统的性质,不能仅仅依赖于在整体层次上对系统的讨论,必须深入系统内部进行研究。在参考文献[19]中给出了随机序列的复杂性测度的算法,在本小节中将给出系统复杂度的判别方法。

一般来讲,系统结构的复杂性被视为取决于两个因素,其一是系统内的要素数目,其二是要素与要素之间的关系数目[32]。在此,将给出复杂度的定义。

定义 2.5 系统的复杂度表示为系统内要素之间的实际关系数和可能的最少关系数之比,即

$$复杂度=\frac{系统内要素之间的实际关系数}{可能的最少关系数} \tag{2.9}$$

用数学式表示为

$$c=\frac{m}{n-1} \tag{2.10}$$

式中　c —— 复杂度；

m —— 系统内要素之间的实际关系数；

$n-1$ —— 可能的最少关系数，等于要素数 n 减去 1。

从式(2.9) 的描述中可以看出，如果一个系统是简单系统时，根据 2.2.1 中对复杂系统与简单系统的论述，我们知道由于简单系统的关系简单明了，因此，它的系统内要素之间的实际关系数与其可能的最少关系数是相等的。而如果一个系统是复杂系统时，它自身结构的复杂性和层次性，使得其系统内要素之间的实际关系数大于其可能的最少关系数。因此，有如下的规定。

规定 当 $c=1$ 时，称该系统为简单系统；当 $c>1$ 时，称该系统为复杂系统。

例如，如图 2.1 和图 2.2 所示的两个基本单元系统，图中的每个三角形表示系统的组成要素，直线表示要素之间所具有的某种关系或联系。图 2.1 和图 2.2 所表示的基本单元系统都是由 3 个要素组成的，它们所表示的是最简单的单元系统。在这部分的论述过程中，涉及“单元”这个名词，“单元”在这里的含义为组成系统的除了组成要素之外的最简单的组成整体。利用式(2.10) 计算如图 2.1 所示系统的复杂度，即 $c=\frac{m}{n-1}=\frac{2}{3-1}=1$，则该系统为由 3 个要素组成的单元简单系统，简称为三单元简单系统；再利用式(2.10) 计算如图 2.2 所示系统的复杂度，即 $c=\frac{m}{n-1}=\frac{3}{3-1}=1.5>1$，则该系统是由 3 个要素组成的单元复杂系统，简称为三单元复杂系统。从图 2.2 中可以直观地看出所示的单元系统的 3 个组成要素之间的关系是两两耦合的，具有较强的耦合性，是属于完全耦合的。而从图 2.1 中可以直观地看出所示的单元系统的 3 个组成要素之间的关系只是简单的串联关系，因此是单元简单系统。

图 2.1　三单元简单系统

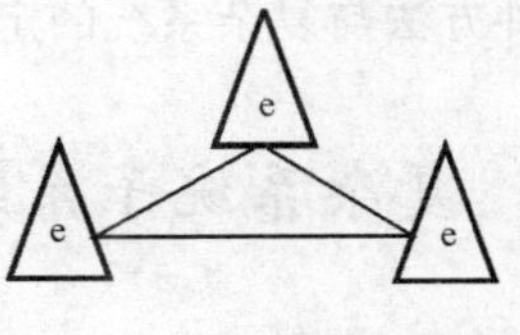

图 2.2　三单元复杂系统

同理，也可以给出四单元简单系统、四单元复杂系统。下面，给出其图形描述及判断。顾名思义，四单元简单系统及四单元复杂系统都是由 4 个要素组成的单元系统，但是，由 4 个要素组成的系统类型不止两种，分别如图 2.3 至图 2.6 所示。

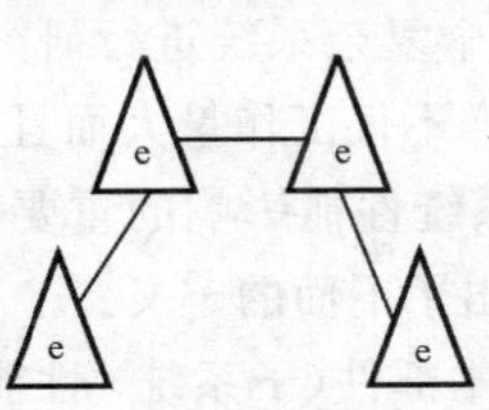

图 2.3　四单元简单系统

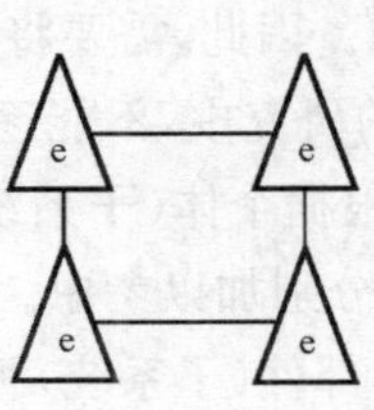

图 2.4　四单元复杂系统

在图 2.3 中利用式(2.10) 计算，即 $c=\frac{m}{n-1}=\frac{3}{4-1}=1$；在图 2.5 中利用式(2.10) 计算，

即 $c=\frac{m}{n-1}=\frac{3}{4-1}=1$。通过计算，这两幅图的复杂度均相等且它们的值都为1，即这两幅图所示的系统都是简单系统。但从图2.5中可以看出此4种元素所组成的简单系统包含了如图2.1所示的三单元简单系统，因此称由图2.5所示的系统为伪四单元简单系统。在图2.4中利用式(2.10)计算，即 $c=\frac{m}{n-1}=\frac{4}{4-1}=\frac{4}{3}>1$；在图2.6中利用式(2.10)计算，即 $c=\frac{m}{n-1}=\frac{4}{4-1}=\frac{4}{3}>1$。通过计算，可知这两幅图所示的系统都是复杂系统。根据判断出伪四单元简单系统的方法，可以判断出如图2.6所示的系统为伪四单元复杂系统。同理，根据推导四单元简单、复杂系统的方法来推导出五单元简单、复杂系统，等等。简单巨系统、复杂巨系统就是由这些单元简单、复杂系统所组成的，因此，对它们的研究有利于对简单巨系统、复杂巨系统的研究。

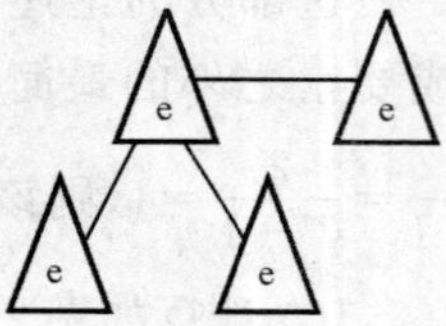

图2.5 伪四单元简单系统

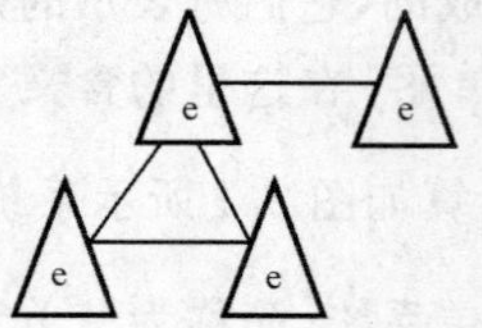

图2.6 伪四单元复杂系统

在应用此种判别方法的时候还有需要注意的地方：在求系统内要素之间的实际关系数时，无论两个部件之间的关系是单向联系还是双向联系，都将这两个部件之间的实际关系数视为1。至此，已经详尽地给出了如何判断系统为复杂系统的又一个方法，在今后遇到实际问题的时候，就以此种方法与复杂系统的定性描述或者二者的结合作为判别复杂系统的标准。

2.3.4 复杂系统子系统重要度的定义

由于复杂系统本身所具有的层次性、强耦合性和非线性等特性，又由于组成复杂系统的子系统数量众多以及子系统之间的关系错综复杂等等原因，这些都对复杂系统的研究带来了很大的难度。

基于此，本小节将针对此种情况进行讨论。在对某个复杂系统进行研究时，我们不能仅仅针对局部的每个细节而忽略整体特性来考虑，当然也不能仅仅针对整体的宏观特性而忽略每个个体的差异来考虑。因此，需要将两者结合起来对整个复杂系统进行研究。在对复杂系统众多个体（子系统）的研究中，不能逐一地进行研究，这样不仅工作量大而且也是不现实的，从而需要有所侧重，应根据个体（子系统）的性能对整个系统性能影响的重要程度以及个体（子系统）自身的性能来分别加以考虑。针对这个问题，给出了下面的定义。

定义2.6 基本部件（子系统）重要度 $W(X)$ 为基本部件（子系统）性能失效引起整个系统性能失效的次数 C_{S_B} 除以该基本部件（子系统）失效的次数 C_B，即

$$W(X)=\frac{C_{S_B}}{C_B} \tag{2.11}$$

定义说明：用 $W(X)$ 表示基本部件（子系统）X 的重要度，即 $W(X)$ 表示基本部件（子系

统)X 在系统中的重要程度,也就是基本部件(子系统)X 在系统中所处的地位。若 $W(X)=1$,则说明只要该基本部件(子系统)X 性能失效,整个系统的性能必定跟着失效,也就是说该基本部件(子系统)X 在整个系统中处于举足轻重的地位;若 $W(X)=0$,则说明该基本部件(子系统)X 性能失效对整个系统的性能没有任何影响,也就是说该基本部件(子系统)X 在整个系统中是微不足道的。根据式(2.11)可以得出 $W(X)$ 的取值范围在 0 和 1 之间,包括 0 和 1。当 $W(X)$ 取值为 0 或 1 时,该基本部件(子系统)X 性能失效对整个系统性能的影响也就确定了。

通过对定义 2.6 的分析可知,在对整个复杂系统进行研究时,为了提高整个复杂系统的性能,即防止复杂系统的性能失效,首先应着眼于基本部件(子系统)重要度 $W(X)$ 数值较大的基本部件(子系统),提高这些基本部件(子系统)的性能,将直接有助于使整个复杂系统的抗干扰能力增强。

但是,一般可能会出现这样的一种情况,比如,一个基本部件(子系统)重要度 $W(X)$ 为 1 或 $W(X)$ 的取值比较大的基本部件(子系统)X,如果其抗干扰性能很强,即其性能失效的概率很低,也就是说由于它的性能失效而引起整个系统性能失效的总次数并不多或者是很少,则虽然从该基本部件(子系统)所处地位的角度上看是十分重要的,但是由于其抗干扰性能很强,并非是系统中的薄弱环节,则可以看出对其的研究也就没有太大的必要性了。在这种情况下,又该如何处理呢?因此,需要引出下面这个定义。

定义 2.7 基本部件(子系统)的模式重要度 $W_N(X)$ 等于该基本部件(子系统)性能失效引起整个系统性能失效的次数 C_{S_B} 除以整个系统性能总失效的次数 C_S,即

$$W_N(X)=\frac{C_{S_B}}{C_S} \tag{2.12}$$

定义说明:用 $W_N(X)$ 表示基本部件(子系统)X 的模式重要度,即 $W_N(X)$ 表示基本部件(子系统)X 在整个系统中的强弱程度,也就是基本部件(子系统)X 是否是整个系统中的薄弱环节。若 $W_N(X)=1$,则说明整个系统性能失效都是由于该基本部件(子系统)X 的性能失效引起的,也就是说该基本部件(子系统)X 是整个系统中最薄弱、最需要保护的环节;若 $W_N(X)=0$,则说明整个系统性能失效与该基本部件(子系统)X 性能失效没有任何关系,也就是说该基本部件(子系统)X 是整个系统中最强壮、最不需要保护的环节。根据式(2.12)可以得出 $W_N(X)$ 的取值范围在 $0\sim1$ 之间。当 $W_N(X)$ 的取值趋近于 0 或 1 时,说明该基本部件(子系统)X 是整个系统中的什么样的环节基本上就确定了。

通过对定义 2.7 的分析可知,根据定义 2.7 可以非常有效地判断整个系统中哪几个部件(子系统)是系统中的薄弱环节。$W_N(X)$ 的数值愈大,说明该基本部件(子系统)X 愈是使整个系统性能失效的薄弱环节。为了有效地提高系统整体的抗干扰性能,应首先着眼于部件模式重要度较高的部件,努力提高它们的抗干扰性能将有助于系统整体抗干扰性能失效的能力增长,从而达到期望的目的。

为了更好地理解定义 2.6 和定义 2.7,给出一个简单的例子,并给出分析的思路和步骤,如图 2.7 所示。如图 2.7 所示的系统是由 5 个部分组成的,这 5 个组成部分关于基本部件(子系统)重要度 $W(X)$ 和基本部件(子系统)的模式重要度 $W_N(X)$ 的数据分别给出如下:部分 1:$W(X)=0.9$,$W_N(X)=0.1$;部分 2:$W(X)=0.7$,$W_N(X)=0.6$;部分 3:$W(X)=0.1$,$W_N(X)=0.2$;部分 4:$W(X)=0.7$,$W_N(X)=0.8$;部分 5:$W(X)=0.1$,$W_N(X)=0.9$。

根据这些数据进行分析,首先看到基本部件(子系统)重要度 $W(X)$ 值大的组成部分为 1,

2和4，再来看这3个部分的基本部件(子系统)的模式重要度$W_N(X)$值的大小，可以看到组成部分2和4的$W_N(X)$的值比较大一些。尽管部分1的$W(X)$的值比部分2和4的都大，即部分1所处的地位比较重要，但是由于其的$W_N(X)$值比较小，不是系统的薄弱环节，因此对这个系统的研究重点应放在部分2和4上。再来看部分3，它的$W(X)$和$W_N(X)$的值都比较小，说明它所处的地位既不重要又不是系统中的薄弱环节，因此，对部分3的研究可以忽略。再来看部分5，虽然其所处的地位不重要，但却是系统中的薄弱环节，因此也需要加以重视。这样，对如图2.7所示的系统就分析完了。

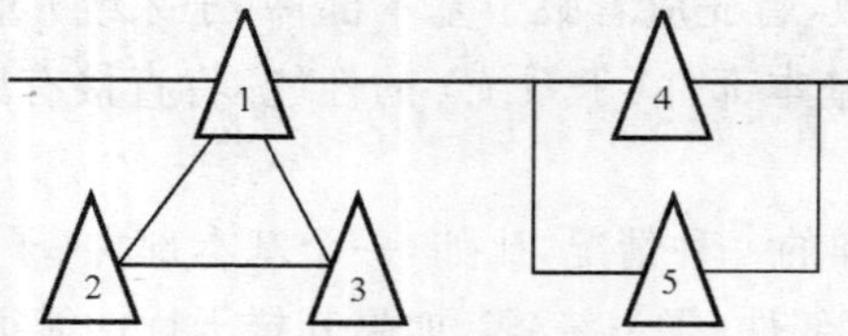

图2.7 一个简单的例子

通过给出的定义2.6和定义2.7，可以使得我们对复杂系统的研究简化，不必对每个子系统都进行透彻的研究，而应将研究的重点放在系统中地位既重要而且又薄弱的环节上，做到有的放矢。

2.4 复杂系统的故障诊断

诊断识别问题是一类问题的统称，医疗诊断是其常见的特例。在复杂系统中，如经济系统、大型电力系统中，识别问题涉及的因素很多，各因素之间的关系错综复杂[20-21]。

某些复杂系统，例如航空发动机的液压机械控制系统，其故障关系非常复杂。复杂性的一个重要方面是其故障关系具有随工作状态而变化的特性，诸如：某些部件或子系统只有在一定的状态下才参与工作；一些故障模式只有在一定的状态下才可能产生；某些偏差只有在一定的状态下才构成故障；一些故障模式只有在一定的状态下才可能传播等。对于状态变化大、状态数量多、部件状态关联复杂的系统，系统故障关系与工作状态的关联尤其复杂。如果不描述出这种关联，就进行故障关系分析，尤其是进行故障关系自动化研究及分析，就难以取得好的效果[21-22]。

本节中将系统故障关系及状态关系描述为一种特殊的有向图形式，以满足描述信息的完备性及描述形式的规范性。

故障图[23-24]是以故障模式为节点，以故障模式间的关系为有向边的一类有向图，可表示为

$$G_N=\langle V_N,R_N\rangle \tag{2.13}$$

式中，V_N为故障模式的集合，故障模式既有系统中的各种原发故障，又有表现故障，既可以是部件或子系统的实际的故障形式，又可以是系统中某些参数的异常偏离；R_N为故障模式间的二元关系集合，它主要描述的是故障模式间的因果传递关系。

故障图是故障树的一种扩展形式，它继承了故障树对故障模式间关联的描述方法，而在结

构和作用上又有诸多的不同。在数学上，故障树是一种特殊的故障图，其特性表示为：树中没有回路；一个节点（顶事件）出度为 0，其余节点出度为 1；在结构上，故障树描述的是基于某一顶事件的故障因果链，而故障图不针对具体的顶事件，它是故障模式的网状关联，相当于系统中许多故障树的叠加；在作用上，故障树具有清晰明了的故障因果形式示意功能，而故障图所注重的则是对系统故障关联信息的完备存储，可基于故障图建造故障树。

建立条件故障图，首先要描述系统中各种状态之间的关系，可将状态分为系统状态和部件状态两种类型。系统状态是对系统工作的整体状态的称谓。它首先包括系统全状态，即系统工作的所有状态的总称，全状态又可以被分解为若干分状态，分状态又可以包含自己的子分状态，从而建立起基于状态包含关系的系统状态层式结构。在层式结构中，任何下层状态都包含于其上层状态，而上层状态也由其下层状态叠加而成。可用集合来表示这种包含关系：以所有的最底层状态集合为基集建立集簇，则任何系统状态都是此集簇的元素，表示为 $Q(i)$，而系统状态集合 $\{Q\}$ 是此集簇的子集。因此若状态 i 是 j 的上层状态，则有 $Q(j) \subset Q(i)$。为满足自动化分析的需要及与故障图的匹配，将这种状态关系描述为树结构[25]。

部件状态是部件的工作状态，它依附于系统工作状态，即部件的工作状态存在于一定的系统状态下。亦可将这种关系表示为包含关系，即将部件状态描述为若干系统状态的组合。

有向根树 $T'=\langle V,R\rangle$，它的节点与系统状态集 $\{Q\}$ 的元素一一对应，即节点 v_i 对应状态 $Q(v_i)$，且满足若 $r(v_j,v_i)\in R$，则 $Q(v_j)\subset Q(v_i)$；如果 v_j 到 v_i 及 v_i 到 v_j 皆无通路，则 $Q(v_j)\cap Q(v_i)=\varnothing$，因此称有向根树 T' 为状态集 $\{Q\}$ 的状态根树。

有向树 T 的节点的集合为 V，对于状态集合 $\{Q\}=\{Q_S\}+\{Q_B\}$，如果存在 $V_1\subset V$，且满足：

1）V_1 的节点和 V_1 在有向树 T 中的内边构成 $\{Q_S\}$ 的一个层根树，且其中出度为 0 的节点在树 T 中出度也为 0；

2）$V-V_1$ 与 $\{Q_B\}$ 一一对应，且 $\forall v\in V-V_1, \deg^-(v)\neq 0$；

3）$\forall v\in V$，如果存在边 $r(v_i,v_j)$，则 $P(v_j)\subset P(v_i)$；如果 $P(v_j)\subset P(v_i)$，则必有通路 $v_j\rightarrow v_i$，因此，称有向树 T 为 $\{Q\}$ 的状态树。

通俗地说，状态根树是状态层式结构的树状描述，根节点集合表示系统状态全集，叶节点集合则表示系统状态基集。状态树就是以系统状态根树为核心，将部件状态关联描述出来的一个树状结构。

将故障图同状态树的描述相结合，即生成条件故障图。

一个有向图 $G_K=\langle V_K,R_K\rangle$ 及一个条件树 $T_u=\langle V_u,R_u\rangle$，若 V_K 包括两类节点，即 $V_K=V_N+V_T$，且对任意的 $v_t\in V_T$，存在唯一对应节点的 $v_u\in V_u$，使得 v_t 间满足 v_u 间的状态关系。同时满足：

1）节点集 V_N 及其内边构成一个故障图，表示为 G_{KN}；

2）$\forall v_T^{(i)}\in V_T, v_N^{(j)}\in V_N$，不存在边 $(v_T^{(i)},v_N^{(j)})\in R$；

3）如果 $(v_T^{(i)},v_N^{(j)})\in R$，则有如下两项条件连通规则：如果节点 $v_N^{(j)}$ 在节点集 V_N 中没有入点，则节点 $v_T^{(i)}$ 是节点 $v_N^{(j)}$ 的条件节点，表示节点 $v_T^{(i)}$ 是节点 $v_N^{(j)}$ 的存在条件；如果节点 $v_N^{(j)}$ 在节点集 V_N 中有入点 $v_N^{(g)}$，则节点 $v_T^{(i)}$ 是边 $(v_N^{(g)},v_N^{(j)})$ 的条件节点，表示节点 $v_T^{(i)}$ 是 $v_N^{(g)}$ 同 $v_N^{(j)}$ 间有直接连通的条件，则称此有向图 G_K 为建立于条件树 T_u 上的条件故障图。

通俗地讲，条件故障图就是这样一个故障图：它的某些节点和边不是一定存在的，而是具有一定的存在条件，这些条件也以节点的形式描述出来，这些条件节点之间又满足一定的条件关系——状态树。在条件故障图中，状态节点为条件节点，将状态对故障传播的作用和影响描述为状态节点参与下的条件连通，从而在故障模式的因果链中加入了状态条件量。一个通路的条件量表示通路起点的故障模式只有在该状态条件下才可能传播到通路终点的故障模式，从而将系统状态对故障关系的作用以条件故障图来描述。

本章小结

复杂系统并不总是意味着系统本身的"大"或"巨"。一个复杂系统，常常会有不确定性因素，如随机性、模糊性、信息不完全等。因此，在研究过程中要坚持确定性和随机性并重。

确定性描述以牛顿力学为代表，在系统科学中的应用包括一般系统论、突变论、非线性动力学以及微分动力系统等。随机性描述以统计力学和量子力学为代表，申农建立信息熵概念就完全采用随机性描述的方法。

系统科学的发展尤其需要把这两种描述方式结合起来，在早期的朗之万方程以及随后发展起来包括主方程、福克普朗克方程，甚至随机微分方程的理论都应该受到重视。近年来提出的规则模型，是一种更容易将随机性描述与确定性描述结合起来的思路，可以在系统研究与模拟中大量采用。

在本章中，给出了复杂系统的语言描述、定性描述及判断系统为复杂系统的判别方法，使得我们在遇到所要处理的系统时，可以有一个比较直观的概念和判别方法，做到有的放矢。由于在我国复杂系统理论是最近 20 多年才发展起来的，也就是说复杂系统理论本身就存在很多有争议的地方，每个人都有自己的看法与意见，目前还没有统一的观点。因此，本章给出的判断复杂系统的方法及定性描述是笔者个人的观点，难免会有一些不足与错误之处。在描述复杂系统的时候，也没有定量地描述各个部分之间的关系，只能在总体上有一个概括的描述。

复杂系统通常表现出各种各样的复杂行为，但是它们具有一些共同的特征，即隐含在这些现象背后的基本机制是不稳定性[26-27]。这种不稳定性使得相应的系统对由内生或环境所产生的扰动十分敏感，这就容易导致系统的脆性被激发从而显现出来，造成整个系统的性能失效，带来无法估量的损失。

参考文献

[1] 张卓民，康荣平. 系统方法. 沈阳：辽宁人民出版社，1985.

[2] Serna, Roberto, Zanarini, et al. Complex systems and cognitive processes. Berlin: Spring-Verlag, 1990.

[3] 邹珊刚，等. 系统科学. 上海：上海人民出版社，1987.

[4] 周硕愚. 系统科学导引. 北京：地震出版社，1988.

[5] 于景元. 钱学森. 关于开放的复杂巨系统的研究. 系统工程理论与实践，1992：8－12.

[6] 姜璐. 复杂系统的层次结构. 自然辩证法研究，1994，10(2)：16－21.

[7] 李夏，戴汝为. 系统科学与复杂性(I). 自动化学报，1998，24(2)：200－207.

[8] 王大辉.在复杂中寻找简单的科学:系统科学.科学中国人,2001:26-28.

[9] Ramat E, Preux P. "Virtual Laboratory Environment": a software environment oriented agent and object for modeling and simulation of complex systems. Simulation Modelling Practice and Theory,2003(11): 45-55.

[10] William E. Spangler, James M, et al. A model of distributed knowledge and action in complex systems. Decision Support Systems, 2001(31):103-125.

[11] 郭达志,方涛,杜培军,等.论复杂系统研究的等级结构与尺度推绎.中国矿业大学学报,2003,32(3):213-217.

[12] 昝廷全.复杂系统的一般数学框架(1).应用数学和力学,1993,14(4):367-374.

[13] 韩建勋,饶欣.复杂系统建模——高维特征空间变量法.自动化学报,1991,17(2):160-165.

[14] 李波,张世英,李银惠.复杂系统的定性表示与推理.系统工程理论与实践,2002(12):15-21.

[15] Farley A M, Lin K P. Qualitative reasoning in economics. Journal of Economics Dynamics and Intelligence,1990(14):435-450.

[16] Berndsen R, Daniels H. Causal reasoning and explanation in dynamic economic system. Journal of Economic Dynamics and Control,1994(18):251-271.

[17] 项静恬.非线性复杂系统的综合技术(I).数理统计与管理,1995,14(1):59-64.

[18] 项静恬,史久恩.非线性系统中数据处理的统计方法.北京:科学出版社,1997.

[19] 韦琦.复杂系统脆性理论及其在危机控制中的应用.哈尔滨:哈尔滨工程大学,2004.

[20] 罗荣桂.复杂系统运行的一般故障.应用数学,1991,4(3):115-118.

[21] 米洪海,阎广霞,于新凯,等.基于因素空间的多层诊断识别问题的数学模型.西北工业大学学报,2003,32(2):77-80.

[22] 宋志平,李应红,屈裕安.描述复杂系统故障关系的条件故障图.系统工程与电子技术,2003,25(1):116-118.

[23] 宋志平,李应红.模糊故障图的代数基础及应用分析.航空动力学报,2002(1):127-132.

[24] Gandhi O P. FMEA—A Digraph and Matrix Approach. Reliability Engineering and System Safety,1992(35):147-158.

[25] 王振宇.树的枚举与算法复杂性分析.北京:国防工业出版社,1991.

[26] 狄增如.复杂系统研究及其在其他科技领域中的应用(上).科学中国人,1997(10):31-35.

[27] 狄增如.复杂系统研究及其在其他科技领域中的应用(下).科学中国人,1997(12):33-36.

第3章 复杂系统脆性理论

3.1 复杂系统脆性的含义

3.1.1 复杂系统脆性的语言描述

脆性(Brittleness)在字典中的定义为:“物体受拉力或冲击时,没有显著变形而突然破碎的性质”;“材料在断裂前未觉察到的塑性变形的性质”。为了表征复杂系统的一个新的特性,我们把材料力学中的脆性名词引申到复杂系统中,并在参考文献[1]中已给出脆性定义的基础上进行了深化,提出了以下新的定义。

复杂系统的脆性是指:对于一个复杂系统 S,存在一个子系统或一个部分 S_i,对环境有强烈的灵敏性,当 S_i 受到内、外因素(包括信息、物质流等因素)的扰动或攻击产生崩溃时,会使其他部分或子系统也产生崩溃,进而导致整个复杂系统崩溃。对于复杂系统所具有的这一行为特性,称之为脆性[2]。这种行为称为脆性行为,而 S_i 称为脆性源。

复杂系统脆性是复杂系统的一个重要属性。对复杂系统脆性的研究主要是以复杂系统为研究对象,针对复杂系统崩溃行为的研究,这是复杂性研究的一个重要课题。目前,对于复杂系统脆性的研究已经取得了一定的成果:归纳总结了复杂系统脆性的定义及其性质;建立了包括多米诺骨牌模型、金字塔与倒金字塔模型、二维元胞自动机等几种复杂系统脆性基本模型;建立了复杂系统脆性研究的理论基础,建立了脆性联系熵的概念,并应用其对复杂系统进行分析;以突变级数法为基础,建立了对复杂系统脆性的评价方法[3-9]。

对于一个开放的复杂系统,由于受到内、外干扰因素的作用,而使复杂系统中的某一部分(子系统)内部原来的有序状态被破坏,形成一种相对无序的状态,原来子系统失去其正常工作的能力,此时我们称此子系统崩溃。而在复杂系统中存在着其他子系统与崩溃子系统之间的物质和信息的交换,从而有可能引起崩溃的连锁反应,造成更多的子系统的崩溃,而子系统崩溃数目的增多就很有可能导致整个复杂系统的崩溃,此时可以说“复杂系统的脆性被激发”,而复杂系统所具有的这种特性称为复杂系统的脆性。

对于一个封闭的复杂系统,它不存在与外界物质的交换,依耗散理论可知它不是一个自组织系统。根据热力学第二定律可知,在它自身的进化过程中,是不断趋于无序的,由于得不到外界的援助,最终也会崩溃。在它的一个子系统遭到打击,脆性被激发出来后,整个系统也会趋于崩溃。

脆性是复杂系统的一个基本特性,始终伴随着复杂系统存在,并不会因为系统的进化或外界环境的变化而消失。

3.1.2　复杂系统脆性的数学描述

特别地，对于一个复杂工业系统，由于系统自身的硬件与软件存在固有的缺陷，外界的干扰可能会使它的一个或多个子系统出现不可修复的故障，进而使整个系统无法正常工作，这也是脆性作用的表现。实际上，复杂系统脆性行为体现了子系统个体性行为对整个系统性能的影响。因此，复杂系统脆性的数学描述如下所示：

设系统 S 由 n 个子系统 $S_i(i=1,\cdots,n)$ 组成，且 S_i 的状态用 $x_i \in X \subset R^m$ 表示。如果存在一个子系统 S_b，当它的结构或状态发生变化，使得 $x_b \in B$ 时，有

$$\lim_{t\to\infty}\delta(S)=\infty \tag{3.1}$$

则称系统 S 具有脆性，子系统 S_b 即为脆性源。

式中，B 是子系统 S_b 的一个崩溃域，$x_b \in B$ 表示子系统 S_b 崩溃；$\delta(S)$ 是整个系统 S 的一个性能指标。

可以看出，系统脆性的定义主要在于子系统的存在性，即存在能够引起整个系统崩溃的子系统，如何搜索这样的子系统也是脆性研究的一个重要方向。另外，复杂系统大体由元素、关系、环境组成。其中元素是复杂系统中的各子系统，而关系包括局部与整体的关系、元素之间的关系、元素与环境的关系等；环境是指一切与系统关联的事物的集合。针对复杂系统的研究往往就是对元素、关系、环境的研究，而复杂系统脆性的研究就是考虑在系统的某一元素受外界干扰引起崩溃后，其他系统和整个系统的变化，主要是研究在不确定性环境中各元素之间、元素与整体之间、元素与环境之间以及整体与环境之间的关系，是针对复杂系统安全性的研究课题。本章主要就是针对各元素之间的脆性关系及其崩溃行为传递过程的研究。

3.2　复杂系统脆性的相关定义

3.2.1　系统的崩溃指标

考虑到系统中子系统崩溃后，其对整个系统的影响，即它们之间的局整关系，需要定义一个性能指标 $\delta(S)$ 来描述整个系统的行为特性，而各子系统的行为对性能指标的影响就反映了子系统行为对整个系统行为特性的影响。熵是衡量系统有序无序程度的一个重要的物理量，而系统的崩溃就是系统有序结构被破坏，无序程度增加的过程，因此，用熵作为整个系统的性能指标。

熵最早出现在热力学第二定律中，是指系统中不能够转化为有用功的那部分能。自从 19 世纪 60 年代，克劳修斯将熵作为热力学的概念提出以后，关于熵的研究引起了人们的极大兴趣。熵概念由于其特有的内涵和渗透力，已经被广泛应用于自然、社会、哲学等各个领域，尤其是在信息科学领域已经成为信息学的理论基础。下面按照熵的发展历程，介绍几种常见的熵[10-13]。

(1) 玻耳兹曼熵

1865年，克劳修斯在热力学研究中发现，在可逆过程中，系统从初态 p_0 经过一系列状态到末态 p，令 $\mathrm{d}Q$ 为可逆过程中热源传给物体的微元热量，T 为绝对热力学温标，则积分 $\int \frac{cQ}{T}$ 与所经过的路径无关，只与系统的初态 p_0 和末态 p 相关。于是他引入态函数熵 S，使之满足

$$\Delta S = S_p - S_{p_0} = \int_{p_0}^{p} \frac{\mathrm{d}Q}{T} \tag{3.2}$$

这样两状态间的熵变 ΔS 就等于系统所吸收（释放）的热量与热源温度之比。定义了熵的概念，热力学第二定理可表述为：孤立系统内部所发生的任何过程都不会使其熵值减少，即 $\Delta S \geqslant 0$，这就是著名的熵增定律。

熵增定律得到了科学大师们的高度赞誉，爱因斯坦称其为科学中当之无愧的最高定律。关于熵和热力学第二定律，还可以追溯到以研究热机效率闻名的法国人 Carnot（卡诺），他的可逆循环和不可逆循环概念就隐含了熵增大思想的萌芽。

起初，熵只有相对值而无绝对值，直到奥地利物理学家玻耳兹曼的出现，熵的绝对值才有了定义。玻耳兹曼从分子运动论的角度考察熵概念，得出一个统计物理学的表达式

$$S = k\ln\omega \tag{3.3}$$

式中　k—— 玻耳兹曼常数，等于 $1.380\,66 \times 10^{-23}\,\mathrm{J \cdot K^{-1}}$；

ω—— 该宏观状态所对应的微观状态数。

式(3.3) 也可以用于非热力学统计。值得一提的是，这里所说的绝对值也只是形式上的，因为微观状态数的划分总是相对的，和假设的分辨率有关。

式(3.3) 表明，系统某一状态熵的大小与该宏观状态所对应的微观状态数密切相关。若微观状态数越多，分子运动混乱程度越大，无序程度越大，则系统的熵值越大。反之，若微观状态数越少，分子运动的混乱程度越小，无序程度越小。因此，熵就是系统内部分子运动混乱程度或者说无序程度的量度。这也被后人称为玻耳兹曼有序性原理。

(2) 申农熵

自从信息论建立以后，关于熵的概念和定义得到了推广，熵的概念与概率紧密地联系了起来。假设一个消息序列由 m 条信息即 m 个事件组成，每个事件出现的概率分别为 $p_1, p_2, \cdots, p_m$，每个结果所含的信息量分别为 $-k\log p_1, -k\log p_2, \cdots, -k\log p_m$。于是，$m$ 次事件中各种结果可能出现的次数分别是 $mp_1, mp_2, \cdots, mp_m$，则 m 次事件所含的信息总量为

$$H_t = -mp_1 k\log p_1 - mp_2 k\log p_2 - \cdots - mp_m k\log p_m \tag{3.4}$$

因此，每个消息序列所含的平均信息量为

$$H = H_t / m = -k\sum_{i=1}^{m} p_i \log p_i \tag{3.5}$$

式(3.4)、式(3.5) 中的常数 k 是可以任意选定的，为方便可以选 $k=1$。于是

$$H = -\sum_{i=1}^{m} p_i \log p_i \tag{3.6}$$

式(3.6) 就是申农熵的一般形式，也称为信息熵。其中对数可以是任意底的对数，当以 2 为底时，熵单位称为比特（bit），以自然对数 e 为底时，单位称为奈特（nat）。显然有

$$1\ \mathrm{nat} = \mathrm{lb}\ \mathrm{e} \approx 1.443\ \mathrm{bit} \tag{3.7}$$

当一个事件出现 n 种结果的概率都相等时，即 $p_1 = p_2 = \cdots = p_n = \frac{1}{n}$，式(3.6) 简化为

$$H = -\sum_{i=1}^{n} \frac{1}{n} \log \frac{1}{n} = \log n \tag{3.8}$$

可以看出，信息量 H 越大表示可能状态越多，随机性越大，人们对系统状态的了解越差。控制论的主要创立者维纳指出："信息量是一个可以看做概率的量的对数的负数，它实质上就是熵。" 这样热力学中的熵就被推广了。

(3) 柯尔莫哥罗夫熵

柯尔莫哥罗夫(Kolmogorov) 进一步把信息熵的概念精确化，用来度量系统运动的混乱或无序的程度。考虑一个 d 维系统，把它的相空间分割成 N 个边长为 ε 的 d 维格子。当系统运动时，它在相空间的轨道为

$$x(t) = \{x_1(t), x_2(t), \cdots, x_d(t)\} \tag{3.9}$$

取时间间隔为一个很小的量 τ。令 $p(i_0, i_1, \cdots, i_n)$ 表示起始时刻系统在第 i_0 个格子中，$t = \tau$ 时在第 i_1 个格子中，……，$t = n\tau$ 时在第 i_n 个格子中的总的概率。根据式(3.6) 确定系统沿轨道$(i_0, i_1, \cdots, i_n)$(即依次在第 $i_0, i_1, \cdots, i_n$ 诸格子中，轨道精确度为 ε) 运动所需的信息量为

$$K_n = -\sum_{i_0, i_1, \cdots, i_n}^{N} p(i_0, i_1, \cdots, i_n) \log p(i_0, i_1, \cdots, i_n) \tag{3.10}$$

于是，$K_{n+1} - K_n$ 便是知道系统是沿此轨道运动后，要确定其在$(n+1)\tau$ 时刻落在哪个格子所需的附加信息量，也就是由 $n\tau$ 时刻到$(n+1)\tau$ 时刻的系统运动过程中损失的信息量。另外，须注意到系统沿轨道运动，结果会越来越确定，其随机性或无序性会越来越小，进而它所包含的信息量也越来越小。柯尔莫哥罗夫据此定义熵为单位时间内信息量的损失，即

$$K = \lim_{\tau \to 0} \lim_{\varepsilon \to 0} \lim_{N \to \infty} \frac{1}{N\tau} \sum_{n=0}^{N-1} (K_{n+1} - K_n) \tag{3.11}$$

也就是

$$K = -\lim_{\tau \to 0} \lim_{\varepsilon \to 0} \lim_{N \to \infty} \frac{1}{N\tau} \sum_{i_0, i_1, \cdots, i_N}^{N-1} p(i_0, i_1, \cdots, i_N) \log p(i_0, i_1, \cdots, i_N) \tag{3.12}$$

式中，极限 $\varepsilon \to 0$ 是取在极限 $N \to \infty$ 之后的，它使 K 的值实际与分格无关，如取 $\tau = 1$，则极限 $\tau \to 0$ 可省去。这样定义的 K 就称为柯尔莫哥罗夫熵或 K 熵。

为了分析柯尔莫哥罗夫熵怎样表示系统运动的无序程度，我们讨论简单的一维情形。设起始时刻$(t = 0)$ 系统在第 I_0 小格中，即

$$p(i_0) = \begin{cases} 1, & i_0 = I_0 \\ 0, & i_0 \neq I_0 \end{cases} \tag{3.13}$$

由于运动的性质不同，在下一时刻系统可能处于不同数量的格子中(即可在不同数量的格子中找到系统)，产生 3 种不同性质的运动，如图 3.1 所示。

如果设 $t = \tau$ 时，系统的状态可能扩散到 m 个格子中，且概率相等，则

$$p(i_0, i_1) = \begin{cases} \frac{1}{m} p(i_0), & i_1 \in I(m) \\ 0, & i_1 \notin I(m) \end{cases} \tag{3.14}$$

式中，$I(m)$ 表示 m 个格子的集合，同样地有

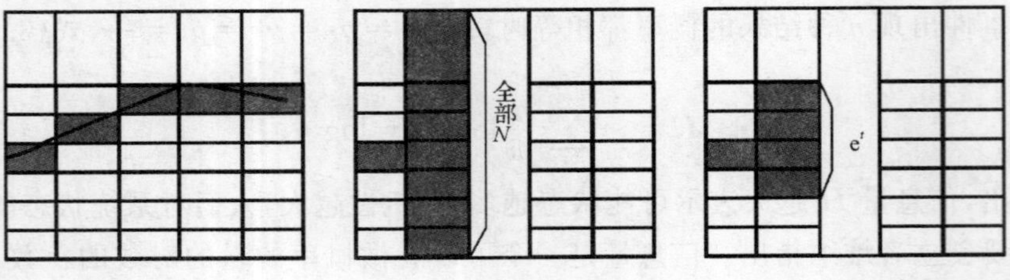

图 3.1　3 种不同性质的运动

(a) 规则运动；(b) 随机运动；(c) 混沌运动

$$p(i_0,i_1,\cdots,i_N)=\begin{cases}\dfrac{1}{m}p(i_0,i_1,\cdots,i_{N-1}), & i_N\in I(m)\\ 0, & i_N\notin I(m)\end{cases} \tag{3.15}$$

于是，$-\sum\limits_{i_0,i_1,\cdots,i_N}p(i_0,i_1,\cdots,i_N)\log p(i_0,i_1,\cdots,i_N)=$

$$-\sum_{i_0}\sum_{i_1}\cdots\sum_{i_{N-1}}\sum_{i_N}\frac{1}{m}p(i_0,i_1,\cdots,i_N)\log\frac{1}{m}p(i_0,i_1,\cdots,i_N)=$$

$$-\sum_{i_0}\sum_{i_1}\cdots\sum_{i_{N-1}}p(i_0,i_1,\cdots,i_{N-1})[-\log m+\log p(i_0,i_1,\cdots,i_{N-1})]=$$

$$-\sum_{i_0}\sum_{i_1}\cdots\sum_{i_{N-2}}[2p(i_0,i_1,\cdots,i_{N-2})\log m-$$

$$p(i_0,i_1,\cdots,i_{N-2})\log p(i_0,i_1,\cdots,i_{N-2})]=$$

$$\cdots=$$

$$\sum_{i_0}Np(i_0)\log m-\sum_{i_0}p(i_0)\log p(i_0)=N\log m-0 \tag{3.16}$$

因此，取 $\tau=1$，由式(3.12)，得到

$$K=-\lim_{\tau\to 0}\lim_{\varepsilon\to 0}\lim_{N\to\infty}\frac{1}{N\tau}\sum_{i_0,i_1,\cdots,i_N}^{N-1}p(i_0,i_1,\cdots,i_N)\log p(i_0,i_1,\cdots,i_N)=$$

$$\lim_{\varepsilon\to 0}\lim_{N\to\infty}\frac{1}{N}(N\log m)=\log m \tag{3.17}$$

对于 3 种不同性质的运动，于是有

(1) 规则轨道运动

因为系统按轨道规则运动，每一时刻系统的状态是确定的，所以 $m=1$，从而由式(3.17)得到

$$K=0 \tag{3.18}$$

(2) 混沌运动

由于相空间轨道要按指数形式分开，在一维情形下 $m\approx e^{\sigma}$，进而

$$K=\sigma \tag{3.19}$$

(3) 随机运动

此时 $m=N$，注意到 $N\propto\varepsilon^{-1}$，$\varepsilon\to 0$ 得到 $N\to\infty$，从而

$$K\to\infty \tag{3.20}$$

由此可见，可以根据柯尔莫洛夫熵 K 的取值来判断系统运动的性质或无序的程度：K 等

于零表示系统作规则有序运动；K 取有限正值表示系统作具有部分或受约束的随机性运动即混沌运动；K 趋于正无穷大时表示系统完全无序，作无规则随机运动。因此，在脆性研究中，往往把系统的柯尔莫洛夫熵 K 作为系统整体无序的性能指标，而各子系统的运动状态用子系统的李雅普诺夫指数 λ 来描述。于是系统的脆性定义修改如下：

设系统 S 由 n 个子系统 $S_i(i=1,\cdots,n)$ 组成，且 S_i 的状态用 $x_i \in X \subset R^m$ 表示；如果存在一个子系统 S_b，当它的结构或状态发生变化，使得 $\lambda(x_b) \gg 0$ 时，有

$$\lim_{t\to\infty} K(S) > 0 \quad (\lambda(x_b) \gg 0) \tag{3.21}$$

式中，$\lambda(x_b)$ 为子系统 S_b 的李雅普诺夫指数；$K(S)$ 是整个系统 S 的柯尔莫洛夫熵，则称系统 S 具有脆性，子系统 S_b 即为脆性源。

3.2.2　脆性过程

为了引出脆性过程这个概念，先给出下面几个定义：

脆性源：将脆性的发出部分（子系统）称为脆性源。也就是说由于该部分（子系统）的崩溃引发了其他部分（子系统）的崩溃，这部分（子系统）称为脆性源。

脆性接收者：受到其他部分（子系统）崩溃的影响而崩溃的部分（子系统）称为脆性接收者。

在给出脆性源及脆性接收者的定义后，再给出脆性过程的定义。

脆性过程：当某个脆性源被激发的时候，至少有一个脆性接收者发生，称这个过程为脆性过程。

脆性过程、脆性源、脆性接收者三者之间的关系如图 3.2 所示。由此，还可以这样描述脆性，也就是说当某个脆性源被激发了的时候，则由此脆性源所带来的影响能使得至少一个脆性接收者发生，称之为脆性被激发了。也就是说，当至少有一个脆性过程发生时，就可以说脆性被激发了。

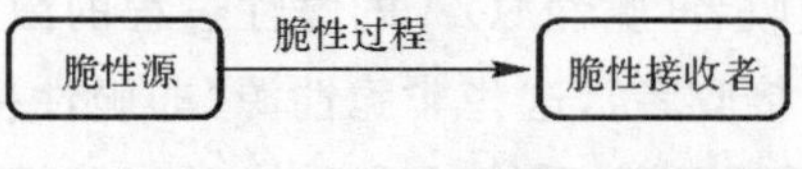

图 3.2　脆性过程、脆性源及脆性接收者的关系图

对这 3 个定义需要补充的是，脆性源及脆性接收者并不是唯一的。可以存在以下几种情况：即一个脆性源对应多个脆性接收者；一个脆性源对应一个脆性接收者；多个脆性源对应一个脆性接收者。

若使得某个脆性接收者的脆性过程能够发生，就要考虑能够使其发生的各种可能性的脆性源。在这些脆性源中可以分为 3 种情况：将那些对此脆性接收者的脆性过程的发生起决定作用的脆性源称为主脆性源；将那些对此脆性接收者的脆性过程的发生没有影响的脆性源称为非脆性源；则将其余的脆性源称为此脆性接收者的亚脆性源。

若使得某个脆性源的激发，能够使脆性过程发生，就要考虑那些能够对此脆性源的激发产生响应的各种脆性接收者的情况了。在这些脆性接收者中也可以分为 3 种情况：将那些对此

脆性源的激发有一定响应的脆性接收者称为主脆性接收者；将那些对此脆性源的激发没有响应的脆性接收者称为非脆性接收者；则将其余的与此脆性源有关联的脆性接收者称为亚脆性接收者。

需要注意的是，无论是主脆性源还是主脆性接收者，它们都不是唯一的。还有这样的一种情况，假设系统 A 是系统 B 的脆性源，而系统 B 又是系统 C 的脆性源，则针对脆性接收者系统 C 来说，系统 B 是系统 C 的直接脆性源，系统 A 是系统 C 的间接脆性源；针对脆性源系统 A 来说，系统 B 是系统 A 的直接脆性接收者，系统 C 是系统 A 的间接脆性接收者。

3.2.3 脆性关联性

由于任何系统都不是孤立地存在的，时刻与周围环境进行着物质、能量的交换，因此，它们必然与其他系统具有一定的关联性，这种联系关系可能会很紧密，也可能是微乎其微的，但总而言之，万事万物之间都是具有某种关联的。系统之间的关联性的种类有很多，而本小节主要论述的是系统之间的关联性之一 —— 脆性关联性。

谈到脆性关联性，就涉及脆性源和脆性接收者之间的关系，在 3.2.2 中，已经详细地论述了脆性源与脆性接收者之间的关系。因此，给出下面的定义：

脆性关联性：对于某个脆性接收者（脆性源），使其脆性过程能够发生，不同的脆性源（脆性接收者）对此脆性接收者（脆性源）的作用（响应）程度，将之称为脆性关联性。

若使某个脆性接收者的脆性过程能够发生，就要考虑能够使其发生的各种可能性的脆性源；或者对于某个脆性源的激发，能够使脆性过程发生，就要考虑能够对此脆性源的激发产生响应的各种脆性接收者，此时就取决于脆性的关联性了。

规定 3.1 将对此脆性接收者（脆性源）A 的脆性过程的激发起决定作用的脆性源（脆性接收者）B 称为主脆性源（主脆性接收者），这些主脆性源（主脆性接收者）B 对此脆性接收者（脆性源）A 的脆性关联值为 1。还可以说，系统 A 和系统 B 是脆性同一的。

规定 3.2 将对此脆性接收者（脆性源）A 的脆性过程的激发没有作用的脆性源（脆性接收者）B 称为非脆性源（非脆性接收者），这些非脆性源（非脆性接收者）B 对此脆性接收者（脆性源）A 的脆性关联值为 0。还可以说，系统 A 和系统 B 是脆性对立的。

规定 3.3 将对此脆性接收者（脆性源）A 的脆性过程的激发起一定作用的脆性源（脆性接收者）B 称为亚脆性源（亚脆性接收者），这些亚脆性源（亚脆性接收者）B 对此脆性接收者（脆性源）A 的脆性关联值介于 $0 \sim 1$ 之间。还可以说，系统 A 和系统 B 是脆性波动的。

脆性在子系统之间的传递与放大的程度与子系统之间的脆性联系函数有关。子系统之间的脆性联系函数以它们之间的脆性状态相似度为变量。脆性状态联系函数可以用状态之间的脆性同一度、对立度、波动度来衡量，表示如下：

$$F = g(a, b, c) \tag{3.22}$$

式中，a,b,c 分别为两个子系统之间的同一度、对立度、波动度，且为时间 t 的函数。

那么，随着时间的演进，脆性状态联系函数随时间的脆性变化率可以用 $\dot{F}$ 来表示，即

$$\dot{F} = \frac{\partial F}{\partial a}\frac{\mathrm{d}a}{\mathrm{d}t} + \frac{\partial F}{\partial b}\frac{\mathrm{d}b}{\mathrm{d}t} + \frac{\partial F}{\partial c}\frac{\mathrm{d}c}{\mathrm{d}t} \tag{3.23}$$

考虑系统在 t 时刻，当 $\dot{F}>0$ 时，子系统之间的脆性联系越来越紧密；当 $\dot{F}<0$ 时，子系统之间逐渐失去脆性联系；当 $\dot{F}=0$ 时，子系统之间的脆性联系处于相对不变的状态。

两个脆性联系紧密的子系统，在其中的一个遭受打击而崩溃时，另外一个也难免受到毁灭性的影响，原因就在于脆性在这两个子系统中占了主导地位。为了尽量避免脆性在复杂系统的子系统之间占据主导地位，可以通过降低各个子系统之间的脆性联系度，使得即使复杂系统中的一个子系统受到打击时，也可以使整个系统避免受到关联而坍塌。

3.2.4　脆性基元

在这里，脆性源、脆性接收者、脆性联系组成一个开放的复杂系统脆性表现的基本单位，称为脆性基元。脆性基元也是复杂系统脆性行为研究的基本单位。

在复杂系统脆性的基础理论中，考虑到脆性基元的各种关系，提出了以下几种组合形式：

对于一个二元组系统，子系统 X 与 Y 之间的基本脆性联系可以如图 3.3 所示。子系统 X 发生崩溃，会影响到子系统 Y，而子系统 Y 崩溃，不会影响到子系统 X；或者 X 与 Y 相互影响。设 X,Y,Z 3 个子系统组成的脆性基元有如图 3.4、图 3.5、图 3.6 所示的脆性关联形式。

图 3.4 表示的是 3 个子系统之间的完全脆性联系的基元，任意一个子系统发生崩溃，都会影响到另外两个子系统。

图 3.5 表示的是 3 个子系统之间的双边脆性联系的基元，子系统 Y 和 Z 之间无直接的脆性联系，但是都与 X 有脆性联系。

图 3.6 表示的是 3 个子系统之间的层次脆性联系基元。子系统 X 发生崩溃，会影响到子系统 Y 和 Z，而子系统 Y 和 Z 崩溃，不会影响到子系统 X。子系统 X 相当于子系统 Y 和 Z 的上一层。

图 3.3　子系统 X 与 Y 之间的脆性联系

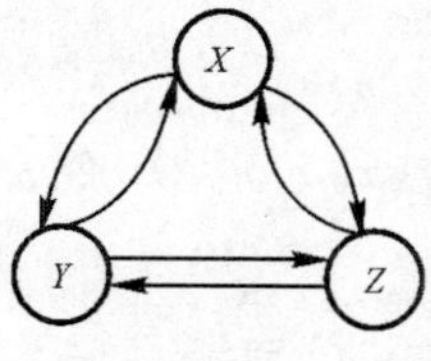

图 3.4　完全脆性联系

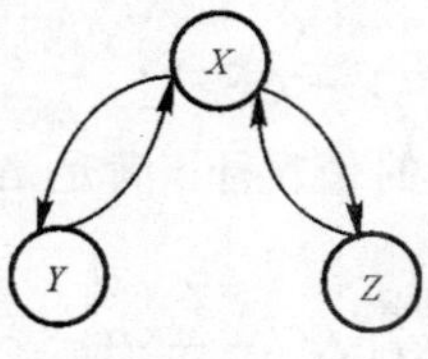

图 3.5　双边脆性联系

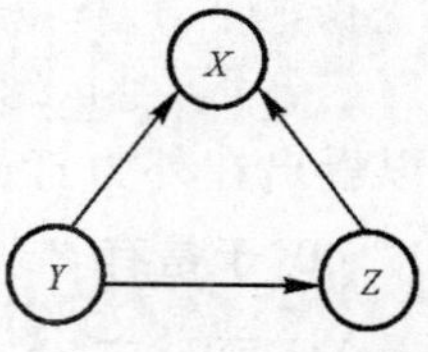

图 3.6　层次脆性联系

下面应用耗散系统的熵理论来分析脆性基元引起脆性行为的过程。由于复杂系统脆性具有延时性，所以假设脆性源 a_0 从遭受外力打击到崩溃经历 n 个时刻，即有 n 个状态，设为 x_0^1，$x_0^2,\cdots,x_0^n$，并且 $x_0^{n+1}=1$。其中 $x_0^t(t=1,2,\cdots,n)$ 的意义是：假设 a_0 在 t 时刻有 m 种可能崩溃的情况，令每种情况的概率为 $p_i(i=1,2,\cdots,m)$，则

$$x_0^t=\prod_{i=1}^{m}p_i^{p_i} \tag{3.24}$$

于是，定义基点每一时刻的状态 a_0^t 下的物理熵为

$$S_0^t = -K\sum_{i=1}^{m} p_i \log p_i = -K\log \prod_{i=1}^{m} p_i^{p_i} = -K\log x_0^t \tag{3.25}$$

以此作为衡量系统无序程度的量，式中，$t=1,2,\cdots,n$；K 是一个常数，在通常情况下为了方便，不妨取 $K=1$。依据最大熵增原理，由式(3.25)可知顶点的熵有界 $\log(m) \geqslant S_0^t > 0$，则状态有界 $1/m \leqslant x_0^t < 1$，而且熵值与状态成反比关系。此时基点的状态反映系统有序的程度。

同理，对脆性接收者 a_1 也作同样假设，设在 t 时刻它的状态为 x_1^t，它的熵为

$$S_1^t = -K\log x_1^t \tag{3.26}$$

设 x_0^0, x_1^0 分别为 a_0, a_1 的初始状态，则初始状态下的物理熵分别为 $S_0^0 = -K\log x_0^0$，$S_1^0 = -K\log x_1^0$。

当基点 a_0 遭受打击时，引起内部熵增速度急剧增大或熵的大量增加。依据系统论可知，a_0 会向脆性接收者 a_1 吸收负熵流，以此维持原来的有序状态。接收者 a_1 提供的负熵流与此时它的状态以及 a_0 此时的状态有关。

因此，定义一个连续单调递减函数 $g(x,y)$，对任意的 x,y，有

$$g(x,y) > 0 \tag{3.27}$$

$$\frac{\mathrm{d}g(x,y)}{\mathrm{d}t} < 0 \tag{3.28}$$

$$g(x_0^0, x_1^0) = 0 \tag{3.29}$$

设 a_1 在 $t-1$ 时刻提供的负熵流为

$$\Delta S_1^{t-1} = -Kg(x_0^{t-1}, x_1^{t-1}) \tag{3.30}$$

于是在 t 时刻，a_0 的熵值为

$$S_0^t = S_0^{t-1} + \Delta S_1^{t-1} + K\Delta S_0^{t-1} \tag{3.31}$$

式中，$K\Delta S_0^{t-1}$ 是在 $t-1$ 时刻脆性源由于遭受打击而引起的内部熵增。

定义函数 $\varphi(x) \xlongequal{\text{def}} \mathrm{e}^{-\frac{1}{K}x}$，则

$$\begin{aligned} a_0^t &= \varphi(S_0^t) = \varphi(S_0^{t-1} + \Delta S_1^{t-1} + K\Delta S_0^{t-1}) = \\ &\exp\left[\frac{1}{K}(K\log x_0^{t-1} - Kg(x_0^{t-1}, x_1^{t-1}) + K\Delta S_0^{t-1})\right] = \\ &x_0^{t-1}\exp\left[g(x_0^{t-1}, x_1^{t-1}) - \Delta S_0^{t-1}\right] \end{aligned} \tag{3.32}$$

由此可以看出在外力打击足够大的情况下，满足 $\Delta S_0^{t-1} > g(x_0^{t-1}, x_1^{t-1})$，令 $\alpha = \Delta S_0^{t-1} - g(x_0^{t-1}, x_1^{t-1}) > 0$，于是有 $\mathrm{e}^{\alpha} > 1$，进而

$$\begin{aligned} \Delta x_0 &= x_0^t - x_0^{t-1} = x_0^{t-1}\exp[\Delta S_0^{t-1} - g(x_0^{t-1}, x_1^{t-1})] - x_0^{t-1} = \\ &(\mathrm{e}^{\alpha} - 1)x_0^{t-1} > 0 \end{aligned} \tag{3.33}$$

即 a_0 的状态 x_0^t 是随着 t 递增的。

由于提供负熵流就意味着本身熵的增加，所以注意到 a_1 在 t 时刻的熵值

$$S_1^t = S_1^{t-1} - \Delta S_1^{t-1} = S_1^{t-1} + Kg(x_0^{t-1}, x_1^{t-1}) \tag{3.34}$$

令 $\beta = g(x_0^{t-1}, x_1^{t-1})$，有

$$\begin{aligned} a_1^t &= \varphi(S_1^t) = \varphi[S_1^{t-1} + Kg(x_0^{t-1}, x_1^{t-1})] = \\ &\exp\left\{\frac{1}{K}[K\log x_1^{t-1} - Kg(x_0^{t-1}, x_1^{t-1})]\right\} = \end{aligned}$$

$$x_1^{t-1}\exp[g(x_0^{t-1},x_1^{t-1})]=x_1^{t-1}e^{\beta} \tag{3.35}$$

由 $\beta>0$,得到

$$\Delta x_1=x_1^t-x_1^{t-1}=x_1^{t-1}(e^{\beta}-1)>0 \tag{3.36}$$

即 a_1 的状态 x_1^t 亦是随 t 递增的。

因此,在复杂系统中脆性源 a_0 遭受足够大的外力打击时会产生崩溃现象,而脆性接收者 a_1 由于向 a_0 提供负熵流加快了本身的熵增,也成为一个脆性源,最终也会崩溃,并且导致其他接收者崩溃。依此类推,该系统最终将会产生崩溃。

3.3　复杂系统脆性的特性

脆性是复杂系统的一个基本属性,始终伴随着复杂系统存在,并不会因为系统的进化或外界环境的变化而消失。通过对复杂系统脆性定义的论述,得到脆性行为的一些性质:

(1) 隐藏性

复杂系统的脆性在平时并不表现出来,是不为人们所认知的。只有在受到足够强度的外部干扰作用时才表现出来。在复杂系统内,脆性随时都可能被激发出来。随着系统的不断演进,脆性被激发的可能性也随之变化,系统的进化越趋于有序,它的脆性越易被激发。

(2) 伴随性

仅当一定的外界激励或者干扰作用于复杂系统中的一部分(系统)时,并且在一定条件下使之崩溃后,其他与这个崩溃的系统有脆性联系的系统,会因为伴随的脆性而发生崩溃。

(3) 作用结果表现形式的多样性

由于开放的复杂系统自身的进化方式以及外界环境的复杂多变,因此,系统的脆性成分的状态变化多端,激发脆性的方式也多种多样,脆性使系统产生损失的结果也不同。

(4) 作用结果危害的严重性

复杂系统的崩溃是从有序到无序的,从正常的工作状态到混乱的工作状态的。因此,复杂系统的脆性在一定的时间段内是有危害性的。各种复杂系统往往关系到国计民生,一旦崩溃,对经济、政治的影响十分严重。

(5) 子系统之间的非合作博弈是复杂系统脆性的一个根源

复杂系统在脆性的作用下,表现为熵增。子系统之间为了争夺有限的负熵资源,降低其熵值,它们之间必然是非合作博弈的。这一性质在参考文献[1]中有详细的论述。

(6) 连锁性

当一个系统在干扰下崩溃时,由于系统伴随的脆性,使与之脆性相关的其他系统相继崩溃。

(7) 延时性

因为复杂巨系统具有开放性和自组织性,所以当系统受到外力的突然打击时,它会尽力维持其原有的状态,因此从遭受外力到系统崩溃会有一段延时。

(8) 整合性

脆性是复杂系统作为一个整体才有的属性。如果只在微观上考虑一个子系统,则是无法体现脆性的。

3.4 复杂系统脆性模型

在给出的复杂系统脆性定义的基础上，为了更好地理解复杂系统的脆性问题，先后又给出了脆性过程、脆性源、脆性接收者、脆性基元等定义。但是这些都不足以形象地说明复杂系统的脆性问题，当复杂系统的脆性被激发的时候，复杂系统中由于某个子系统崩溃，引发了其他子系统的崩溃，其实这就是脆性作用的表现。为了更形象化地描述复杂系统脆性作用的特点，给出以下的形象化模型。

3.4.1 多米诺骨牌模型

在此模型中，每一块骨牌代表复杂系统中的一个小系统，以每块骨牌之间的距离表示子系统之间的脆性联系强弱，距离越小，表示脆性联系越强。反之，距离越大，表示脆性联系越弱，如图 3.7 所示。

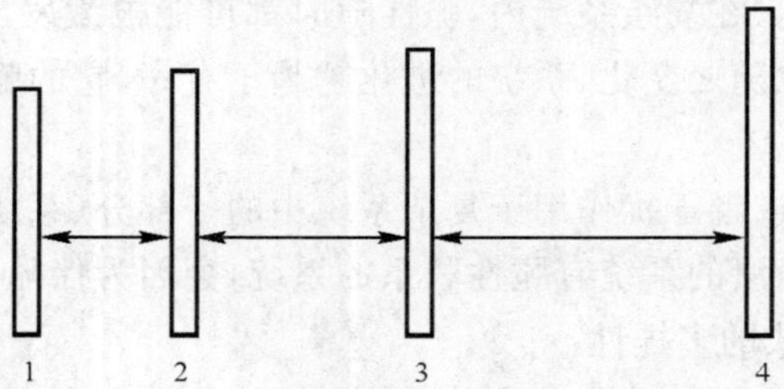

图 3.7 复杂系统脆性的多米诺骨牌模型

比如说生态环境中的食物链问题，如图 3.8 所示，可以说明多米诺骨牌模型。作为脆性源的虫子灭绝后，成为脆性接收者的鸡的数量将会大幅减少，直至灭绝。从而又会成为脆性接收者鹰灭亡的脆性源。

图 3.8 多米诺骨牌型食物链

3.4.2 金字塔模型

金字塔模型展示了复杂系统的层次性。具体的描述如下：位于上层的一个规模较大的子系统受到干扰而发生崩溃后，伴随而来的系统的脆性将由上至下传播，崩溃的子系统越来越多，如图 3.9 所示。

比如生态环境中的分支性的食物链也具有这样的特性，如图 3.10 所示。当脆性源黄鼠狼灭绝时，造成了鸡和鸭数量的大幅增加，从而引发了脆性接收者虫子的灭绝。由于作为脆性源的虫子的灭绝引发了脆性接收者鸡和鸭的灭绝，由此可以看出，脆性源黄鼠狼是脆性接收者鸡和鸭灭绝的间接脆性源。

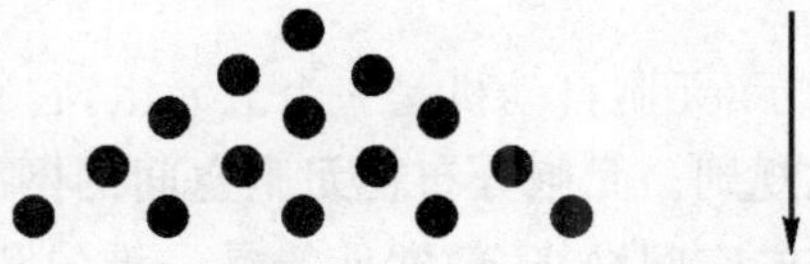

图 3.9　复杂系统脆性的金字塔模型

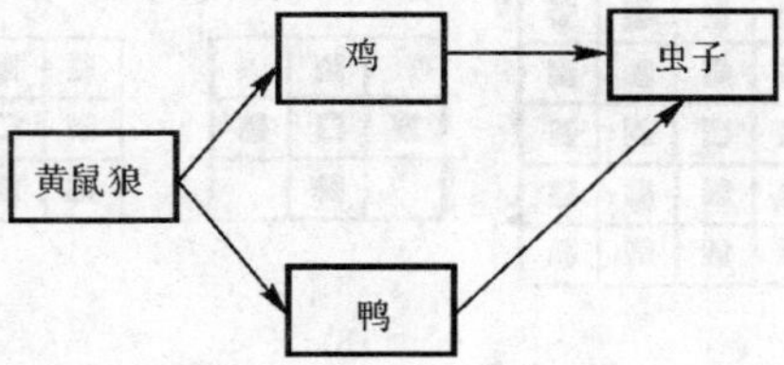

图 3.10　金字塔型食物链

3.4.3　倒金字塔模型

如图 3.11 所示的模型称为倒金字塔模型，具体的描述如下：下层的一个较小的子系统受到干扰而发生崩溃后，伴随而来的复杂系统的脆性将由下至上传播，崩溃的子系统越来越多。依次逐层递推，最终使得整个复杂系统崩溃。

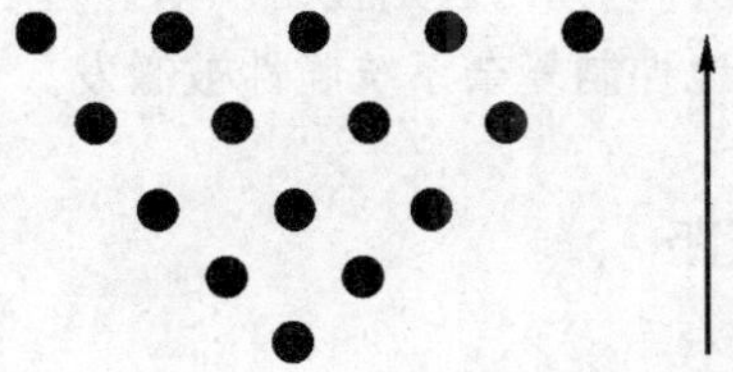

图 3.11　复杂系统脆性的倒金字塔模型

比如生态环境中的分支食物链也具有这样的特性，如图 3.12 所示，说明了当作为单一脆性源的虫子的脆性接收者增多时，一旦虫子灭绝，最终会加速脆性接收者鹰和黄鼠狼的灭绝。

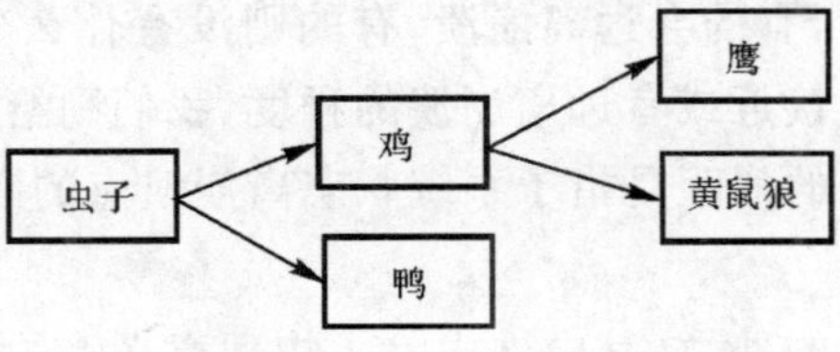

图 3.12　倒金字塔型食物链

3.4.4　元胞自动机模型

从结构上看，如图 3.13 所示，元胞自动机是一个五元组，它有 5 个基本组成部分：元胞、元胞空间、邻居、元胞状态和演化规则。元胞分布在元胞空间的网格点上，是元胞自动机中的基本单元。元胞空间是一种离散的空间网格，最常见的是一维的和二维的。在二维元胞自动机中，比较著名的有扩展 Moore 型、Von Neumann 型和 Moore 型，分别如图 3.13(a)，(b)，(c)所示[14-15]。

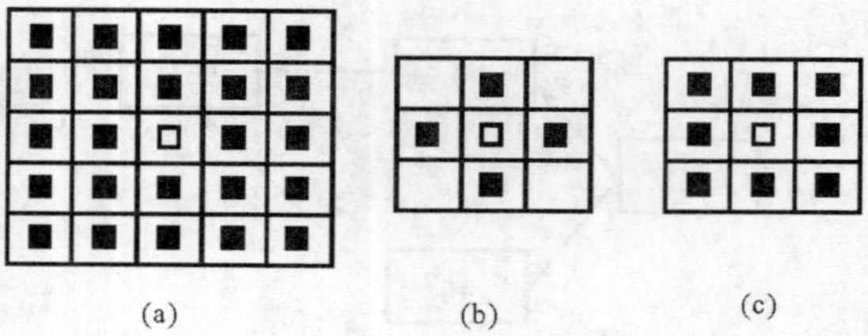

图 3.13　元胞自动机模型

(a) 扩展 Moore 型；(b) Von Neumann 型；(c) Moore 型

3.5　复杂系统脆性源等级判别

在复杂系统脆性过程中，一个很小的单元便是由脆性源到脆性接收者的脆性过程，可以说整个复杂系统脆性会被激发，与脆性源有着很大的关系，所以本节主要是对脆性源进行分析，并分析在复杂系统存在多个脆性源时如何区别控制。本节则是通过对脆性源等级上的区分来区别这些脆性源，从而能够有效地控制复杂系统脆性被激发。

3.5.1　复杂系统脆距

1. 子系统的崩距

整个复杂系统在脆性被激发之前，都存在着一些子系统之间的连锁反应，这些反应都是由于复杂系统中各个子系统之间存在脆性联系。其中一个子系统受到内部、外界的干扰或者打击而崩溃后，从而在一定程度上影响了与之有着脆性联系的子系统，但这些子系统并不一定就会崩溃，它们有的会接近崩溃，有的会远离崩溃，有的则没有什么变化。为了更好地衡量这种变化的程度，也就是为了衡量接近或者远离崩溃的程度，我们则给出了子系统崩距的定义。

从字面意思理解，子系统的崩距是指子系统状态离崩溃点的距离，而在分析子系统崩距之前再了解一下崩溃的概念。

崩溃：当系统遭受突然性的外力(其中外力除了物理意义上的外力，也包括信息、物质流等外界因素）打击时，会使原来的有序状态被破坏，进而形成一种新的无序状态，此时称该系统崩溃(collapse)。对于系统崩溃可以解释为系统长期大范围地失去某种特性。

设所考虑的复杂系统由 n 个子系统构成，而能引起整个复杂系统崩溃的关键子系统集合有 l 个，l 个关键子系统集合中的任何一个集合中的所有子系统的崩溃表征了整个复杂系统的崩溃，所以定义复杂系统存在着两个状态：正常或崩溃，分别用 0，1 来表示。

根据前面关键子系统集合的定义，只有关键子系统中的所有子系统崩溃，才能表征整个复杂系统的崩溃。而在关键子系统类中的 l 个关键子系统集合都能够造成整个复杂系统的崩溃。所以对于 l 个关键子系统集合存在一个集合，若其包含的所有子系统运行状态都为 1，则复杂系统的运行状态也就为 1，否则为 0。而对于要有效地控制复杂系统的崩溃，也就是要研究 0，1 之间的情况。在控制复杂系统之前，首先必须控制好这些关键子系统集合中的子系统，这里给出各个子系统崩距的定义。

子系统的崩距的字面意思也就是指子系统各个状态与崩溃的距离。设复杂系统 S，存在子系统 X，它的各个状态由状态向量来表示为 $\boldsymbol{X}=[x_1,x_2,\cdots,x_n]$，而其崩溃点 Y 也可由状态向量来表示为 $\boldsymbol{Y}=[y_1,y_2,\cdots,y_n]$，崩距也就是系统状态与崩溃点之间的距离 $d(\boldsymbol{X},\boldsymbol{Y})$。首先来看一下各个状态之间距离的定义：

设 $\boldsymbol{X},\boldsymbol{Y},\boldsymbol{Z}$ 为 3 个子系统的 3 个状态向量，若存在实数 $d(\boldsymbol{X},\boldsymbol{Y})$ 满足下列条件：

(1) 非负性：$d(\boldsymbol{X},\boldsymbol{Y})\geqslant 0$，当且仅当 $\boldsymbol{X}=\boldsymbol{Y}$ 时，$d(\boldsymbol{X},\boldsymbol{Y})=0$；

(2) 对称性：$d(\boldsymbol{X},\boldsymbol{Y})=d(\boldsymbol{Y},\boldsymbol{X})$；

(3) $d(\boldsymbol{X},\boldsymbol{Z})\leqslant d(\boldsymbol{X},\boldsymbol{Y})+d(\boldsymbol{Y},\boldsymbol{Z})$，

则称 $d(\boldsymbol{X},\boldsymbol{Y})$ 为各子系统状态之间的距离。

当复杂系统 S 存在一个子系统 X 崩溃时，若存在另外的子系统 Y，有 $\frac{\mathrm{d}(d(\boldsymbol{Y},C))}{\mathrm{d}t}>0$，式中，$C$ 表示 Y 的崩溃点，t 表示时间，则该式表示在子系统 X 崩溃的影响下，子系统 Y 是远离崩溃的；而若 $\frac{\mathrm{d}(d(\boldsymbol{Y},C))}{\mathrm{d}t}<0$，则表示在子系统 X 崩溃的影响下，子系统 Y 是接近崩溃的；而若 $\frac{\mathrm{d}(d(\boldsymbol{Y},C))}{\mathrm{d}t}=0$，则表示在子系统 X 崩溃的影响下，子系统 Y 与崩溃点的距离是不变的。

设子系统崩溃的状态向量为 $\boldsymbol{C}=[c(1),c(2),\cdots,c(n)]$，对子系统崩距进行具体说明：

1) 若子系统崩溃的点只有 1 个，也就是说表征子系统崩溃的状态向量只有一个，则定义子系统任意一个状态 X 与子系统崩溃点 C 之间的距离为 $d(\boldsymbol{X},C)$；

2) 若子系统崩溃的点有 n 个，也就是说表征子系统崩溃的状态向量有 n 个，则定义子系统任意一个状态 X 与子系统崩溃的 n 个点 $C_1,C_2,\cdots,C_n$ 之间的距离为

$$d(\boldsymbol{X},C)=\min\{d(\boldsymbol{X},C_1),d(\boldsymbol{X},C_2),\cdots,d(\boldsymbol{X},C_n)\}$$

根据子系统状态之间距离的定义，$d(\boldsymbol{X},\boldsymbol{Y})$ 的具体形式可以从下列各式中进行选择，若 $\boldsymbol{X}=[x_1,x_2,\cdots,x_n]$，$\boldsymbol{Y}=[y_1,y_2,\cdots,y_n]$ 为系统的两个向量，定义

$$d_1(\boldsymbol{X},\boldsymbol{Y})=|x_1-y_1|+|x_2-y_2|+\cdots+|x_n-y_n|$$

$$d_2(\boldsymbol{X},\boldsymbol{Y})=[|x_1-y_1|^2+|x_2-y_2|^2+\cdots+|x_n-y_n|^2]^{\frac{1}{2}}$$

$$d_3(\boldsymbol{X},\boldsymbol{Y})=\frac{d_1(\boldsymbol{X},\boldsymbol{Y})}{1+d_1(\boldsymbol{X},\boldsymbol{Y})}$$

$$d_p(\boldsymbol{X},\boldsymbol{Y})=[|x_1-y_1|^p+|x_2-y_2|^p+\cdots+|x_n-y_n|^p]^{\frac{1}{p}}$$

$$d_\infty(\boldsymbol{X},\boldsymbol{Y})=\max_k\{|x_k-y_k|,k=1,2,\cdots,m\}$$

则 $d_1(\boldsymbol{X},\boldsymbol{Y}),d_2(\boldsymbol{X},\boldsymbol{Y}),d_3(\boldsymbol{X},\boldsymbol{Y}),d_p(\boldsymbol{X},\boldsymbol{Y}),d_\infty(\boldsymbol{X},\boldsymbol{Y})$ 皆可表示系统状态向量之间的距离。

找到了子系统与崩溃点距离的概念，就可以准确地判断在复杂系统受到内外界干扰后，各个子系统的变化情况，找到控制的策略，从而很好地掌控复杂系统的运行，防止复杂系统脆性被激发，以免给生活及工作带来不必要的麻烦。知道了子系统崩距的定义，下面来分析复杂系统脆距的定义。

2. 复杂系统的脆距

从字面意思来看，崩距为系统各个状态到崩溃点的距离，脆距则就是复杂系统各个状态到其脆性被激发的距离。

从前面对复杂系统脆性过程的论述知道，复杂系统中的关键子系统集合中子系统的崩溃表征了复杂系统脆性的激发，所以对于复杂系统脆距的定义须从关键子系统集合中的各个子系统入手。

根据子系统崩距的定义，每个子系统都存在一个崩距，而复杂系统的关键子系统集合中的每个子系统也存在着这样的一个崩距，同时这样的关键子系统集合不止一个，它们都与整个复杂系统的崩溃存在着关系，所以复杂系统的脆距可定义为一个向量，具体定义为：设复杂系统有 l 个关键子系统集合，且其中第 m 个关键子系统集合含有 l_m 个子系统，$m=1,2,\cdots,l$，根据复杂系统的每个关键子系统集合都表征复杂系统的崩溃，所以就有 l 个脆距向量

$$\boldsymbol{A}_1,\boldsymbol{A}_2,\cdots,\boldsymbol{A}_m,\cdots,\boldsymbol{A}_l$$

式中，$\boldsymbol{A}_m=[A_{m1},A_{m2},\cdots,A_{mt},\cdots,A_{ml_m}]$。$\boldsymbol{A}_m=[A_{m1},A_{m2},\cdots,A_{mt},\cdots,A_{ml_m}]$ 即为第 m 个关键子系统集合中各个子系统的崩距，而 A_{mt} 表示第 m 个关键子系统集合中的第 t 个子系统与其崩溃状态之间的距离。

为了便于进行研究，将脆距向量中的元素进行归一化处理，设各个子系统距崩溃状态最远的距离，也就是说各个子系统最大的崩距为 A_{mt}^*，则处理向量中的各元素为

$$A_{mt}^1=\frac{A_{mt}}{A_{mt}^*} \tag{3.37}$$

1）当子系统已经处在崩溃状态时：$A_{mt}=0,A_{mt}^1=0$；

2）当子系统离崩溃状态最远时：$A_{mt}=A_{mt}^*,A_{mt}^1=1$；

3）当子系统处于崩溃状态与离崩溃状态最远之间的距离时：$0<A_{mt}<A_{mt}^*,0<A_{mt}^1<1$。

这样就完成了脆距向量各元素的归一化处理。

若在复杂系统中，存在某个脆距向量的元素都为0，则表示复杂系统脆性被激发。根据向量的模来定义：设复杂系统的所有关键子系统所对应的脆距向量为 $\boldsymbol{A}_1,\boldsymbol{A}_2,\cdots,\boldsymbol{A}_m,\cdots,\boldsymbol{A}_l$。

1）若存在脆距向量 $\boldsymbol{A}_m=[A_{m1}\quad A_{m2}\quad\cdots\quad A_{mt}\quad\cdots\quad A_{ml_m}]$，且其模长 $|\boldsymbol{A}_m|=\sqrt{A_{m1}^2+A_{m2}^2+\cdots+A_{mt}^2+\cdots+A_{ml_m}^2}=0$，则表示复杂系统脆性被激发。

2）若对于所有的 $\boldsymbol{A}_m=[A_{m1}\quad A_{m2}\quad\cdots\quad A_{mt}\quad\cdots\quad A_{ml_m}](m=1,2,\cdots,l)$，且其模长 $|\boldsymbol{A}_m|=\sqrt{A_{m1}^2+A_{m2}^2+\cdots+A_{mt}^2+\cdots+A_{ml_m}^2}\neq 0$，即不存在任何的 $|\boldsymbol{A}_m|=\sqrt{A_{m1}^2+A_{m2}^2+\cdots+A_{mt}^2+\cdots+A_{ml_m}^2}=0$，则表示复杂系统的脆性没有被激发。

从模长的意义可以看出，脆距向量的模长能够表征复杂系统离脆性被激发的距离。

$|\boldsymbol{A}_m|$越大,则表示复杂系统越安全,$|\boldsymbol{A}_m|$越小,则表示复杂系统越接近脆性被激发。

根据复杂系统脆性距离的定义,可以衡量复杂系统崩溃的程度。根据距离的大小对其进行相应的控制,使复杂系统的各个状态远离脆性被激发的点,也就是在一定程度上加大复杂系统各个状态与脆性被激发点之间的距离。

3.5.2　复杂系统脆性时间

根据脆性的特性以及复杂系统脆性距离的定义,在复杂系统受到内、外界干扰到脆性被激发及整个复杂系统崩溃之间存在着一定的延时。在某个子系统受到外界或内部的干扰下崩溃后,由于与之存在脆性联系的不止一个子系统,这样就很有可能得到不止一条由此子系统引发的崩溃路径,路径不同,脆性延时也不相同,从而可以得到最短的延时,也就是使系统有可能崩溃的最短的时间。若最短的延时发生,系统已经崩溃,而对于研究其他的延时将没有意义。本书则是根据由子系统崩溃引起的崩溃路径组成的脆性树,对其进行必要的简化,再根据各个路径发生崩溃的时间的不同,得到系统崩溃延时的计算,并且得到延时最短的路径,对其进行相应的控制,提前防止崩溃的发生。

为了能够得到复杂系统的各条崩溃路径,利用脆性树来分析复杂系统从受到内、外界干扰到整个复杂系统崩溃的这个过程。

1. 脆性树

设复杂系统 S 包含 a 个子系统,各子系统之间存在着物质与信息的交流,则此复杂系统可以与图 $G(V,E)$ 相对应[16]。其中,V 表示复杂系统中的各个子系统;E 表示子系统之间存在着物质与信息的交流。物质与信息的交流是存在着方向性的,所以这里所考虑的图为有向图。对图中的各个元素给出相应的定义。

定义父、子元素:对于任一元素 v_i,它的顶层元素称为父元素。对于复杂系统脆性激发过程来说,若子系统 v_j 的崩溃导致子系统 v_i 的崩溃,则在对应的树中称 v_j 为 v_i 的父元素,反过来称 v_i 为 v_j 的子元素。

上层元素:对于元素 v_i,它的父元素以及父元素的父元素,称为 v_i 的上层元素,同样元素 v_i 的上层元素的上层元素也为 v_i 的上层元素。

下层元素:对于元素 v_j,它的子元素以及子元素的子元素,称为 v_j 的下层元素,同样元素 v_j 的下层元素的下层元素也为 v_j 的下层元素。

构造演化树:若子系统 v_i 受到内、外界干扰崩溃,则将其作为树中的根元素。由于复杂系统内部各个子系统之间的耦合关系,v_i 的崩溃将会引起与之有脆性关联的子系统 v_{j_1},v_{j_1+1},…,$v_{m_{j_1}}$ 的崩溃,将这些子系统作为树中的第一层元素。由于第一层子系统崩溃,引起与其具有脆性关联的子系统崩溃,把这些与第一层子系统有脆性关联,并且崩溃的子系统称为演化树中的第二层元素。按照此方法,将得到与复杂系统相对应的有向图。由于受到内、外界干扰的子系统不止一个,把此有向图称为以 v_i 为顶点的演化树,记为 T_i,其中 $i=1,2,\cdots,a$。

设复杂系统包含 b 个关键子系统集合 $G_t(t=1,2,\cdots,b)$,若子系统 v_i 的演化树 T_i 的顶点集合包含关键子系统集合 G_{h_t} 则称此演化树为 v_i 的脆性树,记为 T_{h_t}。若子系统 v_i 的演化树 T_i 的顶点集合包含不止一个关键子系统集合 G_{h_1},G_{h_2},…,G_{h_i},$i\leqslant b$,则 v_i 的脆性树记为

$T_{h_1,h_2,\cdots,h_i}$。同样,若演化树 T_i 的顶点集合不包含关键子系统集合 $G_t(t=1,2,\cdots,b)$,则通过此演化树复杂系统没有崩溃,脆性没有被激发,在本章对于这样的演化树不进行更深入的研究。

脆性树表征了引起复杂系统崩溃的整个过程,此过程存在一定的方向性,即从树根往下层元素出发。当然很有可能在没有进行到最底层元素时,整个复杂系统已经崩溃,这就需要对脆性树进行一定程度的简化,从而方便我们得到准确的系统脆性被激发的时间。

对脆性树中的各边赋予权值:脆性源的崩溃会导致脆性接收者的崩溃并不是绝对的,而是存在着一定的概率,所以在脆性树中上层元素引发下层元素的崩溃也是存在着一定概率的,将此概率定义为连接子系统边上的权值。设此子系统为 v_i,被其影响的子系统为 v_j,则赋予联系它们的边上的权值为 ω_{ij}。

根据脆性树以及各边上的权值,就可以得到复杂系统崩溃的路径,并且可以得到各个路径引起复杂系统崩溃的概率。

2. 脆性树的简化

脆性树描述了系统崩溃的各个完整的路径,对于研究者来说,一些路径或者路径中的边并不需要,所以需要对脆性树进行一些简化。

(1) 对脆性树 $T_{h_1,h_2,\cdots,h_i}$ 的简化思想

1) 从演化树的构造可以看出,树中的路径中有可能存在相同的子系统,若在上层中出现的已崩溃的子系统,在下层再出现,此元素将没有任何的意义,所以需要简化掉路径中重复出现的元素。

2) 从关键子系统集合的定义可以看出,只要关键子系统集合中的所有元素崩溃,便可判定复杂系统崩溃,所以对于复杂系统崩溃后的过程也可以简化掉。根据脆性树中不同的关键子系统集合,可以得到不同的简化后的脆性树。

(2) 对脆性树 $T_{h_1,h_2,\cdots,h_i}$ 的简化过程

1) 从脆性树中的最底层元素出发找到到达脆性树最顶层元素的每条路径,设存在一条路径,将路径上的各个顶点罗列出来,则就有其顶点集合为 V,根元素为 v_i,在 $V-\{v_i\}$ 中寻找与 v_i 相同的元素,若有,则将路径上与 v_i 相同的元素以后的路径删除;若没有,继续。设第一层元素为 v_{j_1},在 $V-\{v_i,v_{j_1}\}$ 中寻找与 v_{j_1} 相同的元素,若有,依旧将路径上与 v_{j_1} 相同的元素后的路径删除,继续,遍历脆性树中的所有顶点,这样就得到了简化后的脆性树,此脆性树上的每条路径中都不含有相同的元素。

2) 从第一步简化后的脆性树出发,或从演化树中除了根元素 v_i 外的其余悬挂点出发,在各条崩溃路径中找到最早出现在关键子系统集合 $G_{h_j}(j=1,2,\cdots i)$ 中的元素,将此路径上的关键子系统集合元素以后的元素删除;若此路径中不含任何的关键子系统集合中的元素,则可将此路径删除,遍历除了 v_i 外的所有悬挂点,就得到了简化后的脆性树 $T_{h_j}(j=1,2,\cdots i)$。此树除了顶层元素以外,其余的悬挂点都为关键子系统集合中的元素。但并不是关键子系统集合中的所有元素都为树中的悬挂点。

按照上面两个步骤,将脆性树 $T_{h_1,h_2,\cdots,h_i}$ 简化为 $T_{h_1},T_{h_2},\cdots,T_{h_i}$,假设上面两个步骤为算法 f,简化的过程则可以简写为

$$f:T_{h_1,h_2,\cdots,h_i}\rightarrow T_{h_1},T_{h_2},\cdots,T_{h_i}$$

$T_{h_1},T_{h_2},\cdots,T_{h_i}$ 表示根据不同的关键子系统集合得到的不同的简化后的脆性树。

3. 脆性时间

复杂系统的崩溃可以说是在一瞬间实现的，但是脆性具有延时特性，也就是说从脆性激发到整个复杂系统崩溃存在着一定的时间，而每个时间也就对应着脆性树中的各条路径。由于系统崩溃的路径不止一条，若存在一条路径已经到达了崩溃，这时就称所研究的复杂系统已经崩溃。对于一个崩溃的系统再研究其脆性树，就没有什么意义，所以为了有效地防止系统的崩溃，必须找出各路径中距离崩溃的最短时间，也就是文中所要定义的脆性时间。

脆性时间：设复杂系统受到内、外界的干扰，存在子系统崩溃，则定义从此子系统崩溃到引起整个复杂系统崩溃的最短时间为此复杂系统的脆性时间。

举例进行说明，由于复杂系统子系统之间的脆性关联太过复杂，没有办法用有限的顶点以及有限条边来表示，所以这里以一般的系统为例：设存在一个系统 S，包含 $a(a\geqslant 9)$ 个子系统，根据其子系统之间的脆性联系得到复杂系统关于顶点 v_0 的演化树 T_0，如图 3.14 所示。

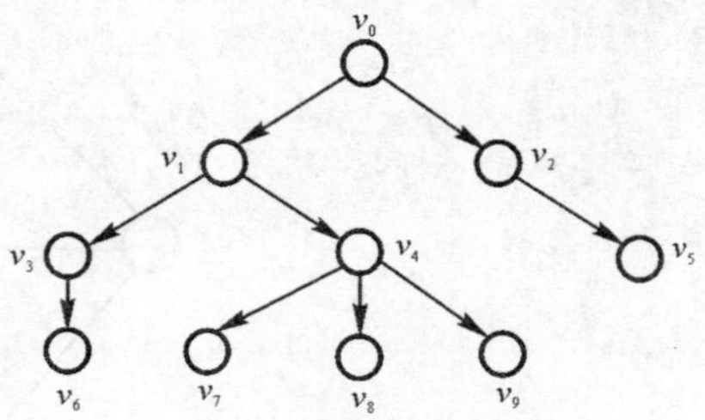

图 3.14　演化树 T_0

1) 假设此树中只含有一个复杂系统崩溃的关键子系统集合，且此集合中的元素为 $\{v_2, v_4, v_6, v_8, v_9\}$，根据脆性树的定义知道图 3.14 所示演化树也为复杂系统 S 中子系统 v_0 的脆性树，按照上面所介绍的方法对此脆性树进行简化。由于此脆性树中不存在相同的元素，所以只需要进行简化中的第二步即可，简化后的脆性树如图 3.15 所示。

求其崩溃的路径图。设路径图中各顶点为已崩溃的子系统，并且顶点中包括的子系统除了脆性树中的根元素外，都应该为关键子系统集合中的元素，所以上述简化后脆性树的崩溃路径如图 3.16 所示。

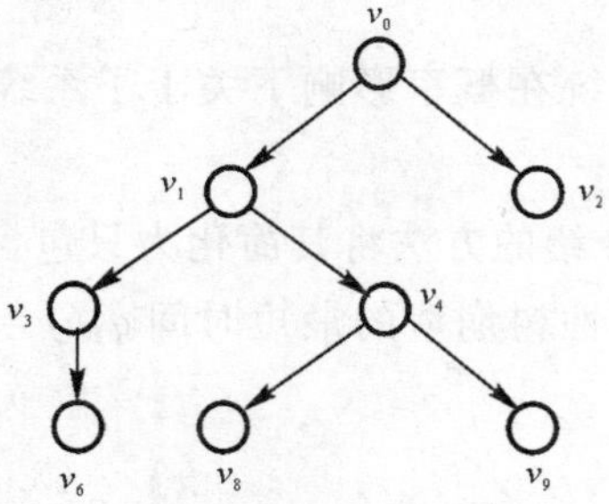

图 3.15　简化后的脆性树 T_0

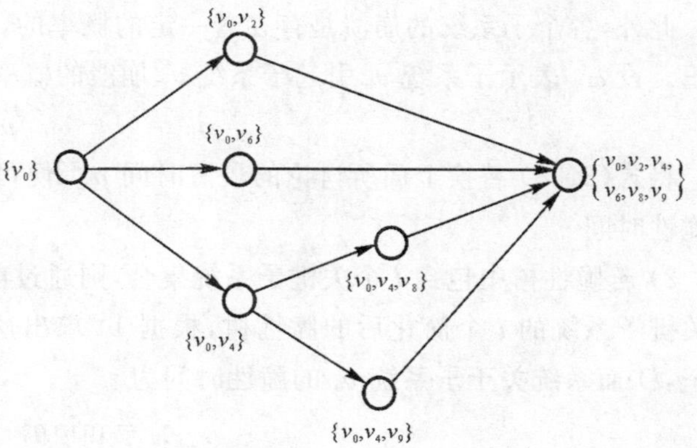

图 3.16　崩溃路径

设复杂系统存在子系统 v_i, v_j，通过 v_i 与 v_j 之间的脆性联系，将子系统 v_i 崩溃引起子系统 v_j 崩溃的隐患时间记为 μ_{ij}。按照时间的长短即可得到关于 v_i 各个关键子系统存在崩溃隐患的次序，以图 3.16 为例进行说明。

假设 v_0 引起 v_2 崩溃需要 4 个单位时间，则 $\mu_{02}=4$，依次有 $\mu_{06}=3$，$\mu_{04}=1$，$\mu_{48}=2$，$\mu_{49}=3$，则 $\mu_{08}=\mu_{04}+\mu_{48}=1+2=3$，$\mu_{09}=4$。由此可以得到关于 v_0 的各个关键子系统崩溃的次序：

$$v_4 \longrightarrow \begin{cases} v_6 \\ v_8 \end{cases} \longrightarrow \begin{cases} v_2 \\ v_9 \end{cases}$$

可见，在 v_2 与 v_9 崩溃后才标志着整个复杂系统的崩溃，在这之前崩溃的系统若能够及时控制其崩溃的传播，便能在一定程度上预防整个复杂系统的崩溃。同样可以得到整个复杂系统在子系统 v_0 崩溃后经过 4 个单位时间整个复杂系统崩溃，这也就是定义的脆性时间 $\mu=4$。所以可以这么说，对于图 3.16 中的顶点 $\{v_0\}$ 到 $\{v_0,v_2,v_4,v_6,v_8,v_9\}$ 的时间为 4 个单位时间，这样可以得到表示崩溃过程的时间图，其权值即为文中所讨论的时间，如图 3.17 所示。

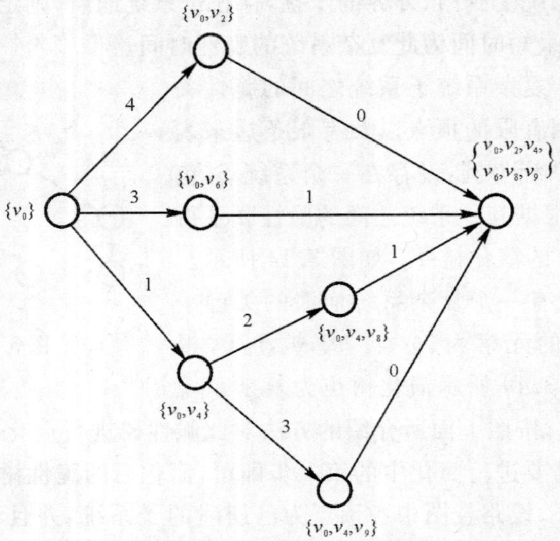

图 3.17 复杂系统崩溃的时间图

此外，各个子系统的崩溃是存在着一定的概率的，所以对图 3.17 中各个边上的权值进行修正。设 ω_{ij} 表示子系统 v_i 引起子系统 v_j 崩溃的概率，且 $0\leqslant\omega_{ij}\leqslant 1$，则边上的权值修正为

$$q_{ij}=(1-\omega_{ij})\mu_{ij} \tag{3.38}$$

将式(3.38) 替换上面所讨论的最短时间 μ_{ij}，便可得到系统在概率影响下关于子系统 v_0 的脆性时间 q_0。

2) 若脆性树中包含 l 个关键子系统集合，则通过前面所介绍的方法将其简化为只包含一个关键子系统的 l 个简化后的脆性树，根据 1) 求出这 l 个脆性树崩溃的最短时间 $q_j(j=1,2,\cdots,l)$ 而系统关于子系统 v_0 的脆性时间为

$$q_0=\min_j q_j \tag{3.39}$$

根据上面 1)，2) 的讨论就得到了复杂系统的脆性时间。

同理，也可以得到其他子系统引发整个系统崩溃的脆性树，并且根据上面的步骤求出系统关于各个子系统的脆性时间。若关于子系统 v_i 的脆性时间为 $q_i(i=0,1,\cdots,a-1)$，则系统的脆性时间为

$$q=\min_i q_i \tag{3.40}$$

根据上面的分析，可以根据复杂系统崩溃的过程得到复杂系统从受到内、外界干扰到整个复杂系统崩溃的最短时间，即定义的脆性时间，可以根据此时间来决定对其进行有效控制的控

制策略，从而在一定程度上防止复杂系统的崩溃。

3.5.3　子系统崩溃产生的后果

在复杂系统受到内、外界干扰时，复杂系统内部的某个子系统会面临崩溃，而根据复杂系统内部各个子系统之间复杂的耦合关系，势必会影响到其他子系统的正常运行，而很有可能导致整个复杂系统的崩溃。

子系统崩溃的程度定义为：在复杂系统中的一个子系统崩溃后，对于整个复杂系统的影响程度，这里的影响程度主要指的是对复杂系统脆距向量的影响情况。在外界对复杂系统进行干扰后，设其中某子系统崩溃，根据集对分析理论[17]，复杂系统的其他子系统与其存在着同一、对立、波动3种关系。

1）脆性同一：当一个子系统 X 崩溃，即子系统 X 的崩距为0时，若同时根据子系统 X 与 Y 之间的脆性联系，子系统 Y 也趋向于崩溃，即子系统 Y 的崩距趋近于0，$\frac{\mathrm{d}(d(Y,C))}{\mathrm{d}t}>0$，式中 C 表示 Y 的崩溃点，t 表示时间，则称子系统 Y 与子系统 X 是脆性同一的。

2）脆性对立：当一个子系统 X 崩溃，即子系统 X 的崩距为0时，若同时根据子系统 X 与 Z 之间的脆性联系，子系统 Z 远离于崩溃，即崩距趋近于1，$\frac{\mathrm{d}(d(Z,C))}{\mathrm{d}t}<0$，则称子系统 Z 与子系统 X 是脆性对立的。

3）脆性波动：当一个子系统 X 崩溃，即子系统 X 的崩距为0时，若同时其他与子系统 X 有脆性联系的子系统 Y，其崩溃特性并没有发生变化，即 $\frac{\mathrm{d}(d(Y,C))}{\mathrm{d}t}=0$，则称这些子系统与子系统 X 是脆性波动的。

这样就把与子系统 X 有脆性联系的子系统集合分为3类。其中子系统 X 为这些脆性过程中的脆性源，而与其有脆性关联的其他子系统为子系统 X 的脆性接收者。根据集对分析理论，这3类组成了关键子系统集合与子系统 X 之间的联系度函数。

设复杂系统中存在子系统 X 受到外界打击后崩溃，对于第 m 个关键子系统集合中存在 S_m 个子系统趋向于崩溃，存在 P_m 个子系统其崩溃特性没有发生变化，存在 Q_m 个子系统远离于崩溃，则第 m 个关键子系统集合与子系统 X 存在联系度函数 $\mu_m(m=1,2,\cdots,l)$。

$$\mu_m=\frac{S_m}{l_m}+\frac{P_m}{l_m}i+\frac{Q_m}{l_m}j \tag{3.41}$$

式中，$S_m+P_m+Q_m=l_m$。令 $a_m=\frac{S_m}{l_m}$，$b_m=\frac{P_m}{l_m}$，$c_m=\frac{Q_m}{l_m}$，即 $a_m+b_m+c_m=1$。

规定3.4　i 在 $[-1,1]$ 区间视不同情况而取值，j 在一般情况下规定其取值为 -1，以表示 c_m 与 a_m 的变化趋势相反。则 a_m 为第 m 个关键子系统与崩溃子系统关于崩溃程度的同一度；b_m 为第 m 个关键子系统与崩溃子系统关于崩溃程度的波动度；c_m 为第 m 个关键子系统与崩溃子系统关于崩溃程度的对立度。

对于其他关键子系统集合同样存在着与子系统 X 之间的联系度函数，这样就得到了子系统 X 的 l 个联系度函数。下面分析各个关键子系统集合表征在子系统 X 崩溃后复杂系统趋向于崩溃的势的定义，即脆性源 X 对各个关键子系统集合的影响程度。

根据集对分析中集对势的定义[17]，可以得到第 m 个关键子系统集合表征复杂系统趋向于崩溃的势为

$$M_m = \frac{a_m}{c_m} \tag{3.42}$$

对于每个关键子系统集合都存在着这样的势，所以存在 l 个势。由于只要存在于一个关键子系统集合中的所有元素都崩溃就表征了整个复杂系统的崩溃，所以取 l 个势中最大的势为整个复杂系统趋向于崩溃的势，即

$$M = \max(M_1, M_2, \cdots, M_m, \cdots, M_l) \tag{3.43}$$

式中，M_m 为第 m 个关键子系统集合趋向于崩溃的势。若 M 趋近于 ∞，则表示存在一个关键子系统集合，其趋向于崩溃的子系统的数目远远大于远离于崩溃的子系统的数目，而若不考虑 b_m 的变化，则可以说复杂系统趋向于崩溃的势比较大。反之，即 M 趋向于 0，则表示存在一个关键子系统集合，其中远离于崩溃的子系统的数目远远大于趋向于崩溃的子系统的数目，若不考虑 b_m 的变化，则可以说复杂系统趋向于崩溃的势比较小。这样就得到脆性源 X 对整个复杂系统的影响程度。下面具体分析 a_m, b_m, c_m 的大小与脆性源等级的关系。

3.5.4 脆性源等级判别

将脆性源进行级别上的划分。根据脆性源能够引起整个复杂系统崩溃的程度将其划分为 12 个级别[18]，1 级引起系统崩溃的程度最大，2 级弱于 1 级，12 级引起系统的崩溃程度最弱，也就是最弱的一级。以复杂系统趋向于崩溃的势进行说明，具体情况见表 3.1。

表 3.1 脆性源级别

M_m 的取值	a_m, b_m, c_m 之间的关系	级别	含义
$M_m > 1$ $(a_m > c_m)$	$a_m > c_m, b_m = 0$	1	系统已趋向于崩溃
	$a_m > c_m > b_m$	2	系统以趋向于崩溃的趋势为主
	$a_m > b_m \geqslant c_m$	3	系统趋向于崩溃的趋势比较弱
	$b_m \geqslant a_m > c_m$	4	系统趋向于崩溃的趋势很微弱
$M_m = 1$ $(a_m = c_m)$	$a_m = c_m, b_m = 0$	5	系统趋向于崩溃的趋势与系统远离于崩溃的趋势均力敌
	$a_m = c_m > b_m$	6	系统趋向于崩溃的趋势与对立趋势明显相等
	$b_m = a_m = c_m$	7	系统趋向于崩溃的趋势与对立趋势相等，但不确定
	$b_m > a_m = c_m$	8	系统趋向于崩溃的趋势与对立趋势相等，但由于不确定性的作用，显得很微弱
$M_m < 1$ $(a_m < c_m)$	$b_m > c_m > a_m$	9	在不确定性的作用下系统远离于崩溃的趋势显得很微弱
	$c_m > b_m > a_m$	10	系统远离于崩溃的趋势比较微弱
	$c_m > a_m > b_m$	11	系统远离于崩溃的趋势比较弱
	$a_m < c_m, b_m = 0$	12	系统远离于崩溃的趋势是确定的

3.5.5　食物链网中的脆性源等级分析

在食物链中各个生物之间都存在着捕食的关系，这里假设在初始时，食物链网是平衡的，考虑其中某个生物由于外界环境的干扰而遭到灭绝（崩溃），考虑对其他生物的影响，并通过影响结果分析各个生物在作为脆性源时的级别，图 3.18 就表示一个简单的食物链网。

将食物链网中的生物进行编号：坚果 1，果实 2，虫 3，鼠 4，蜥蜴 5，鸟 6，蛇 7，鹰 8。设 $B=0$ 代表生物崩溃；$C=1$ 表示在某个生物崩溃后其他生物也具有崩溃的趋势，即其他生物与已崩溃生物之间是脆性同一的；$C=-1$ 表示在某个生物崩溃后其他生物与之是脆性对立的；$C=0$ 则表示在某个生物崩溃后其他生物的崩溃状态不变。

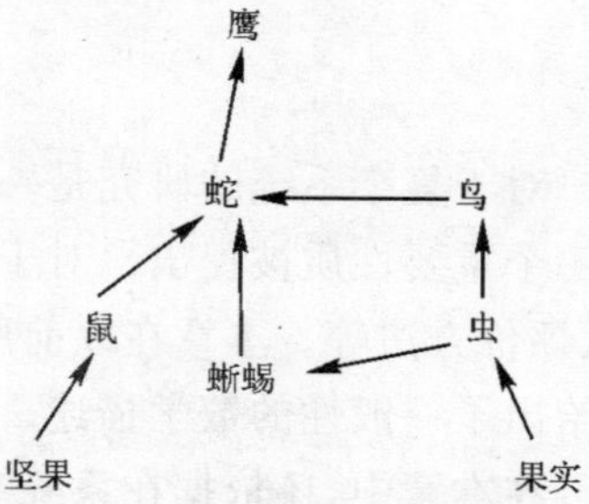

图 3.18　食物链网

1）若 $B(1)=0$，则 $C(4)=1, C(7)=1, C(8)=1, C(5)=-1, C(6)=-1, C(3)=1, C(2)=-1$；根据式(3.41)及式(3.42)有 $a_1=\frac{4}{7}>c_1=\frac{3}{7}, b_1=0$，所以此食物链系统趋向于灭绝（崩溃）的势 $M_1=\frac{a_1}{c_1}=\frac{4}{3}>1$，则系统已趋向于崩溃。

2）若 $B(2)=0$，则 $C(7)=1, C(8)=1, C(5)=1, C(6)=1, C(3)=1, C(4)=-1, C(1)=1$；$a_2=\frac{6}{7}>c_2=\frac{1}{7}, b_2=0$，所以势 $M_2=\frac{a_2}{c_2}=6>1$，系统已趋向于崩溃。

3）若 $B(3)=0$，则 $C(7)=1, C(8)=1, C(5)=1, C(6)=1, C(2)=-1, C(4)=-1, C(1)=1$；$a_3=\frac{5}{7}>c_3=\frac{2}{7}, b_3=0$，所以势 $M_3=\frac{5}{2}>1$，系统已趋向于崩溃。

4）若 $B(4)=0$，则 $C(7)=1, C(8)=1, C(5)=-1, C(6)=-1, C(2)=-1, C(3)=1, C(1)=-1$，$a_4=\frac{3}{7}<c_4=\frac{4}{7}, b_4=0$，所以势 $M_4=\frac{3}{4}<1$，则系统远离于崩溃的趋势是确定的。

5）若 $B(5)=0$，则 $C(7)=1, C(8)=1, C(4)=-1, C(6)=-1, C(2)=0, C(3)=0, C(1)=1$；$a_5=\frac{3}{7}>b_5=\frac{2}{7}=c_5$，所以势 $M_5=\frac{3}{2}>1$，则系统趋向于崩溃的趋势比较弱。

6）若 $B(6)=0$，则 $C(7)=1, C(8)=1, C(4)=-1, C(5)=-1, C(2)=0, C(3)=0, C(1)=1$；$a_6=\frac{3}{7}>b_6=\frac{2}{7}=c_6$，所以势 $M_6=\frac{3}{2}>1$，则系统趋向于崩溃的趋势比较弱。

7）若 $B(7)=0$，则 $C(8)=1, C(4)=-1, C(5)=-1, C(2)=-1, C(6)=-1, C(3)=1, C(1)=1$；$a_7=\frac{3}{7}<c_7=\frac{4}{7}, b_7=0$ 所以势 $M_7=\frac{3}{4}<1$，则系统远离于崩溃的趋势是确定的。

8）若 $B(8)=0$，则 $C(7)=-1, C(4)=1, C(5)=1, C(2)=1, C(6)=1, C(3)=-1, C(1)=-1$；$a_8=\frac{4}{7}>c_8=\frac{3}{7}, b_8=0$，所以势 $M_8=\frac{4}{3}>1$，则系统已趋向于崩溃。

从上面的分析中可以看出，食物链系统中的生物可以分为 3 个等级的脆性源：

① 使系统已趋向于崩溃的：坚果，果实，虫，鹰；

② 使系统趋向于崩溃的趋势比较弱的:蜥蜴,鸟;

③ 使系统远离于崩溃的趋势是确定的:鼠,蛇。

这样就给出了对食物链系统中各个生物作为脆性源的等级区分,因此,在以后的生活中我们应该更加保护所生存的这个生态系统。

本章小结

对于复杂系统的研究是一个跨学科、跨专业的横断性研究,而复杂系统脆性作为复杂系统的一个重要性质被提出。对于它的研究已经取得了一些成果,包括它的研究方法,它的定义性质、评价方法等。本章在以前所取得成果的基础上,对复杂系统脆性的定义进行了一些改进,并给出了一般性的数学描述。

在本章中,还依据在系统工程中占有重要地位的自组织理论与耗散结构理论对脆性基元进行了分析。脆性基元由脆性源、脆性接收者、脆性行为三部分组成,作为复杂系统脆性研究的最小单位,它的研究对于整个系统的脆性研究是至关重要的。由于复杂系统具有开放性,它的子系统之间有能量和物质的交换,而且子系统之间的脆性联系就是靠这种交换建立的,在此应用熵来将这种交换量化。根据热力学第二定律,熵的增加就表示系统无序程度的增加。如果在子系统之间的关系足够紧密,遭到的外力打击足够大的情况下,会出现这样的情形,当复杂系统的一个子系统遭到突然的外力打击时,引起熵的骤然增加,为了维持原有状态,子系统会从邻近的子系统吸收负熵流,但是这些负熵不足以应对强大的突然性打击,所以很快它就会崩溃。而邻近的子系统由于提供负熵流引起了自身剧烈的熵增,它又会向其他子系统求助,但最后也不能弥补剧烈的熵增,最后也崩溃。依此类推,过一段时间整个系统将会最终崩溃,而这段时间恰恰体现了系统脆性发生的延时性。同时说明复杂系统的脆性是依赖于各子系统之间物质、能量以及信息的交换而存在的,复杂系统规模越大,层次结构越复杂,子系统之间的交换越频繁,关系越紧密,这个复杂系统就越容易崩溃。

另外,本章同时也对复杂系统脆性过程中的脆性源进行分析,根据对子系统崩距以及复杂系统脆距的定义,得到各个脆性源对复杂系统的影响后果。根据复杂系统趋于崩溃的势对复杂系统各脆性源进行等级区分,并将此理论应用到简单的生态系统中,对其各个脆性源进行等级区分。此理论对以后很好地控制脆性源起到了指导作用,能够在同时存在多个脆性源时,根据其等级进行区别控制。

参考文献

[1] 韦琦. 复杂系统脆性理论及其在危机控制中的应用. 哈尔滨:哈尔滨工程大学,2004.

[2] 哈肯. 高等协同学. 郭治安,译. 北京:科学出版社,1989.

[3] 金鸿章,郭健,韦琦,等. 基于滑动 t 检验法的非典型性肺炎疫情的脆性分析. 哈尔滨工程大学学报,2003,24(6):640-645.

[4] 郭健,金鸿章. 基于脆性势函数对系统的脆性分析. 自动化技术与应用,2003,22(7):5-7.

[5] 韦琦,金鸿章.基于脆性联系熵的系统崩溃致因研究.自动化技术与应用,2003,22(4):1-4.

[6] 韦琦,金鸿章,郭健.系统崩溃的脆性致因的研究.系统工程,2003,21(4):1-4.

[7] 李琦,金鸿章,林德明.系统的脆性模型及分析方法.系统工程,2005,23(1):9-12.

[8] 荣盘祥,王继尧,金鸿章.系统的脆性与系统演化分析.电机与控制学报,2004,8(2):142-144.

[9] 韦琦,金鸿章,姚绪梁,等.基于脆性的系统崩溃的初探.哈尔滨工程大学学报,2003,24(2):161-165.

[10] 吉仓雄.熵概念及熵理论的发展.黔南民族师专学报,1991(4):33-35.

[11] 林康镛.关于熵概念的扩充问题.青岛建筑工程学院学报,1992,13(1):73-77.

[12] 林丽.熵和生物的演化.成都地质学院学报,1992:36-40.

[13] 田玉楚,席裕庚,等.复杂系统与宏观信息熵方法.系统工程理论与实践,1995(8):62-68.

[14] REN Zhiliang, DENG Zhidong, SUN Zengqi. Spatio-temporal organization of a cellular automaton model for computer network. Computer Physics Communications, 2002(144):310-316.

[15] YE Kunmin, JUN Chi-Hyuck. Teletraffic analysis of cellular communication systems with general mobility based on hyper-erlang characterization. Computers & Industrial Engineering,2002(42):507-520.

[16] 熊正全,杨剑,韩旭明.泸西县豹子箐煤矿"3.5"重大瓦斯爆炸事故原因分析.云南煤炭,2005,3:41-42.

[17] 中国投资指南.煤炭开采业发展概况及"十五"总结. http://www.fdi.gov.cn/pub/FDI/zgjj/hyzk/cjy/mtkc/t20060419_23623.htm

[18] 国家安全生产监督管理总局. http://media.chinasafety.gov.cn:8090/iSystem/shigumain.jsp.

第4章 基于熵的原理对复杂系统脆性理论的研究

4.1 熵及信息熵原理的简介

4.1.1 熵概念的提出

物理学中,熵指的是热力学系统的某种状态函数,它是对系统紊乱程度的度量。熵的概念和热力学第二定律密不可分。

1850年,德国物理学家克劳修斯提出了热力学第二定律:不可能把热量自低温物体传到高温物体,而不引起其他变化。1851年,英国的开尔文(Kevin)给出第二定律的另一种表述:不可能从单一热源吸取热量,使之变为有用功,而不产生其他影响。

19世纪60年代,克劳修斯是将熵作为热力学的概念提出来的。100多年来,关于熵的研究引起了人们极大的兴趣。熵概念由于其特有的内涵和渗透力,被广泛应用于自然、社会、哲学等各个领域[1-2]。

有关熵的概念及熵增定律、玻耳兹曼有序性原理已在3.2节中进行了详细介绍,此处不再赘叙。

Bose(玻色)和Einstein(爱因斯坦)、Fermi(费米)和Dirac(狄拉克)分别确定了适于不同微观粒子的量子统计,使玻耳兹曼开创的统计物理熵理论,得到了相当大的完善。

根据热力学第二定律,任何一个自然系统在不与外界进行物质和能量交换的情况下,结构熵都会趋于增加,即趋于无序。既有同外界进行物质和能量的交换,但由于偶然性干扰,也会使结构熵增加,失掉有序。因此,任何系统要保持自己的存续,就需要产生负熵流来补偿自然熵增或者由外界干扰所引起的熵增。负熵流的产生,通常是靠系统与环境之间的信息联系和以信息为基础的反馈控制来实现的。由此引出了信息熵(负熵)的概念。

美国数学家申农和维纳两人都把"信息"看为"一种解除不肯定性"的量,都用所解除的不肯定性的程度来表示信息量的多少。那么不肯定性又用什么来度量呢?用"熵"。而信息量则是"一个可以看做概率的量的对数的负数,它的实质就是负熵"。申农和维纳导出的熵,不但在数学形式上与统计物理学中的熵是一致的,而且内涵也是相通的,但他们赋予熵更广泛的含义[2-3]。

设一个随机试验α,它只有有限个互不相容的结果$A_1,A_2,\cdots,A_n$,其相应的概率为$p(A_1),p(A_2),\cdots,p(A_n)$,并满足$\sum_{i=1}^{n}p(A_i)=1$的条件,$\alpha$可表示为

$$\begin{bmatrix} A_1, & A_2, & \cdots, & A_n \\ p(A_1), & p(A_2), & \cdots, & p(A_n) \end{bmatrix} \tag{4.1}$$

申农推导出了一个量，可以合理地从数值上估计随机试验的不确定程度，这个量就是熵 $H(\alpha)$。$H(\alpha)$ 要求：

1) H 是 $p(A_i)$ 的连续函数。

2) 对于有 n 个等概率结果的试验，H 是 n 的单调上升函数。

3) 当一个试验分成相继的两个试验时，未分之前的 H 是分开之后的 H 的加权和。申农证明了唯一满足这 3 个条件的 H，具有下列形式：

$$H(\alpha) = -C\sum_{i=1}^{n} p_i \log_B p_i \tag{4.2}$$

式中，$H(\alpha)$ 称为试验 α（或信源 α）的熵，p_i 是试验中可能出现的各个互不相容的结果的概率。C 是一个系数，它的选择取决于度量单位。当度量单位为二进制时，对数的底 B 取为 2，C 取为 1，则式(4.2) 变为

$$H(\alpha) = -\sum_{i=1}^{n} p_i \,\mathrm{lb} p_i \tag{4.3}$$

式(4.3) 算出的熵，其单位为比特（bit）。若取 e 为对数的底，则单位是奈特（nat）。

在有几个可能结果的试验中，等概率试验具有极大值，且其值为 $\mathrm{lb}\, n$。如果当其中任意一个结果的概率为 1 时，熵均为 0。必然事件出现时熵为 0，就是说此种情况下该试验结果没有不肯定性。式(4.2) 或式(4.3) 表达的熵是定量表达某一信源，或某一随机试验不肯定性、不确定性、无组织程度和混乱程度的量。

4.1.2　负熵的概念

奥地利著名理论物理学家、量子力学创始人薛定谔于 1943 年，把在爱尔兰都柏林大学三一学院的讲演稿，整理成了《生命是什么》一书，并于 1944 年出版。在这本书中薛定谔提出了“负熵”的概念。他在书中写道：生命有机体“要摆脱死亡，就是说要活着，唯一的办法就是从环境里不断地汲取负熵”，汲取了“一串负熵去抵消它在生活中产生的熵的增加，从而使它自身维持在一个稳定的而又很低的熵的水平上”。否则，“一个生命有机体在不断增加它的熵 —— 或者可以说是在增加正熵，并趋于接近最大值的熵的危险状态，那就是死亡”。生命“有机体就是依赖负熵为生的”。

薛定谔用负熵概念解释生命现象，这对于热力学系自发过程熵增加与生物系统“自发”过程熵减小的沟通，架起了一座熵概念的桥梁，也为麦克斯韦在 1867 年提出的麦克斯韦妖找到了作用的归宿：麦克斯韦妖是产生负熵的机制。1956 年，布里渊提出的“信息与负熵相当”则把麦克斯韦妖与得到的信息，通过负熵相互关联起来。负熵的独立意义，如同负温度、负能量、负质量，不能简单地认为它们仅仅是“取负号的温度”“取负号的能量”“取负号的质量”，而是有独具特色的状态与之相对应[5-6]。

例如，负温度状态与激光源物质粒子数反转状态及核自旋系统自旋磁矩与外磁场取向相反的状态相对应；负能量状态与反粒子及反物质世界相对应；负质量状态与负物质世界相对应。

众所周知，作为系统理论有机组成部分的耗散结构论，是20世纪60年代以后由布鲁塞尔学派代表人物普利高津提出的。他认为，一个远离平衡态的开放系统，其内部存在着非线性机制，只要通过不断与外界进行物质与能量的交换，在外界条件的变化达到一定的阈值时，可能从原有的混沌无序状态，转变为一种在时间上、空间上或功能上的有序状态。这种新的有序结构，依靠不断地耗散外界的物质和能量来维持，成为一种耗散结构。热力学第二定律熵增定律表明，任何封闭系统的发展都是从有序走向混沌，使熵达到最大，而耗散结构的存在则是由于开放系统从外部引入的负熵克服了系统内的熵增[7-8]，即

$$dS = d_e S + d_i S \tag{4.4}$$

式中 dS—— 系统总熵变；

$d_e S$—— 由外界引入的负熵；

$d_i S$—— 系统内部产生的熵。

根据热力学第二定律，$d_i S$ 永远大于零。故若想使耗散结构得以存在，引入的负熵流 $d_e S$ 的绝对值必须大于 $d_i S$，使式(4.4)得以成立。在孤立或封闭系统中这是不可想象的，而在开放系统中由于与外界有着能量、物质乃至信息的交换，可以使引入负熵流成为现实。远离平衡态又为负熵流的引入提供了内在的通路。系统内存在的非线性机制使小的起伏能够引起大的涨落，从而由混沌产生有序，由存在可以形成超越，这样就构成了进化与发展。

耗散结构在自组织系统中出现，在热力学系统中也会出现。1968年，德国理论物理学家哈肯教授在研究激光时，就发现了这一点。他指出："一个系统从无序向有序性转化的关键并不在于热力学系统平衡还是不平衡，也不在于离平衡有多远，而在于只要是一个由大量子系统构成的系统，在一定条件下，在子系统之间，通过非线性的相互作用就能够产生协同现象和相干效应，这个系统在客观上就能够产生时间结构、空间结构或时空结构，形成一定功能的自组织结构，表现出新的有序结构"。这就是协同理论，超导现象是这一理论的表现。

熵是系统状态的函数，是系统演化的判断标准[1-8]。一个系统要从无序变为有序必须减少熵。因此，它必须是一个开放系统。理论和实践都证明了生命在于运动，即不断进行新陈代谢，以清除有机体系统生存过程中必须产生的正熵。生命要防止死亡，系统要防止瓦解，唯一的办法是从外界环境不断汲取负熵。生命有机体处在不稳定平衡中的化学系统，这个系统必须开放，与外界进行交换，以避免很快衰退为没有生命力的平衡态。

4.2 复杂系统脆性联系函数

复杂系统中的一个子系统由于受到内、外干扰因素的影响而崩溃时，究竟其他子系统是否会受到影响而遭受同样的灾难性的结果，可以利用各个子系统之间的脆性联系函数来进行定性分析。以脆性联系函数为基础建立了脆性同一度、对立度、波动度，脆性变化率等一系列的相关的概念，定性地分析了各个子系统之间的脆性联系。

设有 X,Y,Z 三个子系统，X 由状态向量 $\boldsymbol{X}=[x_1,x_2,\cdots x_i,\cdots x_n]$，$1<i<n$ 描述。子系统 Y,Z 也分别应用状态向量 $\boldsymbol{Y}=[y_1,y_2,\cdots y_j,\cdots y_n]$，$\boldsymbol{Z}=[z_1,z_2,\cdots z_j,\cdots z_n]$，$1\leqslant j\leqslant n$，描述两个子系统之间相对应的状态。考察两个子系统的状态向量集合，若两个子系统都存在 n 个可测的状态，这 n 个状态变量在内、外界干扰的作用下的变化程度，将对整个子系统能否正常

运行起着关键作用。

若一个子系统 X 在干扰下发生崩溃，则表征另外一个与之脆性相关的子系统 Y 的状态向量中，至少有一个 $y_j(1<j<n)$ 受到脆性关联的影响而发生灾难性的变化，即达到了使子系统对应于该状态变量的功能不能正常工作的范围，称 y_j 与子系统 X 是脆性同一的。称其他没有受到任何影响的状态对于子系统 X 为脆性对立。若随着时间的演进，一些状态时而趋向同一，时而趋向对立，则称这些状态对于子系统 X 是脆性波动的。

定义 4.1　脆性权系数向量 $\boldsymbol{\beta}=[\beta_1,\beta_2,\cdots\beta_j,\cdots\beta_n]$，分别与子系统 Y 中的各个状态变量相对。它们表示当子系统 X 发生崩溃，子系统 Y 中的各个状态变量单独发生崩溃时对整个子系统的影响程度。

定义 4.2　当 y_j 与子系统 X 是脆性同一时的脆性权系数为 1，与子系统 X 为脆性对立时的脆性权系数为 0，对于子系统 X 是脆性波动时的脆性权系数在 $0\sim1$ 之间。

脆性在子系统之间传递与放大的程度与子系统之间的脆性联系函数有关。脆性联系函数可以用子系统状态之间的脆性同一度、对立度、波动度来衡量。t 时刻子系统 Y 的脆性同一度为 $a=\sum_{j=1}^{k}\beta_j(t)$，$1<k<n$，若无状态与子系统 X 同一时，$a=0$；t 时刻子系统 Y 的脆性对立度为 $b=\sum_{j=1}^{h}\beta_j(t)$，$1<h<n$，若无状态与子系统 X 对立时，$b=0$；t 时刻子系统 Y 的脆性波动度为 $c=\sum_{j=1}^{n-k-h}\beta_j(t)$，若无状态与子系统 X 波动时，$c=0$。脆性联系函数 F 为

$$F=f(a,b,c) \tag{4.5}$$

式中，a,b,c 分别为两个子系统之间的同一度、对立度、波动度，且为时间 t 的函数。则随着时间的演进，脆性联系变化率可以用 $\dot{F}$ 来表示，即

$$\dot{F}=\frac{\partial F}{\partial a}\frac{\mathrm{d}a}{\mathrm{d}t}+\frac{\partial F}{\partial b}\frac{\mathrm{d}b}{\mathrm{d}t}+\frac{\partial F}{\partial c}\frac{\mathrm{d}c}{\mathrm{d}t} \tag{4.6}$$

脆性联系变化率反映了子系统之间脆性联系的变化程度。子系统在 t 时刻，当 $\dot{F}>0$ 时，子系统之间的脆性联系程度越来越紧密；当 $\dot{F}<0$ 时，子系统之间逐渐失去脆性联系；当 $\dot{F}=0$ 时，子系统之间的脆性联系处于相对不变的状态。

两个脆性联系紧密的子系统，当其中的一个遭受打击而崩溃时，另外一个也难免受到毁灭性的影响。因此，希望降低各个子系统之间的脆性联系程度，以免使整个复杂系统的其他子系统受到关联而坍塌。

4.3　复杂系统脆性联系熵

4.3.1　集对分析理论概述

集对分析是我国学者赵克勤提出的一种新的系统分析方法，目前已在系统控制管理、决策、模糊数学，人工智能、熵的研究以及社会科学等多方面得到应用[9-12]。

所谓集对，就是具有一定联系的两个集合所组成的一个对子，从系统角度看，集对既可以

是系统内任意两部分要素组成的对子,也可以是系统与环境组成的对子。

集对分析的基本思路是,在具体的问题背景下,对一个集对的特性展开分析,对分析所得到的特性做进一步的研究,分析哪些特性是两个集合所共同具有的,这两个集合在哪些特性上是对立的,或者仅仅是有差异的。在此基础之上,建立同异反联系度。

通过对所论两个集合的特性展开分析,共得到 N 个特性,其中有 Q 个特性为集对的两个集合共有,在 P 个特性上相对立,在其余的 $F=N-Q-P$ 个特性上既不对立,又不同一,则

1) 以$\frac{Q}{N}$,即这两个集合所共有的特性 Q 与这两个集合特性 N 的比值,表示这两个集合在问题 W 下的同一程度,简称为同一度,用 a 表示。

2) 以$\frac{F}{N}$,即这两个集合既非对立又非同一的特性 F 与这两个集合特性 N 的比值,表示这两个集合在问题 W 下的差异度,用 c 表示。

3) 以$\frac{P}{N}$,即这两个集合对立的特性 P 与这两个集合特性 N 的比值,表示在问题 W 下的对立度,用 b 表示。

所论问题背景下的同异反联系度表示为

$$u=a+bJ+cI \tag{4.7}$$

式中,a 为同一度,b 为对立度,c 为差异度。$I\in[-1,1]$,$J\in[-1,0]$。

在上述定义下,a,b,c 均应满足归一化条件,即

$$a+b+c=1 \tag{4.8}$$

集对分析能够有效地表达确定、不确定系统的对立统一关系。由于式(4.8)中 a 和 b 是确定的,而 c 是不确定的,所以联系度表达式是个既确定又不确定的式子,用于描述有关确定不确定问题十分方便。因此,联系度在集对分析中是个非常重要的概念。

4.3.2 集对分析理论的应用

在一个脆性基元内,3 个子系统之间是完全脆性联系,任意一个子系统发生崩溃,都会影响到另外两个子系统。令子系统 X 在内、外界的干扰下崩溃,研究子系统 Y,Z 分别与子系统 X 的脆性联系。

分别建立同异反联系度的关系式:

$$u_{XY}=a_{XY}+b_{XY}J+c_{XY}I \tag{4.9}$$

$$u_{XZ}=a_{XZ}+b_{XZ}J+c_{XZ}I \tag{4.10}$$

式中 u_{XY},u_{XZ}—— 子系统 Y,Z 与子系统 X 的脆性联系度;

a_{XY},a_{XZ}—— 子系统 Y,Z 与子系统 X 的脆性同一度;

b_{XY},b_{XZ}—— 子系统 Y,Z 与子系统 X 的脆性对立度;

c_{XY},c_{XZ}—— 子系统 Y,Z 与子系统 X 的脆性波动度;$I\in[-1,1]$,$J\in[-1,0]$。

设子系统 Y,Z 分别由 10 个状态向量描述,由于子系统 X 的崩溃,子系统 Y,Z 分别有 5 个,4 个状态向量的指标受到子系统 X 的崩溃的影响而超过了正常工作的范围。子系统 Y,Z 分别有 3 个,2 个状态向量的指标未受到子系统 X 的崩溃的影响,而仍然正常工作。子系统 Y,Z 分别有 2 个,4 个状态向量的指标在正常工作和非正常工作的范围之间波动。设子系统 Y,Z 同一

度、对立度和波动度如表4.1所示。

表4.1　子系统 Y，Z 与 X 的脆性同一度、对立度和波动度

a_{XY}	a_{XZ}	b_{XY}	b_{XZ}	c_{XY}	c_{XZ}
0.5	0.4	0.3	0.2	0.2	0.4

式(4.9)和(4.10)分别可以写成

$$u_{XY}=\frac{5}{10}+\frac{2}{10}I+\frac{3}{10}J \tag{4.11}$$

$$u_{XZ}=\frac{4}{10}+\frac{4}{10}I+\frac{2}{10}J \tag{4.12}$$

令 $J=-1$，充分考虑脆性对立度在脆性联系度中所起的作用，则

$$u_{XY}=2/10+2/10I \tag{4.13}$$

$$u_{XZ}=2/10+4/10I \tag{4.14}$$

即子系统 Y，Z 在子系统 X 崩溃后，由于脆性对立度的作用，将降低脆性同一度。由式(4.13)和(4.14)可知，最终系统脆性联系度的确定取决于波动度。若及时对子系统 Y，Z 给予外界能量的输入，用于维持系统的正常运行，则系统的状态会向与崩溃的系统 X 的对立面转化，此时 $I<0$，脆性联系度也随之降低。令 $I=-0.5$，则 $u_{XY}=0.1$，表明子系统 Y 与子系统 X 的脆性联系度为0.1。$u_{XZ}=0$，表明子系统 Z 与子系统 X 的脆性联系度为0。I 越小，脆性联系度也就越小。

利用联系度的概念，在一个脆性基元内，可以分别分析子系统 Y，Z 与子系统 X 的脆性联系程度。

4.3.3　脆性联系熵

由于两个子系统分别可由一些状态来描述，则根据集对分析的理论，相应定义脆性对立熵、同一熵、波动熵。若一个子系统 X 在干扰下发生崩溃，则另外一个子系统 Y 的状态向量中至少有一个 $y_j(1<j<n)$，与子系统 X 发生脆性同一、脆性对立和脆性波动的概率分别是 $p_a(y_j/X)$，$p_b(y_j/X)$，$p_c(y_j/X)$，且3个概率和为1，即

$$p_a(y_j/X)+p_b(y_j/X)+p_c(y_j/X)=1 \tag{4.15}$$

设子系统 Y 的状态向量中有 k 个与子系统 X 发生脆性同一；子系统 Y 的状态向量中有 h 个与子系统 X 发生脆性对立；子系统 Y 的状态向量中有 $(n-k-h)$ 个与子系统 X 发生脆性波动，且 $1<k<n$，$1<h<n$，$1<n-h-k<n$。

定义脆性同一熵为

$$H_a=-\sum_{j=1}^{k}p_a(y_j/X)\ln p_a(y_j/X) \tag{4.16}$$

定义脆性对立熵为

$$H_b=-\sum_{j=1}^{h}p_b(y_j/X)\ln p_b(y_j/X) \tag{4.17}$$

定义脆性波动熵为

$$H_c = -\sum_{j=1}^{n-k-h} p_c(y_j/X) \ln p_c(y_j/X) \tag{4.18}$$

子系统Y受子系统X的影响，应该是脆性同一、脆性对立和脆性波动的综合。可以定义出子系统X发生崩溃时，子系统Y也发生崩溃的脆性联系熵，即

$$H_X Y = w_a H_a + w_b H_b + w_c H_c \tag{4.19}$$

式中，w_a，w_b，w_c分别为脆性同一、脆性对立和脆性波动的权系数。

当存在一定的概率分布的组合，使$H_X Y$达到最大的情况，此时，子系统Y受到子系统X崩溃的影响最大。与子系统Y类似，可以定义子系统Z的脆性联系熵的相关概念。

根据表4.1，可以计算子系统Y，Z在子系统X崩溃时的脆性联系熵，单位为nat(奈特)。令脆性同一、脆性对立和脆性波动的概率分别是$p_a(y_j/X)$，$p_b(y_j/X)$，$p_c(y_j/X)$，分别等于a_{XY}，b_{XY}，c_{XY}，即

$$\left.\begin{aligned} p_a(y_j/X) &= a_{XY} \\ p_b(y_j/X) &= b_{XY} \\ p_c(y_j/X) &= c_{XY} \end{aligned}\right\} \tag{4.20}$$

由式(4.16)、式(4.17)和式(4.18)可以计算出$H_a = 0.346\,6$ nat，$H_b = 0.321\,9$ nat，$H_c = 0.361\,2$ nat。令w_a，w_b，w_c分别取0.5，−0.3，−0.2，根据式(4.19)计算得出子系统Y的脆性联系熵$H_X Y = 0.004\,49$ nat。同理，也可以计算得出子系统Z的脆性联系熵$H_X Z = 0.008\,925$ nat。$H_X Z > H_X Y$，表明子系统Z与子系统X的脆性联系熵大于子系统Y与子系统X的脆性联系熵。

4.4 脆性风险熵

4.4.1 脆性风险熵的概念

脆性风险表示了系统脆性被激发而突然崩溃的风险，它是由外部环境的风险事件的不确定性引起的。从系统的角度看，对于一个确定要发生的事件，不存在任何风险，但若是脆性事件空间$I = \{I_1, I_2, \cdots, I_n\}$中的脆性事件$I_j (j = 1, 2, \cdots, n)$是以概率$p_j (j = 1, 2, \cdots, n)$，其中$0 \leqslant p_j \leqslant 1$，$\sum_{j=1}^{n} p_j = 1$出现的随机事件，人们便会对系统的崩溃与否感到有一定的风险。究其原因，是脆性事件$I_j (j = 1, 2, \cdots, n)$存在一定的不确定性。因此，可以认为系统的脆性风险的根本来源是系统的脆性事件的不确定性。

根据申农的理论[13]，假设在样本空间上系统G有n个脆性事件$I = \{I_1, I_2, \cdots, I_n\}$，脆性事件$I_j$发生的概率为$p_j (j = 1, 2, \cdots, n)$，存在基本关系$0 \leqslant p_j \leqslant 1$，$\sum_{j=1}^{n} p_j = 1$。则事件$I_j$存在不确定性，其不确定程度由函数

$$G(p_j) = -p_j \log p_j \tag{4.21}$$

度量。其总体不确定程度由测度函数

$$G(p_1,\cdots,p_n \mid S_i)=-\sum_{j=1}^{n} p_j \log p_j (i=1,2,\cdots,m;j=1,2,\cdots,n) \tag{4.22}$$

度量。作为度量脆性事件集 $I=\{I_1,I_2,\cdots,I_n\}$ 的概率分布空间 $p=\{p_1,p_2,\cdots,p_n\}$ 的总体平均的测度函数。从总体意义上来说，脆性事件空间的每一个脆性事件都有一定的概率风险，因为测度函数 $G(p_1,\cdots,p_n \mid S_i)$ 的量值由脆性事件集的概率分布空间 $p=\{p_1,p_2,\cdots,p_n\}$ 的总体结构唯一决定，所以把 $G(p_1,\cdots,p_n \mid S_i)$ 度量的平均风险称为子系统 $S_i(i=1,2,\cdots,m)$ 的平均概率风险。

在以上的分析中，把系统在 t 时刻的脆性事件等同地看做通信中的信息源，但在实际情况中，我们对系统脆性风险的把握除了与脆性事件的分布信息有关外，还与脆性事件的结果分布有关。例如，对子系统 S_i 条件下两个具有同样分布的脆性事件，可能对子系统 S_i 产生的脆性影响会有所不同。这表明，虽然系统的脆性风险来源于脆性事件的不确定性，但又不完全取决于脆性事件的分布，它还和脆性事件所带来的结果价值有关。

假设在脆性事件 I_j（概率分布为 p_j，$\sum_{j=1}^{n} p_j=1$）作用下，系统 S_i 崩溃的概率为 P_j，$0 \leqslant P_j \leqslant 1$，则把 P_j 定义为脆性事件 I_j 对系统 S_i 的崩溃系数。把脆性事件的崩溃系数和其概率分布的归一化值定义为脆性事件 I_j 的效用系数

$$q_j=\frac{P_j p_j}{\sum_{j=1}^{n} P_j p_j},\quad j=1,2,\cdots,n \tag{4.23}$$

$$0 \leqslant q_j \leqslant 1,\quad \sum_{j=1}^{n} q_j=1,\quad j=1,2,\cdots,n \tag{4.24}$$

把脆性事件空间中脆性事件的风险函数在效用系数空间的平均值定义为系统的脆性风险熵，即

$$H(S)=H(P,p)=-\sum_{j=1}^{n} q_j \log p_j=-\sum_{j=1}^{n}\left(\frac{P_j p_j}{\sum P_j p_j}\right)\log p_j,\quad j=1,2,\cdots,n \tag{4.25}$$

脆性风险熵是复杂系统脆性风险的一个统计平均值，它取决于系统的脆性事件的概率分布空间和其价值结果，即崩溃系数空间的总体结构，它符合总体测度函数的基本条件。脆性风险熵既体现了脆性的根本来源是脆性事件的不确定性，又反映了其结果价值，即崩溃系数的影响，有效地融合了这两方面对系统脆性风险的影响。它是衡量复杂系统在某一时刻的脆性风险，即崩溃可能的不确定性的测度，反映了对系统的脆性风险的总体预测和把握的能力。值得注意的是，复杂系统的脆性风险熵和复杂系统的脆性风险是两个既有关联又有区别的概念，脆性风险熵由系统的脆性风险函数构成，但系统脆性风险熵的大小并不能用于衡量系统所面临的脆性风险的大小，即系统崩溃的可能性的大小，而是衡量系统脆性风险的总体不确定性，即系统崩溃的可能性的不确定性，衡量对系统崩溃的总体上的把握能力。

4.4.2　脆性风险熵的性质

脆性风险熵作为系统脆性风险不确定性的总测度函数，是研究系统脆性风险的重要工具。通过分析研究，可以进一步推导和证明它具有如下一些基本数学特性。这些基本性质对分析系统的脆性风险问题很重要，它们进一步证明了脆性风险熵作为复杂系统脆性风险的总

体不确定性,即对复杂系统脆性风险的总体预测和把握能力的评价函数的合理性。

(1) 非负性

根据 $0 \leqslant q_j \leqslant 1$ 及 $\sum_{j=1}^{n} p_j = 1, p_j \geqslant 0$,有 $R(p_j, P_j) = -q_j \log p_j \geqslant 0$,所以

$$H(p_j, \cdots, p_n; P_1, \cdots, P_n) \geqslant 0 \tag{4.26}$$

脆性风险熵的非负性表明,只要环境的脆性因子存在作用,系统就有一定的脆性风险。

(2) 确定性

假设脆性事件空间 $I = \{I_1, I_2, \cdots I_n\}$ 中某个事件 I_i 以概率 $p_i = 1$ 出现,即为确定事件。这时,根据关系 $\sum_{j=1}^{n} p_j = 1$ 可知其他脆性事件全为概率为零的不可能事件;根据关系 $q_j = \dfrac{P_j p_j}{\sum_{j=1}^{n} P_j p_j}$ 知 $q_i = 1$(当且仅当 $i = j$ 时),$q_i = 0$(当 $i \neq j$ 时)。这时系统的脆性风险熵为零。

$$H(S) = H(P, p) = -\sum_{j=1}^{n} q_j \log p_j = -\left(\sum_{j \neq i} 0 \log 0 + 1 \log 1\right) = 0 \tag{4.27}$$

这表明,当系统的脆性事件空间为确定事件空间时,系统的脆性风险熵为零,即系统的脆性风险具有确定性。

(3) 对称性

根据脆性风险熵的表达式(4.27)可知它具有完全加和的形式,因此,根据加法交换律的对称性可知脆性风险熵具有对称性。这表明,脆性风险熵是从总体上来度量系统的脆性风险的,它只取决于脆性事件概率空间 $p = \{p_1, p_2, \cdots, p_n\}$ 和其结果的脆性系数空间 $P = \{P_1, P_2, \cdots, P_n\}$ 的总体结构,而与其具体变量的先后次序无关。

(4) 凹凸性

对于一组给定的 $P = \{P_1, P_2, \cdots, P_n\}$,脆性风险熵关于 p 是凸的。

证明:任取两组脆性事件的概率分布 $\{p_i\}$ 和 $\{p'_i\}$,令

$$p''_i = \lambda p_i + (1-\lambda) p'_i, \quad 0 < \lambda < 1 \tag{4.28}$$

脆性风险熵 H 关于 p_i 是凸的,只要满足

$$\Delta = H[P, p''] - \lambda H[P, p] - (1-\lambda) H[P, p'] > 0 \tag{4.29}$$

$$\Delta = \sum_{j=1}^{n} \left\{ \lambda \frac{P_j p_j \log p_j}{\sum P_j p_j} + (1-\lambda) \frac{P_j p'_j \log p'_j}{\sum P_j p'_j} - \frac{P_j [\lambda p_j + (1-\lambda) p'_j] \log [\lambda p_j + (1-\lambda) p'_j]}{\sum P_j [\lambda p_j + (1-\lambda) p'_j]} \right\} \tag{4.30}$$

因为 $S(x) = \dfrac{1}{x}, S(x) = -x \log px$ 是关于 x 的凸函数,根据凸函数性质容易得知式(4.30)中 $\Delta \geqslant 0$,所以在 $P = \{P_1, P_2, \cdots, P_n\}$ 给定的情况下,脆性风险熵关于变量 $p = \{p_1, p_2, \cdots p_n\}$ 是凸的。

(5) 价值跟随性

假设脆性事件空间 $I = \{I_1, I_2, \cdots, I_n\}$ 中各个事件出现的概率 $p_j (j = 1, 2, \cdots, n)$ 相等,即 $p_j = \dfrac{1}{n}$,则称脆性事件空间为等概率事件空间。这时

$$q_j = \frac{P_j p_j}{\sum_{j=1}^{n} P_j p_j} = \frac{P_j}{\sum_{j=1}^{n} P_j}, \quad j = 1, 2, \cdots, n \tag{4.31}$$

系统的脆性风险熵为

$$H(S) = H(P, p) = -\sum_{j=1}^{n} q_j \log p_j = -\sum_{j=1}^{n} \left(\frac{P_j}{\sum P_j}\right) \log \frac{1}{n} =$$

$$\sum_{j=1}^{n} \frac{P_j}{\sum P_j} \log n = \log n \tag{4.32}$$

这表明，当脆性事件空间为等概率事件空间时，系统的脆性风险熵与脆性事件的崩溃系数无关，而只与脆性事件集的元素量有关，脆性事件集的元素越多，系统的脆性风险熵越大；脆性事件集的元素越少，系统的脆性风险熵越小。在这种情况下，系统的脆性风险熵对脆性事件集的元素有跟随性。

(6) 概率跟随性

假设脆性事件空间 $I = \{I_1, I_2, \cdots, I_n\}$ 中各个事件的崩溃系数 $P_j (j = 1, 2, \cdots, n)$ 相等，令 $P_1 = P_2 = \cdots = P_n = P$，称这时的脆性事件集为等重脆性事件集。此时

$$q_j = \frac{P_j p_j}{\sum_{j=1}^{n} P_j p_j} = p_j, \quad j = 1, 2, \cdots, n \tag{4.33}$$

系统的脆性风险熵为

$$H(q_1, q_2, \cdots, q_n; p_1, p_2, \cdots, p_n) = -\sum_{j=1}^{n} q_j \log p_j = -\sum_{j=1}^{n} p_j \log p_j = H(p_1, p_2, \cdots, p_n) \tag{4.34}$$

这表明，当系统的脆性事件的崩溃系数相等时，系统的脆性风险熵由系统脆性事件的概率分布唯一决定。这是因为，当脆性事件的崩溃系数相等时，脆性风险中的不确定性将只来源于系统的脆性事件分布。

(7) 均值最大性

在 $P = \{P_1, P_2, \cdots, P_n\}$ 给定的情况下，脆性风险熵是关于 p 的凸函数，根据凸函数的性质，可知

$$f\left(\frac{1}{n}\sum_{i=1}^{n} x_i\right) \geqslant \frac{1}{n}\sum_{i=1}^{n} f(x_i) \tag{4.35}$$

将其应用到脆性风险函数中，得

$$R\left(P_j, \frac{1}{n}\sum_{j=1}^{n} p_j\right) = R\left(P_j, \frac{1}{n}\right) \geqslant \frac{1}{n}\sum_{j=1}^{n} R(P_j, p_j) \tag{4.36}$$

带入到脆性风险熵表达式中，有

$$H\left(P_j, \left\{p_j = \frac{1}{n}\right\}\right) = nR\left(P_j, \frac{1}{n}\right) \geqslant H\,[P, p] \equiv \sum_{j=1}^{n} R(P_j, p_j) \tag{4.37}$$

这表明，在任意一组给定的系统崩溃系数 $P = \{P_1, P_2, \cdots, P_n\}$ 的条件下，系统脆性风险熵将在脆性事件空间最均匀分布，即 $p = \left\{p_1 = p_2 = \cdots p_n = \frac{1}{n}\right\}$ 时达到最大值 $H_{\max}$。

(8) 稳定性

在 $P=\{P_1,P_2,\cdots,P_n\}$ 给定的情况下，定义条件 P 下概率 p 的距离 $d_\alpha[p,p']$:

$$d_\alpha[p,p']=\Big(\sum_{j=1}^{n}|p_j-p'_j|^\alpha\Big)^{\frac{1}{\alpha}}(\alpha\geqslant 1) \tag{4.38}$$

在此，取 $\alpha=1$（这并不失一般性，对于其他 α 值，可以类似证明）。

定义函数

$$Y=\frac{H[p]-H[p']}{H_{\max}} \tag{4.39}$$

$H_{\max}$ 是在条件 P 下系统脆性风险熵的最大值（已经证明其存在性，其必定大于零）。

如果存在 $\delta_\varepsilon>0$，对于任意 $\varepsilon>0$，满足

$$d_\alpha[p,p']\leqslant\delta_\varepsilon\Rightarrow|Y|<\varepsilon \tag{4.40}$$

则称此时脆性风险熵 H 是稳定的，即对于脆性事件 p 的概率小扰动，脆性风险熵是稳定的，下边进行证明。

$$H[p]=H_{\max}+\sum_{j=1}^{n}\frac{\partial R}{\partial p_j}\bigg|_{p_j=p_j^{(0)}}(p_j-p_j^{(0)})+\cdots \tag{4.41}$$

式中，$p_j^{(0)}$ 表示在 P 给定的情况下，使脆性风险熵取得最大值的脆性事件的概率。

再取另一可能事件概率集 $\{p_j\}$（在同一取定的 P 下），

$$H[p']=H_{\max}+\sum_{j=1}^{n}\frac{\partial R}{\partial p'_j}\bigg|_{p'_j=p'^{(0)}_j}(p'_j-p_j^{(0)})+\cdots \tag{4.42}$$

由

$$\frac{\partial R}{\partial p_j}\bigg|_{p_j=p_j^{(0)}}=\frac{\partial R}{\partial p'_j}\bigg|_{p'_j=p_j^{(0)}}\equiv\frac{\partial R}{\partial p}\bigg|_{p=p^{(0)}} \tag{4.43}$$

式(4.41)与式(4.42)相减，得

$$H[p]-H[p']=\frac{\partial R}{\partial p}\bigg|_{p=p^{(0)}}\sum_{j=1}^{n}(p_j-p'_j) \tag{4.44}$$

带入式(4.39)，得

$$|Y|=\left\{\left|\frac{1}{H_{\max}}\Big(\frac{\partial R}{\partial p}\Big)_{p=p^{(0)}}\right|\right\}\left|\sum_{j=1}^{n}(p_j-p'_j)\right| \tag{4.45}$$

由于 $\left|\sum_{i=1}^{n}x_i\right|\leqslant\sum_{i=1}^{n}|x_i|$，有

$$|H|\leqslant\left\{\left|\frac{1}{H_{\max}}\Big(\frac{\partial R}{\partial p}\Big)_{p=p^{(0)}}\right|\right\}\sum_{j=1}^{n}|p_j-p'_j|=\left\{\left|\frac{1}{H_{\max}}\Big(\frac{\partial R}{\partial p}\Big)_{p=p^{(0)}}\right|\right\}d[p,p'] \tag{4.46}$$

这满足式(4.40)的要求，所以脆性风险熵是稳定的熵（对 $\{P_i\}$）。这表明，对于脆性事件发生的概率小扰动，系统的脆性风险熵是有条件稳定的。

可以继续把脆性风险熵的这种性质推广到分解后的情况（关于脆性风险熵的分解，后边另有说明）。在分解后，系统的脆性风险熵为 $\sum H$，对两组脆性风险熵 $H=H(q;p)$，$H'=H(q;p')$ 分解后有 $\sum H$ 和 $\sum H'$，脆性风险熵最大值的存在性已经给予了证明，那么将分解后的脆

性风险熵族在它们的最大值处展开。

$$\sum H=\sum H_{\max}+\left.\frac{\partial\sum H}{\partial H}\right|_{H=H_{\max}}(H-H_{\max})+\cdots \tag{4.47}$$

$$\sum H'=\sum H'_{\max}+\left.\frac{\partial\sum H'}{\partial H'}\right|_{H'=H_{\max}}(H'-H_{\max})+\cdots \tag{4.48}$$

因为对于两组脆性风险熵 $H=H(q;p)$，$H'=H(q;p')$，分解后的 $\sum H$ 和 $\sum H'$ 在函数形式上是一致的，而且在最大值处的值一致，所以

$$\left.\frac{\partial\sum H}{\partial H}\right|_{H=H_{\max}}=\left.\frac{\partial\sum H}{\partial H'}\right|_{H'=H_{\max}} \tag{4.49}$$

定义两个脆性风险熵族的相对差

$$Y'=\frac{\sum H-\sum H'}{\sum H_{\max}} \tag{4.50}$$

根据式(4.47)与式(4.48)，得到

$$Y'=\frac{\sum H-\sum H'}{\sum H_{\max}}=\frac{H_{\max}}{\sum H_{\max}}\cdot\left.\frac{\partial\sum H}{\partial H}\right|_{H=H_{\max}}\frac{H-H'}{H_{\max}} \tag{4.51}$$

根据定义式(4.45)，有

$$Y'=\frac{H_{\max}}{\sum H_{\max}}\left(\frac{\partial\sum H}{\partial H}\right)_{H=H_{\max}}Y \tag{4.52}$$

从上边的推导可以看出，对于系统的脆性风险熵而言，它自身对于脆性事件分布的小概率扰动是稳定的，并且如果对脆性事件进行若干分解后，分解后的系统脆性风险熵族对仍然具有稳定性。

(9) 不可兼容性

设有 3 个集合 A，B 和 C。若在集合 A 中，存在脆性事件 I_l 出现的概率为零而其崩溃系数不为零[33]，即有关系

$$p_l=0,\quad 且\ P_l\neq 0,\quad I_l\in A \tag{4.53}$$

在集合 B 中，脆性事件 I_w 的崩溃系数为零，而分布概率不为零，即有关系

$$p_w\neq 0,\quad 且\ P_w=0,\quad I_w\in B \tag{4.54}$$

在集合 C 中，脆性事件 I_e 的崩溃系数不为零，其分布概率不为零，即有关系

$$p_e\neq 0,\quad 且\ P_e\neq 0,\quad I_e\in C \tag{4.55}$$

那么根据式(4.23)可得集合 A，B 和 C 中的脆性事件的效用系数分别为

$$q_l=\frac{P_lp_l}{\sum\limits_{j=1}^{n}P_jp_j}=\frac{P_lp_l}{\sum\limits_{I_l\in A}P_lp_l+\sum\limits_{I_w\in B}P_wp_w+\sum\limits_{I_e\in C}P_ep_e}=0,\quad I_l\in A \tag{4.56}$$

$$q_w=\frac{P_wp_w}{\sum\limits_{j=1}^{n}P_jp_j}=\frac{P_wp_w}{\sum\limits_{I_l\in A}P_lp_l+\sum\limits_{I_w\in B}P_wp_w+\sum\limits_{I_e\in C}P_ep_e}=0,\quad I_w\in B \tag{4.57}$$

$$q_e = \frac{P_e p_e}{\sum_{j=1}^{n} P_j p_j} = \frac{P_e p_e}{\sum_{I_l \in A} P_l p_l + \sum_{I_w \in B} P_w p_w + \sum_{I_e \in C} P_e p_e} = \frac{P_e p_e}{\sum_{I_e \in C} P_e p_e}, \quad I_e \in C \tag{4.58}$$

从式(4.31)可以看出,效用系数 q_j 对系统的脆性事件的概率分布 p_j 具有跟随性;从式(4.34)可以看出,效用系数 q_j 对系统的脆性事件的崩溃系数 P_j 具有跟随性。因此,系统的效用系数对系统的脆性事件的概率分布 p_j 和其崩溃系数 P_j 具有双重跟随性。根据效用系数的这一特性,可以证明系统的脆性风险熵具有不可兼容性

证明:系统的脆性风险熵

$$H(S) = -\sum_{j=1}^{n} q_j \log p_j = \\ -\left\{\sum_{I_l \in A} q_l \log p_l + \sum_{I_w \in B} q_w \log p_w + \sum_{I_e \in C} q_e \log p_e\right\} = -\sum_{I_e \in C} q_e \log p_e \tag{4.59}$$

从式(4.59)可以看出,在脆性事件集中,只有满足 $p_e \neq 0$ 且 $P_e \neq 0$ 的事件才能给系统带来脆性风险的不确定性,即只有那些既有可能发生,又有可能带来一定脆性风险的事件才能在系统的脆性风险熵中有所贡献,而那些 $p_l = 0$ 但 $P_l \neq 0$,即有可能出现但没有任何脆性风险的事件,或那些 $p_w \neq 0$ 但 $P_w = 0$,即有一定的脆性风险但根本不可能出现的事件,它们都不对系统的脆性风险熵起任何作用。

(10) 可分解性

假设系统的脆性事件空间为 $I = \{I_1, I_2, \cdots, I_n\}$,其概率分布空间为 $p = \{p_1, p_2, \cdots, p_n\}$,效用系数空间 $q = \{q_1, q_2, \cdots, q_n\}$。若脆性事件空间中某一事件 I_j 可以分解为两个子事件 I_{j1},I_{j2},其相应的概率分布 p_j 可以分解为 p_{j1}, p_{j2},效用系数 q_j 可分解为 q_{j1}, q_{j2},其中 $p_{j1} + p_{j2} = p_j$,$q_{j1} + q_{j2} = q_j$。这样根据脆性风险熵的可加性,得

$$H(q_1, q_2, \cdots, q_j, \cdots q_n; p_1, p_2, \cdots, p_j, \cdots, p_n) = \\ H(q_1, q_2, \cdots, q_{j-1}, q_{j1}, q_{j2}, q_{j+1}, \cdots, q_n; p_1, p_2, \cdots, p_{j-1}, p_{j1}, p_{j2}, p_{j+1}, \cdots, p_n) = \\ -\sum_{j=1}^{n} q_j \log p_j + q_j \log p_j - q_{j1} \log p_{j1} - q_{j2} \log p_{j2} = \\ H(q_1, q_2, \cdots, q_n; p_1, p_2, \cdots, p_n) + q_j\left(-\frac{q_{j1}}{q_j}\log\frac{p_{j1}}{p_j} - \frac{q_{j2}}{q_j}\log\frac{p_{j2}}{p_j}\right) = \\ H(q_1, q_2, \cdots, q_n; p_1, p_2, \cdots, p_n) + q_j H\left(\frac{q_{j1}}{q_j}, \frac{q_{j2}}{q_j}; \frac{p_{j1}}{p_j}, \frac{p_{j2}}{p_j}\right) \geqslant \\ H(q_1, q_2, \cdots, q_j, \cdots, q_n; p_1, p_2, \cdots, p_j, \cdots, p_n)$$

从上边的推导可以看出,若对系统的脆性事件集中某个脆性事件分解为两个子脆性事件,则分解后的系统脆性风险熵大于分解前的脆性风险熵。进一步对系统的脆性风险熵进行分解。令

$$q'_2 = q_2 + q_3 + \cdots + q_n, \qquad p'_2 = p_2 + p_3 + \cdots + p_n$$
$$q'_3 = q_3 + q_4 + \cdots + q_n, \qquad p'_3 = p_3 + p_4 + \cdots + p_n$$
$$\cdots\cdots \qquad \cdots\cdots$$
$$q'_{n-1} = q_{n-1} + q_n, \qquad p'_{n-1} = p_{n-1} + p_n$$

则可以将上边的推导过程递推下去,最后可得

$$
\begin{aligned}
&H'(q_1,q_2,\cdots,q_n;p_1,p_2,\cdots,p_n)=H(q_1,q_2';p_1,p_2')+\\
&q_2'H\left(\frac{q_2}{q_2'},\frac{q_3'}{q_2'};\frac{p_2}{p_2'},\frac{p_3'}{p_2'}\right)+q_3'H\left(\frac{q_3}{q_3'},\frac{q_4'}{q_3'};\frac{p_3}{p_3'},\frac{p_4'}{p_3'}\right)+\cdots+\\
&q_{n-1}'H\left(\frac{q_{n-1}}{q_{n-1}'},\frac{q_n}{q_{n-1}'};\frac{p_{n-1}}{p_{n-1}'},\frac{p_n}{p_{n-1}'}\right)\geqslant\\
&H(q_1,q_2,\cdots,q_n;p_1,p_2,\cdots p_n)
\end{aligned}
\tag{4.60}
$$

这表明,系统的脆性风险熵可以进行分解,具有可分解性,但分解后系统的脆性风险熵将放大,这是因为当对系统的脆性事件进行若干分解后,脆性事件数量将扩大,这将给系统的脆性风险提供了不确定性增大的可能。

特别地,当脆性事件空间中各个脆性事件是等概率分布时,或各个脆性事件的崩溃函数是等概率分布时,式(4.60)中的等号成立;反之,若式(4.60)中的等号成立,则一定有脆性事件空间中各个脆性事件是等概率分布,或各个脆性事件的崩溃函数是等概率分布。因为只有在这种情况下,系统的脆性风险才不会得以增加。

4.5　子系统之间的非合作博弈

4.5.1　博弈论概述

博弈论(game theory)是研究决策主体的行为直接发生相互作用时的决策以及这种决策的均衡问题。也就是说,一个主体,好比说一个人或者是一个企业的选择受到其他人,或其他企业选择的影响,而且反过来又影响其他人或者其他企业选择时的决策问题和均衡问题[14,18]。

博弈论可以划分为合作博弈(cooperative game)和非合作博弈(non-cooperative game)。合作博弈和非合作博弈之间的主要区别在于人们之间的行为相互作用时,当事人能否达成一个具有约束力的协议。如果有就是合作博弈,反之,就是非合作博弈。

1994 年,诺贝尔经济学奖授予了三位博弈论专家:纳什(Nash)、泽尔滕(Selten)和梅萨尼(Harsanyi)。严格地讲,博弈论并不是经济学的一个分支。它是一种方法,应用范围不仅仅包括经济学、政治学、军事、外交、国际关系、公共关系还有犯罪学。实际上,很多人把博弈论看做是数学上的一个分支。

4.5.2　博弈问题的主要概念

(1) 参与人(players)

参与人是指一个博弈中的决策主体,它的目的是通过选择行动(或战略)以最大化自己的支付水平。一般用 $N=\{1,2,\cdots,n\}$ 代表参与人集合,每一个参与人 $i\in N$,N 代表“自然”。这里“自然”是指决定外生的随机变量的概率分布的机制。

(2) 行动(actions or moves)

行动是参与人在某个时点的决策变量。一般地,用 m_i 表示第 i 个参与人的一个特定行动。$M_i=\{m_i\}$ 表示可以供 i 选择的所有行动的集合。在 n 个人的博弈中,n 个参与人的行动的有序集 $M_n=(m_1,m_2,\cdots m_i,\cdots,m_n)$ 称为行动组合。

(3) 战略(strategies)

战略是参与人在给定信息集的情况下的行动规则,它规定参与人在什么时候选择什么行动。 一般地,用 s_i 表示第 i 个参与人的一个特定战略,$S_i=\{s_i\}$ 代表第 i 个参与人所有可选择的战略的集合。若 n 个参与人每人选择一个战略,n 维向量 $\boldsymbol{S_n}=[s_1,s_2,\cdots,s_i,\cdots,s_n]$ 称为一个战略组合。其中,s_i 是第 i 个参与人选择的战略。

(4) 支付(pay off)

在博弈论中,支付或者是指在一个特定的战略组合下参与人得到的确定效用水平,或者是指参与人得到的期望效用水平。令 $p=(p_1,\cdots,p_i,\cdots,p_n)$ 为 n 个参与人的支付组合。博弈的一个基本特征就是一个参与人的支付不仅取决于自己的战略选择,而且取决于所有其他人的战略选择。也就是说,p_i 是所有参与人的战略选择函数

$$p_i=p_i(s_1,\cdots,s_i,\cdots,s_n) \tag{4.61}$$

(5) 结果(outcome)

结果是博弈分析者所感兴趣的所有东西,如均衡战略组合、均衡行动组合、均衡支付组合等。均衡(equilibrium)是所有参与人的最优战略的组合,一般记为

$$s^*=(s_1^*,\cdots,s_i^*,\cdots,s_n^*) \tag{4.62}$$

式中,s_i^* 是第 i 个参与人在均衡情况下的最优战略,它是 i 的所有可能的战略中使 p_i 最大化的战略。

4.5.3 囚徒困境

囚徒困境讲的是两个嫌疑犯作案后被警察抓住,分别关在不同的屋子里审讯。警察告诉他们:如果两个人都坦白,各判刑 8 年;如果两个人都抵赖,各判刑 1 年;如果一个人抵赖,一个人坦白,坦白的放出去,抵赖的判刑 10 年。这里,每个囚徒有两个战略:坦白或者抵赖。表 4.2 中给出了囚徒困境的战略表达式。

表 4.2 囚徒困境的战略表达式

囚徒 A \ 囚徒 B	坦白	抵赖
坦白	−8,−8	0,−10
抵赖	−10,0	−1,−1

表 4.2 中每一格的两个数字代表对应战略组合下两个囚徒的支付,其中第一个数字是第一个囚徒的支付,第二个数字是第二个囚徒的支付。

这个例子中,纳什均衡就是(坦白,坦白),在给定 B 坦白的情况下,A 的最优战略是坦白;同样,在给定 A 坦白的情况下,B 的最优战略也是坦白。事实上,(坦白,坦白) 不仅是纳什均

衡，而且是一个占优战略均衡。就是说，不论对方选择如何，个人的最优战略是坦白。比如说，如果B不坦白，A坦白的话被放出来，不坦白的话判1年，所以坦白比不坦白好；如果B坦白，在A坦白的情况下判8年，不坦白的情况下判10年，所以坦白比不坦白好。这样，坦白既是A的占优战略，也是B的占优战略。结果是，每个人都选择坦白，各判刑8年。

人可以被看做复杂系统，两个犯罪嫌疑人需要使用自己的大脑进行决策。所以，两个犯罪嫌疑人组成的一个复杂系统，此复杂系统处于“监狱”的环境中。两个嫌疑犯的战略选择的组合，决定着这个复杂系统的命运。每个嫌疑犯是这个复杂系统中的一个子系统，每个子系统在进行战略选择时，都以利益最大化为首要原则，即他们的支付函数的选择都是以个人利益最大化为原则。那么，由两个人组成的复杂系统的利益与个人利益明显冲突，最后的结果是两个犯罪嫌疑人都选择了坦白，坦白对于此复杂系统来说，就是崩溃。

从此例可以总结出，由大量的子系统按照不同层次组成的复杂系统，在各个子系统为争取最大利益而进行战略选择的过程中，复杂系统的脆性被激发。一个占优战略的组合有可能使此复杂系统最终崩溃。

4.5.4　复杂系统脆性与非合作博弈

由上述分析可知，脆性是复杂系统的一个基本特性，它通常是隐性的，只有在复杂系统受到内外界的一定干扰下，它才会被激发。脆性作用于复杂系统时，有一定的延迟效应，即当复杂系统的一个子系统或一部分受到干扰而崩溃时，复杂系统的脆性虽然被激发，但是，复杂系统不会立即崩溃。复杂系统能否崩溃以及何时崩溃，取决于其他未直接受到干扰，却与崩溃的子系统有一定脆性联系的子系统。它们是否会从所受到的间接影响中恢复，取决于它们从外界吸收的负熵的大小，而且这些子系统之间的关系属于非合作博弈的关系。

每一个子系统都会为了利益最大化选取战略，各个子系统的战略组合在一起决定了整个复杂系统的整体利益，也可以称为支付。若从外界可以得到的负熵是一定的，即资源是有限的，而且由于各个子系统在进行战略决策的时候，并不一定了解其他子系统的决策，即整个复杂系统处于不完全信息博弈的状态之下。

博弈的结果有可能是，一部分子系统得到负熵，而另一部分子系统没有得到负熵。得到负熵的子系统，其熵值、无序度降低，有序度增加，暂时可以维持运行。同时，没有得到负熵的子系统的熵值、无序度增加，最终走向崩溃。从整个复杂系统的宏观角度来看，随着子系统崩溃的数量的增加，无序度也增加。那些从外界得到负熵的子系统，最终也会因为与其他崩溃的子系统之间的脆性联系的加剧，周围环境所能够给予的负熵的耗尽而熵值增加，难以摆脱崩溃的命运。

各个子系统之间，处于不完全信息下的非合作博弈状态，即在争取负熵的过程中，复杂系统中的一个子系统在采取一定的策略时，并不完全知道其他子系统采取的策略如何，此时，对于这个子系统来说信息是不完全的。不完全的信息会导致此系统在行动时的盲目性。在决策的过程中，争取负熵的子系统可能无视环境负熵的情况，针锋相对，结果只能是子系统都得不到足够的负熵，以满足恢复正常状态的要求。脆性相应地进一步加剧，最终导致复杂系统的崩溃。

应用动态系统离散表达式，系统随时间变化时，由时刻 t 变化到时刻 $t+1$ 时，可以表示为

$$X(t) \to X(t+1), Y(t) \to Y(t+1), Z(t) \to Z(t+1)$$

子系统的决策以及行动必然对“环境”产生影响，这里的“环境”是指复杂系统负熵的给予者，使用 E 来表示环境负熵值。其随时间变化的表达式也可以写成 $E(t) \to E(t+1)$。如图4.1所示，环境在变化时，不仅取决于自然规律、干扰的影响，而且还要受到子系统在采取某种战略后行动结果的影响，这是系统动力学的过程。

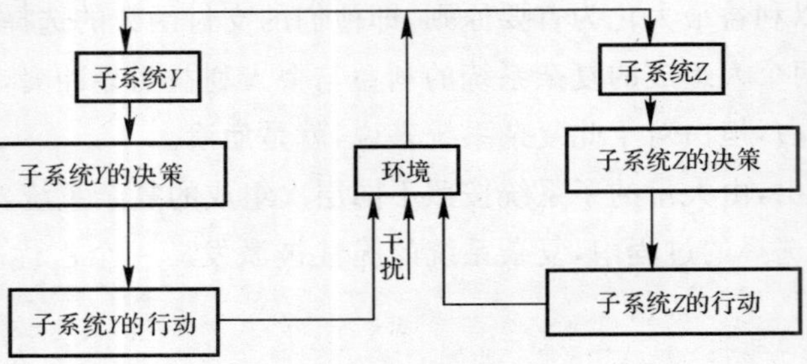

图 4.1 复杂系统博弈的动态系统动力学映射

如表 4.3 所示，若子系统在 t 时刻都去争取负熵，而环境的负熵有限，则包括环境在内的子系统的状态都变坏；若一方争取，另一方不争取，则争取的一方状态改善，不争取的一方状态变坏；若都不争取，则子系统的状态都变坏。但是，若环境的负熵没有补充，消耗的结果只能是，子系统最终无负熵可以争取。

表 4.3 子系统的策略组合

Y \ Z	争取	不争取
争取	坏，坏	好，坏
不争取	坏，好	坏，坏

4.5.5 系统演化的脆性熵变

子系统 Y 和 Z 在子系统 X 崩溃以后，为了将脆性影响降为最小，需要不断从周围环境汲取负熵。它们之间的关系属于非合作博弈的关系。每个子系统都想获得最大化的利益，以免使自己的熵增加到足以使自己崩溃的临界值。

对于一个系统，熵的变化 $\mathrm{d}H$ 可以分为两个部分：一部分是由系统内部不可逆过程所引起的熵增加 $\mathrm{d_i}H$；另一部分是系统与外界交换能量和物质所引起的熵流 $\mathrm{d_e}H$，所以整个系统的熵的变化为

$$\mathrm{d}H = \mathrm{d_i}H + \mathrm{d_e}H \tag{4.63}$$

在开放系统中，$\mathrm{d}H$ 的变化不仅和 $\mathrm{d_i}H$ 有关，而且和 $\mathrm{d_e}H$ 有关。根据热力学第二定律，前者总是正的，但是后者可以是负的(系统从外界获得负熵)，即负熵流，因此，开放系统的熵的变

化 dH 不一定大于 0，当负熵流 d_eH 的绝对值等于或大于 d_iH 时，系统的总的熵变 dH 可以等于或小于 0。现在，d_eH 包括两个部分，一部分是来自于子系统 X 崩溃引起的脆性联系熵 dH_X；另一部分即是各个子系统通过竞争得到的负熵 N，即

$$d_eH = dH_X + N \tag{4.64}$$

4.5.6　子系统的脆性非合作博弈策略

设子系统 Y,Z 共享一个有限资源，即从同一个环境获取负熵，来抵消脆性熵增。当 Y,Z 都采取公平竞争的方式时，双方的收益均为 N_2；若一方采取公平的策略，另一方采取不公平的策略时，前者的收益是 N_4，后者的收益是 N_1；若双方都采取不公平的方式时，它们的收益均是 N_3。N_1,N_2,N_3,N_4 分别为子系统在选择不同的策略组合下的负熵收益，且 $N_1 > N_2 > N_3 > N_4$。

子系统的决策以及行动必然对"环境" 产生影响，这里的环境是指：复杂系统负熵流的给予者。环境在变化时，不仅取决于自然规律、干扰的影响，而且还要受到子系统在采取某种战略后行动结果的影响，这就是系统动力学的过程。

若子系统在 t 时刻都去争取负熵流，而环境的负熵流有限，则包括环境在内的子系统的状态都变坏；若一方争取，另一方不争取，则争取的一方状态改善，不争取的一方状态变坏；若都不争取，则子系统的状态都变坏。但是，若环境的负熵流没有及时补充，消耗的结果只能是子系统最终无负熵流可以争取。子系统在不同策略下的负熵收益如表 4.4 所示。

表 4.4　子系统的负熵收益

系统 Y \ 系统 Z	公平争取	不公平争取
公平争取	N_2,N_2	N_4,N_1
不公平争取	N_1,N_4	N_3,N_3

这样，可以构造子系统 Y,Z 的策略组合，分别使用 0，1 表示子系统 Y,Z 不争取，争取；再用 0 表示不公平争取，1 表示公平争取；X 表示无此策略。有以下的 11 种组合，即(1,0,X,X)；(1,0,0,X)；(1,0,1,X)；(0,1,X,X)；(0,1,X,0)；(0,1,X,1)；(0,0,X,X)；(1,1,1,1)；(1,1,1,0)；(1,1,0,1)；(1,1,0,0)。例如，组合(1,1,1,1)，第一个"1" 表示子系统 Y 争取负熵流，第二个"1" 表示子系统 Z 争取负熵流，第三个"1" 表示子系统 Y 公平争取负熵流，第四个"1" 表示子系统 Z 公平争取负熵流。

4.5.7　复杂系统脆性模拟仿真

在每一个回合，子系统在选择策略的时候，可以分为理性和非理性的情况。理性的选择可以描述为，子系统会仔细分析自己所处的状态，以及周围环境的状态而作出理智的决定。例如，当自己的情况并不是很糟，而且环境所能给予的负熵流不是很充分时，它不会争取负熵流，而选择等待，直到环境能够充分给予使用者负熵流，来抵消脆性熵增和系统内部的自组织熵增。

当然，等待并非是一个最优的策略，尤其是当子系统的熵增迅速时，它会变得不理智而去争取负熵流，相应的熵值是第一个转折点。在子系统选择争取后，它是选择公平还是不公平竞争，取决于它所面临的处境。当自己的公平竞争没有办法降低它的熵值，熵值达到第二个转折点时，它会彻底丧失理性，而选择不公平竞争，当两个子系统都选择不公平竞争时，每个子系统都无法得到所必需的负熵流，而且环境所能给予的负熵流也会迅速耗尽，最终导致崩溃。

设熵值的第一个转折点为 H_1，第二个转折点为 H_2，$H_1 < H_2$。当 $\mathrm{d}H \geqslant H_1$ 时，子系统发生第一次由理性向非理性转折，即采取争取负熵流的策略；当 $\mathrm{d}H \geqslant H_2$ 时，子系统发生第二次由理性向非理性转折，即采取不公平的方式去争取负熵流。

设自然规律对环境的影响为当子系统都不争取负熵时，其负熵在每一个回合的变化规律如下：

$$\mathrm{d}E(t+1) = k\mathrm{d}E(t), \quad k > 1 \tag{4.65}$$

式中，t 是回合数，$t = 0,1,2,3,\cdots$。

子系统熵的变化为

$$\mathrm{d}H_Y(t+1) = \mathrm{d}H_Y(t) + \mathrm{d_i}H_Y + H_X Y \tag{4.66}$$

$$\mathrm{d}H_Z(t+1) = \mathrm{d}H_Z(t) + \mathrm{d_i}H_Z + H_X Z \tag{4.67}$$

式中，$\mathrm{d}H_Y(t+1)$，$\mathrm{d}H_Y(t)$ 分别为子系统 Y 在 $t+1$ 回合，t 回合的熵增，$\mathrm{d_i}H_Y$ 为子系统 Y 自组织熵增。$\mathrm{d}H_Z(t+1)$，$\mathrm{d}H_Z(t)$ 分别为子系统 Z 在 $t+1$ 回合，t 回合的熵增，$\mathrm{d_i}H_Z$ 为子系统 Z 自组织熵增。

若子系统争取负熵时，子系统熵的变化为

$$\mathrm{d}H_Y(t+1) = \mathrm{d}H_Y(t) + \mathrm{d_i}H_Y + H_X Y - N_i \tag{4.68}$$

$$\mathrm{d}H_Z(t+1) = \mathrm{d}H_Z(t) + \mathrm{d_i}H_Z + H_X Z - N_j \tag{4.69}$$

式中，$N_i(i=1,2,3,4)$；$N_j(j=1,2,3,4)$ 分别为子系统在不同策略下的负熵收益。环境负熵的变化为

$$\mathrm{d}E(t+1) = [\mathrm{d}E(t) - N(t)]\gamma^{\alpha} \tag{4.70}$$

式中，$N(t)$ 为第 t 回合，环境所给予子系统 Y，Z 的负熵，$\gamma < 1$ 且 $\alpha > 1$，即 $\gamma^{\alpha} < 1$。表明环境所能够提供负熵的减少量，要大于子系统从环境获取的总量，即子系统在获取负熵时，造成了环境负熵的损失。

4.5.8　仿真结果及分析

令环境的负熵的绝对值为一有限值，随着子系统为了降低熵值，不断从环境摄取负熵，而环境又无法得到补充。各参数取值如下：$H_1=1$，$H_2=1.5$，$N_1=1$，$N_2=0.6$，$N_3=0.2$，$N_4=0$，令 w_a，w_b，w_c 相对于子系统 Y 和 Z 的权值分别取 1，-0.8，0.2。子系统的 $\boldsymbol{Y}$ 状态向量与子系统 X 发生脆性同一、脆性对立和脆性波动的概率分别是 0.3，0.5，0.2；子系统的 $\boldsymbol{Z}$ 状态向量与子系统 X 发生脆性同一、脆性对立和脆性波动的概率分别是 0.6，0.2，0.2；d_iH 对于子系统 Y 和 Z 分别取 0.1，0.15；$\gamma < 1$ 且 $\alpha > 1$，取 $\alpha = 1.1$，$\gamma = 0.9$；环境的负熵的绝对值为 3。

从仿真曲线图 4.2 可以看出，随着外界环境负熵的减少，子系统无法从环境得到负熵，来降低自身的熵增，致使子系统的熵迅速增加，达到崩溃的临界熵。该曲线同时也反映了子系统从理性到非理性博弈的转化，取决于自身的熵增。

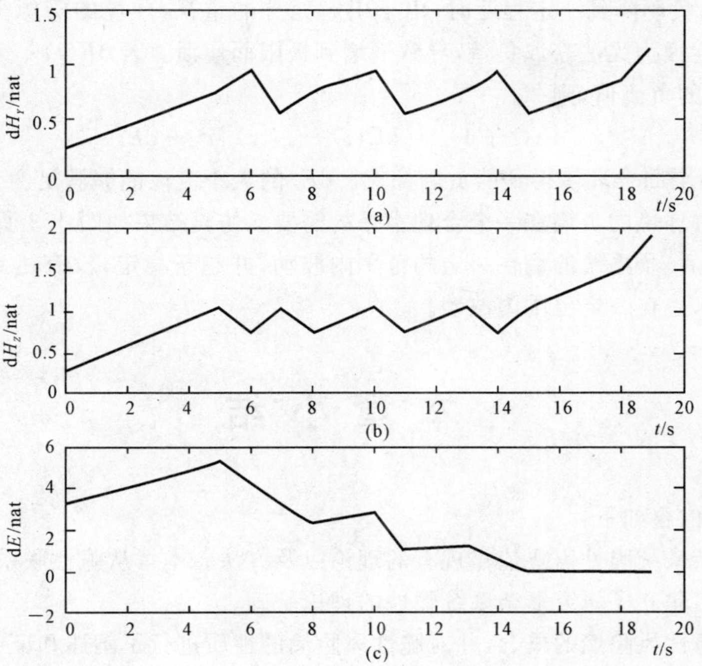

图 4.2　子系统的脆性熵增和环境的负熵无补充曲线

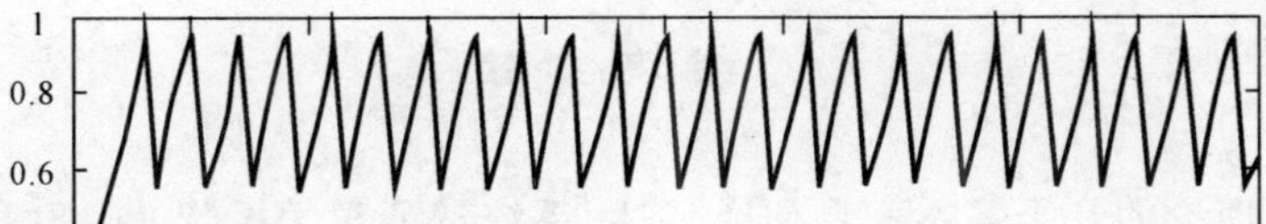

图 4.3　子系统的脆性熵增和环境的负熵有补充曲线

若当环境的负熵降到一定程度时，由于引起充分的重视，环境的资源得到及时的补充。那么，子系统不会因为无法获取负熵，导致熵增到极限而崩溃。若 $dE(t) < dE_n$，dE_n 为环境的资源得到补充时的负熵值，则

$$dE(t+1) = [dE(t) - N(t)]\gamma^{\alpha} + dE_c \tag{4.71}$$

式中，dE_c 为每一个回合环境得到的负熵补充。dE_c 的大小应该能够满足两个子系统降低熵值的需要，以及维持环境的负熵在一个合理水平的需要。仿真结果如图 4.3 所示，在环境的负熵得到不断的补充后，子系统的熵在一定的范围内波动，并趋于稳定，没有达到极限值。环境的负熵也没有耗尽，也在一定范围内波动。

本章小结

本章的主要内容如下：

(1)研究复杂系统脆性需要依靠现有的理论以及方法。本章从脆性联系的角度出发，以脆性联系熵为基础，建立了研究复杂系统脆性的理论基础。

(2)建立了脆性风险熵的概念，并对脆性风险熵的性质进行了阐述和证明。

(3)从熵的角度探讨了复杂系统脆性被激发而发生崩溃的机制。仿真结果表明，脆性联系熵与系统之间非合作、非理性争取负熵及环境的负熵有限，导致了系统的脆性激发而崩溃。

参考文献

[1] 赵佩华. 熵理论的几个基本问题研究评述. 系统辩证学学报，2000，8(1)：85－88.

[2] Bashkirov A G, Vityazev A V. Information entropy and power-law distributions for chaotic systems. Physica A，2000(277)：136－145.

[3] Shannon C E. A mathematical theory of communication. Bell System Technical Journal，1948(27)：379－429，623－656.

[4] 张学文. 物理场熵自发减小现象. 自然杂志，1986，11(9)：847－850.

[5] 范恩源. 共享负熵，寻求新的有序. 天津教育学院学报：自然科学版，1991(3)：10－14.

[6] 邢修三. 物理熵、信息熵及其演化方程. 中国科学 A 辑，2001，31(1)：77－84.

[7] 冯端，冯步云. 熵. 北京：科学出版社，1992.

[8] 任鲁川. 灾害熵：概念引入及应用案例. 自然灾害学报，2000，9(2)：26－31.

[9] 赵克勤. 联系数及其应用. 吉林师范学院学报，1996(8)：50－53.

[10] 赵克勤. 集对分析(SPA)中联系数与不确定量. 大自然探索，1997(2)：91.

[11] 赵克勤. 集对分析与熵的研究. 浙江大学学报：社科版，1992(2)：65－72.

[12] 赵克勤，宣爱理. 集对论——一种新的不确定性理论、方法、应用. 系统工程，1996(1)：18－23.

[13] 许国志. 系统工程. 上海：上海科技教育出版社，2002.

[14] John Nash. 非合作博弈. 贝兴亚，译. 系统工程，1996，14(2)：21－26.

[15] Jae C. Promoting cooperation using "kin" biased conditional strategy in the iterated prisoner's dilemma game. Information Science，2001，133：149－164.

[16] Paul A, Samuelson. Some game theory anecdotes. Japan and the World Economy, 2001, 13: 299 - 302.

[17] Eizo Akiyamaa, Kunihiko Kaneko. Dynamical systems game theory II. A new Approach to the Problem of the Social Dilemma. Physica D, 2002,2891:1 - 36.

[18] 叶民强，林峰.区域人口、资源与环境公平性问题的博弈分析.上海财经大学学报，2001，3(5):10 - 15.

第5章 基于元胞自动机原理对复杂系统脆性理论的研究

5.1 元胞自动机基础理论

元胞自动机(Cellular Automata,简称CA)是时间和空间都离散,物理参量只取有限数值集的物理系统的理想化模型。元胞自动机方法和相关的建模技术是描述、认识和模拟系统行为的强有力方法[1]。尤其是人工生命的发展使元胞自动机模型得到科学家们的认可,并在20世纪90年代又一次成为科学研究的前沿课题。元胞自动机在现代社会各领域正发挥着无可替代的作用,使人们对其进行了更加深刻的研究,元胞自动机理论和方法也得到了进一步的提高。本章将对元胞自动机的基本思想和特征加以阐述,为下文用元胞自动机模型来研究系统脆性奠定理论基础。

元胞自动机在发展过程中经历了几个重要的发展阶段,形成了几种典型的元胞自动机。下面分别简单予以介绍[2-5]。

1. 初等元胞自动机

初等元胞自动机(Elementary Cellular Automata,简称ECA)是一维元胞自动机,它的状态集S中只有两个元素$\{s_1, s_2\}$,其状态个数$k=2$,邻居半径$r=1$。可以说初等元胞自动机奠定了元胞自动机理论的基石。尽管初等元胞自动机的结构和规则很简单,但它们同样可以表现出各种各样的高度复杂的空间形态,是所有元胞自动机中最简单的一种。

2. 生命游戏

生命游戏(game of life)是Conway J. H. 设计出的一种计算机游戏。它能够模拟生命活动中的生存、灭绝、竞争等复杂现象,因而得名“生命游戏”。生命游戏规则也很简单,但它是具有产生动态图案和动态结构能力的元胞自动机模型。

3. 格子气自动机

格子气自动机(Lattice Gas Automata,简称LGA),又称格气机,利用元胞自动机的动态特征,来模拟流体粒子的运动,用于流体力学与统计物理中的科学研究领域。

4. 能自我复制的元胞自动机

元胞自动机可以模拟生命现象的自组织、自繁殖、信息储存和传递等现象,其主要论点是认为“自我复制”乃生命的核心特征,主要应用于人工生命的研究。

元胞自动机的定义如下所述:

元胞自动机是一个定义在具有离散、有限状态的元胞组成的元胞空间上，并遵从一定的局部规则，在离散的时间维上演化的动力学系统。

把具有下列要求的自动机称为元胞自动机[1]。

1）规整的元胞网格覆盖 d 维空间的一部分；

2）归属于网格的每个格位 r 的一组布尔变量 $\Phi(r,t)=\{\Phi_1(r,t),\Phi_2(r,t),\cdots,\Phi_n(r,t)\}$ 给出每个元胞在时间 $t=0,1,2,\cdots$ 的布局状态；

3）演化规则 $R=\{R_1,R_2,\cdots,R_m\}$ 按下列方式指定状态 $\Phi(r,t)$ 的时间演化过程：

$$\Phi_j(r,t+1)=R_j[\Phi(r,t),\Phi(r+\delta_1,t),\Phi(r+\delta_2,t),\cdots,\Phi(r+\delta_k,t)] \tag{5.1}$$

式中，$r+\delta_k$ 是指定从属于元胞 r 的给定邻居元胞。

由元胞自动机的定义可以看出，元胞自动机最基本的组成为元胞、元胞空间、邻居及规则4个部分[6-10]。

1. 元胞

元胞又可称为单元或基元，是元胞自动机的最基本的组成部分。元胞分布在离散的一维、二维，甚至多维欧几里德空间的晶格点上。

2. 状态

状态可以是$\{0,1\}$的二进制形式，或是$\{S_0,S_2,\cdots,S_i,\cdots,S_k\}$整数形式的离散集。严格意义上讲，元胞自动机的元胞只能有一个状态变量。但在实际应用中，往往将其进行了扩展。

3. 元胞空间

元胞所分布的空间网点的集合就是元胞空间。理论上，它可以是任意维数的欧几里德空间规则划分。目前，研究多集中在一维和二维元胞自动机上。对于一维元胞自动机，元胞空间的划分只有一种；而对于高维的元胞自动机，元胞空间的划分则可能有多种形式。对于最为常见的二维元胞自动机，二维元胞空间通常可按三角形、四边形或六边形三种网格排列。

4. 边界条件

元胞自动机只能模拟有限的系统，因此，元胞自动机应该定义边界条件。一种方法是在边界定义不同的演化规则；另一种方法是在边界处扩展各位邻居，即假定用边界外的一组虚元胞扩大网格。

一维元胞自动机边界的演化规则有周期边界、固定边界、绝热边界和影射边界等几种情况，如图5.1所示。图中阴影部分代表虚元胞。

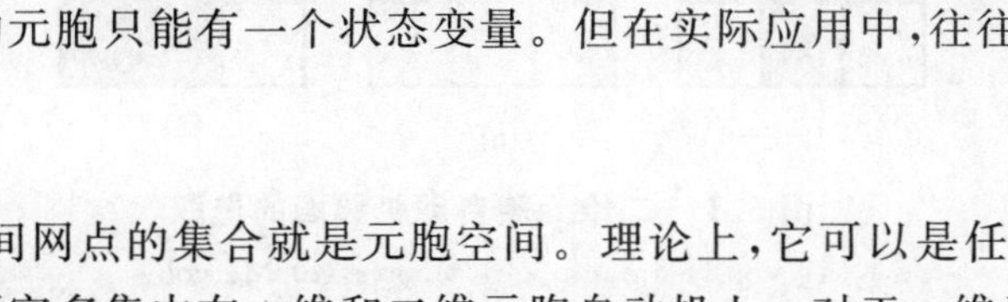

图5.1 通过扩展邻居获得的各种边界条件

(a)周期边界；(b)固定边界；(c)绝热边界；(d)影射边界

周期边界指的是将假想网格嵌入像环面一样的拓扑结构中。如图 5.1(a) 中虚元胞赋值为 b。

固定边界指的是把虚元胞预先赋值，如图 5.1(b) 中虚元胞赋值为 1。

绝热边界指的是把虚元胞赋予格位值，如图 5.1(c) 中虚元胞赋值为 a。

影射边界指的是在虚元胞中复制其他邻居的值，如图 5.1(d) 中的 b。

5. 邻居

某元胞须在其内搜索的空间域称为邻居。在元胞自动机中，每一个元胞下一时刻的状态决定于本身状态和它的邻居元胞的状态，因而必须定义一定的邻居规则。

在一维元胞自动机中，通常以半径来确定邻居，距离一个元胞内的所有元胞均被认为是该元胞的邻居，如图 5.2 所示。

图 5.2　一维元胞自动机邻居的选取

二维元胞自动机的邻居有 3 种比较典型的邻居定义，如图 5.3 所示。黑色元胞为中心元胞，灰色元胞为其邻居，中心元胞在下一时刻的状态由邻居的状态计算。

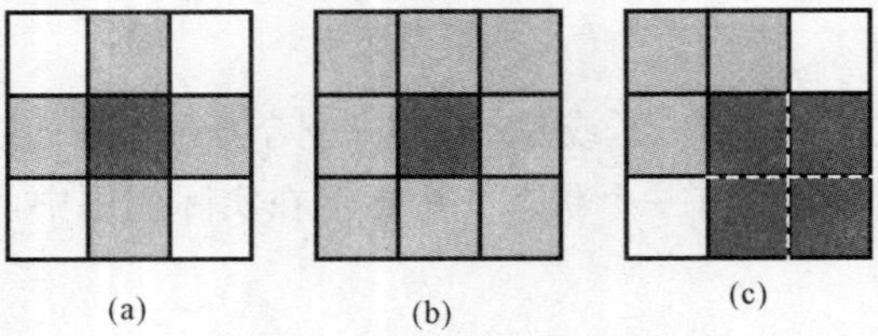

图 5.3　二维元胞自动机邻居的选取

(a) Von Neumann; (b) Moore; (c) Margolus

1) 冯·诺依曼(Von Neumann)型：一个元胞的上、下、左、右相邻 4 个元胞为该元胞的邻居。邻居半径 r 为 1。对于四方网格，在维数为 d 时，一个元胞的邻居个数为 2^d。

2) 摩尔(Moore)型：一个元胞的上、下、左、右、左上、右上、左下、右下相邻 8 个元胞为该元胞的邻居。邻居半径 r 为 1。对于四方网格，在维数为 d 时，一个元胞的邻居个数为 3^d-1。

3) 马哥勒斯(Margolus)型：这是一种空间分块的邻居类型。它将空间划分成 2×2 个元胞的邻接单元块。当有状态更新时，单元块内各元胞只依据该单元块的状态演化，不直接决定于邻接单元块内的状态。

6. 规则

规则即状态转移函数，它是根据元胞当前状态及其邻居的状态确定下一时刻该元胞状态的动力学函数，局部规则 f 如下：

$$S_i^{t+1}=f(S_i^t,S_N^t) \tag{5.2}$$

式中　S_N^t——t 时刻的所有邻居状态集合；

S_i^t——t 时刻第 i 个元胞的状态；

S_i^{t+1}——$t+1$ 时刻第 i 个元胞的状态；

f——元胞自动机的局部映射或局部规则。

7. 时间

元胞自动机是在一个时间维上变化的离散动态系统，时间是一个连续等间距整数值。一个元胞在 $t+1$ 时刻只(直接)决定于 t 时刻的该元胞及其邻居元胞的状态，显然，在 $t-1$ 时刻的元胞及其邻居元胞的状态间接(时间上的滞后)影响了元胞在 $t+1$ 时刻的状态。

标准的元胞自动机应具有以下几个特征：

(1) 同质性、齐性

同质性指的是元胞自动机的每个元胞的变化都遵循相同的规则。

齐性指的是元胞的分布方式相同，大小、形状相同，空间分布规则整齐。

(2) 离散性

离散性体现在空间离散、时间离散和状态离散 3 个方面。

空间离散指的是元胞分布在按照一定规则划分的离散的元胞空间上。时间离散指的是时间为等间距的整数值。状态离散指的是元胞自动机的状态只能取有限(k)个离散值($S_1, S_2, \cdots, S_k$)。

(3) 同步性

每个元胞的演化规则是相同的，而且在规则的应用的时间上是相同的。因此，元胞自动机具有同步性。

(4) 时空局部性

从式(5.2)可以看出，规则具有局部性。从时间和空间来看，每一个元胞的下一时刻的状态取决于邻居元胞的当前时刻的状态，所以说元胞自动机具有时空局部性。每个元胞的局部性构成了整体的演化。

(5) 高维数性

元胞自动机是一类无穷维动力系统，因为元胞自动机的元胞空间是定义在一维、二维或多维空间上的无限集。每个元胞的状态便是这个系统的变量，可以说高维数性是元胞自动机的一个特点。

元胞自动机自产生以来，被广泛地应用于社会、经济、军事和科学研究的各个领域：

在社会学中，元胞自动机用于研究经济危机的形成与爆发过程、个人行为的社会性、流行现象[11-12]；在信息学中，元胞自动机应用于研究信息的保存、传递、扩散的过程[13]；在计算机科学中，元胞自动机可以被看做是并行计算机而用于并行计算的研究[14]；在化学中，元胞自动机可用来通过模拟原子、分子等各种微观粒子在化学反应中的相互作用而研究化学反应的过程[15]；在环境科学上，有人应用元胞自动机来模拟海上石油泄露后的油污扩散，工厂周围废水、废气的扩散等过程的模拟[16]。

5.2　基于元胞自动机的系统的脆性研究

5.2.1　基于元胞自动机的系统的脆性模型

为了对系统的脆性激发过程进行模拟，首先必须建立系统的脆性模型。根据元胞自动机理论，系统的脆性模型须定义元胞、元胞空间、邻居及规则 4 个部分。因此，定义如下：

1. 元胞空间

把元胞空间定义为二维的四边形网格结构，整个元胞空间代表系统。

2. 元胞

在元胞空间的四边形网格结构中，每一个网格就是一个元胞，每一个元胞代表一个子系统，具有一个坐标位置(x,y)，x,y取值在$[1,M]$之间。每个子系统在t时刻具有状态$S^t_{(x,y)}$，每个子系统的状态$S^t_{(x,y)}$具有的状态集为$\{0,1,2,3,4\}$。$S^{\max}_{(x,y)}$表示系统中所有部件的最大运行负荷参数，在这里$S^{\max}_{(x,y)}=4$。每个元胞在开始演化前被随机赋予初值状态$\{0,1,2,3,4\}$中的一个。

3. 元胞的邻居

元胞的邻居选择冯·诺依曼型，即把元胞的上、下、左、右相邻4个元胞作为该元胞的邻居。

4. 规则

当某一元胞突然受到一个扰动D时，如果满足$S^t_{(x,y)}+D\geqslant S^{\max}_{(x,y)}$，该元胞代表的系统部件崩溃，不再参与系统运行。同时该元胞将向邻居元胞分配一个额外的状态负荷（此处为1），使得邻居元胞的状态参数发生变化，则有

$$S^{t+1}_{(x,y)}=0 \tag{5.3}$$

$$S^{t+1}_{(x\pm1,y)}=S^t_{(x\pm1,y)}+1 \tag{5.4}$$

$$S^{t+1}_{(x,y\pm1)}=S^t_{(x,y\pm1)}+1 \tag{5.5}$$

如果此时邻居元胞的状态参数大于等于$S^{\max}_{(x,y)}$，该邻居元胞也崩溃，退出系统的运行。同时，邻居元胞向"邻居的邻居"提供一个额外的状态负荷，这样就构成了系统脆性激发时连锁崩溃的传播。如果邻居元胞状态运行参数小于$S^{\max}_{(x,y)}$，该邻居元胞仍参与系统运行，不向其邻居元胞分配额外的负荷参数，连锁反应事故传播停止。

为了得到每个元胞崩溃后所引发的崩溃元胞的总数，用$N(x,y)$表示。在初始赋值时，$N(x,y)=0$。在引起一个邻居崩溃后，有

$$N(x,y)=N(x,y)+1 \tag{5.6}$$

5. 边界条件

当x，y的取值为1或M时，元胞局部的演化规则不变。即在边界处假定有虚元胞的存在，分担由于元胞崩溃而产生的状态负荷，但其本身不参与演化。

6. 系统演化的具体步骤

步骤1：给每个元胞赋初始运行状态参数值$S^0_{(x,y)}$；赋初值$N(x,y)=0$。

步骤2：随机选取某一个元胞，其坐标为(x,y)，加入初始干扰D。如果满足$S^t_{(x,y)}+D\geqslant S^{\max}_{(x,y)}$，则按规则式(5.3)到式(5.5)演化。如果不满足$S^t_{(x,y)}+D\geqslant S^{\max}_{(x,y)}$，则结束。

步骤3：如果步骤2的结果使某个邻近的元胞满足$S^t_{(x,y)}+1\geqslant S^{\max}_{(x,y)}$，则重复步骤2。如果没有，则结束。

5.2.2　系统脆性模型的仿真

为了模拟系统脆性激发的过程，不妨用两个不同的系统来演示。一个系统为 9 元胞的二维模型即 $M=3$ 的元胞自动机代表一个系统。另外选取一个 100 元胞二维模型即 $M=10$ 的元胞自动机代表一个系统。在两个系统中任取干扰值 $D=2$ 加入系统中，其中 9 元胞系统选取(2,2)加入干扰，100 元胞系统选取(5,5)加入干扰 D。得到系统的脆性激发过程分别如图 5.4 和图 5.5 所示。为了使结果突出，把每个崩溃后的元胞涂成黑色。

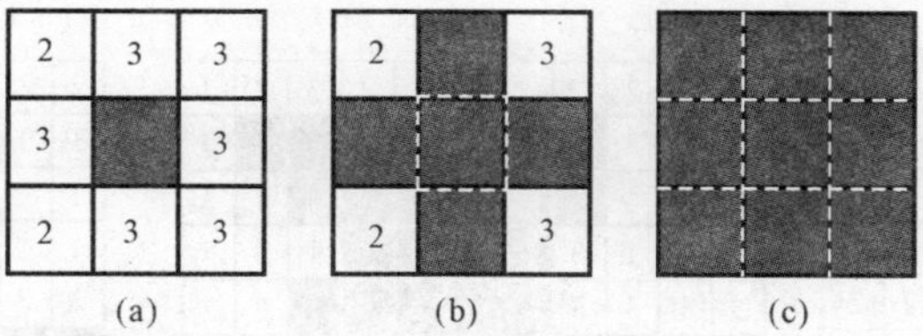

图 5.4　9 元胞系统的脆性激发过程

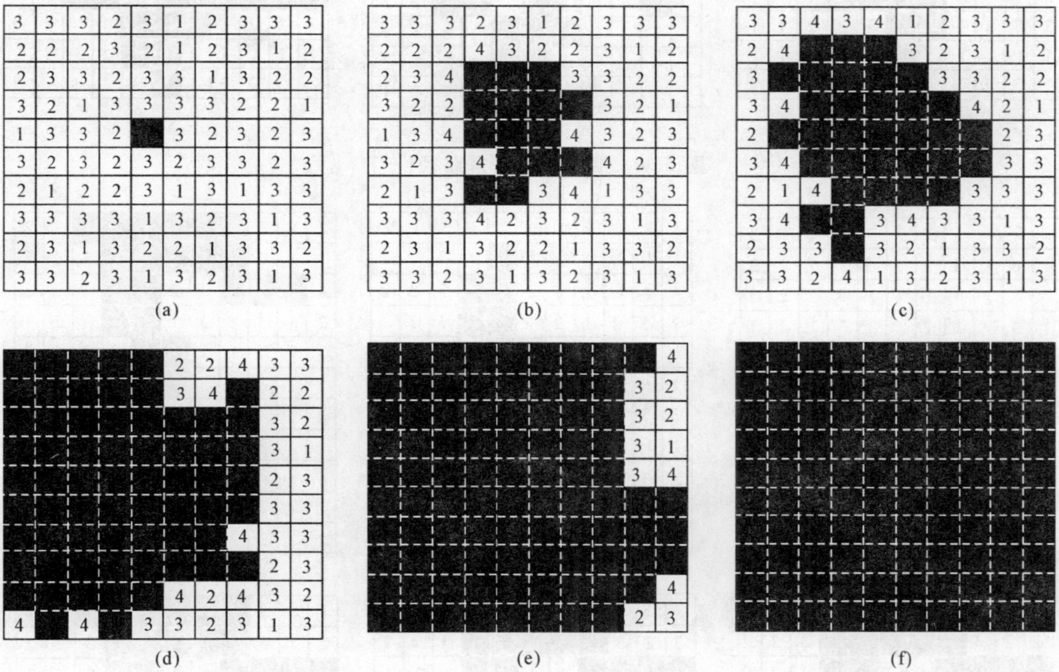

图 5.5　100 元胞系统的脆性激发过程

5.2.3　脆性激发方向的模拟

研究系统脆性传播的方向，在事故发生时尽快切断事故的传播链，缩小发生事故的区域，将损失降到最低具有举足轻重的意义。仍用黑色代表崩溃区域，选取两个不同的系统，用不同颜色的线描绘出了脆性传播事故从(6,6)处发生开始到传播停止的过程中的传播路径，借以阐明脆性传播的方向性，模拟图示图如图 5.6 和图 5.7 所示。

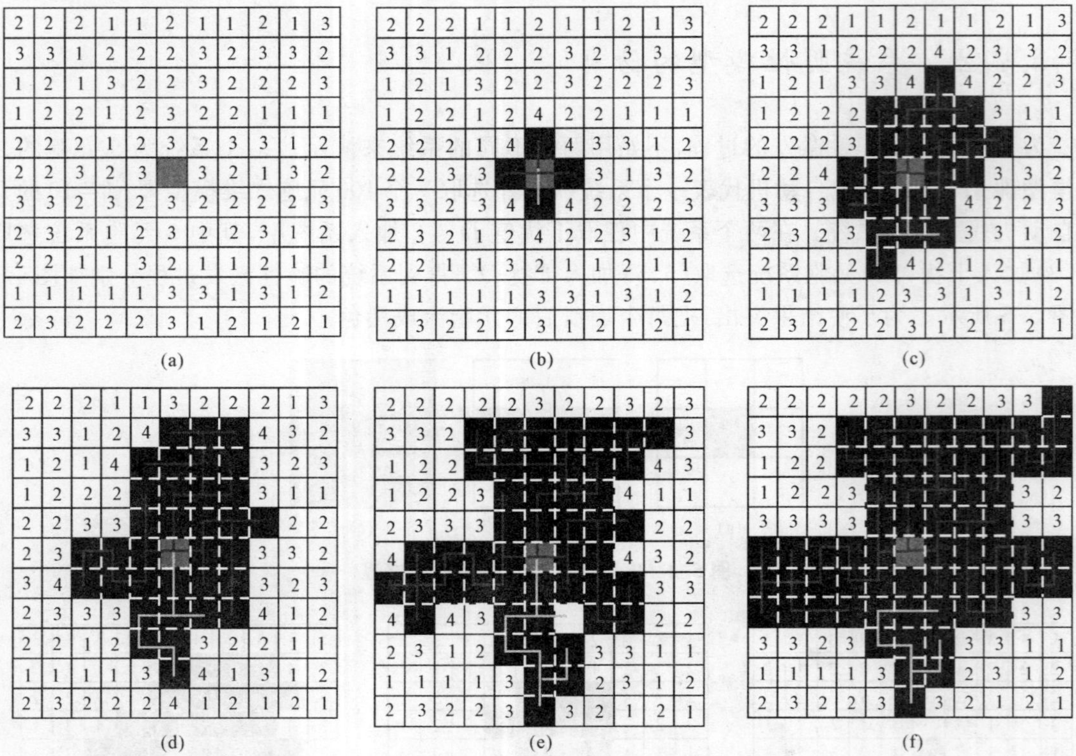

图 5.6　脆性激发传播路径(一)

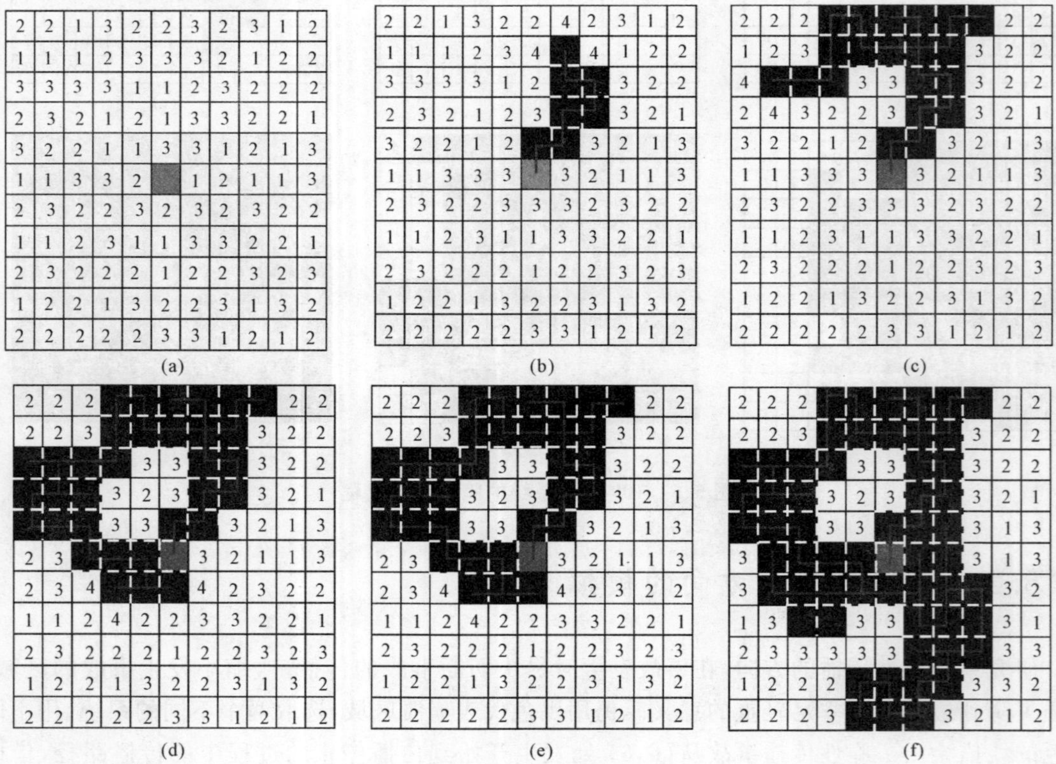

图 5.7　脆性激发传播路径(二)

显而易见，系统在发生连锁反应事故时事故的传播方向并不是固定的，它可能从故障点开始沿一个方向传播，但在传播过程中又出现了分支方向；也可能从故障点开始沿几个方向分散地向四周传播，但在某一方向上又是单纯地沿一个方向传播。传播过程中的路径总无一个整体的规律可言，不同的系统在发生连锁反应事故时，事故的传播路径各不相同。

5.2.4　系统的脆性源

在图 5.4 和图 5.5 中分别选择(2,2) 和(5,5) 两个元胞加入干扰后，这两个系统都发生了全局性的崩溃，即此时系统的脆性被激发了。但是，是不是所有的元胞加入干扰后，都可以激发系统的脆性呢？

对于图 5.5 所示系统，重新选择(7,2) 加入干扰，连锁性崩溃过程如图 5.8 所示。

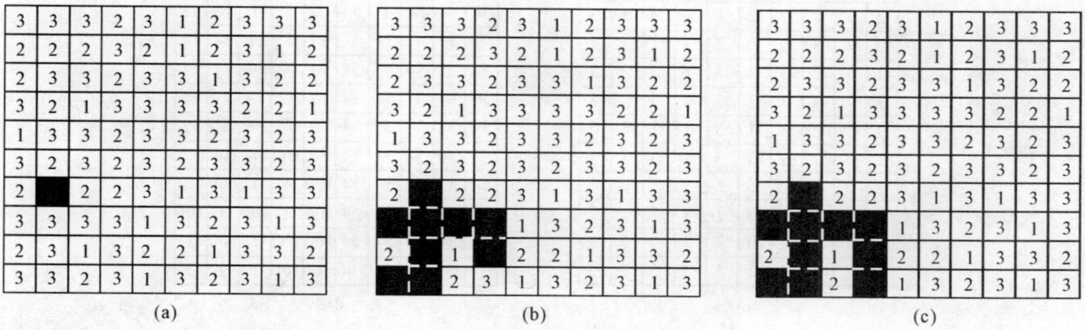

图 5.8　(7,2) 引发的连锁崩溃模拟

从图 5.8 可以看出，元胞(7,2) 的崩溃并不能引起系统脆性的激发。由此，定义脆性源的概念如下：

脆性源 S 是指能引起脆性激发的一类子系统或元件 S_i 的集合。记为

$$S=\{S_i \mid i=1,2,\cdots,n;n\geqslant 2\} \tag{5.7}$$

为了研究系统的脆性源，选择一个 100 元胞的系统如图 5.9(a) 所示，其每个元胞所引起的总崩溃数如图 5.9(b) 所示。

从图 5.9 可以看出，并不是系统的所有子系统都是系统的脆性源，而是系统的某少部分子系统才是系统的脆性源。此系统的脆性源为(3,7)，(4,7)，(6,7)，(7,6)，(8,6) 和(9,6)。

那么是不是同一个子系统拥有相同的脆性源呢？选取图 5.9 所示系统进行研究，只是系统的状态参数发生了一些变化，则此系统及其脆性源分别如图 5.10(a) 和(b) 所示。

从图 5.10 可以得到，系统的脆性源为(5,8)，(6,7)，(6,9)，(6,10)，(7,6)，(7,9)，(8,6)，(8,8)，(8,10)，(9,6)，(9,7)，(9,9)，(10,4)，(10,5)，(10,7) 和(10,9)。

对比图 5.9 和图 5.10 的结果可以看出，系统的状态参数改变则系统的脆性源就改变。因此，这就要求在辨识系统的脆性源时，要求实时在线地加以辨识，特别是那些状态参数经常性地改变的那些系统。

2	3	2	3	2	1	2	3	1	3
3	2	3	2	3	2	3	1	3	3
1	3	2	3	1	3	1	3	2	3
3	2	3	1	3	3	1	3	3	3
3	1	2	3	1	3	2	1	3	3
2	3	3	2	3	3	1	3	3	1
2	3	1	2	3	1	3	3	2	3
2	3	1	3	3	2	3	3	3	2
2	3	3	2	3	1	2	3	2	3
3	2	3	3	2	3	2	3	2	3

(a)

18	1	18	1	18	1	3	1	37	32
1	18	1	18	1	57	1	37	32	32
18	1	18	1	57	57	100	32	32	32
2	18	1	57	57	57	100	32	32	32
2	57	57	1	57	57	58	32	32	32
57	57	57	57	57	57	100	32	32	1
57	57	57	57	57	100	32	32	32	32
57	57	57	57	57	100	32	32	32	32
57	57	57	57	57	100	32	32	32	2
1	57	57	57	57	1	32	32	32	2

(b)

图 5.9　系统及其脆性源(一)

(a) 一个 100 元胞的系统；(b) 每个元胞所引起的总崩溃数

2	3	2	3	2	1	2	3	1	3
3	2	3	2	3	2	3	1	3	3
1	3	2	3	1	3	1	3	2	3
3	2	3	1	3	3	1	3	3	3
3	3	2	3	1	3	1	1	3	3
2	3	3	2	3	3	1	3	2	1
2	3	1	2	3	1	3	3	2	3
2	3	1	3	3	2	3	1	3	2
2	3	3	2	3	2	2	3	2	3
3	2	3	1	2	3	2	3	2	3

(a)

54	1	54	1	54	1	3	1	16	11
1	54	1	54	1	54	1	16	11	11
54	1	54	1	54	54	72	11	11	11
54	54	1	54	54	54	72	11	11	11
54	54	54	1	54	54	55	100	11	11
54	54	54	54	54	54	100	4	100	100
54	54	54	54	54	100	4	4	100	1
54	54	54	54	54	100	4	100	1	100
54	54	54	54	54	100	100	2	100	2
1	54	54	100	100	1	100	2	100	2

(b)

图 5.10　系统及其脆性源(二)

(a) 一个 100 元胞的系统；(b) 每个元胞所引起的总崩溃数

5.2.5　平均状态参数与脆性源总数间的关系

由 5.2.4 的分析可以看到系统的状态参数不同，系统的脆性源的个数也不同。那么系统的状态参数与脆性源之间究竟有怎样的关系呢？

为了便于研究，定义 t 时刻系统的平均状态参数和脆性源总数的概念如下：

t 时刻平均状态参数 A_N^t：t 时刻系统所有状态参数的平均值，记为

$$A_N^t = \frac{1}{M \times M} \sum_{x,y \in [1,M]} S_{(x,y)}^t \tag{5.8}$$

t 时刻脆性源的总数 N_b^t：t 时刻的所有脆性源的数量的总和，记为

$$N_b^t = \begin{cases} N_b^t + 1, & N(x,y) = 100 \\ N_b^t, & \text{其他} \end{cases} \tag{5.9}$$

为了研究 A_N^t 和 N_b^t 之间的关系，选取两组共 100 个样本，画出它们之间的关系如图 5.11 所示。

从图 5.11 可以看出，系统的平均参数增大到某个值之后，系统的脆性源的总数随着增大，到某个值之后，所有的子系统都将是脆性源。这就说明当系统的平均状态参数如果特别高，即系统都运行于参数的极限值附近时，系统的每个子系统都将是脆性源，这时任何一个子系统的

崩溃都将引起整个系统的崩溃,也就是引起系统的脆性激发。这是相当危险的,所以任何系统在运行时都要留有一定的裕度。

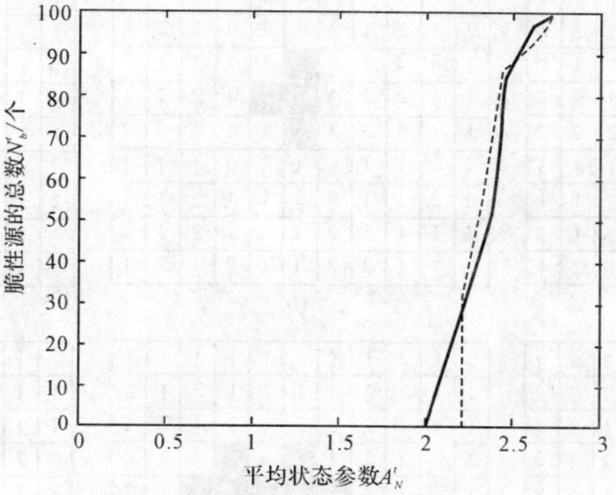

图 5.11　A'_N 和 N'_b 之间的关系

同时也应注意到另一个现象,平均状态参数相同的两个系统脆性源的个数也不相同。也就是说平均状态参数与系统脆性源的个数并无绝对的关系。

5.2.6　平均状态参数与脆性平均激发规模的关系

脆性激发规模就是系统受到外界扰动后崩溃的子系统的总数。由于一个系统的不同子系统在受到外界扰动后引起的崩溃的数目都不相同,所以把所有子系统崩溃后的数目进行平均,就得到了 t 时刻脆性平均激发规模 N^t,记为

$$N^t=\frac{1}{M\times M}\sum_{x,y\in[1,M]}N(x,y) \tag{5.10}$$

为了研究 t 时刻的平均状态参数 A^t_N 与 t 时刻脆性平均激发规模 N^t 的关系,分别选取了平均状态参数为 1.675,1.816 7,2.075,2.208 3 的四组数据进行模拟,将发生崩溃的区域涂为黑色,直观的模拟结果如图 5.12 至图 5.15 所示。

从直观的模拟结果中不难看出,系统的平均状态参数越大,发生系统连锁反应事故时事故越容易传播,造成系统崩溃的区域就越大,引起的脆性激发规模就越大。为了使数据有说服力,随机选取了 100 个系统,把它们在 t 时刻的平均状态参数 A^t_N 与 t 时刻脆性平均激发规模 N^t 的关系在图 5.16 中表示。

从图 5.16 所示可以看出,随着平均状态参数 A^t_N 的增大,脆性平均激发规模 N^t 也随着增大。只是在有些数值处增大的趋势比较缓慢,但在总体上增大的趋势是十分明显的。出现这一结果有它的理论根据:系统的平均状态参数值越大,意味着系统总能量越大,在系统安全裕度一定的情况下,系统越容易接近安全极限,就越容易发生连锁反应事故,系统中出现某一部分崩溃的概率就越高;系统的平均状态参数值越大,同时意味着系统中正运行的大能量的状态参数越多,运行参数在受到周围"邻居"的影响时,虽然有时影响不是很大,但这一小小的扰动足以造成此处状态参数运行不正常,以致于崩溃而脱离系统,停止工作,造成了比较大的崩溃区域。

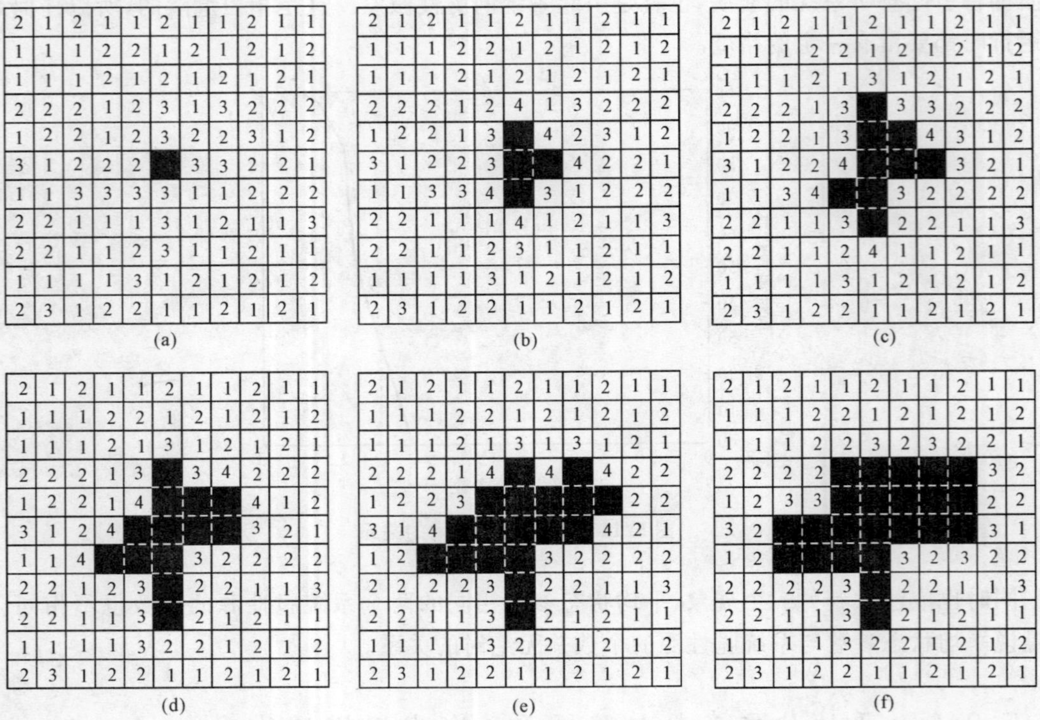

图 5.12　状态参数平均值为 1.675

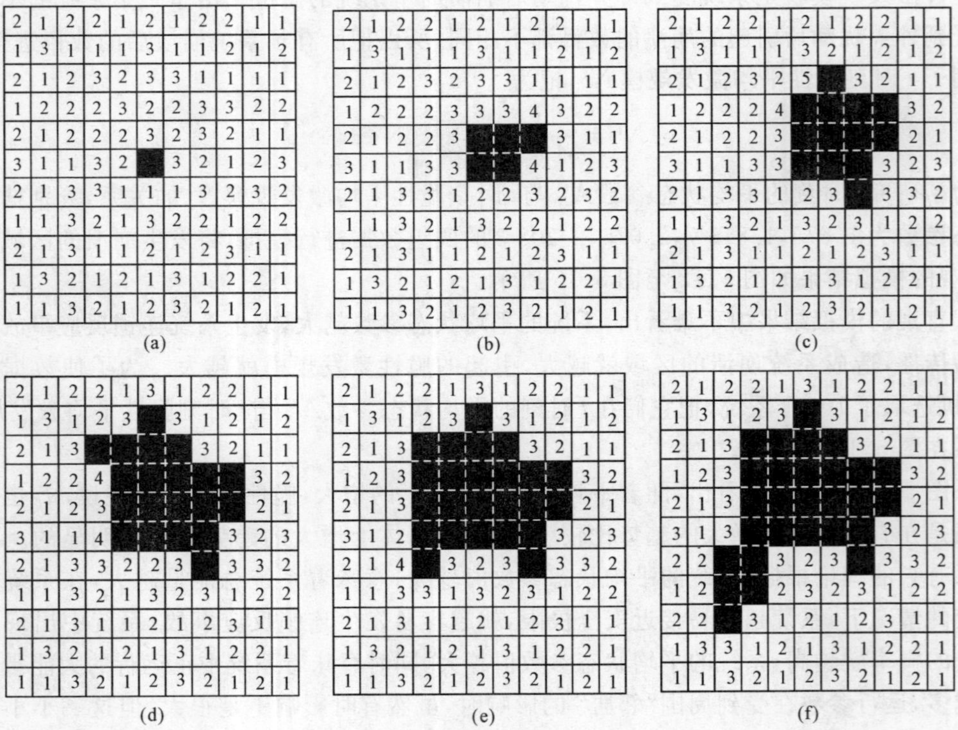

图 5.13　状态参数平均值为 1.816 7

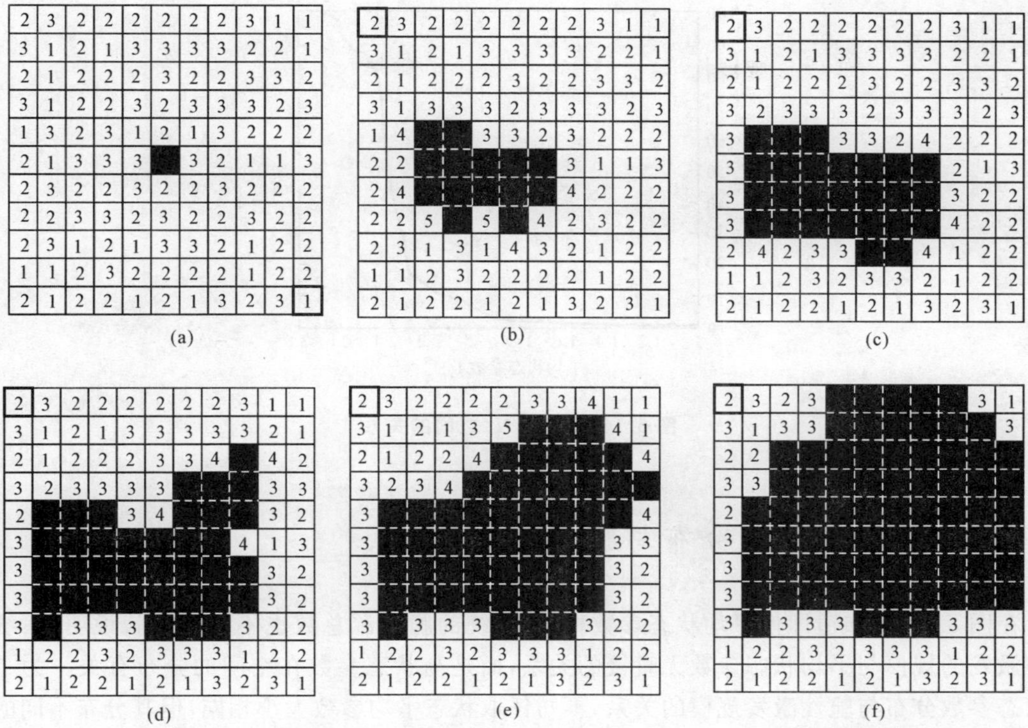

图 5.14　状态参数平均值为 2.075

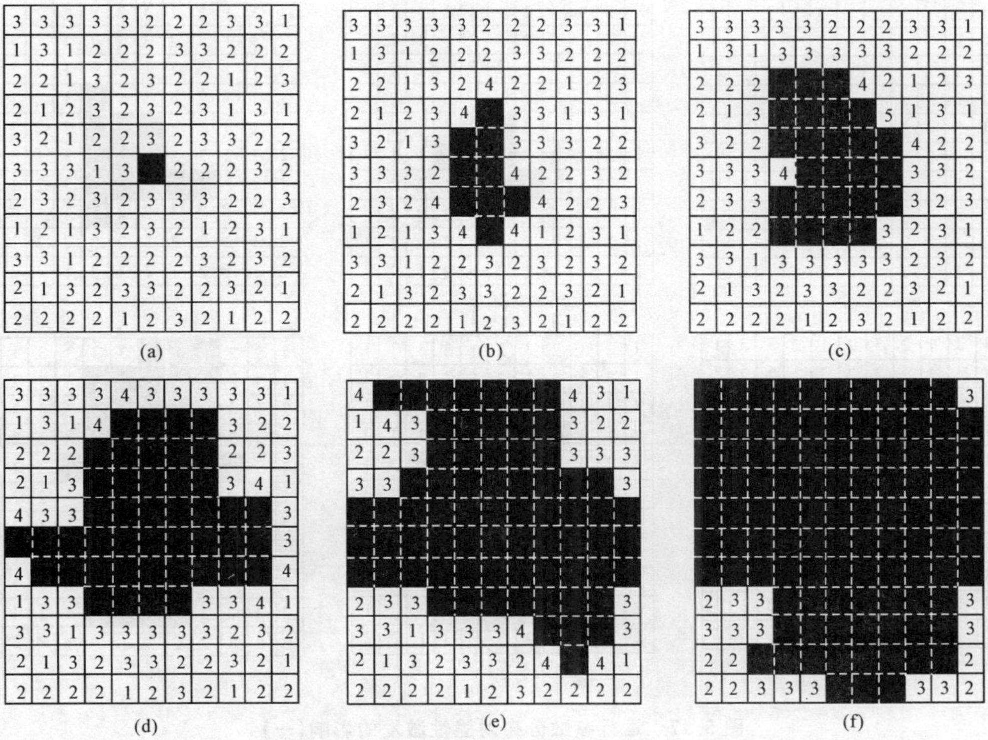

图 5.15　状态参数平均值为 2.208 3

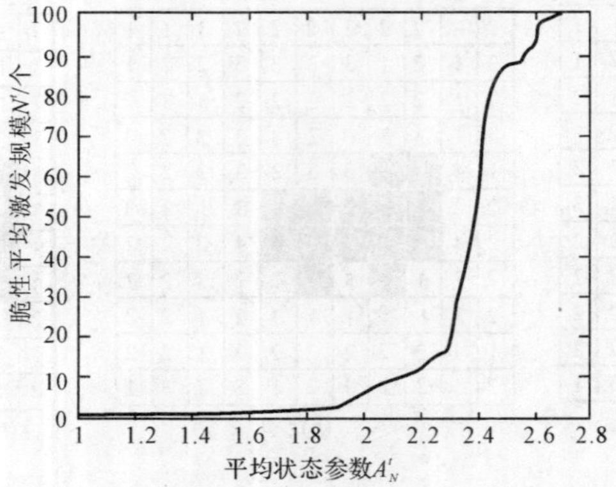

图 5.16　A'_N 与 N' 之间的关系

5.2.7　状态参数分布与脆性激发的关系

在图 5.11 中知道即使平均状态参数相同，系统的脆性源总数也不同。这就说明，系统的脆性激发的规模与平均状态参数无直接的关系，而是与状态参数在空间的分布有关。为了得到状态参数分布与脆性激发规模的关系，不妨任取状态平均参数大小相同，但其分布不同的两个元胞空间进行模拟，仍用黑色表示发生崩溃的区域，如图 5.17 和图 5.18 所示。

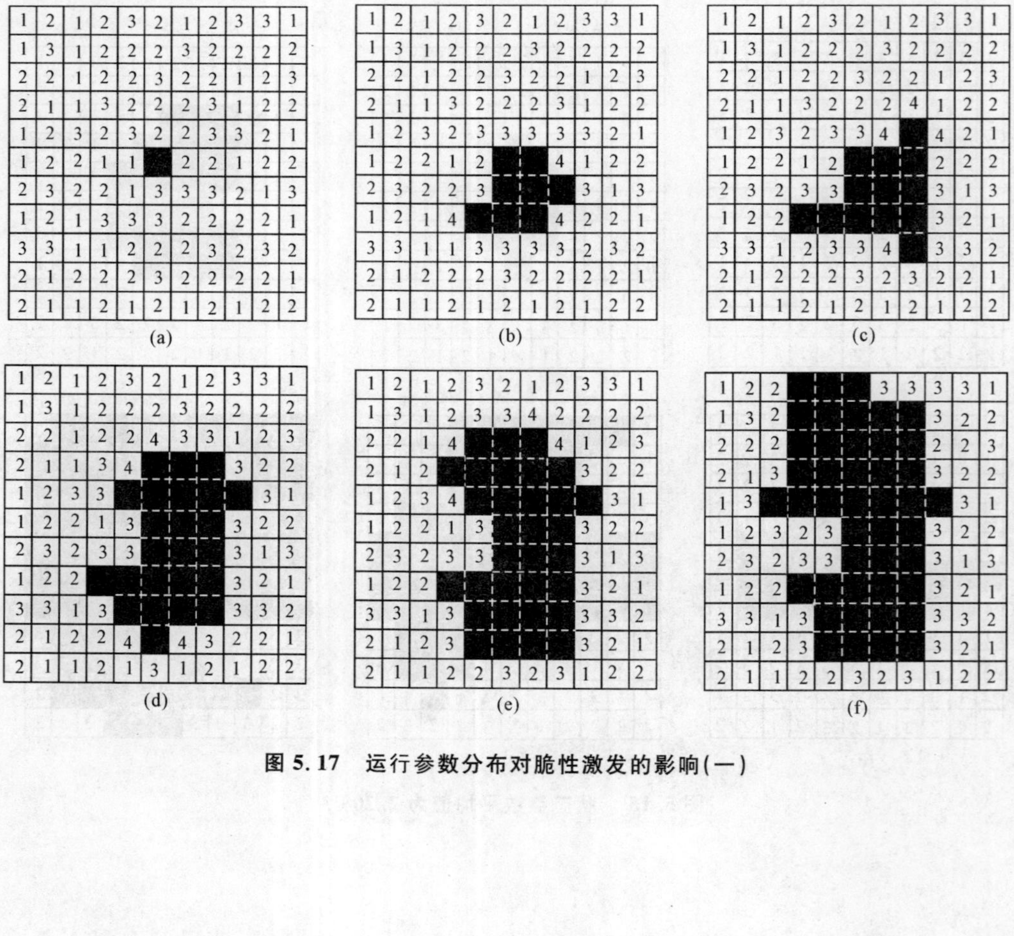

图 5.17　运行参数分布对脆性激发的影响(一)

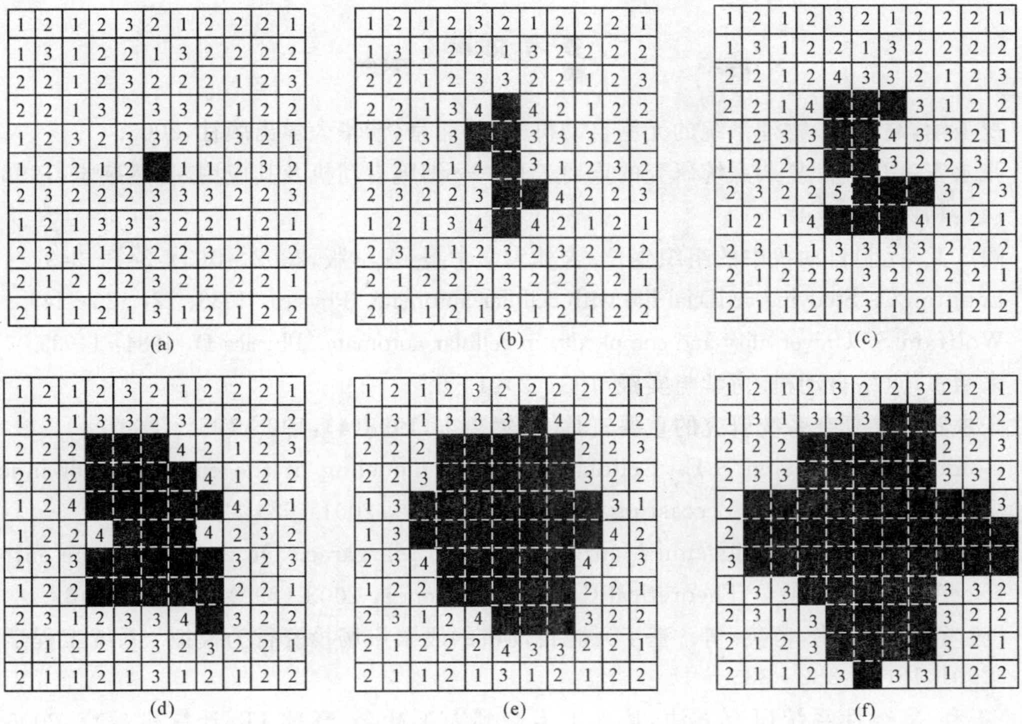

图5.18 运行参数分布对脆性激发的影响(二)

从这两个系统的模拟中可以证实，两个平均状态参数相同的系统，系统的脆性激发规模却完全不同。系统中运行参数的分布对系统发生脆性激发起到了至关重要的作用。

可以看到在系统平均状态参数一定的条件下，大状态参数的分布起到了决定性的作用。大状态参数分布较集中的系统发生脆性激发时事故越容易得到传播，造成的崩溃区域就相应地越大；相比较而言，大状态运行参数分布较分散的系统在发生脆性激发事故时，事故的传播能够很容易地被系统自身所阻断，缩小了发生崩溃的系统区域。

本章小结

在这一章中，首先介绍了元胞自动机的基础理论，包括发展状况、定义、构成、特征、应用及发展现状等；然后基于元胞自动机理论建立了系统的脆性模型，给出了元胞自动机的元胞空间、元胞、邻居、规则和边界条件的定义，同时给出了系统演化的步骤。通过仿真，研究了与脆性有关的一些参数对脆性的影响，包括平均状态参数与脆性源总数间的关系，平均状态参数与脆性激发规模的关系，脆性激发方向的模拟，状态参数分布与脆性激发的关系，最后给出了求系统脆性源的方法。

参考文献

[1] 祝玉学,赵学龙.物理系统的元胞自动机模拟.北京:清华大学出版社,2003.

[2] 张永安,白学志.复杂系统研究的重要工具——细胞自动机及其应用.自然杂志,1998,20(4):192-196.

[3] 阎广武.元胞自动机中的组织生长.吉林大学学报:理学版,2002,40(3):247-249.

[4] Langton C. Studying artificial life with cellular automata. Physica, 1986, 22: 120-149.

[5] Wolfram S. Universality and complexity in cellular automata. Physica D, 1984: 1-35.

[6] 朱照宣.点格自动机.力学与实践,1987(2):1-6.

[7] 张永安,等.复杂系统研究的重要工具.自然杂志,1998(4):192-195.

[8] Goldenberg J, Using S E. Cellular automata modeling of the emergence of innovations. Technological Forecasting & Social Change, 2001 (68): 293-308.

[9] Michele D'amicoa, Giovanni Manzinib, Luciano Margarac. On computing the entropy of cellular automata. Theoretical Computer Science, 2003 (290): 1629-1646.

[10] 应尚军,魏一鸣,范英,等. 基于元胞自动机的股票市场投资行为模拟. 系统工程学报,2001,16(5):382-388.

[11] 王利.复杂性系统研究方法:从人工生命到人工社会.环球 IT.计算机教育,2005,15(4):52-56.

[12] 孔建国,叶玲平,等.基于元胞自动机的人工金融市场及其仿真研究.计算机仿真,2005,22(3):221-223.

[13] 余亮,何宜柱.基于局部信息的 agent 元胞自动机设计.安徽工业大学学报,2003,20(1):1-4.

[14] REN Zhiliang, DENG Zhidong, et al. Spatio-temporal organization of a cellular automaton model for computer network. Computer Physics Communications, 2002, 144(10): 310-316.

[15] 李才伟,吴金平.化学混沌与 BZ 反应的细观元胞自动机模拟.计算机与应用化学,2000,17(6):189-494.

[16] 赵文杰,刘兆理.元胞自动机在环境科学中的应用.东北师大学报:自然科学版,2003,35(2):87-93.

第6章　基于突变理论对复杂系统脆性理论的研究

6.1　突变理论概述

6.1.1　突变理论简介

突变理论起源于光滑映射的 Whitney 奇异性理论和动力学系统的 Poincaré-Andronov 分岔理论。

奇异性理论对函数在极大点和极小点处的研究作了深远的推广。在 Whitney 理论中，函数被映射取代。映射就是几个多变量函数的集合；分岔的意思是岔开。广义地说，它是用来设计多种实体的全部定性的重新组合或变态的，这些重新组合或变态是由于所依赖的参数的变化而产生的；突变是突然的变化，是系统对外部条件的光滑变化而作出的突然响应。为了理解突变理论的含义，首先必须熟悉 Whitney 奇异性理论的要点。

作为数学的一部分，突变理论是研究关于奇点的理论。所以在应用于科学问题时，它直接处理不连续性而不联系任何特殊的内在机制。这就使得它特别适用于内部作用尚属未知的系统的研究，并且还适用于仅有的可信观察具有不连续性的情况。不可否认，数学、物理技巧已成功地应用于对不连续性的分析，但这需要对系统有一定程度的了解。

应当指出，虽然传统数学所研究的主要是光滑的或连续的过程，但突变现象也已经引起关注。经典的分岔理论，就是处理参数变化时某些定性性态的改变的。但是，系统地处理并成功地解决大量实际问题，则是从突变理论开始的。

与数学中的大多数新发展所不同的是，突变理论在其开创初期就是强调应用的。因此，它从未局限于数学界的窄小圈子里，从而鲜为人知；相反地，自从 Thom 的奠基著作出版以来，许多著名的科学杂志（如 *Scientific American*——《科学的美国人》、*Nature*——《自然》等）都发表了一些介绍性的文章，这样使得在20世纪70年代中期掀起了一股名副其实的“突变热”。其中影响最大的当首推 Zeeman 在《科学的美国人》杂志上所发表的《突变理论》，并且许多人正是通过这篇文章才接触到突变理论的。当时对突变理论的评价是褒贬不一，各走极端的[1-2]。

十几年来，关于突变理论（主要是应用方面）已发表的学术性论文总数估计在1 000篇以上，散见于数学、力学、物理、化学、生物学、社会科学等学科的学术性刊物和会议论文集之中。但是，突变理论不能看成一个独立的数学分支：就应用而言，它与其他学科的关系太密切了；就数学理论而言，也难以确定哪里是突变理论的终点，哪里是其他理论的起点，反之亦然。因此，Thom 一开始就说他提出的是一个数学纲要。Zeeman 也说：“突变理论这个名称将来有一天也许会消失，但在这些数学分支中的定理将会继续存在下去，科学中模型化的几何技巧的应用将继续增加。"

6.1.2 突变理论的研究对象

浪花的形成、发展和破碎，舰船的倾覆，这些看来互不相关的现象却有一个共同点：某个因素的连续(往往还是光滑，理解为无限次可微)变化可能造成系统性态的突然变化。更使人感兴趣的是生命的发育，由一个简单的胚胎竟能发展成如此众多的不同形态，并且其中有着突然的变化。

所有这些以及其他许多在连续发展过程中出现突然变化的现象，以及它们与连续变化因素之间的关系，就发展成为一门新兴的学科——"突变理论"——研究的内容。

Thom 的纲要究竟要解决什么问题呢？从与其密切相关的分岔理论谈起。"分岔理论的最一般形式是关于非线性方程平衡解的理论。所谓平衡解，指的是例如常解、时间周期解和概周期解。"这里所说的常解就是一般所谓的平衡点，经典的分岔理论研究的是非线性微分方程支配的演化问题的平衡解的分岔。近年来，人们逐渐认识到存在第四种平衡解或定常运动形式——混沌。对混沌解与其他 3 种定常运动形式相互之间的转化条件的研究十分活跃，其中也常用"分岔"这个名词，如图 6.1 所示。

突变理论研究的实际上还是静态分岔，即平衡点之间的相互转换问题，这与经典的分岔理论有相似之处，但它的立足点较高，不只是考虑单一参数的变化，而是考虑多个参数变化时平衡点附近分岔情况的全面图像，特别是其中可能出现的突然变化。

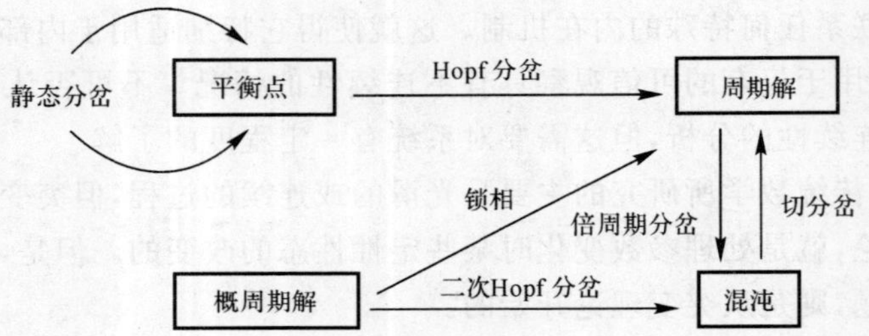

图 6.1 4 种定常运动形式之间的转化

梯度系统的平衡点才是突变理论研究的对象：突变理论研究由 $\partial v/\partial \psi_i = 0$ 解出的诸平衡点 $\psi_i^0(c_\alpha)$ 如何随控制参数 c_α 的改变而改变。按 Thom 的原意，这种理论应当称为初等突变理论。他的纲要尚包括非初等突变理论，即对非梯度系统中的平衡点和其他现象进行研究。但通常提到的突变理论，其实就是指初等突变理论。还应指出的是，通过对梯度系统平衡点的研究所建立的初等突变理论的实际应用范围，已大大超越了这种平衡点。

6.1.3 突变理论的应用领域

自法国数学家 Thom 于 1972 年创立突变理论至今的 20 多年里，突变理论已深受世界学术界的广泛重视。虽然它的基础理论高深，涉及群论、拓扑学、微分流形等，但它的实际应用却非常容易，渗透到每一应用学科，成功地解决了许多用其他手段无法解决的问题[3-11]。

英国的 S. I. Pratt，1987 年应用突变理论研究计算机操作系统设计时数据信息丢失的原因；A. salkm，1989 年引入突变理论的蝴蝶突变模型较好地解决了影响电力系统的暂态稳定性和稳态稳定性的各种因素之间的关系；哈佛大学的 CIMk，1993 年应用突变理论圆满地解决了图像识别的边界识别；加拿大的学者 F. L. Hd，1993 年与一些学者研究交通运输事故时，发现突变模型明显优越于其他模型，应用突变理论能很好地解答车流量、路面的车辆占有率与车辆运行速度三者之间的关系，为高速公路的运营管理提供了科学的依据。1976 年日本学者 Pmuhn 和 Hondm 等人研究交通运输安全时，引入突变理论分析由人失误导致的交通事故。此后，安全工作者发现突变理论可对事故过程进行连续分析，同时在系统安全分析中的某些应用取得了一定进展，形成了多种形式的突变分析方法。在国内，钱新明等人较早地系统地应用突变理论研究系统安全问题，把系统的一类危险源和二类危险源作为控制参数，并把系统的功能作为状态参数，从而建立了危险评价的尖点突变模型，成功地分析了一石化企业的危险状态[12-30]。

6.2 突变理论的基本原理

6.2.1 齐曼突变机构

图 6.2 是齐曼(1972 年) 发明的一种示教模型的简图。它很容易制造，最简单的步骤是找两根几乎完全相同的橡皮筋。取它们的未拉伸长度为单位长度。用卡纸剪一个直径为一个单位长度的圆盘，并在接近周边的 Q 点按一个图钉，使针尖朝上。用图钉穿过圆盘的中心 O，把圆盘装在一块合适的底板上。把两根橡皮筋套在 Q 点的图钉上，并用第三个图钉固定其中一根橡皮筋的另一端于底板上距 O 点为两个单位长度的 R 点处。余下的一端 P 则任其自由。尺寸都是近似值，无须做得很精确。

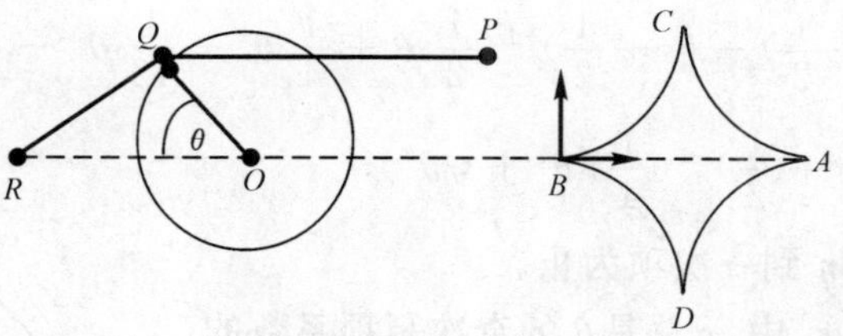

图 6.2　齐曼突变机构

机构在任何时刻的位置完全是由一个变量 θ(线段 OQ 与对称轴之间的夹角) 确定的。对于自由端 P 的任何人为的位置，机构会寻找使橡皮筋中储藏的能量减为最小的一种构形(即 θ 的值)。即系统的势能是

$$V(\theta)=\frac{1}{2}\mu\left[(r_1-1)^2+(r_2-1)^2\right] \tag{6.1}$$

式中，r_1 和 r_2 是橡皮筋的长度，而 μ 是它们的弹性模数。

最好先考虑P只能沿着对称轴移动的特殊情况。设距离OP为s(见图6.3),则有

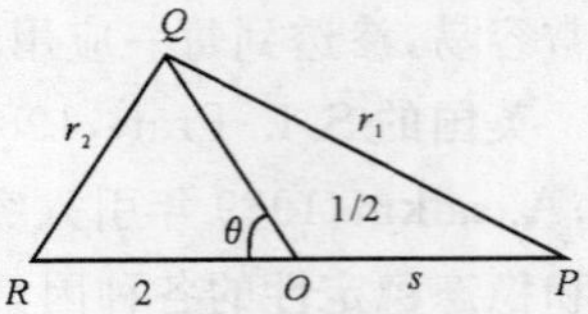

图 6.3 点P在对称轴上

$$r_1^2 = s^2 + \frac{1}{4} + s\cos\theta \tag{6.2}$$

$$r_2^2 = 4 + \frac{1}{4} - 2\cos\theta \tag{6.3}$$

由于对称性,在$\theta=0$处必定有一个平衡位置。把V展开为θ的级数,就能确定这个平衡的性质,级数只保留到θ的四次项为止,有

$$r_1^2 \sim s^2 + \frac{1}{4} + s(1 - \frac{1}{2}\theta^2 + \frac{1}{24}\theta^4) \tag{6.4}$$

和

$$r_2^2 \sim \frac{17}{4} - 2(1 - \frac{1}{2}\theta^2 + \frac{1}{24}\theta^4) \tag{6.5}$$

因此,

$$V(\theta) \sim \frac{1}{2}\mu\Big\{(s-\frac{1}{2})^2 + \frac{1}{4} + \Big[\frac{1}{3} - \frac{s(2s-1)}{2(2s+1)}\Big]\theta^2 + \Big[\frac{s}{24} - \frac{s}{12(2s+1)} + \frac{s^2}{2(2s+1)^3} + \frac{5}{108}\Big]\theta^4\Big\} \tag{6.6}$$

现在至少能阐明突变机构的部分性态。对于小的θ,势能的形式是

$$V(\theta) = a + b\theta^2 + c\theta^4 \tag{6.7}$$

据此,最初两阶导数是

$$V' = 2b\theta + 4c\theta^3 \tag{6.8}$$

和

$$V'' = 2b + 12c\theta^2 \tag{6.9}$$

现在分析当P接近它们时突变机构的性态,设B为原点并取坐标ξ和η,如图6.4所示。r_2的表达式和V以r_1和r_2表达的式子如前不变,但r_1现在由

$$r_1^2 = (s + \frac{1}{2}\cos\theta)^2 + (\frac{1}{2}\sin\theta - \eta)^2 \tag{6.10}$$

给出,这里$s = \hat{s} + \xi$,$\hat{s} = \overline{OB}$,有

$$r_1 \sim (s + \frac{1}{2}) - (s + \frac{1}{2})^{-1}(\frac{1}{2}\eta\theta + \frac{1}{4}s\theta^2 - \frac{1}{12}\eta\theta^3 - \frac{1}{48}s\theta^4) - \frac{1}{8}(s + \frac{1}{2})^{-3}(\frac{1}{4}s^2\theta^4 + \hat{s}\eta\theta^3) \tag{6.11}$$

式中,θ到四次项,而ξ和η到一次项为止。

图 6.4 点P不在对称轴上

注意到,无论在r_1和r_2中,η总是θ的奇次幂项系数的因子,而不是偶次幂项系数的因子,而ξ只在偶次幂项系数中出现。所以若在每个系数中只保留ξ和η的最低次项,则到θ的四次项为止,有

$$V(\theta) \sim \frac{1}{2}\mu(a_0 + a_1\eta\theta + a_2\xi\theta^2 + a_3\eta\theta^3 + a_4\theta^4) \tag{6.12}$$

可以通过变量的某些变换而简化运算。首先,适当选取弹性模量的单位而使$\frac{1}{2}\mu a_4$等于一个单位,这使得V的形式变为

$$V(\theta) \sim b_0 + b_1\eta\theta + b_2\xi\theta^2 + b_3\eta\theta^3 + \theta^4 \tag{6.13}$$

通过代换 $x=\theta+\frac{1}{4}b_3\eta$，然后定义新的变量 u 和 v 为 $u=b_2\xi$，$v=b_1\eta$。最后，因为我们只感兴趣于 V 的临界点而不是它的数值，所以可以不失一般性地改变 V 的原点以消去常数项 b_0，有

$$V(x) \sim x^4 + ux^2 + vx \tag{6.14}$$

作为以后用来运算的 V 的简化形式。这个函数的临界点是 $V'=0$，即

$$4x^3 + 2ux + v = 0 \tag{6.15}$$

的解。

6.2.2　齐曼突变机构的图形分析

可以画出曲面 $4x^3+2ux+v=0$（见图 6.5），就比较容易预测对 B 的近旁的不同路径将会发生什么情况。只要 P 在尖点之外，就只可能有一个平衡位置，否则就有两个。跳跃是离开尖点时发生的，条件是消失的平衡位置恰好是机构原来所处的位置，而这也正是沿着进入尖点的同一路径离开尖点时不会产生跳跃的原因。

(x,u,v) 是这个系统的平衡位置组。由此，若设想该系统的状态是以 (x,u,v) 为坐标的三维相空间中的一点来代表的，则相点必定总是位于这个曲面上。事实上，它必定总是位于上叶或者下叶，因为中叶对应于不稳定平衡位置。解释图 6.5 如下：P 点的位置由称为控制空间的 $u-v$ 平面中的一个点表示。随着控制变量 u 和 v 的变化，这个控制点走出一条称为控制轨迹的路径。同时，相点沿着直接位于控制轨迹上方的平衡曲面上的一条轨迹移动。u 和 v 的平稳变化几乎总引起 x 的平稳变化。

仅有的例外在控制轨迹越过分歧点集 $8u^3+27v^2=0$ 时出现，分歧点集是平衡曲面的折痕在 $u-v$ 平面上的投影。如果相点恰好在曲面终止的边缘上（曲面回折可形成中叶处），则它必定跳跃到另一叶上，这即引起 x 及 θ 的突变。

处理较为复杂的系统时，图 6.5 也是有用的。如果共有 n 个状态变量和 m 个控制变量，则相空间将是一个 $n+m$ 维欧几里得空间，把它记作 R^{n+m}。当控制点在 m 维控制空间中移动时，相点在其上方平衡超曲面上移动，并且当控制轨迹越过分歧点集（即平衡超曲面中的折痕在控制空间中的投影）时，就会出现突跳。但事实上，R^{n+m} 在很多方面与 R^3 很相像，只要参考图 6.5 加以思考，就能够理解在较高维的情况下将会发生什么。

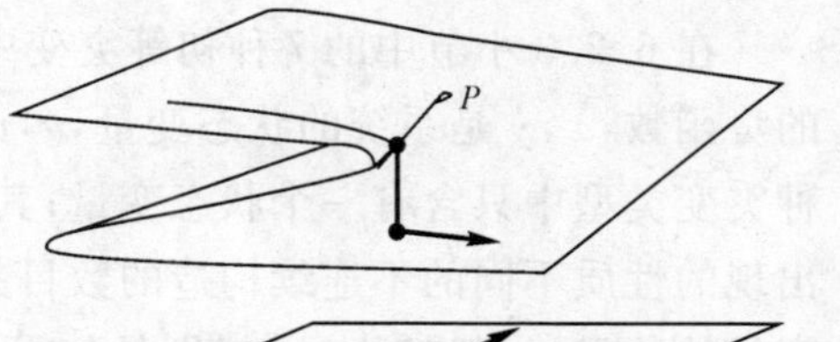

图 6.5　突变机构的相空间和控制平面

6.2.3　突变的类型

突变数学的特色是，根据一个系统的势函数把它的临界点分类，研究各类临界点附近非连续变化状态的特征，从而归纳出 7 个初等突变模型。每一种突变都是由一个势函数决定的，平衡曲面为满足势函数的一阶导数（或两个一阶偏导数）为零的所有点的集合。某种类型的突

变过程的全貌可通过其相应的平衡曲面来描述。

由于所处的时空是四维的,因此四维控制空间是很重要的。托姆已经证明了,当控制变量不大于4个时,最多有7种突变形式,一般称这7种突变为7种初等突变。它们分别为:折叠突变、尖点突变、燕尾突变、椭圆脐点突变、双曲脐点突变、蝴蝶突变、抛物脐点突变。当控制变量不大于5个时,最多有15种突变形式。但是,应用的最多的还是7种初等突变,它们的势函数分别表示如下:

1) 折叠突变:

$$V(x)=x^3+ux \tag{6.16}$$

2) 尖点突变:

$$V(x)=x^4+ux^2+vx \tag{6.17}$$

3) 燕尾突变:

$$V(x)=x^5+ux^3+vx^2+wx \tag{6.18}$$

4) 椭圆脐点突变:

$$V(x,y)=(1/3)x^3-xy^2+w(x^2+y^2)-ux+vy \tag{6.19}$$

5) 双曲脐点突变:

$$V(x,y)=x^3+y^3+wxy-ux+vy \tag{6.20}$$

6) 蝴蝶突变:

$$V(x)=x^6+tx^4+ux^3+vx^2+wx \tag{6.21}$$

7) 抛物型脐点突变:

$$V(x,y)=y^4+x^2y+wx^2+ty^2-ux-vy \tag{6.22}$$

6.3 基于脆性势函数对复杂系统的脆性分析

在6.2.3小节中的7种初等突变中,$V(x)$,$V(x,y)$分别表示状态变量为x和x,y的系统的势函数,x,y是系统的状态变量,u,v,w,t分别为系统的控制变量。第1),2),3)种和第6)种突变类型中只含有一个状态变量;其余的含有两个状态变量。突变理论告诉我们的是:可能出现的性质不同的不连续构造的数目并不取决于状态变量的数目(可能很大),而取决于控制变量的数目(一般较小)。特别是如果控制变量的数目不大于4,那么只有7种不同类型的突变,而且其中没有一种牵涉两个以上的状态变量。对后者,当然是指可能这样地选择一组n个状态变量,使得其中与不连续性有关的不会多于两个,认为这是一种到特征变量的变换。

用上述方法解决问题的好处在于,既可以定性地分析系统的突变性质,又可以对突变的变量有一个大致的把握。但是这种方法最大的困难是控制变量的选取。在一般情况下,影响系统的控制变量有很多,而且这些变量之间可能相互作用,不能很好地选择无关或关键的状态变量和控制变量,这样就造成了利用这种方法解决问题的困难。但是有时可以通过对系统所呈现性质的分析,将问题转化成突变模型,利用突变理论进行分析。下面将在6.5节给出具体分析的过程。

在本节中,首先根据复杂系统的某一层次子系统的输出观测序列的描述求出其势函数。在这个过程中,将其与随机过程的一维分布函数结合起来。接着,又结合突变理论中的8个突变标志之一——反常方差建立脆性势函数，从而对复杂系统进行了扼要的脆性分析。

6.3.1　建立脆性势函数

设$\{x_t\}(t=1,2,\cdots,N)$为复杂系统的某一层次子系统的输出观测序列，对$x_{N+l}(l=1,2,\cdots,L)$用J个不同模型获得预测值$\hat{x}_{N+l}(j)(j=1,2,\cdots,J)$，将$J$个模型对$x_{N+l}$的组合预测值记为$\hat{x}_{N+l}$，则有[31-32]

$$\hat{x}_{N+l}=\sum_{j=1}^{J}\omega_j\hat{x}_{N+l}(j) \tag{6.23}$$

式中，$\omega_j(j=1,2,\cdots,J)$为第j个模型赋予的权重，为保持综合模型的无偏性，ω_j应满足约束条件

$$\sum_{j=1}^{J}\omega_j=1 \tag{6.24}$$

每一种突变都是由一个势函数决定的，首先来确定复杂系统的某一层次子系统的势函数。对于每一个$x_{N+l}(l=1,2,\cdots,L)$可以有J个不同模型获得的预测值$\hat{x}_{N+l}(j)(j=1,2,\cdots,J)$，假设$x_i(i=1,2,\cdots,N)$为离散型随机变量，这样对于离散型随机变量$x_{N+l}(l=1,2,\cdots,L)$，加入控制变量$c_i(i=1,2,\cdots,J)$，使其概率分布可用如下矩阵表示：

$$\begin{bmatrix}\hat{x}_{N+l}(1) & \cdots & \hat{x}_{N+l}(j) & \cdots & \hat{x}_{N+l}(J)\\ p_{l1} & \cdots & p_{lj} & \cdots & p_{lJ}\end{bmatrix} \tag{6.25}$$

式中，p_{lj}为从第j个模型获得的预测值为$\hat{x}_{N+l}(j)$的概率，满足约束条件

$$p_{lj}\geqslant 0 \text{ 且 } \sum_{j=1}^{J}c_jp_{lj}=1 \tag{6.26}$$

于是，分布函数$F_{x_{N+l}}(x_l,c)$可表示为

$$F_{x_{N+l}}(x_l,c)=\sum_{j=1,\cdots,J,x_{N+l}(j)<x_l}c_jp_{lj} \tag{6.27}$$

式中，c为系统的控制变量，x_l为随机变量，$l=1,2\cdots,L$。

求出每一个$x_{N+l}(l=1,2,\cdots,L)$的分布函数$F_{x_{N+l}}(x_l,c)$，根据式(6.23)可以求出x_{N+l}的综合预测值$\hat{x}_{N+l}$的分布函数$F_{\hat{x}_{N+l}}(x_l,c)$，则关于整个系统的观测序列的预测序列$\{\hat{x}_{N+l}\}(l=1,2,\cdots,L)$的一维分布函数就可以确定了，表示如下：

$$F(x,c)=P(\hat{x}_{N+l}<x),\quad l=1,2,\cdots,L \tag{6.28}$$

突变是在研究方程的质时被揭示出来的，即如果知道了系统或现象质的后果(突变标志)，甚至这时不知道该条件下的方程，也能确定突变的存在和类型，下面给出突变质的后果的8种标志。

(1) 多模态

系统中可能出现两个或多个不同的状态，也就是说，系统的位势对于控制参数的某些范围可能有两个或多个极小值。尖点突变类型只具有双模态，即具有两种不同的状态。

(2) 不可达性

这意味着系统有一个不稳定的平衡位置——一个Morse m鞍点($m>0$)。此处既可以连续又可以不连续，在数学上是不可微的。例如，齐曼突变机构的中叶就是这样的一个不稳定的区域。

(3) 突跳

这是最常观察到也是最容易使人想到可以应用突变理论的突变指征。突跳也总是意味着位势值将在很短时间内有一个很大的改变。

(4) 发散

控制参数数值的有限变化会引起状态变量平衡位置数值的有限变化，但在退化临界点附近，控制参数初值的微小变化却可能引起状态变量终值的很大变化。物理过程的这种对控制参数路径摄动的不稳定性称为发散。

(5) 滞后

当物理过程并非严格可逆时，会出现滞后。

(6) 线性响应的发散

繁杂的推导过程不详细说明了，以一个简单的例子来说明这种突变标志。

以尖点突变 $V(x,a,b)=x^4/4+ax^2/2+bx$ 为例，$\partial^2 V/\partial x^2=3x^2+a$，$\partial^2 V/(\partial x\partial a)=x$，$\partial^2 V/(\partial x\partial b)=1$，于是有

$$\delta x=\begin{bmatrix}\dfrac{-x^\circ}{3x^{\circ 2}+a} & \dfrac{-1}{3x^{\circ 2}+a}\end{bmatrix}\begin{bmatrix}\delta a\\ \delta b\end{bmatrix} \tag{6.29}$$

注意到临界点 x° 满足

$$x^{\circ 3}+ax^\circ+b=0^+ \tag{6.30}$$

从而当 $b\to\pm\dfrac{2}{3}a\sqrt{-\dfrac{a}{3}}$，即 $27b^2+4a^3\to 0$ 时，$3x^{\circ 2}+a\to 0$，由式(6.29)知 $\delta x\to\infty$，即 x 发散。

(7) 临界慢化 / 模态软化

考虑梯度动力学系统，有

$$\frac{\mathrm{d}x_i}{\mathrm{d}t}=-\frac{\partial V(x,c)}{\partial x_i},\quad i=1,\cdots,n \tag{6.31}$$

对于固定的控制变量在平衡点(x°,c°)附近线性化，即考虑 $x_1,\cdots,x_n$ 为小量的情况，有

$$\frac{\mathrm{d}x_i}{\mathrm{d}t}=-\sum_j\frac{\partial^2 V}{\partial x_i\partial x_j}x_j+O(2),\quad i=1,\cdots,n \tag{6.32}$$

它的通解形式为

$$x_i=\sum_k A_k \mathrm{e}^{-\lambda_k t} \tag{6.33}$$

式中，A_k 为任意常数，$\lambda_k(k=1,\cdots,n)$ 是 Hesse 矩阵$[\partial^2 V/(\partial x_i\partial x_j)]$的诸特征值。采用理想延迟约定，当趋近分岔集即 $\det\,[\partial^2 V/(\partial x_i\partial x_j)]\to 0$ 时，一个或多个特征值趋于零，于是式(6.33)的时间常数趋于无限大，就出现所谓临界慢化。

(8) 反常方差

考虑随机系统，分布函数 $F(x,c)$ 与势函数 $V(x,c)$ 常常用以下简单方式相联系，

$$F(x,c)=N\mathrm{e}^{-V(x,c)/D} \tag{6.34}$$

式中，D 为耗散系数。对于多变量情况，假设处在一个 Morse 点附近，并且 $V(x,c)$ 已写成正则形式，则有

$$F(x,c)\approx N\mathrm{e}^{-\sum_i\lambda_i x_i/D} \tag{6.35}$$

于是方差

$$\sigma_i = \int_{-\infty}^{\infty} x_i F(x_i, c) \mathrm{d}x_i \tag{6.36}$$

即

$$\sigma_i = -\frac{N}{2}\frac{D}{\lambda_i} \tag{6.37}$$

设诸随机变量 $x_i(i=1,\cdots,n)$ 相互独立，则它们之和的方差为

$$\sigma = -\frac{ND}{2}\sum_i \frac{1}{\lambda_i} \tag{6.38}$$

于是，当方差 $\sigma \to \infty$ 时，就到达了一个退化临界点的附近，这种情况称为反常方差。同样地，也得到相应的退化方向。

最后，这 3 种标志出现在退化临界点的一个小邻域中，这对于确定控制参数的临界点和安全限是十分有用的。

从突变标志的第(8)个——反常方差，根据式(6.28)和式(6.34)可以求出复杂系统某一层次子系统的脆性势函数，即

$$V(x,c) = -D\ln\frac{F(x,c)}{N} \tag{6.39}$$

式中　x——系统的状态变量；

c——系统的控制变量；

D——耗散系数；

N——涨落水平。

把式(6.39)解出的势函数定义为脆性势函数。

考虑用脆性势函数 $V(x,c)$ 描写的系统，若这个系统原来处于脆性势函数的一个全局极小点，当参数 t 变化时，脆性势函数的形状会有所变动，则原来的全局极小点可能转化为一个局部极小点，而不再是全局极小点，也有可能消失。这时，就需要某种约定来确定系统在新的脆性势函数下所处的位置。最常用的约定有如下两种：

1) 理想延迟约定：系统留在原来的稳定平衡位置上，直到这个稳定平衡位置消失，如图 6.6 所示。

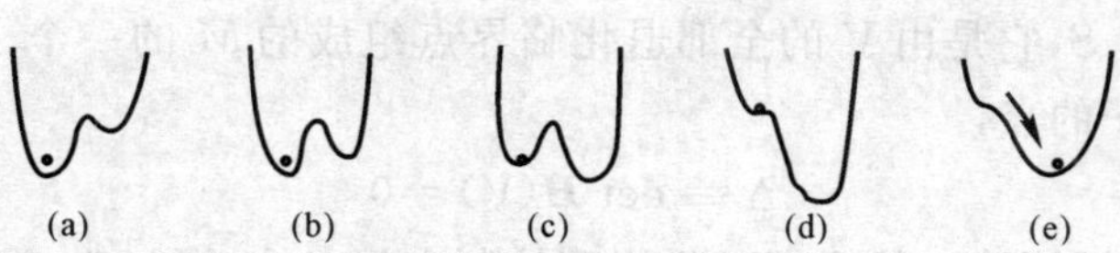

图 6.6　理想延迟约定

2) Maxwell 约定：系统总是转移到使它的势全局极小的稳定平衡位置上，如图 6.7 所示。

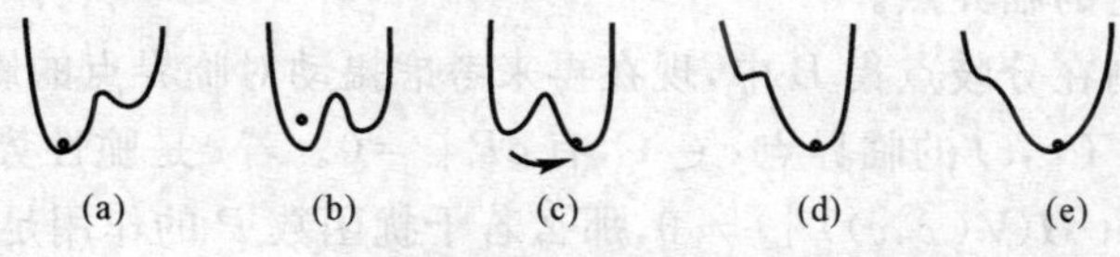

图 6.7　Maxwell 约定

在实际应用中，该采取何种约定呢。由于是用分布函数描写的系统，是否趋于全局极小

点，则应该取决于势垒高度 ΔE 与涨落水平 N 的相对大小。当 $N/\Delta E \ll 1$ 时，应该采用理想延迟约定，而当 $N/\Delta E \approx 1$ 时，应该采用 Maxwell 约定。

在式(6.39) 中提到的涨落，在此作一下简单的说明。复杂系统的所有的演化规律都是具有统计性质的，它所说明的是集体的平均行为。当子系统的随机变化使系统的实际宏观量与这一平均值发生偏离时，就形成了涨落。研究涨落必须借助于概率论描述，这种方法的关键是找到提供体系重要信息的概率分布，它表示体系依赖于某一参数在何处出现的可能性有多大。著名的大数定律对涨落的影响作了估计：由涨落所引起的相对涨落具有 $1/\sqrt{M}$ 的数量级，因而对足够大的 M(一般都能得到满足，如 1 cm^3 气体中的分子数高达 10^{19})，相对于平均值的偏差近似等于零，这时候的涨落就可以略去不计。

在求出系统的脆性势函数之后，可以将之与前面所述的基本的突变形式相比较，找出最相近的一种形式或者几种形式，进行数据分析，从而对整个复杂系统的整体性能有一个全面的了解，可以知道系统的运动轨迹，也可以知道系统将在何处会发生突变，也就是系统最容易在哪会把自己本身所具有的属性脆性给激发出来，从而给系统带来无法估计的灾难。这样做的目的是，可以提前做好预测，及早地采取有效的控制措施，防止突变的发生，也就是防止系统本身的特性 —— 脆性 —— 被激发出来。

6.3.2 对复杂系统的脆性分析

在突变理论的大多数应用中，分岔集是最重要的，因为它位于控制空间中，从而是“可观察的”，并且当系统遵守理想延迟约定时，所有的条约都发生在这里。下面给出确定平衡曲面和分歧点集的方法。

首先，给出势能函数 V，则用下面的式子来定义 V 的平衡曲面 M：

$$\nabla_x V = \mathbf{0} \tag{6.40}$$

式中，下标表示梯度仅就状态变量 x 而言。这个曲面由 V 的全部临界点构成，即由系统的全部平衡点(稳定的或其他的) 构成。把它记作 M 以指明它是一个流形，即一个形态很好的光滑曲面。

其次，找到奇点集 S，它是由 V 的全部退化临界点组成的 M 的一个子集。这些就是满足 $\nabla_x V = \mathbf{0}$ 和下面的式子的点，

$$\Delta \equiv \det \boldsymbol{H}(V) = 0 \tag{6.41}$$

式中，$\boldsymbol{H}(V)$ 是 V 的黑斯矩阵。然后把 S 投影到控制空间 C 中(通过由 S 的定义方程消去全部状态变量的方法) 以得到分歧点集 B，它是 C 中所有使 V 的形式发生变化的点的集合。

注意非退化的临界点是孤立的，但退化的临界点不一定是非孤立的。有一点可以肯定，非退化的临界点都是稳定的临界点。

将研究的范围限制在分歧点集 B 中，现在再来考虑摄动对临界点的影响。

设在脆性势函数 $V(x,c)$ 的临界点 $c \in C$，有 $\mathrm{d}P\,|_c = 0$。若 c 是脆性势函数 $V(x,c)$ 的一个非退化的临界点，即 $\det \boldsymbol{H}(V(x,c))\,|_c \neq 0$，那么若干扰函数 P 的作用足够小，就有

$$\det \boldsymbol{H}[V(x,c) + P]\,|_c \neq 0 \tag{6.42}$$

即 $V(x,c) + P$ 也在 c 有一个非退化的临界点。由此，我们就可以说脆性势函数 $V(x,c)$ 在临界点 c 是结构稳定的。

也就是说，系统受到一个小的扰动后，系统在这个临界点是不受到影响的，这样可以提供一个新的判断临界点属性的方法。这个新方法从另一个角度来判断哪个临界点是稳定的，哪个是不稳定的。从而将分歧点集 B 中的结构稳定的临界点分离出来，将其余的临界点作为研究的对象，因为这些临界点是系统脆性最易被激发的地方。

对突变标志须进行补充说明的是，描绘给定系统或现象的势函数族中的非莫尔斯临界点证明了初等突变论的存在。但由于种种原因不能马上识别这些突变临界点，如势函数太复杂或了解不准确。更难的是系统甚至不是梯度系统，或甚至对描绘系统的方程的形式连个模糊的影子都没有。但是，突变是在现实中发生的，定会有突变的迹象，即突变的"指纹印迹"，并常有一些"标识符号"—— 突变标志，指引我们去识别突变[33]。

在6.3.1中给出的8个标志中的前5种标志总会在一起，遇到它们并"以标志标出"，这是在控制变量于控制空间某一域可以变化且该域内势函数有多于1个的极小值的时候会发生。其他3种标志，遇到它们是在势函数没有重合的极小值时，这时系统会突然转移(突跳)到另一状态，这往往是人们极不愿意的(如，建筑物的倒塌，天气在全球图上的质的变化或化学系统所孕育的爆炸)。

只要确定了这些标志中的一种，就证明了突变的存在。

6.4 突变级数评价法

6.4.1 突变级数评价法原理

势函数中的变量有两类，一类是状态变量，它表示系统的行为状态；另一类是控制变量。把它们看做系统内部矛盾的诸方面，它们斗争统一的结果就是状态变量，根据它们对状态变量作用的不同，可把它们分为矛盾的主要方面和次要方面[33-34]。

以尖点突变类型的势函数为例，它的相空间是三维的，故可画出它的平衡曲面 M：

$$4x^3+2ux+v=0 \tag{6.43}$$

它的奇点集，即 M 的一个子集 S 是

$$12x^2+2u=0 \tag{6.44}$$

消去 x，得分歧方程 B 为

$$8u^3+27v^2=0 \tag{6.45}$$

上式还可写成分解形式的分歧方程

$$\left.\begin{aligned} u&=-6x^2 \\ v&=8x^3 \end{aligned}\right\} \tag{6.46}$$

分歧集 B 是奇点集 S 在控制空间 u，v 上的投影，从图6.8可看到，控制变量的关系符合公式(6.45)时，系统就会发生突变。奇点集 S 是平衡曲面 M 上的一个尖点形褶皱的两条折痕，折痕在控制空间上的投影就是分歧集 B。

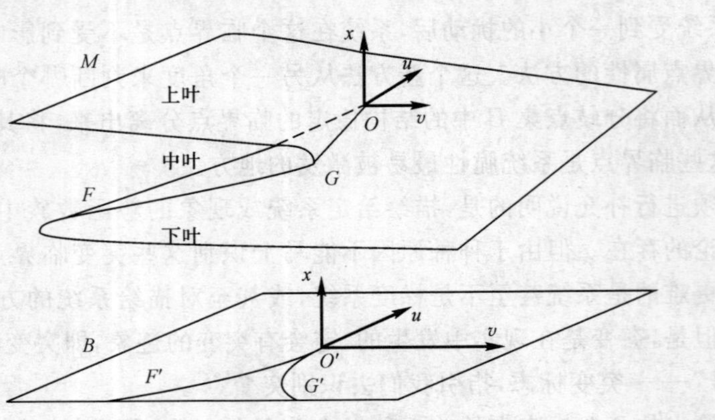

图 6.8　尖点突变的平衡曲面 M 和分歧集 B

M 上的每一点 x 都表示了系统在 u,v 作用下某一状态，可以把 M 分为三叶：两条折痕 OG 和 OF 所夹的部分叫中叶；中叶以上的部分叫上叶；中叶以下的部分叫下叶。

当 $u>0$ 时，势函数呈光滑变化；当 $u<0$ 时，M 上则出现一尖点形褶皱，势函数在这时才发生非连续性变化，即突变。势函数值点处于折痕线上，即符合分歧方程关系时，势函数的值从上叶直接向下叶（越过中叶）突跳，或者从下叶向上叶突跳，系统的质态也随之发生根本性突变。上叶和下叶是稳定区，中叶是不稳定区。

上叶和下叶是系统的两种不同质态，上叶如为"肯定（是，或正）"，下叶则为它的"否定（非，或反）"。从评价决策角度看，"肯定"是"取"，"否定"是"舍"。从脆性联系的角度来看，上叶如为同一，下叶则为它的"否定"即对立。

M 上的任意一点可以通过两种形式发生质变，一是渐变，即当 $u>0$ 时；一是突变，即当 $u<0$，u,v 的关系符合分歧方程时。不过，同一 x 值的质变，突变方式的 u,v 比渐变下的 u,v 要节省。

在这里只研究在突变下 u,v 的作用。设 v 是系统某种质态的保守力量，它保持系统原来的质态。若 u 发展不太大（与 v 比较），则 v 是矛盾（v 与 u 的矛盾）的主导方面，因而决定着系统的某种原有质态，v 叫正则因子。若 u 继续发展，则将逐步成为矛盾的主要方面。一旦 u,v 达分歧集，则发生质态突变。u 称作部分因子（它把 M 分为突变部分和渐变部分）。

在评价决策问题上，通常把 x 取为评价决策变量（"肯定""否定""取""舍"等），取为目标（准则、要求）。而 u 取为主要目标要求，因为它是矛盾的主要方面，是它引起评价决策中的质变；把 v 取为次要目标，因为它是矛盾的次要方面。确定了 u,v 的主次关系，在评价决策时，确定各目标所对应的控制变量就有了根据。尖点突变类型中控制变量与状态变量之间的关系如图 6.9 所示。

更简明地说明一下常用的燕尾分歧方程和控制变量对突变的作用。燕尾突变的势函数

$$V(x)=\frac{1}{5}x^5+\frac{1}{3}ax^3+\frac{1}{2}bx^2+cx \tag{6.47}$$

式中，a,b,c 为控制变量，x 为状态变量。

它的平衡曲面为

$$x^4-ax^2+bx+c=0 \tag{6.48}$$

它的奇点集为

$$4x^3-2ax^2+b=0 \tag{6.49}$$

由式(6.48)、式(6.49)消去 x，得

$$4\ 096a^4-46\ 629b^4+4\ 096c^3=0 \tag{6.50}$$

分解形式的分歧集方程为

$$\left.\begin{aligned}a&=-6x^2\\b&=8x^3\\c&=-3x^4\end{aligned}\right\} \tag{6.51}$$

式中，a 是矛盾的一个方面，b 和 c 是矛盾的另一个方面。

燕尾突变中控制变量与状态变量之间的关系示意图如图 6.10 所示。

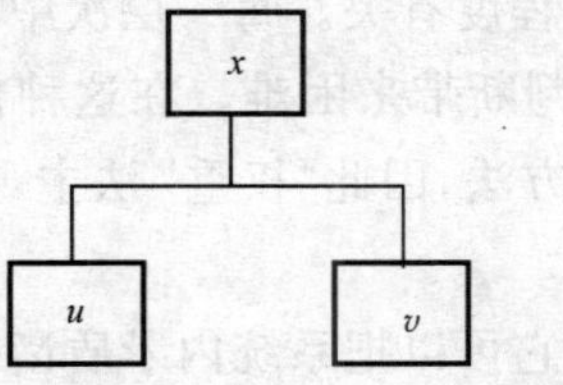

图 6.9　尖点突变系统示意图

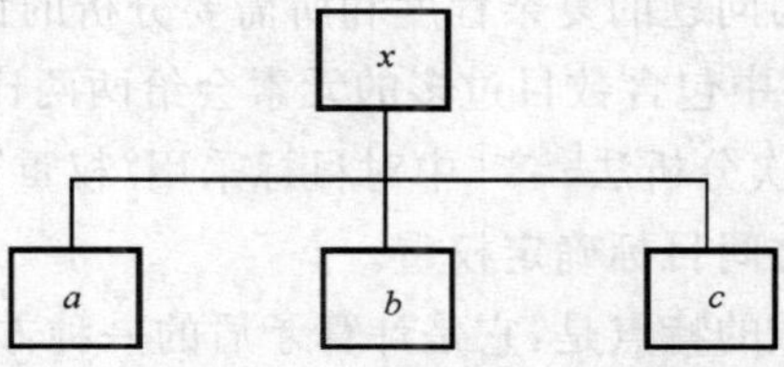

图 6.10　燕尾突变系统示意图

下面给出突变级数的归一化公式。根据尖点突变分解形式的分歧集方程，得

$$x_u=\sqrt{\frac{u}{-6}} \tag{6.52}$$

$$x_v=\sqrt[3]{\frac{v}{8}} \tag{6.53}$$

式中，x_u，x_v 分别表示对应 u 的 x 值，对应 v 的 x 值。

如果令 x 的绝对值为 1，则有 $u=-6$，$v=8$。这样就确定了状态变量 x 和控制变量 u，v 的取值范围。为了实际运算方便，必须把各个突变模型中状态变量、控制变量的取值范围限制在 $0\sim1$ 之间。取 $x=1$(绝对值)，则 $u=6$(绝对值)，如果把 u 缩小 6 倍，使 u 的范围变为 $0\sim1$ 之间，并将缩小后的 u 用 u_1 表示，即 $u=u_1\times6$，有 $x_u=\sqrt{\frac{u}{-6}}=\sqrt{\frac{u_1\times(-6)}{-6}}=\sqrt{u_1}$。同理，取 $x=1$(绝对值)，则 $v=8$(绝对值)，如果把 v 缩小 8 倍，并将缩小后的 v 用 v_1 表示，即 $v=v_1\times8$，有 $x_v=\sqrt[3]{\frac{v}{8}}=\sqrt[3]{\frac{v_1\times8}{8}}=\sqrt[3]{v_1}$。为了不失一般性，现将 u_1，v_1 仍用 u，v 表示。

因此，尖点突变的归一公式为

$$\left.\begin{aligned}x_u&=\sqrt{u}\\x_v&=\sqrt[3]{v}\end{aligned}\right\} \tag{6.54}$$

采用上述方法，可以得到燕尾突变的归一公式为

$$\left.\begin{aligned}x_a&=\sqrt{a}\\x_b&=\sqrt[3]{b}\\x_c&=\sqrt[4]{c}\end{aligned}\right\} \tag{6.55}$$

式中，x，a，b，c 的取值范围在 $0\sim1$ 之间。

6.4.2 突变级数评价法与层次分析法的区别

在建立递阶层次结构的过程中：首先，把复杂问题分解为称之为元素的各个组成部分，把这些元素按属性不同分成若干组，以形成不同层次。同一层次的元素作为准则，对下一层次的某些元素起支配作用，同时它又受上一层次元素的支配。这种从上至下的支配关系形成了一个递阶层次 。处于最上面的层次通常只有一个元素，一般是分析问题的预定目标或理想结果。中间的层次一般是准则、子准则。最低一层包括决策的方案。层次之间元素的支配关系不一定是完全的，即可以存在这样的元素，它并不支配下一层次的所有元素。

层次数与问题的复杂程度和所需要分析的详尽程度有关。每一层次中的元素一般不超过9个。因一层中包含数目过多的元素会给两两比较判断带来困难。在这种传统的多目标评价决策——层次分析法[35-36]中对目标采用“权重”的方法，因此“权重”法主观性较大，尤其是对相互矛盾性之间目标确定权重。

突变级数的特点是：它是计算矛盾的一种方法，它可以把系统内矛盾诸方面(诸控制变量)不同的质态化为(归一为)同一个质态(即化为状态变量表示的质态)。由于我们所处的时空是四维的，所以四维控制空间是很重要的，而且目前应用最多的是7种初等突变。因此，在突变级数评价法中，所建立的递阶层次结构中每一层次的元素最多不要超过4个。

6.4.3 建立脆性评价指标

知道了复杂系统具有的层次结构和各层次的演化关系，针对此定性描述，建立脆性评价指标。复杂系统的脆性评价具有一定的模糊性，不能说明它是绝对脆性的，只能说它对某种脆性标准而言，有不同程度的隶属关系。应根据各项指标的实际值，来计算其对某级脆性度标准的隶属程度。

假设有$i(i=1,2,\cdots,N)$项指标，有$j(j=1,2,\cdots,M)$级脆性度标准，以第i项指标z_i为例，q_{ij}为第i项指标的第j级脆性度标准，e_{ij}为第i项指标对第j级脆性度标准的隶属度。计算方法如下：

1）当第i项指标z_i的实际值小于其对应的第1级脆性度标准值时，它对第1级脆性度标准的隶属度为1，而对其他级的脆性度标准隶属度为0，即当$z_i < q_{i1}$时，

$$e_{i1}=1, e_{i2}=e_{i3}=\cdots=e_{iM}=0 \tag{6.56}$$

2）当第i项指标z_i的实际值大于其对应的第j级且小于第$j+1$级脆性度标准值时，它对第$j+1$级脆性度标准的隶属度为$\frac{z_i-q_{ij}}{q_{i,j+1}-q_{ij}}$。对第$j$级脆性度的隶属度为$1-\frac{z_i-q_{ij}}{q_{i,j+1}-q_{ij}}$，而对其他脆性度标准的隶属度为0。即当$q_{ij}\leqslant z_i\leqslant q_{i,j+1}$时，

$$e_{i,j+1}=\frac{z_i-q_{ij}}{q_{i,j+1}-q_{ij}}, e_{ij}=1-e_{i,j+1}, e_{i1}=\cdots=e_{i,j-1}=e_{i,j+2}=\cdots=e_{iM}=0 \tag{6.57}$$

3）当第i项指标z_i的实际值大于其对应的第M级脆性度标准时，它对第M级脆性度标准的隶属度为1，而对其他级的脆性度标准的隶属度为0。即当$z_i > q_{iM}$时，

$$e_{iM}=1, e_{i1}=e_{i2}=\cdots=e_{i,M-1}=0 \tag{6.58}$$

由此可得出 $i(i=1,2,\cdots,N)$ 项指标与 $j(j=1,2,\cdots,M)$ 级脆性度标准之间的关系矩阵

$$\boldsymbol{E}=\begin{bmatrix} e_{11} & e_{12} & \cdots & e_{1M} \\ e_{21} & e_{22} & \cdots & e_{2M} \\ \vdots & \vdots & & \vdots \\ e_{N1} & e_{N2} & \cdots & e_{NM} \end{bmatrix}_{N\times M} \tag{6.59}$$

式中，e_{ij} 表示第 i 项指标 z_i 对第 j 级脆性度标准的隶属度。于是可得，复杂系统的脆性评价结果为

$$\boldsymbol{B}=\boldsymbol{W}\times\boldsymbol{E} \tag{6.60}$$

式中，$\boldsymbol{W}$ 为权矩阵，$\boldsymbol{W}=[w_{11},w_{12},\cdots,w_{1N}]$。

对 $j(j=1,2,\cdots,M)$ 级脆性度标准需要作出补充的是，其级别越高说明这个复杂系统的脆性就越容易被激发出来。即可以将隶属于 1 级脆性度标准的指标称为脆性对立的，将隶属于 M 级脆性度标准的指标称为脆性同一的，将隶属于其他级脆性度标准的指标称为脆性波动的。

在建立脆性评价指标时，为了不失一般性给出了 N 项指标，但在实际应用时，根据突变级数法确定权重的时候，最好不要超过 4 个指标。

6.5　基于系统之间的演化关系对复杂系统的脆性分析

一般所讲的突变理论实际上是初等突变理论，它的主要数学渊源是根据势函数把临界点分类，进而研究各种临界点附近非连续性态的特征，即为有限个数的若干初等突变。把这样得到的知识与对不连续现象的理论分析和观察资料相结合，就可以建立数学模型，更深刻地认识不连续现象的机理并作出预测。

由于 6.3 节中给出的建立脆性势函数的方法在实际中并不容易求出，除非此种方法中涉及参数容易确定时采用。而且在一般情况下，影响系统的控制变量有很多，而且这些变量之间可能有相互作用，不能很好地选择无关且关键的状态变量和控制变量，这样就造成了利用这种方法解决问题的困难。但是有时可以通过对系统所呈现性质的分析，将问题转化成突变模型，利用突变理论进行分析[37-38]。

在第 2 章中，给出了复杂系统子系统重要度的概念，基于这种想法，可以从复杂系统的主要子系统入手，从而达到对整个复杂系统脆性分析的目的。本章中，详细地推导了两个单个系统之间及 3 个单个系统之间的演化关系。在推导系统之间的演化关系时，将一个系统或两个系统作为演化关系中的状态变量，将余下的一个系统作为状态变量系统的映射。在推导两个单个系统之间的演化关系时，分为 4 种情况进行分析；而推导 3 个单个系统之间的演化关系时，采用了希尔斯玛计谋方法。根据实际情况，确定脆性作用的可能模型(参见第 3 章)，最终完成对整个复杂系统的脆性分析。本章又给出了对两个典型非线性系统的脆性分析，分析的关键是确定系统的分岔值或分岔集，即系统发生突变的地方。

可以由这两种方法来利用突变理论对系统的发展变化进行分析：一是在 6.3.1 小节中介绍的几种突变标志，一旦在实际中观察到某系统具有这几种突变标志之一，就可以用突变理论

进行分析;二是能够根据系统之间的演化关系,并且演化关系式能够化成与突变类型中的某一种一致时,也可以用突变理论进行分析。但由于客观实际存在的系统中,并不是每个都容易利用演化关系来建立势函数,并且根据势函数所具有的特点来进行分析的,因此,本章中又基于统计学中的探索数据分析方法给出了直观判断系统有无变点的两种方法——Tukey 箱线图法和频数分布图法。

前面给出的方法都是在假设系统存在突变的情况下来研究的。但实际上系统是否存在变点,还需要进行突变检测分析。进行突变检测分析是基于假设检验思想进行的,提出了滑动 t 检验法,并且给出了滑动 t 统计量和发展趋势的公式表达式,为进一步的应用提供了理论基础。

首先从分析系统性质入手,判断系统是否产生突变,然后再选择合适的描述模型,对系统进行分析。一般地说,突变现象具有以下基本特征:系统演化的状态空间中必然具有多个稳定定态,因而在改变参数时,系统才可能出现从一个稳态向另一个稳态的跃迁,即发生突变;在不同稳定定态间存在着不稳定定态,系统从一个稳态向另一个稳态的跃迁中直接跨过了这个态,不稳定的定态在实际中不可能达到;控制参数的不同取值使系统发生变化,而从一个稳态向另一个稳态的转变是突然完成的(突跳现象表明:在临界点附近,控制参数微小变化就引起系统剧烈变化。从控制论的思想来分析,这种控制实际可以看成是自组织控制);突变的发生与控制变量变化的方向有关,控制变量从一个方向变化和控制变量从另外一个方向变化发生突变的状态是不相同的,有滞后现象;在分岔曲线附近,控制参量变化路径的微小不同能够引起系统产生完全不相同的性态[9-10,37-38]。

当然,突变的形式越复杂,特征越多,以上只是突变现象遵循的基本特征。通常当观察到系统中出现了上述两个以上的特征时,就可以考虑用突变模型进行分析。通过选取的状态变量和控制变量,建立合适的突变模型进行问题的求解。

虽然复杂系统的复杂性是相对的,不是绝对的,但是,相对于一般的简单系统来说,复杂系统具有较复杂的层次性、强耦合性等等。为了更好地分析复杂系统的各个子系统之间的关系,可以从最底层对其进行研究,从基本做起,从而达到对总体的了解。

6.5.1 两个系统之间的演化关系

首先给出流形的定义[1]。

若 M 是一个 Hausdorff 第二可数拓扑空间,且对 M 中的每一个 x 都有一个 x 的邻域 $U \subset M$,以及一个同胚 $\varphi: U \to R^m$,φ 把 U 映射为开集,$\varphi(U) \subset R^m$,则 M 是一个流形。

本小节主要针对两个单个系统之间的演化关系予以说明。为了更易说明,设这两个单个系统为系统 A 和系统 B,为了研究这两个单个系统之间的演化关系,可以设系统 A 为演化关系中的状态变量 x,将系统 B 作为系统 A 的映射 y。由于我们所处的时空是四维的,所以在这里只考虑最多加入 4 个控制变量的情况。我们知道在突变理论的 7 种初等突变中,关于一个状态变量的初等突变类型有 4 个。根据下面的推导可以证明系统 A 和系统 B 之间的基本演化关系就是这 4 种,其中 u,v,w,t 为加入的控制变量,并且假设演化关系中状态变量的最高次幂项的系数为 1。

(1) 一个状态变量,一个控制变量

此种情况下的演化关系有两种,分别表示如下:

$$y=x^2+u \tag{6.61}$$

$$y=x^2+ux \tag{6.62}$$

观察式(6.62),可以给它作如下变形:

$$y=\left(x+\frac{u}{2}\right)^2-\frac{u^2}{4} \tag{6.63}$$

从式(6.62)的变换结果可以看出,式(6.63)与式(6.61)的形式实质上是一样的,因此,当只有一个状态变量和一个控制变量时,它们之间的演化关系为式(6.61)所示的形式。由式(6.61)可以看出它就是折叠突变的平衡曲面形式。

因此,当只有一个状态变量和一个控制变量时,系统 A 和系统 B 之间的演化关系可以按照折叠突变类型所具有的特点来进行分析。

折叠突变的平衡曲面 M 和分歧点集 B。如图 6.11 所示,平衡曲面也可称作突变流形。分歧点集把控制空间分为两个区域。当 $u<0$ 时,y 有两个临界点:一个极大点和一个极小点,在分歧点集 B 上,它们合并为一个拐点。当 $u>0$ 时,y 没有临界点。由分岔理论,当 $u=0$ 时,y 的两个临界点所代表的两定态合二为一,且 $x=0$ 为临界分岔点,当 u 从 0 变到小于 0 时,该临界点分岔出两个定态,其中一个为稳定状态,另一个为不稳定状态,故在临界点附近的分岔为极限点分岔。

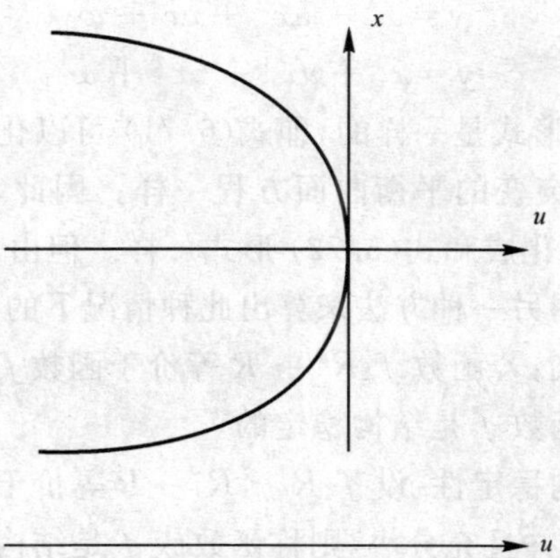

图 6.11 折叠突变的平衡曲面和分岔集

(2) 一个状态变量,两个控制变量

此种情况下的演化关系有 3 种,分别表示如下:

$$y=x^2+ux+v \tag{6.64}$$

$$y=x^3+ux+v \tag{6.65}$$

$$y=x^3+ux^2+v \tag{6.66}$$

对式(6.64)进行变换,有

$$y=\left(x+\frac{u}{2}\right)^2+v-\frac{u^2}{4} \tag{6.67}$$

由式(6.64)的变换结果可以看出,它实际上就是第一种情况所示的,因此,此种情况舍掉。

对式(6.66)进行变换,有

$$y=x\left(x+\frac{u}{2}\right)^2-\frac{u^2}{4}x+v \tag{6.68}$$

令 $x_1=x+\frac{u}{2}$,有

$$y=x_1^3-\frac{u}{2}x_1^2-\frac{u^2}{4}x_1+\frac{u^3}{8}+v \tag{6.69}$$

再令 $x_2=x_1-\frac{u}{6}$,有

$$y=x_2^3-\frac{u^2}{3}x_2+\frac{2}{27}u^3+v \tag{6.70}$$

由最终的变换结果可以看出,式(6.70)与式(6.65)的形式实质上是一样的,而且也可以看出来这种形式与尖点突变的平衡曲面是一样的。因此,在这种情况下,系统 A 和系统 B 之间的关系如式(6.65)所示的形式,即可以用尖点突变模型来进行分析了。尖点突变模型的分析特点在6.4.1小节中已经讲解了,这里就不再叙述了。

(3)一个状态变量,三个控制变量

此种情况下的演化关系有4种,分别表示如下:

$$y=x^3+ux^2+vx+w \tag{6.71}$$

$$y=x^4+ux^2+vx+w \tag{6.72}$$

$$y=x^4+ux^3+vx+w \tag{6.73}$$

$$y=x^4+ux^3+vx^2+w \tag{6.74}$$

式(6.71)与式(6.69)的形式是一样的,即式(6.71)可以化成尖点突变形式,此种情况可以不考虑。式(6.72)与燕尾突变的平衡曲面方程一样。因此,接下来只须对式(6.73)和式(6.74)进行分析,确定是否能化成和式(6.72)形式一样。但由于涉及的状态变量 x 的阶数过高,计算过程很烦琐。这里,用另一种方法来算出此种情况下的演化关系是什么。

给出函数结构稳定性定义:若函数 $f:R^n\rightarrow R$ 等价于函数 $f+p: R^n\rightarrow R$,其中 $p:R^n\rightarrow R$ 是任意点,并且充分小,则称函数 f 是结构稳定的。

接下来给出函数族的结构稳定性:设 $f:R^n\times R^r\rightarrow R$ 等价于函数族 $f+p:R^n\times R^r\rightarrow R$,其中 $p:R^n\times R^r\rightarrow R$ 是任意点,并且充分小,则称函数族 f 是结构稳定的。

根据结构稳定性定义,来求出系统 A 和系统 B 之间演化关系的函数族。

考虑一个族的一个成员是 x^5,为了判定它是否稳定,把它与邻近的多项式,即

$$W(x)=x^5+\alpha x^p \tag{6.75}$$

相比较,这里 $|\alpha|$ 是小量,p 是整数。x^5 在原点近旁有一个拐点,而在 $p\geqslant 5$ 的条件下,$W(x)$ 也是如此。但若 $p=4$,则 $W(x)$ 在原点有一个拐点,当 $\alpha>0$ 时,在 $x=-\frac{4}{5}\alpha$ 处有极大值;当 $\alpha<0$ 时,在 $x=-\frac{4}{5}\alpha$ 处有极小值。又若 $p=3$,且 $\alpha<0$,则 $W(x)$ 在原点有极大值,在 $x=\pm\sqrt{-\frac{3}{5}\alpha}$ 处有极小值。又若 $p=2$,当 $\alpha>0$ 时,$W(x)$ 在原点处有极小值,在 $x=\sqrt[3]{-\frac{2}{5}\alpha}$ 处有极大值;当 $\alpha<0$ 时,$W(x)$ 在原点处有极大值,在 $x=\sqrt[3]{-\frac{2}{5}\alpha}$ 处有极小值。又若 $p=1$,

$W(x)$ 在 $x=\sqrt[4]{-\frac{\alpha}{5}}$ 处有极小值，在 $x=-\sqrt[4]{-\frac{\alpha}{5}}$ 处有极大值。

必须注意的是，此处只涉及了任意靠近原点处发生的情况。对任意给定的 $\varepsilon>0$，总能够选出足够靠近 x^5 的形式为 $x^5+\alpha x^3$ 的多项式(即若 $|\alpha|$ 足够小)，以使外加的临界点位于 $x=0$ 的 ε 邻域内。但这种情况对 $x^5+\alpha x^6$ 并不成立，因为外加的临界点位于 $x=-5/6\alpha$ 处，故选 $|\alpha|$ 任意小会使临界点离开原点任意远。

根据结构稳定性定义，知道 x^5 不是结构稳定的，因为存在着接近它而不是相同类型的多项式；族 $x^5+\alpha x^3$ 也不是结构稳定的。另一方面，族 $\bar{V}(x)$ 如下所示：

$$\bar{V}(x)=x^5+\alpha x^4+\beta x^3+\gamma x^2+\delta x+\chi \tag{6.76}$$

族 $\bar{V}(x)$ 是结构稳定的，因为外加六次项或高次项不会影响它的类型，而且没有更低次项可供添加。

不必添加所有的低次项以获得一个结构稳定函数。只要改变原点，就可以简便地把族 $\bar{V}(x)$ 中的任意多项式写成没有四次项或者没有常数项的形式。从而在族 $\bar{V}(x)$ 中遇到的所有类型，也都出现在族

$$V(x)=x^5+u_1x^3+v_1x^2+w_1x \tag{6.77}$$

中。由此可以求出其的突变流形 M 为

$$\mathrm{d}V(x)=5x^4+3u_1x^2+2v_1x+w_1 \tag{6.78}$$

式中，d 为对 x 的求导。

由式(6.78)可看出，其的突变流形 M 与式(6.72)的形式是类似的，所以，通过此种方法确定式(6.72)为此种情况下系统 A 和系统 B 之间演化关系的形式。而式(6.72)正是燕尾突变类型的平衡曲面的形式。所以，系统 A 和系统 B 之间的演化关系符合式(6.72)所示的形式时，就可以用燕尾突变模型来分析它们之间的关系了。

(4) 一个状态变量，四个控制变量

此种情况下，系统 A 和系统 B 之间演化关系的确定可以参考第(3)种情况下确定演化关系的方法来确定它们之间的演化关系。确定结果如下：

$$y=x^5+tx^3+ux^2+vx+w \tag{6.79}$$

而式(6.79)就是蝴蝶突变的平衡曲面形式。因此，当系统 A 和系统 B 之间的演化关系符合式(6.79)时，就可以利用蝴蝶突变模型来分析它们之间的关系了。

6.5.2　一个系统与两个系统之间的演化关系

在本小节中，我们研究 3 个系统之间的关系。为了更易于说明这个问题，设这 3 个单个系统分别为系统 A、系统 B 和系统 C。可以设系统 A 和系统 B 为演化关系中的状态变量 x，y，将系统 C 作为系统 A 和系统 B 的映射 z。

其实，在 6.5.1 小节中求出的各个演化关系均为各个形式中的 x^p，$p=2,3,4,5$ 的普适开折。

比如说，式(6.77)就是奇点 x^5 的一个开折。结构稳定的开折称为普用开折，并且对于普用开折而言，它的参数个数为最少，那它就称为普适开折。在突变理论中，以下几种突变类型的势函数的状态变量数目为二，分别表示如下：

1) 双曲脐点突变：

$$V(x,y)=x^3+y^3+wxy-ux+vy \tag{6.80}$$

2) 椭圆脐点突变：

$$V(x,y)=(1/3)x^3-xy^2+w(x^2+y^2)-ux-vy \tag{6.81}$$

3) 抛物型脐点突变：

$$V(x,y)=y^4+x^2y+wx^2+ty^2-ux-vy \tag{6.82}$$

其实，关于状态变量为 x,y，映射为 z 的表达式有很多种，因为 x,y 的次数不确定，即使控制变量不大于 4 个，也仍有很多种关于它们的普适开折。下面介绍如何求关于两个状态变量的普适开折的方法 —— 希尔斯玛(Siersma)计谋算法。

我们以双曲脐点突变为例，这个奇点的正则形式是 $f=x^3+y^3$，故 $\partial f/\partial x=3x^2$，$\partial f/\partial y=3y^2$。因为在每种情况下奇点都属于 x^n 的形式，可以找到一个微分同胚来消去所有是 $(x^n)'=x^{n-1}$ 的倍数的项。所以，可以在 f 的开折中略去所有是 x^2 或 y^2 倍数的单项，这样只留下 3 个单项：x,y 和 xy。因为奇点的余维数是 3，知道 f 的普适开折是

$$x^3+y^3+wxy+ux+vy \tag{6.83}$$

需要补充的是，式(6.83)中的 u 和 v 的符号取了与式(6.81)中相反的符号的原因是，为了使得在分析此突变的过程中计算简单一些。

找到普适开折一般来说并不容易，把上述过程继续下去的最好办法是运用“希尔斯玛计谋”。这就是把所有可能的以 x 和 y 为变量的单项式写成三角形阵列的形式，如图 6.12 所示。

其要点是阵列中无论哪个单项式都是在由它下面画出的两条对角线上方或下方的任意单项式的因子。因此，一旦能够证明一个特定的单项式已被记入，就能从它画出一个“阴影”，阴影中的单项式便都可不予考虑。在图 6.12 中，画出了引自 x^2 和 y^2 的阴影来说明这个步骤，于是 3 个开折项就立即明显可见了。对其他两种突变类型的推导就不再赘述了，可以根据具体情况进行分析。而所要研究的目标就是这 3 种突变形式，其他的普适开折形式不在本书的研究范围之内。

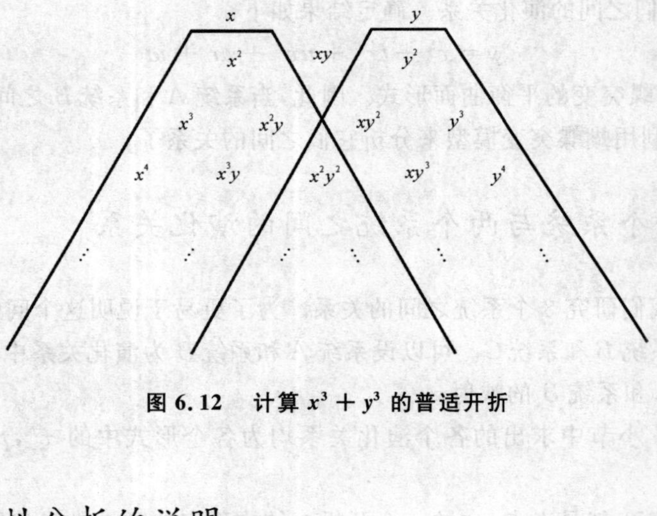

图 6.12 计算 x^3+y^3 的普适开折

6.5.3 脆性分析的说明

在 6.5.1 小节和 6.5.2 小节中，研究系统之间的演化关系时，只研究了一个系统和一个系

统之间的关系及一个系统和两个系统之间的关系。之所以这样研究的目的原因有两个:一是托姆的 7 种初等突变模型中的实质性变量数目不超过 2 个,而且加入的控制变量不超过 4 个,而这正与所处的时空是四维的相符合,使得分析有理论依据可循;二是这样分析可使问题得到简化,最终达到对整个复杂系统分析的目的。在第 2 章中,给出了复杂系统子系统模式重要度的定义,在这里可以将其缩小到某一系统自身的某项指标的模式重要度,也就是说,将能够体现出某单个子系统的主要性能指标作为代表,即此指标能够体现出该单个系统的主要变化行为。通过对两个单个系统之间及 3 个单个系统之间的演化关系的研究,根据第 3 章中介绍的几种脆性作用模型,根据问题的实际情况,选择某一适合模型,最终达到对整个复杂系统的脆性分析。

在 6.5.1 小节和 6.5.2 小节中,之所以分析系统之间的演化关系,因为通过这个途径相对来说更容易些。如果能够获得某一层次的各个子系统的输出观测序列,那么可以根据在 6.3 节中给出的突变标志的第(8)个 —— 反常方差,来建立脆性势函数。但是,由于这个方法在实际中应用起来并不容易,所以,如果在这个标志中所涉及的各个参数容易确定,则采用此种方法建立势函数也是可行的。

在讨论完如何建立势函数的情况下,根据 6.3.2 小节中给出的确定平衡曲面和分歧点集(分岔集)的方法,来继续下一步的工作。在能够确定出系统之间关系的势函数的具体形式后,求出其平衡曲面和分岔集,再根据平衡曲面及分岔集来对系统之间的关系进行具体分析。当系统之间的演化关系中所加入的控制因素符合分岔集时,就是系统发生跳跃的地方。所求得的平衡曲面就是由势函数中的全部临界点构成的,即由系统的全部平衡点(稳定的或其他的)构成。而奇点集是由势函数的全部退化临界点组成的一个子集,然后把奇点集投影到控制空间中得到分岔集,它是控制空间中所有使势函数的形式发生变化的点的集合,即系统产生突跳的地方,而这也正是系统的脆性最易被激发的地方。

最后,可以决定在控制空间中每一个点上势函数的形式。既然变化只能在分岔集上发生,那么控制空间被分岔集分成的每个区域中只考虑一个点就够了。这样可以分析由于系统 A 这个状态的不连续变化,对系统 B 的性能的影响,即分析系统 A 的崩溃是否对系统 B 的崩溃带来影响。当调整控制参数使得系统 A 这个状态连续变化,此时系统 B 对系统 A 映射的变化也是连续的,由系统 A 和系统 B 组成的整个系统的脆性处于"隐性"状态;当调整控制参数使得它们满足分岔集时,会引起系统 A 这个状态的不连续变化,此时系统 B 对系统 A 的映射形式会发生变化,产生突跳,求出这个势垒差,如果其超出系统 B 所能承受的范围,由系统 A 和系统 B 组成的整个系统的脆性就被激发出来了。

6.5.4 对两个典型的非线性系统的分析

通过上述分析,可以知道系统的突变一般发生在其分岔集上,而分岔集就是由系统的分岔点组成的,而分岔点也就是系统的临界点。如果复杂系统的某个关键部分的子系统和与其有关联的子系统之间的演化关系可以确定的话,就可以根据这个演化关系进行分析。显然,客观存在的系统之间的演化关系多种多样,不能一一进行分析,有的不能或不容易变成势函数形式,那么,可以根据系统的演化关系的实际情况来进行分析。而本书主要研究的是:具有分岔点的系统之间的演化关系。本小节的思路是:针对那些存在分岔点的系统演化关系,求出其分岔点，即子系统之间的演化关系发生突变的所在，也就是稳定状态与不稳定状态的分界点。通过求出复杂系统的某个关键部分的子系统和与其有关联的子系统之间的演化关系的分岔点集，分析它们之间的关系，如果由于此关键部分的子系统的崩溃引发了与其有关的子系统的崩溃，这种影响由点及面地向四周扩散开来，最后整个复杂系统的脆性就被激发了。

如上所述，分析系统之间的演化关系，关键是找出系统的分岔点来。下面，给出两个典型的非线性系统进行举例说明。需补充说明的是，对如下的两个非线性系统的分析，就是对系统之间具有这两个系统的特点的演化关系来进行脆性分析的。

(1) 范德玻尔(Van der Pol) 系统

范德玻尔系统如以下方程所示：

$$\left.\begin{aligned}\dot{x}&=y\\ \dot{y}&=\mu(1-x^2)y-x\end{aligned}\right\}\tag{6.84}$$

式中，$\mu\in R$ 为参数。

确定系统方程式(6.84)的平衡解为 $x=y=0$。对平衡点(0,0)的小邻域内进行稳定性分析，当 $\mu>0$ 时，系统方程式(6.84)在平衡点(0,0)的小邻域内是不稳定的；当 $\mu<0$ 时，系统在平衡点(0,0)的小邻域内是稳定的。再来考虑当 $\mu=0$ 时，系统的稳定性情况。当 $\mu=0$ 时，范德玻尔系统方程式(6.84)为线性系统，即

$$\left.\begin{aligned}\dot{x}&=y\\ \dot{y}&=-x\end{aligned}\right\}\tag{6.85}$$

此时，系统的特征方程根为 $\lambda_{1,2}=\pm i$，已知此时零解是稳定的。

通过上述分析说明，当参数 μ 跨越 $\mu=0$ 时，系统的稳定性质突然变化，但是，当 $\mu>0$ 时，系统还存在一个稳定极限环。因此，系统在 $\mu=0$ 处出现的分支为“庞卡莱分支”。

(2) 洛伦兹(Lorenz) 系统

洛伦兹系统如以下方程所示[39]：

$$\left.\begin{aligned}\dot{x}&=-\delta(x-y)\\ \dot{y}&=rx-xz-y\\ \dot{z}&=xy-bz\end{aligned}\right\}\tag{6.86}$$

洛伦兹系统存在复杂的动力学行为，包括平衡点的叉形分岔和霍普夫分岔，闭轨的叉形分岔、鞍结分岔和倍周期分岔、同宿轨线分岔等和混沌运动。当 $\delta=10, b=8/3, r=28$ 时，洛伦兹系统方程式(6.86)呈现混沌行为。此处不做太复杂的分析，取 r 为分岔参数。显然，系统(6.86)对一切 $r\in R$，有平衡点 $(x,y,z)=(0,0,0)$；此外，对 $r>1$ 还有两个非平凡平衡点 $(\pm d,\pm d,r-1)$，其中

$$d=\sqrt{b(r-1)}\tag{6.87}$$

在 $r=1$ 处出现平衡点的超临界叉形分岔。

随着 r 进一步增大，在非平凡平衡点处会出现霍普夫分岔。由于洛伦兹系统方程式(6.86)在变换 $(x,y,z)\rightarrow(-x,-y,z)$ 下保持不变，即此系统关于 Z 轴有反射对称性，因此只须考虑平衡点 $(d,d,r-1)$。在该处的导算子矩阵为

$$\mathbf{A}(r)=\begin{bmatrix}\delta & -\delta & 0\\ 1 & -1 & -d\\ d & d & -b\end{bmatrix}\tag{6.88}$$

其特征多项式为

$$P(\lambda)=\det(\boldsymbol{A}-\lambda\boldsymbol{I})=-\lambda^3-(1+b-\delta)\lambda^2-(b-b\delta+d^2)\lambda+2d^2\delta \quad (6.89)$$

考虑到在霍普夫分岔点处，$\boldsymbol{A}(r)$ 应有一对纯虚共轭特征值 $\pm \mathrm{i}\alpha$，并记第三个特征值为 β，则特征多项式可写成

$$P(\lambda)=-(\lambda^2+\alpha^2)(\lambda+\beta)=-\lambda^3-\beta\lambda^2-\alpha^2\lambda-\alpha^2\beta \quad (6.90)$$

比较式(6.89)和式(6.90)中 λ 的同次幂的系数，可知在霍普夫分岔点处，有

$$\beta=1+b-\delta,\alpha^2=b-b\delta+d^2,\alpha^2\beta=-2d^2\delta \quad (6.91)$$

由此解得

$$\left.\begin{aligned} d^2&=-\frac{(1+b-\delta)(1-\delta)b}{1+b+\delta} \\ \alpha&=\sqrt{b-b\delta+d^2} \end{aligned}\right\} \quad (6.92)$$

考虑到 $d^2=b(r-1)$，便求得霍普夫分岔出现时的参数值

$$r=r_0=\frac{\delta(3+b-\delta)}{1+b+\delta} \quad (6.93)$$

可以知道，在 r_0 处出现的霍普夫分岔是亚临界的，从非平凡平衡点处产生的极限环是不稳定的。

6.5.5　复杂系统变点的确定

设 $\{x_t\}(t=1,2,\cdots,N)$ 为非线性系统的输出，其系统模型或输出序列在某未知时刻起了突然变化，该时刻即称为变点[32]。

根据该定义，可以看出前面所介绍的分歧点集实际上就是由变点组成的集合。但是，由于实际中客观存在的系统种类繁多，系统之间的关系也复杂多样，因此，有时建立系统之间关系的势函数比较难，也就是说确定系统的变点较难，这是因为系统的非线性结构常表现为系统模型或输出的某个(些)量突然发生了变化。在自然界、社会、经济等领域内，突变现象很常见、很重要且反映系统的本质。欲掌握灾害规律，要检查工序质量，都归结于系统的灾变研究。即通过寻找系统的变点来达到对系统的不连续性的分析目的，在已介绍建立系统势函数的基础上，给出下面两种基于数据探索分析法初步确定变点的方法。

近10年来，国内外统计学家研究出若干方法，能有效地判断分析均值变点、概率变点及模型参数变点，并在历史气候突变、灾异性地球物理现象等分析预测中获得有成效的应用。

由于非线性系统的复杂性往往使变点的存在与特性难以分辨，因此，在变点分析初阶，有必要采用探索分析方法对其进行直观判断或分类。

探索数据分析法是20世纪70年代末产生和兴起的统计分析新方法。其不同于经典统计方法之处，是它无须对数据的统计分布做先验性假定，直接通过运算和图形来观察数据规律及特性，从而为进一步的统计分析提供初步的结论与依据。

可以采用“滚动考察”的办法对非线性系统的输出序列 $\{x_t\}(t=1,2,\cdots,N)$ 进行变点探索分析。具体做法是将总序列按长度 n 为一期，以 n_0 为滚动间隔分成若干子序列($n_0\ll n\ll N$)，其中 $\{x_1,\cdots,x_n\}$ 为第1期，$\{x_{n_0+1},x_{n_0+2},\cdots,x_{n_0+n}\}$ 为第2期，……，$\{x_{(l-1)n_0+1},\cdots,x_{(l-1)n_0+n}\}$ 为第 l 期，对分序列进行“滚动”探索分析。下面介绍两种直观判断变点的方法：

(1)Tukey 箱线图法[32]

该方法按如下步骤“滚动”实行变点探索分析。

1）确定对总序列进行分期的样本长度 n 及“滚动”考察的时间间隔 n_0（例如，当 $N=2\ 000$ 时，取 $n=100, n_0=20$）；

2）对长度为 n、间隔为 n_0 的各期子序列按数据从小到大升序排列，并计算下列 5 种稳健统计量：最小值 I，1/4 分位数 H，中位数 M，3/4 分位数 Q，最大值 A；

3）对每期子序列画 Tukey 箱线图（见图 6.13）；

4）以时间 t 为横轴，数据值为纵轴，在各期起点时间位置上画出箱线图进行比较；

5）调整 n 和 n_0，重复第 2）步至第 4）步，以探索总序列变点。

由图 6.13 可见，Tukey 箱线图能集中而形象地描述各期子序列的主要统计特性。通过第 4）步对序列滚动考察，即可对系统模型或输出序列的均值等特征参数的变化及变点位置提供初步判断。

(2) 频数分布图法

以上介绍的第一种变点探索分析方法，适用于数据值连续的情形。而分段频数“滚动”考察方法，对连续数据与等级数据都可采用，实现步骤如下：

1）确定“滚动”考察的子序列长度 n 及间隔 n_0；

2）将连续型数据按大小分为 J 个区组（等级）；

3）统计出第 l 期子序列中第 j 级数据的个数 n_{lj}，并计算频数 p_{lj}：$p_{lj}=n_{lj}/n(j=1,2,\cdots,J;\ l=1,2,\cdots,L)$；

4）以期号 l 为横轴，p_{lj} 值为纵轴作出 J 张同级数据在不同期中频数的分布图（见图 6.14），考察其频数分布的变化；

5）改变 n 和 n_0，重复以上各步进行考察和比较。

此法可为概率变点分析提供初步的判据，在数据缺值时也能采用，只须在计算频数时分子、分母减少相应个数即可。

探索分析的结果，为是否深入进行变点分析提供了初步判断，并为选择方法提供了依据。

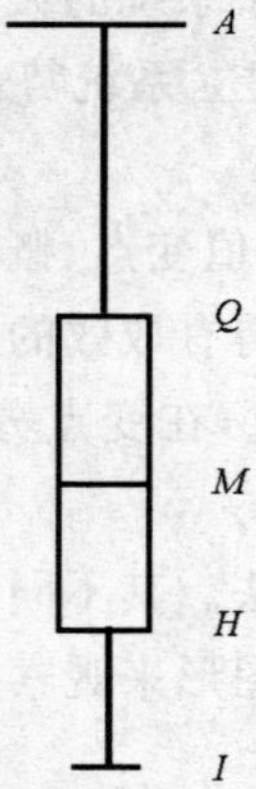

图 6.13 Tukey 箱线图

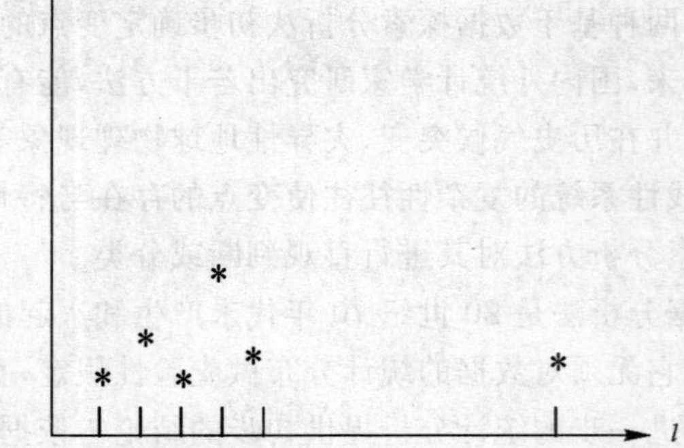

图 6.14 第 j 级频数分布图($j=1,2,\cdots,J$)

6.5.6　复杂系统变点有无的确定

在分析或确定系统的变点之前，我们首先要做的工作是验证系统中一定存在变点，否则接下来的分析就没有意义了。

在数理统计中，t 检验用于当方差未知时对期望的检验，可以是单总体，也可以是双总体。对于双总体而言，它们的样本之间应该是独立的。

双总体滑动 t 检验法[32,40,41]，即通过考察两组样本平均值的差异是否显著来检验突变。把一连续的随机变量 x 分成两个子样本集 x_1 和 x_2，用 μ_i，s_i^2 和 n_i 分别代表 x_i 的平均值、方差和样本长度($i=1,2$)，其中 n_i 需要人为地定义长度。

原假设 $H_0:\mu_1-\mu_2=0$，定义一统计量为

$$t_0=\frac{(\overline{x}_1-\overline{x}_2)}{s_p^2\left(\dfrac{1}{n_1}+\dfrac{1}{n_2}\right)^{\frac{1}{2}}} \tag{6.94}$$

式中，s_p^2 是联合方差，由式(6.95)确定，

$$s_p^2=\frac{(n_1-1)s_1^2+(n_2-1)s_2^2}{n_1+n_2-2} \tag{6.95}$$

t_0 遵从自由度 $v=n_1+n_2-2$ 的 t 分布。给出显著性水平 α，得到临界值 t_α，计算 t_0 后在 H_0 下比较 t_0 和 t_α，当 $|t_0|\geqslant t_\alpha$ 时，否定原假设 H_0，说明其存在显著性差异，即序列中存在均值突变。反之，不存在。

由于序列长度的选择带有人为的任意性，可以反复变动子序列的长度，提高计算的可靠性。

在第 11 章计算非典疫情的发展趋势 r 时采用线性方法[41]，即

$$r=\frac{\sum\limits_{i=1}^{n}(t_i-\overline{t})(m_i-\overline{m})}{\sum\limits_{i=1}^{n}(t_i-\overline{t})^2} \tag{6.96}$$

式中，t 为时间，m 为每天增加的人数，i 为序号，n 为时间长度，变化趋势 r 的单位为人 /d。

本 章 小 结

本章中的主要内容是在介绍突变理论的基本原理的基础上，能够更好地理解突变理论的精髓所在。

突变理论研究的是几乎处处稳定的系统，把研究对象明确限定于连续过程引起了不连续结果，排除了那种处处稳定的或实质不稳定的系统。突变理论用控制参量的连续变化刻画基本过程，而且状态参量几乎处处连续变化，但在少数临界点上发生突变来刻画系统的演化行为。具体地说，突变理论把系统的外部条件作为控制参量，看做是系统的输入，而把系统的状态看做是系统的输出，输出作为输入的函数，突变就是在外部条件(即控制参量)连续变化时函数发生的一个跃迁，也就是系统状态即输出发生的一个跃迁。通过系统控制变量的连续渐变，

发生系统状态的不连续突变，这就把变化的外部原因与系统内部原因联合起来，但需要找出系统内部不稳定性的根据。

在给出突变级数评价法原理的基础上，分析了其与传统的评价方法的不同之处，建立了脆性的评价指标。为后面分析复杂系统的脆性问题提供了一种系统的处理方法。

在对整个复杂系统建立脆性评价指标时，可以遵循以下几个步骤：

1)根据复杂系统所具有的层次关系，建立其递阶层次结构；

2)根据突变级数评价法的原理，使得每一层次上的元素不要超过4个。

3)确定脆性度评价等级。

4)从剩下的递阶层次结构中的最底层开始进行分析，根据6.4.3小节中的方法建立隶属度关联矩阵。

5)根据6.4.1小节中突变级数法的原理来确定权重。

6)如果分析到顶层，建立整个系统的脆性评价结果，结束；否则转到第4)步。

在6.3节中给出的建立脆性势函数的方法，由于直接确定的困难性，基于复杂系统子系统重要度的概念，从对复杂系统的重要子系统的分析入手，最终达到对整个复杂系统认识的目的。根据所建立的两个系统之间及三个系统之间的演化关系，通过方程变换，推导出脆性势函数，根据势函数求解出系统的分岔集，为研究复杂系统发生突变的位置、时刻等相关问题提供理论基础。

基于统计学中的探索数据分析法给出了两种直观判断系统变点的方法。基于假设检验思想，给出了滑动t检验中的滑动t统计量和发展趋势r的公式形式。

参考文献

[1] 凌复华.突变理论及其应用.上海：上海交通大学出版社，1987.

[2] 桑博得.突变理论入门.凌复华，译.上海：上海科学技术文献出版社，1983.

[3] 张亚平，张起森.尖点突变理论在交通流预测中的应用.系统工程学报，2000，15(3)：272-276.

[4] 李琼，李正文，蒲勇.沉积盆地的突变特征及尖点突变模型的应用研究.成都理工学院学报，2001，28(1)：64-69.

[5] 周辉，冯夏庭，谭云亮，等.矿震系统的胞映射——突变预测模型.中国有色金属学报，2002，12(1)：155-160.

[6] 刘保县，鲜学福，姜德义.煤与瓦斯延期突出机理及其预测预报的研究.岩石力学与工程学报，2002，21(5)：647-650.

[7] 刘泽亮，程凌，孟庆刚.基于突变理论的上市公司业绩评价.青岛大学学报，2002，17(2)：16-19.

[8] 朱顺泉.基于突变级数法的上市公司绩效综合评价研究.系统工程理论与实践，2002(2)：90-94.

[9] Chai L H, Shoji M. Boiling curves - bifurcation and catastrophe. International Journal of Heat and Mass Transfer, 2001(44): 4175-4179.

[10] András Lengyel, ZHONG You. Bifurcations of SDOF mechanisms using catastrophe

theory. International Journal of Solids and Structures，2004(41)：559 - 568.

[11] Yasufumi Kume，Nozomi Sato. Biomechanical study on the postures in manual lifting tasks using cusp surface analysis. Int. J. Production Economics，1999 (60 - 61)：411 - 420.

[12] Anthony N. Kounadis. Dynamic buckling of simple two-bar frames using catastropye theory. International Journal of Non-Linear Mechanics，2002(37)：1249 - 1259.

[13] Vaessen G E J，Stein H N. The Applicability of Catastrophe Theory to Emulsion Phase inversion. Journal of colloid and interface science，1995(176)：378 - 387.

[14] Kei-ichi Tainaka. Uncertainty in ecological catastrophe. Ecological Modelling，1996 (86)：125 - 128.

[15] Chai L H，Shoji M. Boiling curves-bifurcation and catastrophe. International Journal of Heat and Mass Transfer，2001(44)：4175 - 4179.

[16] Schreiber F A，Baiguera M，Bortolotto G，et al. A study of the dynamic behaviour of some workload allocation algorithms by means of catastrophe theory. Journal of Systems Architecture，1997(43)：605 - 624.

[17] Igor V. Chernenko. Cargo cult science and the catastrophe theory. Nonlinear Analysis，1999 (38)：87 - 103.

[18] Vorozhtsov E V，Scobelev B Yu，Ganzha V G. Symbolic-Numerical Method for the Stability Analysis of Difference Schemes on the Basis of the Catastrophe Theory. Journal of Computational Physics，1995(116)：26 - 38.

[19] Helyette Geman，Marc Yor. Stochastic time changes in catastrophe option pricing. Mathematics and Economics，1997(21)：185 - 193.

[20] Vikram Sethi，Ruth C King. An application of the cusp catastrophe model to user information satisfaction. Information & Management，1998 (34)：41 - 53.

[21] Marco Carricato，Joseph Duffy，Vincenzo Parenti-Castelli. Catastrophe analysis of a planar system with flexural pivots. Mechanism and Machine Theory，2002 (37)：693 - 716.

[22] JérÔme Caron，Jacques Lafait，Christine Andraud. Catastrophe theory interpretation of multiple peaks produced by light scattering from very rough dielectric surfaces. Physica B，2003(325)：76 - 85.

[23] Lignos X，Ioannidis G，Kounadis A N. Non-linear buckling of simple models with tilted cusp catastrophe. International Journal of Non-Linear Mechanics，2003(38)：1163 - 1172.

[24] 杨具瑞，方铎，何文社，等. 非均匀沙起动的非线性尖点突变模式. 水利学报，2003 (1)：34 - 38.

[25] 杨景标，马晓茜. 基于突变论的林火蔓延分析. 工程热物理学报，2003，24(1)：169 - 172.

[26] WU Qunying. An Extended Birth—Death Processes with Catastrophes—Stochastically Monotone，Feller and Symmetric Properties. Chinese Quarterly Journal of Mathematics，2002，17(2)：36 - 42.

[27] 谢之康,范维澄,王清安.热学中非连续性现象的突变机理与分类:折叠突变.科学通报,2000,45(6):567-571.

[28] 谢胜华,侯忠杰.浅埋煤层组合关键层失稳临界突变分析.矿山压力与顶板管理,2002,19(1):67-69,72.

[29] 潘岳,戚云松.受压构件本构失稳的折叠突变模型.岩土力学,2001,22(3):271-275,307.

[30] 刘军,谢晔,张倬元,等.突变理论在安全埋高研究中的应用.岩石力学与工程学报,2002,21(6):879-882.

[31] 项静恬.非线性复杂系统的综合技术(I).数理统计与管理,1995,14(1):59-64.

[32] 项静恬,史久恩.非线性系统中数据处理的统计方法.北京:科学出版社,1997.

[33] 都兴富.突变理论在经济领域中的应用(下册)股票分析多准则决策.成都:电子科技大学出版社,1994.

[34] 都兴富.多目标评价决策的突变数学模型——突变级数法.科学管理咨询,1989(12):23-28.

[35] 许树柏.实用决策方法——层次分析法原理.天津:天津大学出版社,1988.

[36] 金菊良,魏一鸣,付强,等.计算层次分析法中排序权值的加速遗传算法.系统工程理论与实践,2002(11):39-43.

[37] 姜璐,于连宇.初等突变理论在社会科学中的应用.系统工程理论与实践,2002(10):113-117.

[38] 赵正跃,项成龙.突变理论在环境预测中的应用.中国环境监测,2002,18(4):59-60.

[39] Sparrow C. The Lorenz Equations: Bifurcation, Chaos and Strange Attractors. Springer-Verlag, 1982.

[40] 吴翊,李永乐,胡庆军.应用数理统计.长沙:国防科技大学出版社.1995.

[41] 王华,牛清明.阿克苏市日照时数的突变检测分析.新疆气象,2002,25(3):14-15.

第7章　基于适应性 Agent 图理论对复杂系统脆性理论的研究

7.1　复杂适应系统理论

7.1.1　圣塔菲研究所与 CAS 理论

复杂适应系统理论是霍兰于 1994 年，在圣塔菲研究所成立 10 周年时正式提出的。在圣塔菲研究所的乌拉姆系列讲座的首次报告会上，霍兰以"复杂创造简单"为题作了演讲。在这个报告中，他在多年研究复杂系统的成果的基础上，提出了关于复杂适应系统的比较完整的理论。

CAS 理论的诞生地——圣塔菲研究所成立于 1984 年，是一个独立的非赢利的研究所，靠申请各种基金来支持跨学科的复杂性研究工作。圣塔菲研究所的发起人和第一任所长考恩(George Cowan)是一位具有广阔视野和远见卓识的科学家。他在几十年的科学探索中，深切地体会到近代科学中普遍存在的、片面强调还原论思想的弊病，以及由此而来的种种问题，如学科分割造成的隔阂，整体综合观念的缺乏，只见树木不见森林的短视与偏见，在丰富多彩的现实面前的僵硬与无能。他认为，这些弊病不仅阻碍了科学的发展，而且往往是人类面临的许多现实问题难以解决的原因所在。因此，他提出：建立一个冲破学科界限的，研究各学科共同关心的，"人类究竟是如何认识和处理复杂性的"难题。他还利用自己多年工作中的广泛联系，把这一观点广为宣传。

1984 年，许多著名科学家在美国墨西哥州的圣塔菲市举行了第一次研讨会。这次会议的参加者不仅有诺贝尔物理学奖得主盖尔曼和安德森等许多物理学家，而且包括以诺贝尔经济学奖得主阿罗为首的许多经济学家。这次成功的交流使与会者十分兴奋，并且一致同意按此方向走下去，于是圣塔菲研究所应运而生。

圣塔菲研究所以复杂性为研究的中心议题为特色，并且很快吸引了一大批富有创新精神的、勇于探索的研究者。在 20 世纪 80 年代，对于复杂性的研究就已经被不少学者提出，但是并没有专门的研究机构从事这方面的研究工作。因此，圣塔菲研究所很快吸引了一大批富有创新精神的，勇于探索的科学家。他们来自不同的传统学科，如德高望重的诺贝尔奖获得者阿罗、盖尔曼、安德森，医学领域的考夫曼，复杂性的早期研究者卡斯蒂，以研究人工生命闻名的兰顿等。遗传算法的首创者、著名计算机科学家霍兰，也是在这样的背景下加入了圣塔菲研究所，正是在这种不受传统体制束缚的，和谐、自由的氛围下，霍兰提出了 CAS 理论，为复杂性研究以及信息科学的发展开拓了一片新的领域[1-2]。

7.1.2 CAS理论的核心思想

复杂适应系统(CAS)理论的基本思想可以概述如下:“我们把系统中的成员称为具有适应性的主体(adaptive agent),简称为主体。所谓具有适应性,就是指它能够与环境以及其他主体进行交互作用。主体在这种持续不断的交互作用的过程中,不断地‘学习’或‘积累经验’,并且根据学到的经验改变自身的结构和行为方式。整个宏观系统的演变或进化,包括新层次的产生、分化和多样性的出现,新的、聚合而成的、更大的主体的出现等等,都是在这个基础上逐步派生出来的。”

复杂适应系统(CAS)理论把系统的成员看做是具有自身目的与主动性的、积极的主体。更重要的是,CAS理论认为,正是这种主动性以及它与环境反复的、相互的作用,才是系统发展和进化的基本动因。宏观的变化和个体分化都可以从个体的行为规律中找到根源。霍兰把个体与环境之间这种主动的、反复的交互作用用“适应”一词加以概括。这就是CAS理论的基本思想——适应产生复杂性。

7.1.3 CAS理论的基本概念

系统中的个体一般称为元素、部分或子系统。复杂适应系统理论采用了adaptive agent——具有适应能力的个体——这个词组,这是为了强调它的主动性,强调它具有自己的目标、内部结构和生存动力。Agent这个词本来是经济学中的用语,表示代理人或代理商的意思。霍兰借用这个词,明显地表示:经济系统是他建立CAS理论时心目中的主要背景之一。

围绕主体这个最核心的概念,霍兰进一步提出了研究适应和演化过程中特别要注意的7个有关概念。它们是聚集(aggregation);非线性(non-linearity);流(flows);多样性(diversity);标识(tag);内部模型(internal models);构筑块(building blocks)。

在这7个概念中前面4个是个体的某种属性,它们将在适应和进化中发挥作用,而后3个则是个体与环境进行交流时的机制和有关概念。在这里先做一简单说明。其详细含义需要在实际应用中去体会。

1)聚集:主要用于个体通过“黏合”(adhesion)形成较大的所谓的多主体的聚集体(aggregation agent)。由于个体具有这样的属性,它们可以在一定条件下,在双方彼此接受时,组成一个新的个体——聚集体,在系统中像一个单独的个体那样行动。

在复杂系统的演变过程中,较小的、较低层次的个体通过某种特定的方式结合起来,形成较大的、较高层次的个体,这是一个十分重要的关键步骤,往往是宏观性态发生变化的转折点。然而,对于这个步骤,以往基于还原论的思想方法是很难加以说明和理解的。

聚集这个概念正是归纳与反映了复杂系统在这方面的行为特征。由于承认了个体的主动作用,由于克服了在整体与局部之间,非此即彼的绝对的对立,CAS理论提供了理解与描述上述现象的新的视角。聚集不是简单的合并,也不是消灭个体的吞并,而是新的类型的、更高层次上的个体的出现;原来的个体不仅没有消失,而是在新的更适宜自己生存的环境中得到了发展。这就是后面将要讲到的“黏合”的意义。

还有一点应当指出的是,聚集的概念对于层次的理解也提供了有益的启发。层次之间是有质的差别的，把层次之间的差别仅仅理解为量的差别，是一种常见的误解。然而，层次之间的质的差别究竟是怎样涌现出来的？在这里，聚集也起到了关键的作用。关于层次的问题后面还要谈到，这里只是作一个简单的提示。

2）非线性：指个体以及它们的属性在发生变化时，并非遵从简单的线性关系。特别是在和系统或环境反复的交互作用中，这一点更为明显。近代科学研究之所以在许多方面遇到了困难，重要的原因之一是把眼界局限于线性关系的狭窄范围内，从而无法描述和理解丰富多彩的变化和发展。CAS理论认为个体之间相互影响不是简单的、被动的、单向的因果关系，而是主动的"适应"关系，以往的"历史"会留下痕迹，以往的"经验"会影响将来的行为。在这种情况下，线性的、简单的、直线式的因果链已经不复存在，实际的情况往往是各种反馈作用（包括负反馈和正反馈）交互影响的、互相缠绕的复杂关系。正因为这样，复杂系统的行为才会如此难以预测；也正因为这样，复杂系统才会经历曲折的进化过程，呈现出丰富多彩的性质和状态。

CAS理论把非线性的产生归之于内因，归之于个体的主动性和适应能力。这就进一步把非线性理解为系统行为的必然的、内在的要素，从而大大丰富和加深了对于非线性的理解。正因为如此，霍兰在提出具有适应性的主体这一概念时，特别强调其行为的非线性特征，并且认为这是复杂性产生的内在根源。

3）流：在个体与环境之间，以及个体相互之间存在着物质流、能量流和信息流。这些流的渠道是否通畅，周转迅速到什么程度，都直接影响系统的演化过程。自古以来人们就认识到各种流的重要性，并且把这些流的顺畅当做系统正常运行的基本条件。例如，中医所谓的"气"，"血"，就是典型。通则健康发展，不通则生百病。又如，信息系统工程对信息流的分析和设计，也是从流的分析入手，去认识和理解复杂系统。越复杂的系统，其中的各种交换（物质、能量、信息）就越频繁，各种流也就越错综复杂。所以，复杂适应系统的理论把对于各种流的分析，当做一个值得注意的重要问题。

4）多样性：在适应过程中，由于种种原因，个体之间的差别会发展与扩大，最终形成分化，这是CAS的一个显著特点。

多样性的概念目前已经在许多领域得到了广泛的应用，应该说，这是一个很大的进步。长期以来，人们误以为世界的统一性就意味着单一性。经过了20世纪科学家的多方探索，今天人们已经开始承认和认真地面对多样性了。生物的多样性已经成为国际论坛上的热门话题，已经以国际公约的形式表达了人们的共识。文化的多样性也已经得到了越来越多的认同。其实，马克思早就表示过这样的意见，为什么一定要让玫瑰花发出茉莉花的芳香呢？用通俗的话说，苹果的味道和梨的味道根本没有必要相同。系统复杂性的重要思想之一就是个体之间的差别，个体类型的多样性。当前的复杂性研究着眼于个体类型多种多样的情况，而其中的CAS理论则进一步研究这种多样性是怎样产生的，即分化的过程。霍兰指出，正是相互作用和不断适应的过程，造成了个体向不同的方面发展变化，从而形成了个体类型的多样性。而从整个系统来看，这事实上是一种分工。如果和前面讲到的聚集结合起来看，这就是系统从宏观尺度上看到的"结构"的"涌现"，即所谓"自组织现象"的出现。

5）标识：为了相互识别和选择，个体的标识在个体与环境的相互作用中是非常重要的，因而无论在建模中，还是在实际系统中，标识的功能与效率是必须认真考虑的因素。

标识的作用主要在于实现信息的交流。流的概念包括物质流和信息流，起关键作用的是信息流。在以往的系统研究中，信息和信息交流的作用没有得到足够的重视。这是对于复杂系统行为的研究难以深入的原因之一。CAS 理论在这方面的发展就在于把信息的交流和处理作为影响系统进化过程的重要因素加以考虑。强调流和标识就为把信息因素引入系统研究创造了条件。

谈到信息的作用，现在大家都承认，它是人类社会经济生活中的基本要素之一。然而，一般地说，在复杂系统中，它是怎样发挥作用的呢？对此一直没有深入的研究。以前的系统研究中缺乏对于信息流的具体机制的思考。标识的意义就在于提出了个体在环境中搜索和接收信息的具体实现方法。在下面即将介绍的基本的刺激——反应模型中，个体的标识将在信息的传递中起关键的作用。

众所周知，在经济学中，由于承认了信息的不平衡，深入研究了信息和信息流的作用，经济学的研究方法与深度有了突破性的进步，产生了新的经济学的思想——信息经济学。可以预见，在复杂系统的研究中，对信息和信息流的深入研究，必将对科学的发展产生积极的作用，开辟新的思路。

6)内部模型：这一点表明了层次的观念。每个个体都是有复杂的内部机制的。对于整个系统来说，这就统称为内部模型。

7)构筑块：复杂系统常常是在一些相对简单的部件的基础上，通过改变它们的组合方式而形成的。因此，事实上复杂性往往不在于块的多少和大小，而在于原有构筑块的重新组合。

内部模型和构筑块的作用在于加强层次的概念。客观世界的多样性不仅表现在同一层次中个体类型的多种多样，还表现在层次之间的差别和多样性。当跨越层次的时候，就会有新的规律与特征出现。这样一来，更需要深入考虑的就是这样一些问题：怎样合理地区分层次，不同层次的规律之间怎样相互联系和相互转化？内部模型和构筑块的概念就是用来回答这些问题的。概括地说，它们提供了这样一条思路，把下一层次的内容和规律作为内部模型“封装”起来，作为一个整体参与上一层次的相互作用，暂时“忽略”或“搁置”其内部细节，而把注意力集中于这个构筑块和其他构筑块之间的相互作用和相互影响，因为在上一层次中，这种相互作用和相互影响是关键性的、起决定性作用的主导因素。了解计算机科学与技术的读者不难看出，这种思想与计算机领域中的模块化技术以及近年来广为传播的“面向对象的方法”是完全一致的。

霍兰在他的报告中，用了大量的例子解释这些概念在各种领域的作用。这表明他对 CAS 的研究是紧紧依赖于各种领域中的实例，而不是脱离实际的。

通过这 7 个方面的表述，主体的特点就充分地表现出来了：它是多层次的和外界不断交互作用的、不断发展和演化的活生生的个体。这就是 CAS 理论思想的独特之处。正是这一特点，给 CAS 理论带来了巨大的发展空间。

7.1.4 CAS 理论的主要特点

CAS 理论的核心思想——“适应产生复杂性”，具有十分重要的认识论上的意义。可以说，这是人们在系统运动和演化规律的认识方面的一个飞跃。这一点可以从以下 4 个方面来加以说明。

1)主体(adaptive agent)是主动的、活的体。这点是 CAS 和其他建模方法的关键区别，这个特点使得它能够有效地应用于经济、社会、生态等其他方法难于应用的复杂系统。

从元素到主体(element—adaptive agent),不是一个简单的名称的改变。对于系统的组成部分,以前一般称为元素、单元、部件或子系统。作为与系统、全局、整体相对而言的概念,元素、单元、部件都是作为一个被动的、局部的概念提出的。主体的概念则把个体的主动性提高到了系统进化的基本动因的位置,从而成为研究与考察宏观演化现象的出发点。这一思路是具有十分明显的突破性的。复杂性正是在个体与其他个体之间主动交往、相互作用的过程中形成和产生的。在这里既没有脱离整体、脱离环境的个体,也没有抽象的、凌驾于"个体"之上的整体。个体的主动性是这里的关键,个体主动的程度决定了整个系统行为的复杂性的程度。

这里所说的主动性或适应性是一个十分广泛的、抽象的概念。它并不一定就是生物学意义上的"活"的意思。只要是个体能够在与其他个体的交互中,表现出随着得到的信息不同,而对自身的结构和行为方式进行不同的变更,就可以认为它具有主动性或适应性。适应的目的是生存或发展。这样,关于"目的"的问题,也可以在这里得到比较合理的理解和解释,而不至于走到神学那里去。

2)个体与环境(包括个体之间)的相互影响、相互作用,是系统演变和进化的主要动力。以往建模的方法往往把个体本身的内部属性放在主要位置,而没有把个体之间,以及个体与环境之间的相互作用给予足够的重视。这个特点使得CAS方法能够运用于个体本身属性极不相同,但是相互关系却有许多共同点的不同领域。

这种相互作用的观点是很有启发的。说个体是整体的基础,并非指孤立的、单独的个体是整体的基础。如果是这样,我们就又回到还原论的观点去了。个体的相互作用才是整体的基础。当说"整体大于它的各部分之和"的时候,指的正是这种相互作用带来的"增殖"。复杂系统丰富多彩的行为正是来源于这种"增殖"。这种相互作用越强,系统的进化过程就越加复杂多变。

另外,这里的相互作用主要是指个体与其他个体之间的相互作用。强调这点有两方面的意义。首先,这里并没有一个凌驾于所有个体之上的整体的"代表"。对于每一个个体而言,整体的作用正是通过其他个体表现出来的。同样,每一个个体对于别的个体也起着"环境"的作用,或在不太确切的意义上讲,起着"代表"整体的作用,因为严格地讲,每一个个体都不能独自代表全局。这就较好地说明了整体与个体之间的辩证统一关系。另一方面,在这些相互作用中,个体之间的关系存在着从"平等"到"分化"的发展过程。这就是说,在系统演化的早期,个体的潜力,或者说潜在的能力是差不多的。原则上,每一个个体都有多种发展前途的可能性。在相互作用的过程中,由于各种因素(包括随机因素)的作用,有的个体向这个方向发展,有的个体向那个方向发展,产生了结构,对称性被打破。这样,整个系统就变得比较复杂了。这就是从简单到复杂的演化。也就是说,相互作用是"可记忆"的,它表现为进化过程中每个个体的结构和行为方式的变化,以不同的方式"存储"在个体内部。

因此,CAS理论发展了系统科学中历来强调的相互作用的思想,使得进化的观念具体化了,落实了。这里把适应性的思想,从生物学中引入了系统研究的领域。显然,这对于系统科学的思想方法是非常有用的充实和扩展,进一步丰富了系统思想的内容。

3)把宏观和微观有机地联系起来。它通过主体和环境的相互作用,使得个体的变化成为整个系统变化的基础,统一地加以考察。

极端的还原论的观点是把宏观现象的原因简单地归结为微观,否认从微观到宏观存在着质的增加。另一种比较普遍的观念是:把统计方法当做从微观向宏观跨越的唯一途径或唯一手段。应当承认,基于概率论的统计方法确实是从微观到宏观的重要桥梁之一。宏观系统的某些属性可以理解为微观个体的某些属性的统计量,如气体温度之于分子的动能,总体国民教育素质之于每个社会成员的教育程度。这显然是重要的,正确地反映了微观与宏观关系的一个方面。然而,问题在于,这是不是反映宏观和微观关系的唯一方法。曾有人作过这样的计算:如果地球上的有机物只是由于按照统计规律的偶然结合而产生的话,那么,从地球诞生到今天,连第一个蛋白质分子都还没有产生！显然,除了统计规律之外,一定还存在着其他的机制或渠道,它们同样也建立起微观与宏观之间的联系。CAS 理论则在这方面给我们提供了一条新的思路。

如果个体没有主动性(比如气体中的分子),那么,它们的运动和相互关系的确只要用统计方法加以处理就行了。支配这样的系统的,确实主要就是统计规律。然而,如果个体是"活"的,有主动性和适应性,以前的经历会"固化"到它的内部。那么,它的运动和变化就不再是一般的统计方法所能描述的。例如前面讲到的分化过程,显然不是只靠统计方法所能加以说明的。

所以,在微观和宏观相互关系的问题上,CAS 理论提供了区别于单纯的统计方法的新的理解。如果把这种想法加以推广,把宏观和微观看做是相对的层次的话,那么,它为我们认识、理解、跨越层次提供了十分有益的思路。

4)引进了随机因素的作用,使它具有更强的描述和表达能力。

考虑随机因素并不是 CAS 理论所独有的特征,然而 CAS 理论处理随机因素的方法是很特别的。简单地说,它从生物界的许多现象中汲取了有益的启示,其集中表现为遗传算法(Genetic Algorithm,简称 GA)。

一般地,常见的考虑随机因素的方法是引入随机变量,即在变化的某一环节中引入外来的随机因素,按照一定的分布影响演变的过程。这种方式中,随机因素的作用是"暂时"的,只在一个特定的步骤上起作用。它只是通过其对系统状态的某些指标产生定量的影响。在这种影响过后,事物只是在状态参数上有所变化,而运作的规律、内部的机制并没有质的变化。形象地说,系统不会因此而"进化"。显然,这正是前面所说的,把系统的元素看做"死"的对象所导致的局限性的表现。

而遗传算法的基本思想则在于:随机因素不仅影响状态,而且影响组织结构和行为方式。"活"的,具有主动性的个体会接受教训,总结经验,并且以某种方式把"经历"记住,使之"固化"在自己以后的行为方式中。正因为这样,CAS 理论提供了模拟生物、生态、经济、社会等复杂系统的巨大潜力,明显地超越了以往的一般的随机方法。正是由于以上这些特点,CAS 理论具有了与其他方法不同的,具有特色的,新的功能和特点。

7.2　适应性 Agent 图

7.2.1　有向图的基本概念

定义 7.1　一个有向图 D 定义为一个偶对集合 $D=\langle V,A\rangle$,其中

1)V 是一个非空集合，其中的元素 $v \in V$ 称为顶点；

2)A 是有序积的 $V \times V$ 的一个子集，其元素 $a \in A$ 称为弧。

根据有向图的定义，与一条弧关联的两个端点具有一定的次序关系，即弧 $a = \langle u, v \rangle$ 是顶点 u 和 v 的有序对，称 u 是弧 a 的起点，v 是终点。也就是说，弧 a 存在由 u 指向 v 的方向。

分别用 $V(D)$ 和 $A(D)$ 表示有向图 D 的顶点集合和弧的集合。如果 $V(D)$ 和 $A(D)$ 是有限集合，则图 D 是有限的，否则是无限的。

如果去掉有向图 D 中弧的方向，则构成了一个无向图 G，这个图 G 称为 D 的基础图。有向图的许多概念通常是根据其基础图来定义的，例如阶、重数、连通、圈、割集等概念。

定义 7.2　一个图 G 的顶点个数称为图的阶。若连接同一对顶点的边数大于 1，则称这样的边为多重边，其边数称为边的重数。

定义 7.3　每一对不同的顶点均有一条弧相连的图，称为完全图，n 阶完全图记作 K_n。

定义 7.4　设有两个图 $D_1 = \langle V_1, A_1 \rangle$ 和 $D_2 = \langle V_2, A_2 \rangle$，它们的顶点之间有一一对应的关系，使得边之间有如下的关系：设 $u_1 \leftrightarrow u_2, v_1 \leftrightarrow v_2, u_1, v_1 \in V_1, u_2, v_2 \in V_2$。如果 $\langle u_1, v_1 \rangle \in A_1$，那么 $\langle u_2, v_2 \rangle \in A_2$，而且 (u_1, v_1) 的重数与 (u_2, v_2) 的重数相同，这种对应称为同构，记作 $D_1 \cong D_2$。

定义 7.5　设一个图 D，对于任意顶点 v，图中与它有弧连接的顶点 u 称为 v 的邻居，记 $u \in \Pi_v$，亦称 v 与 u 邻接。

其中如果存在 $u \in \Pi_v$ 且存在以 v 为起点的弧 $\langle v, u \rangle \in A$，则称 u 是 v 的右邻居，记作 $u \in \Pi_v^+$；如果存在 $u \in \Pi_v$ 且存在以 u 为起点的弧 $\langle u, v \rangle \in A$，则称 u 是 v 的左邻居，记作 $u \in \Pi_v^-$；于是有 $\Pi_v = \Pi_v^+ \cup \Pi_v^-$。

定义 7.6　顶点 v 的度是指 v 的邻居数目，记作 $\deg(v)$。其中右邻居的数目称为出度，记 $\deg^+(v)$，左邻居的数目称为入度，记 $\deg^-(v)$。有

$$\deg(v) = \deg^+(v) + \deg^-(v) \tag{7.1}$$

如果一个图的每一个顶点都具有相同的度，则称这个图为正则图。若 $\deg(v) = k$，为 k-正则。

定理 7.1　(Euler 定理) 设图 D 有 p 个顶点，q 条边，记作 (p, q)，则它的各个顶点的度数和是边数的 2 倍，即

$$\sum_{v_i \in V} \deg(v_i) = 2q \tag{7.2}$$

证明：因为每一条边与两个顶点关联，所以加上一条边就使得各点度数的和增加 2 倍。

定义 7.7　H 是图 D 的子图，记作 $H \subseteq D$，如果 $V(H) \subseteq V(D)$，$A(H) \subseteq A(D)$ 且 H 中边的重数不能超过 D 中对应边的重数。

若 $V(H) \subset V(D)$，$A(H) \subset A(D)$，则 H 是 D 的真子图，记作 $H \subset D$。

定义 7.8　设图 $D = \langle V, A \rangle$，一个满足 $V(H) = V(D)$，$A(H) \subset A(D)$ 的真子图，称为 D 的生成子图。

定义 7.9　设 V' 是图 $D = \langle V, A \rangle$ 的顶点集的一个非空子集，以 V' 作为顶点集，以两个端点均在 V' 中的边的全体为边集的子图，称为由 V' 导出的 D 的子图，记作 $D[V']$，称 $D[V']$ 是 D 的导出子图。

定义 7.10　设有限非空序列 $M = v_0 a_1 v_1 \cdots v_{k-1} a_k v_k$，它的项交替地是顶点和弧，弧 a_i 的起

点是 v_{i-1}，终点是 $v_i(i=1,2,\cdots,k)$，且同一条弧不用两次，则称是一条有向链。v_0，v_k 分别是这条有向链的起点和终点。

通常，有向链可以用它的顶点序列 $v_0v_1\cdots v_{k-1}v_k$ 来表示。对于一条有向链：所有顶点都不相同的，称作有向道路；起点与终点重合的称作有向闭链；能构成一个圈的，称作有向圈；顶点均不相同，但每条弧 a_i 有可能是 $v_{i-1}v_i$，也有可能是 v_iv_{i-1}，称作半道路。

定义 7.11 如果在有向图 D 中，从顶点 u 出发有一条以 v 为终点的有向道路 $u\cdots v$，则称 v 是从 u 可达的，或者说从 u 可达 v。

1) 如果有向图 D 的任意两顶点都互相可达，则称 D 是强连通的。

2) 如果有向图 D 的任意两顶点至少有一个顶点由另一个顶点可达，则称 D 是单向连通的。

3) 如果有向图 D 的任意两顶点由一条半道路连接，则称 D 是弱连通的。

以上介绍了有向图的连通性，它是有向图的一个重要性质。

7.2.2 适应性 Agent 图的基本定义

设一个赋权有向图

$$D=\langle V,A,R\rangle \tag{7.3}$$

式中，V 是顶点集，且每个顶点 $v_i\in V$ 是一个具有适应能力的 Agent；A 是弧的集合，任意两点之间的弧 $a=\langle v_i,v_j\rangle\in A$，弧 a 可以具有方向和权值；R 是顶点之间的关系集合，任意的 $r_{ij}\in R$ 表示顶点 v_i，v_j 之间的关系，有

$$r_{ij}=\begin{cases}1 & \langle v_i,\quad v_j\rangle\in A\\ 0 & \langle v_i,\quad v_j\rangle\notin A\end{cases} \tag{7.4}$$

也就是说，$r_{ij}=1$ 表明顶点 v_i，v_j 邻接，有相互作用的关系。为了赋予其适应性的特点，图 D 还应具备以下几点：

1) 拓扑结构，体现了系统中顶点黏着的形式，顶点是通过边的连接来实现聚集行为的。另外，顶点作为一个主体，需要通过一些变量来描述它的状态，设图 D 有 n 个顶点，顶点 $v_i(i=1,\cdots,n)$ 的状态用向量 $\boldsymbol{x}_i\in X$ 表示，来描述其位移、速度等状态变量，其中 $X\subset R^m$ 是状态空间，R^m 是一个欧几里德空间。

2) 顶点的流，是由顶点产生的，是顶点之间用于通信、交流、协作的介质，可以是物质流、能量流或者信息流。流在各顶点之间的传递与交换是 Agent 适应性行为的基本前提。如果 $r_{ij}=1$，则顶点 v_i 和 v_j 之间存在交互作用，且交互作用是通过流的交换实现的。

另外，顶点的流是由状态向量 $\boldsymbol{x}_i$ 决定的。一般地，若 v_i 的流为 $f_i\in Y$，$Y\subset R$，则我们假设存在一个可逆映射 $F:R^m\to R$，使得在任一时刻顶点的流与状态有 $f_i=F(\boldsymbol{x}_i)$。

3) 顶点之间的交互作用，指各顶点之间的通信、交流与协作，其交互作用主要是通过流的传递与交换实现的，所以适应性 Agent 图的顶点之间的交互形式由各顶点之间流的交换与传递形式以及拓扑结构决定。

图 D 的弧 $a=\langle i,j\rangle$ 存在着方向和权值 w_{ij}，因此，顶点的交互形式与图中的弧有关。一般地，方向体现了主体之间流的传递方向，权值 w_{ij} 体现了主体之间流的传递状况。

4) 顶点的记忆函数，用来存储顶点的信息与经验，包括：状态、流、演化规则等顶点的相关

信息。例如,可以设一个存储状态的记忆函数 $I(x,t)$ 有

$$I_{\text{state}}^{t+1}=I_{\text{state}}^{t}+x^{t} \tag{7.5}$$

同理,可以应用其他记忆函数存储顶点的其他信息。顶点的一系列记忆函数组成了指导 Agent 进行适应性行为及自组织学习的知识库。因此,顶点的状态集包括

$$Q_v=\langle x,f,I\rangle \tag{7.6}$$

5) 顶点的演化规则,是顶点的状态根据环境的变化、其他顶点的行为以及整个系统的性能要求,以交互作用为基础进行的更新过程,是 Agent 适应性行为的核心部分。

假设 Agent 顶点的更新过程由感知、储存、控制和反映 4 个部分构成:感知 —— 是主体感知来自其他主体的流以及外部环境的干扰因素,然后根据自身状态决定流的过程;储存 —— 是主体建立存储函数,存储顶点状态、流等信息的过程,由一个储存器完成;控制 —— 是指主体从储存器所建立的知识库中不断学习,积累经验,建立控制策略;反应 —— 根据流的交互过程决定主体的行为及状态,由反应器实现。在这里称主体的感知通过探测器实现,而主体的控制由一个控制器实现,则 Agent 顶点的更新过程如图 7.1 所示。

在某一时刻 t 顶点的更新过程为:首先,顶点通过感知器感知其他主体以及外界的流,然后将流输入控制器,输出顶点的状态,最后通过反应器得到下一时刻顶点的流。

6) 全局能量函数,由于系统具有涌现行为,所以定义一个全局能量函数

$$H(D)=H(x,f) \tag{7.7}$$

全局能量函数是由系统的流和状态的向量场决定的,反映整个系统行为特性的函数,因此顶点适应性行为对全局能量函数的影响反映了每个 Agent 的行为对整个系统的作用。又由于系统具有非线性,所以系统的全局能量函数不是每个主体的流 f_i 的简单叠加。

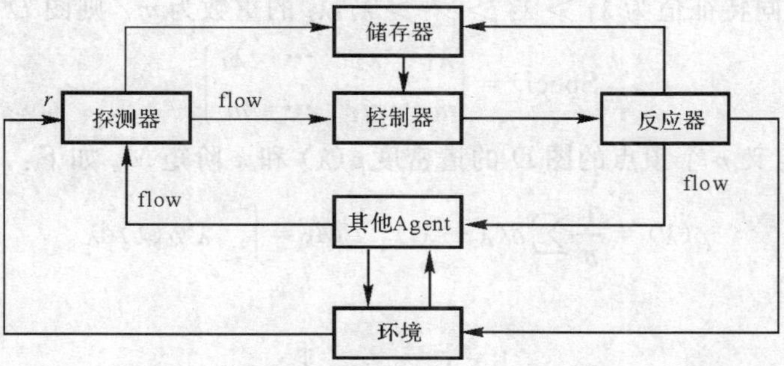

图 7.1　Agent 顶点结构图

综合以上几点,图 D 中的每个顶点都具有适应性,顶点之间存在流的交换,而且整个图 D 以组合形式存在,这样的图 D 就称作一个适应性 Agent 图。一个适应性 Agent 图主要是由拓扑结构、交互作用、流、记忆函数、演化规则和全局能量函数 6 个主要部分构成。

7.2.3　适应性 Agent 图的矩阵表示

当需要一个图的非图形(例如使用计算机)表示时,通常利用图的邻接矩阵来描述它的结构[3]。

定义 7.12　设适应性 Agent 图 D 的顶点集 $V(D)=\{v_1,v_2,\cdots,v_n\}$,令

$$w_{ij}=\begin{cases}b_{ij}, & v_j\in \Pi_{v_i}^{+}\\ 0, & v_j\notin \Pi_{v_i}^{+}\cup j=i\end{cases} \tag{7.8}$$

式中，b_{ij} 是弧 $\langle i,j\rangle$ 的权值，则称 w_{ij} 构成的 p 阶矩阵 $\boldsymbol{W}=(w_{ij})_{n\times n}$ 为 D 的邻接矩阵，记作 $\boldsymbol{W}(D)$。

由定义 7.12 可知，适应性 Agent 图的邻接矩阵是一主对角线上的元素均为 0 的矩阵。反之，若给定一个主对角线上的元素均为 0 的矩阵 $\boldsymbol{W}$，则可以唯一地确定一个图 D，以 $\boldsymbol{W}$ 为其邻接矩阵，于是图的很多性质可以被反映到邻接矩阵中。例如邻接矩阵的行与列按相同的顶点次序排列，置换行和相应的列，即重新安排顶点的次序。如在邻接矩阵 $\boldsymbol{W}$ 交换两行（或同时交换相应的两列），那么 $D_1\cong D_2$ 当且仅当存在一个置换矩阵 $\boldsymbol{P}$，使

$$\boldsymbol{W}(D_2)=\boldsymbol{P}^{-1}\boldsymbol{W}(D_1)\boldsymbol{P} \tag{7.9}$$

事实上，由于邻接矩阵是由标定图作出的，若 A_1 和 A_2 是同一个图 D 的两种不同标定的邻接矩阵，则必存在一个置换矩阵 $\boldsymbol{P}$，使

$$\boldsymbol{W}_2=\boldsymbol{P}^{-1}\boldsymbol{W}_1\boldsymbol{P} \tag{7.10}$$

定义 7.13 图 D 的邻接矩阵 $\boldsymbol{W}(D)$ 的特征多项式称为图 D 的特征多项式，记作 $P(D;\lambda)$，即

$$P(D;\lambda)=(-1)^p\det\left[\boldsymbol{W}(D)-\lambda\boldsymbol{I}\right]=\sum_{i=1}^{p}c_i\lambda^{p-i} \tag{7.11}$$

一个图的特征多项式的系数 c_i 与它的导出子图的数目有关。

定义 7.14 图 D 的邻接矩阵 $\boldsymbol{W}(D)$ 的特征值称为图 D 的特征值，图 D 的全体特征值称为 D 的谱，记作 $\mathrm{Spec}D$。

设 $\boldsymbol{W}(D)$ 的不同特征值为 $\lambda_1>\lambda_2>\cdots>\lambda_l$，$\lambda_i$ 的重数为 m_i，则图 D 的谱可表示为

$$\mathrm{Spec}D=\begin{bmatrix}\lambda_1 & \lambda_2 & \cdots & \lambda_l\\ m_1 & m_2 & \cdots & m_l\end{bmatrix} \tag{7.12}$$

定义 7.15 定义 n 个顶点的图 D 的谱密度 $\rho(\lambda)$ 和 k 阶矩 M_k 如下：

$$\rho(\lambda)=\frac{1}{n}\sum_{i=1}^{l}\delta(\lambda-\lambda_i),\quad M_k=\int_{-\infty}^{+\infty}\lambda^k\rho(\lambda)\mathrm{d}\lambda \tag{7.13}$$

进一步有

$$M_k=\frac{1}{n}\sum_{i=1}^{l}(\lambda_i)^k=\frac{1}{n}\mathrm{tr}(\boldsymbol{W}^k) \tag{7.14}$$

式中，$\mathrm{tr}(\boldsymbol{W}^k)$ 是 $\boldsymbol{W}^k$ 的迹。

7.3 适应性 Agent 图的行为特性

7.3.1 适应性 Agent 图的动力学模型

考虑到一个有 n 个顶点的适应性 Agent 图 D，用一个离散系统模型来描述[4-7]。在 $k+1$ 时刻，顶点 v_i 的流 $f_i^{\mathrm{input}}(k+1)$ 是由前一时刻其邻居顶点的流、交互作用和环境扰动 r 决定的，因

此定义一个映射 $\varphi_i: Y \to Y$,则有

$$f_i^{\text{input}}(k+1) = \varphi_i(f_i(k), f_j(k), r), v_j \in \Pi_i \tag{7.15}$$

设控制变量为 u_i,将 $f_i^{\text{input}}(k+1)$ 输入控制器,有

$$x_i(k+1) = F^{-1}(f_i^{\text{input}}(k+1)) + u_i \tag{7.16}$$

$$f_i(k+1) = F(x_i(k+1)) \tag{7.17}$$

若记图 D 的流的向量场为 $\boldsymbol{f} = [f_1 \quad f_2 \quad \cdots \quad f_n]$,状态的向量场为 $\boldsymbol{x} = [x_1 \quad x_2 \quad \cdots \quad x_n]$,不考虑外界干扰及控制器,有

$$f_i(k+1) = \varphi_i(f_i(k), f_j(k)) \tag{7.18}$$

则存在自治离散动力学方程

$$\boldsymbol{f}(k) = \varphi^k(\boldsymbol{f}) \tag{7.19}$$

$$\boldsymbol{x}(k) = F^{-1}(\boldsymbol{f}(k)) \tag{7.20}$$

式中,$\boldsymbol{f}$ 是方程的初始值;映射 $\varphi^k: R^{n\times 1} \to R^{n\times 1}$,$F^{-1}: R \to R$,有

$$\varphi^k = \underbrace{\varphi(\varphi(\cdots\varphi(\varphi(\cdot))))}_{k\text{个}} \tag{7.21}$$

$$\varphi^k(\boldsymbol{f}) = (\varphi_1^k(\boldsymbol{f})\varphi_2^k(\boldsymbol{f})\cdots\varphi_n^k(\boldsymbol{f})) \tag{7.22}$$

$$F^{-1}(\boldsymbol{f}) = (F^{-1}(\boldsymbol{f}_1)F^{-1}(\boldsymbol{f}_2)\cdots F^{-1}(\boldsymbol{f}_n)) \tag{7.23}$$

定理 7.2　如果顶点的流 f 是李雅普诺夫稳定的,则顶点状态 $\boldsymbol{x}$ 李雅普诺夫稳定的充分条件是映射 F 的逆映射 F^{-1} 在 Y 上满足 Lipschitz 条件。

证明:设顶点的流有平衡点 $\boldsymbol{f}^0$ 且对应的状态为 $\boldsymbol{f}^0$。若 $\boldsymbol{f}$ 稳定,则对于任意的 $\eta > 0$,存在 $\delta_0(\eta) > 0$,使得

$$\| \boldsymbol{f} - \boldsymbol{f}^0 \| < \delta_0 \tag{7.24}$$

时,有

$$\| \varphi^k(\boldsymbol{f}) - \varphi^k(\boldsymbol{f}^0) \| < \eta \tag{7.25}$$

又由于 F^{-1} 满足 Lipschitz 条件,则存在常数 $L > 0$,依式(7.24)、式(7.25)推出

$$\| F^{-1}(\boldsymbol{f}) - F^{-1}(\boldsymbol{f}^0) \| \leqslant L \| \boldsymbol{f} - \boldsymbol{f}^0 \| < L\delta_0 \tag{7.26}$$

$$\| F^{-1}(\varphi^k(\boldsymbol{f})) - F^{-1}(\varphi^k(\boldsymbol{f}^0)) \| \leqslant L \| \varphi^k(\boldsymbol{f}) - \varphi^k(\boldsymbol{f}^0) \| < L \cdot \eta \tag{7.27}$$

所以对于任意 $\varepsilon = L \cdot \eta > 0$,存在 $\delta = L \cdot \delta_0(\varepsilon)$,使得当

$$\| F^{-1}(\boldsymbol{f}) - F^{-1}(\boldsymbol{f}^0) \| < \delta \tag{7.28}$$

即 $\| \boldsymbol{x} - \boldsymbol{x}^0 \| < \delta$ 时,有

$$\| F^{-1}(\varphi^k(F(\boldsymbol{x})) - F^{-1}(\varphi^k(F(\boldsymbol{x}^0)) \| < \varepsilon \tag{7.29}$$

证毕。

因此,顶点的流与状态之间的逆映射 F^{-1} 应该满足 Lipschitz 条件。

一般地,假设

$$\boldsymbol{f}_i(k+1) = \boldsymbol{f}_i(k) + \sum_{v_s \in \Pi_i^+} \boldsymbol{f}_s(k) - \sum_{v_j \in \Pi_i^-} \boldsymbol{f}_j(k) \tag{7.30}$$

$$\boldsymbol{x}_i(k+1) = F^{-1}(\boldsymbol{f}_i(k+1)) + \boldsymbol{u}_i(k) \tag{7.31}$$

考虑到流的向量场 $\boldsymbol{f}$ 和状态向量场 $\boldsymbol{x}$,有

$$\boldsymbol{f}(k+1) = (I + \boldsymbol{W}' - \boldsymbol{W})\boldsymbol{f}(k) \tag{7.32}$$

$$\boldsymbol{x}(k+1) = F^{-1}(\boldsymbol{f}(k+1)) + \boldsymbol{u}(k) \tag{7.33}$$

式(7.32)、式(7.33)构成一个离散系统。

定理7.3 如果存在一个正定对称阵$\boldsymbol{P}$矩阵，使得矩阵$(\boldsymbol{W}'-\boldsymbol{W})\boldsymbol{P}$与$(\boldsymbol{W}'-\boldsymbol{W})\boldsymbol{P}(\boldsymbol{W}'-\boldsymbol{W})$也是正定对称阵，则式(7.32)、式(7.33)的系统方程是稳定的。

证明：选正定对称阵$\boldsymbol{P}$的二次型

$$\boldsymbol{V}(\boldsymbol{f}(k))=\boldsymbol{f}(k)'\boldsymbol{P}\boldsymbol{f}(k) \tag{7.34}$$

作为系统方程的预选李雅普诺夫函数。由$\boldsymbol{P}$正定可知$\boldsymbol{V}(\boldsymbol{f}(k))>0$，进而系统方程(7.32)、式(7.33)的差分为

$$\begin{aligned}\Delta\boldsymbol{V}(\boldsymbol{f}(k))=&\boldsymbol{V}(\boldsymbol{f}(k+1))-\boldsymbol{V}(\boldsymbol{f}(k))=[(I+\boldsymbol{W}'-\boldsymbol{W})\boldsymbol{f}(k)]'\boldsymbol{P}[(I+\boldsymbol{W}'-\boldsymbol{W})\boldsymbol{f}(k)]-\\&\boldsymbol{f}(k)'\boldsymbol{P}\boldsymbol{f}(k)=\\&\boldsymbol{f}(k)'[(I+\boldsymbol{W}'-\boldsymbol{W})'\boldsymbol{P}(I+\boldsymbol{W}'-\boldsymbol{W})]\boldsymbol{f}(k)-\boldsymbol{f}(k)'\boldsymbol{P}\boldsymbol{f}(k)=\\&-\boldsymbol{f}(k)'[\boldsymbol{P}(\boldsymbol{W}-\boldsymbol{W}')+(\boldsymbol{W}'-\boldsymbol{W})\boldsymbol{P}+(\boldsymbol{W}'-\boldsymbol{W})P(\boldsymbol{W}'-\boldsymbol{W})]\boldsymbol{f}(k)\end{aligned} \tag{7.35}$$

显然$[(\boldsymbol{W}'-\boldsymbol{W})\boldsymbol{P}(\boldsymbol{W}'-\boldsymbol{W})]'=[-(\boldsymbol{W}'-\boldsymbol{W})]\boldsymbol{P}[-(\boldsymbol{W}'-\boldsymbol{W})]=(\boldsymbol{W}'-\boldsymbol{W})\boldsymbol{P}(\boldsymbol{W}'-\boldsymbol{W})$是对称阵，$\boldsymbol{P}(\boldsymbol{W}-\boldsymbol{W}')=[(\boldsymbol{W}'-\boldsymbol{W})\boldsymbol{P}]'$也是对称阵，因为$\boldsymbol{P}$，$(\boldsymbol{W}'-\boldsymbol{W})\boldsymbol{P}(\boldsymbol{W}'-\boldsymbol{W})$，$\boldsymbol{P}(\boldsymbol{W}'-\boldsymbol{W})$都是正定的，所以$\Delta\boldsymbol{V}(\boldsymbol{f}(k))<0$，进而系统稳定。

证毕。

7.3.2 适应性 Agent 图的频域分析

我们首先考虑一个周期为N的时间序列$\{x(k)\}$，即

$$x(0),x(1),x(2),\cdots,x(N),\cdots \tag{7.36}$$

它可以代表某一个一维动力系统的解轨道，也可以代表某系统由等时间间隔采样所获得的观察数据。也就是说，它是一个离散时间的周期信号，满足

$$x(t+kN)=x(t),\quad \forall k\geqslant 0 \tag{7.37}$$

可以将其用傅里叶级数表示，即正弦和余弦序列或复指数序列之和来表示$x(t)$，它们的频率等于周期序列基频$\dfrac{2\pi}{N}$的整数倍，这里基波分量为

$$e_1(t)=\mathrm{e}^{\frac{2\pi\mathrm{i}}{N}t} \tag{7.38}$$

式中，i是虚数单位$\sqrt{-1}$，其他谐波分量分别为

$$e_2(t)=\mathrm{e}^{2(\frac{2\pi\mathrm{i}}{N}t)},\quad e_3(t)=\mathrm{e}^{3(\frac{2\pi\mathrm{i}}{N}t)},\cdots,e_k(t)=\mathrm{e}^{k(\frac{2\pi\mathrm{i}}{N}t)},\cdots \tag{7.39}$$

然而这些谐波分量中只有N个是独立的，这是因为复指数序列有如下周期性关系，

$$e_{k+mN}(t)=\mathrm{e}^{(k+mN)(\frac{2\pi\mathrm{i}}{N})t}=\mathrm{e}^{k(\frac{2\pi\mathrm{i}}{N})t}=e_k(t) \tag{7.40}$$

所以，只须用从$0\sim N-1$个谐波分量就足以表示原来的信号，于是可以写出下面的离散傅里叶级数表达式，即

$$x(t)=\frac{1}{\sqrt{N}}\sum_{k=0}^{N-1}q(k)\mathrm{e}^{k(\frac{2\pi\mathrm{i}}{N})t}=\frac{1}{\sqrt{N}}\sum_{k=0}^{N-1}q(k)e_k(t) \tag{7.41}$$

式中，$q(k)$是k次谐波$e_k(t)$分量的系数，它表明k次谐波分量在信号中所占的比重。通常称$q(k)(k=0,1,\cdots,N-1)$为傅里叶系数。

为了确定傅里叶系数，将$\mathrm{e}^{-(\frac{2\pi\mathrm{i}}{N})mt}$乘以式(7-41)的两边，并对$t=0\sim N-1$求和，得

$$\sum_{t=0}^{N-1} x(t)\mathrm{e}^{-(\frac{2\pi \mathrm{i}}{N})mt} = \frac{1}{\sqrt{N}}\sum_{t=0}^{N-1}\sum_{k=0}^{N-1} q(k)\mathrm{e}^{(\frac{2\pi \mathrm{i}}{N})kt}\mathrm{e}^{-(\frac{2\pi \mathrm{i}}{N})mt} =$$

$$\sqrt{N}\sum_{k=0}^{N-1} q(k)\left[\frac{1}{N}\sum_{t=0}^{N-1}\mathrm{e}^{(k-m)(\frac{2\pi \mathrm{i}}{N})t}\right] =$$

$$\sqrt{N}q(m) \tag{7.42}$$

式(7.42)中最后一步由下面性质得到

$$\frac{1}{N}\sum_{t=0}^{N-1}\mathrm{e}^{(k-m)(\frac{2\pi \mathrm{i}}{N})t} = \delta_{km} = \begin{cases}1, & k=m\\ 0, & k\neq m\end{cases} \tag{7.43}$$

记 $\omega = \dfrac{2\pi}{N}$，此即得到信号的傅里叶变换为

$$q(k) = \frac{1}{\sqrt{N}}\sum_{t=0}^{N-1} x(t)\mathrm{e}^{-\mathrm{i}\omega kt} \tag{7.44}$$

其逆变换为

$$x(t) = \frac{1}{\sqrt{N}}\sum_{t=0}^{N-1} q(k)\mathrm{e}^{\mathrm{i}\omega kt} \tag{7.45}$$

傅里叶变换将时间信号 $x(t)$ 变换为频域信号 $q(k)$，这里 k 可当做频域变量。显然，若 $x(t)$ 是离散和周期的，则 $q(k)$ 也是离散和周期的，且周期同为 N，因为

$$q(k+mN) = \frac{1}{\sqrt{N}}\sum_{t=0}^{N-1} x(t)\mathrm{e}^{-\mathrm{i}\omega(k+mN)t} = \frac{1}{\sqrt{N}}\sum_{t=0}^{N-1} x(t)\mathrm{e}^{-\mathrm{i}\omega kt} = q(k) \tag{7.46}$$

关于傅里叶变换有下面一个重要的性质。

定理 7.4　Parseval 公式：

$$\sum_{t=0}^{N-1} |q(k)|^2 = \sum_{t=0}^{N-1} |x(t)|^2 \tag{7.47}$$

证明：事实上，

$$\sum_{k=0}^{N-1} |q(k)|^2 = \sum_{k=0}^{N-1} q(k)\,\overline{q(k)} =$$

$$\frac{1}{N}\sum_{k=0}^{N-1}\sum_{s=0}^{N-1}\sum_{t=0}^{N-1} x(s)\,\overline{x(t)}\mathrm{e}^{-\mathrm{i}\omega(t-s)k} =$$

$$\frac{1}{N}\sum_{k=0}^{N-1}\Big[\sum_{m=-(N-1)}^{N-1}\ \sum_{\substack{t-s=m\\(0\leqslant s,t\leqslant N-1)}} x(s)\,\overline{x(t)}\mathrm{e}^{-\mathrm{i}\omega k}\Big] =$$

$$\sum_{m=-(N-1)}^{N-1}\left[\Big(\sum_{\substack{t-s=m\\0\leqslant s,t\leqslant N-1}} x(s)\,\overline{x(t)}\Big)\left(\frac{1}{N}\sum_{k=0}^{N-1}\mathrm{e}^{-\mathrm{i}\omega mk}\right)\right] =$$

$$\sum_{m=-(N-1)}^{N-1}\ \sum_{\substack{t-s=m\\0\leqslant s,t\leqslant N-1}} x(s)\,\overline{x(t)}\delta_{m0} =$$

$$\sum_{t=0}^{N-1} |x(t)|^2 \tag{7.48}$$

式(7.48)中 δ_{m0} 满足式(7.43)。

证毕。

Parseval 公式可以解释为:信号的能量可以分解为各种频率谐波能量贡献之和。这一结论与光可分解成频谱分量情况类似。因此,$|q(k)|^2$ 在信号$\{x(t)\}$ 的分解中表示频率为$\frac{2\pi k}{N}$的谐波分量对于信号能量的贡献大小。于是,频率序列

$$|q(k)|^2, \quad k=0,1,2,\cdots,N-1 \tag{7.49}$$

称为信号 $x(t)$ 的频谱图,它可描述 $x(t)$ 的特性。

上面的傅里叶变换虽然是对周期序列定义的,但是可以将其推广到一般的序列。首先,将一般序列$\{x(t)\}$ 截取为一个如下的所谓有限长序列:

$$x_N(t)=\begin{cases}x(t), & 0\leqslant t\leqslant N-1\\ 0, & t\geqslant N\end{cases} \tag{7.50}$$

然后,把 $x_N(t)$ 延续成为周期为 N 的周期序列,这样就可以定义序列$\{x(t)\}$ 的傅里叶变换,从所得的序列 $q(k)$ 中取出一个周期序列(周期仍为 N),此即为有限长序列$\{x(t)\}$ 的离散傅里叶变换。

例 7.1 求有限长序列

$$x_N(t)=\begin{cases}a^t, & 0\leqslant t\leqslant N-1\\ 0, & N\leqslant t\end{cases} \tag{7.51}$$

的离散傅里叶变换。

解 注意到

$$q(k)=\frac{1}{\sqrt{N}}\sum_{t=0}^{N-1}a^t\mathrm{e}^{-k(\frac{2\pi\mathrm{i}}{N})t}=\frac{1}{\sqrt{N}}\sum_{t=0}^{N-1}(a\mathrm{e}^{-k(\frac{2\pi\mathrm{i}}{N})})^t=\frac{1}{\sqrt{N}}\left(\frac{2-a^N}{2-a\mathrm{e}^{-(2\pi\mathrm{i})(\frac{k}{N})}}\right) \tag{7.52}$$

式中,$0\leqslant k\leqslant N-1$。

最后,取 $N\to\infty$,则$\{x_N(t)\}\to\{x(t)\}$。只要序列$\{x(t)\}$ 有

$$\lim_{N\to\infty}\sum_{t=0}^{N-1}|x(t)|<\infty \tag{7.53}$$

那么就可以将极限

$$\lim_{N\to\infty}q_N(k)=\lim_{N\to\infty}\frac{1}{\sqrt{N}}\sum_{t=0}^{N-1}x(t)\mathrm{e}^{-\mathrm{i}\omega kt}<\infty \tag{7.54}$$

定义为$\{x(t)\}$ 的离散傅里叶变换。从而仍然可类似地用$|q_N(k)|^2$ 来描述$\{x(t)\}$ 的特征,然而一般地,式(7.54) 这个极限是不存在的。因为通常功率收敛到有限值,所以引入功率代替能量来解决这个问题,即

$$\lim_{N\to\infty}\frac{1}{N}\sum_{t=0}^{N-1}|x(t)|^2<\infty \tag{7.55}$$

于是总有定义

$$\lim_{N\to\infty}\frac{1}{N}\left|\sum_{t=0}^{N-1}x(t)\mathrm{e}^{-\mathrm{i}\omega kt}\right|^2<\infty \tag{7.56}$$

在以下的分析中,假定式(7.56) 总是成立的。实际上,信号或采样数据$\{x(t)\}$ 往往是随机的,即$\{x(t)\}$ 可以看做随机过程,取其数学期望

$$\lim_{N\to\infty}E[|q_N(k)|^2]=\lim_{N\to\infty}\frac{1}{N}E\left[\left|\sum_{t=0}^{N-1}x(t)\mathrm{e}^{-\mathrm{i}\omega kt}\right|^2\right] \tag{7.57}$$

式(7.57)表示了功率密度，称为功率谱密度，简称功率谱。这就是信号的功率谱的一般定义。因此，可以通过求傅里叶变换得到功率谱。

另外，功率谱还可以等价地为随机信号$\{x(t)\}$的自相关函数的傅里叶变换。令自相关函数为

$$R(m)=E[x(t)x(t+m)],\quad m\geqslant 0 \tag{7.58}$$

此处假定随机信号$\{x(t)\}$是拟平稳的，这样 $R(m)$ 才与 t 无关，则可以证明式

$$\varphi(k)=\sum_{m=0}^{+\infty}R(m)\mathrm{e}^{-\mathrm{i}\omega km} \tag{7.59}$$

定义 7.16　适应性 Agent 图 D 的顶点 v_j 的功率谱定义为

$$S_j(k)=\lim_{N\to\infty}\frac{1}{N}\left|\sum_{t=0}^{N-1}x_j(t)\mathrm{e}^{-\mathrm{i}\omega kt}\right|^2 \tag{7.60}$$

图 D 的功率谱定义为

$$S(k)=\frac{1}{n}\sum_{j=1}^{n}S_j(k) \tag{7.61}$$

7.3.3　最大 Lyapunov 指数

Lyapunov 指数是刻画动力学不同类型的复杂演化行为的一项重要指标。

定义 7.17　设一个离散系统：$x_{k+1}=f(x_k)$，则从 x 出发的轨道的 Lyapunov 指数由下式给出，则

$$\lambda(x)=\lim_{t\to\infty}\frac{1}{t}\ln\left|\frac{\mathrm{d}f^t(x)}{\mathrm{d}x}\right| \tag{7.62}$$

下面讨论 Lyapunov 指数的意义。考虑到两个非常接近的点 x 和 $x+\delta$，映射 f 的轨道上，t 时刻两点间的相互分离距离是

$$|f^t(x+\delta)-f^t(x)| \tag{7.63}$$

那么，相对于初始值的偏差来说，在 t 时刻轨道的分离程度为

$$\Delta_t=\left|\frac{f^t(x+\delta)-f^t(x)}{\delta}\right| \tag{7.64}$$

令 $\delta\to 0$，则

$$\Delta_t=\left|\frac{\mathrm{d}f^t(x)}{\mathrm{d}x}\right|,\quad t=1,2,\cdots \tag{7.65}$$

假设分离程度 Δ_t 随时间 t 增长的速率为 λ，于是有

$$\mathrm{e}^{\lambda t}=\Delta_t=\left|\frac{\mathrm{d}f^t(x)}{\mathrm{d}x}\right| \tag{7.66}$$

取 $t\to\infty$，此时即得 Lyapunov 指数为

$$\lambda(x)=\lim_{t\to\infty}\frac{1}{t}\ln\left|\frac{\mathrm{d}f^t(x)}{\mathrm{d}x}\right| \tag{7.67}$$

由此可见，Lyapunov 指数的意义是：当 $\lambda(x)<0$ 时，该点轨道与其附近点的轨道将以 $|\lambda|$ 的指数速率相靠拢，因此该点轨道是稳定的；当 $\lambda(x)>0$ 时，该点轨道与其附近点的轨道将以 $|\lambda|$ 的指数速率相分离，因此该点轨道是不稳定的。

定理 7.5 如果映射 f 可微，则 Lyapunov 指数有如下的计算公式：

$$\lambda(x_0)=\lim_{n\to\infty}\frac{1}{n}\sum_{t=0}^{n-1}\ln\left|f'(x_t)\right| \tag{7.68}$$

式中，$x_t=f^t(x_0)(t=0,1,2,\cdots,n-1)$。

证明　根据求导的链式法则

$$\left.\frac{\mathrm{d}f^t}{\mathrm{d}x}\right|_{x_0}=\left.\frac{\mathrm{d}f^t}{\mathrm{d}x}\right|_{x_{t-1}}\left.\frac{\mathrm{d}f^t}{\mathrm{d}x}\right|_{x_{t-2}}\cdots\left.\frac{\mathrm{d}f^t}{\mathrm{d}x}\right|_{x_0}=f'(x_{t-1})f'(x_{t-2})\cdots f'(x_0)=\prod_{i=0}^{t-1}f'(x_i)$$

代入式(7.68)，得

$$\lambda(x_0)=\lim_{n\to\infty}\frac{1}{n}\sum_{t=0}^{n-1}\ln\left|f'(x_t)\right| \tag{7.69}$$

即为所求。

证毕。

定义 7.18 考虑到系统方程式(7.18)、式(7.20)，适应性 Agent 图 D 的第 i 个顶点 v_i 的 Lyapunov 指数定义为

$$\lambda_i(x)=\lim_{t\to\infty}\frac{1}{t}\ln\left|\frac{\mathrm{d}\varphi_i(x)}{\mathrm{d}x_i}\mid_{x=x_t}\right| \tag{7.70}$$

将上述的 Lyapunov 指数从大到小排列，即

$$\lambda_{i1}\geqslant\lambda_{i2}\geqslant\cdots\geqslant\lambda_{in} \tag{7.71}$$

称为图 D 的 Lyapunov 指数谱，其中 λ_{i1} 定义为图 D 的最大 Lyapunov 指数。

7.4 适应性 Agent 图的适应性行为

7.4.1 复杂适应系统的适应性

1. 主体适应性行为

在 7.1 节概念的基础上，Holland 在参考文献[8]中通过 3 个步骤，建立了描述他所定义的具有主动性的主体的基本行为的刺激-反应模型，即对于个体是怎样适应和学习的理解和描述。以下分别以 3 步说明具体思路：首先，建立行为系统的模型(performance system)，然后，确立信用确认的机制(credit assignment)，最后，提供发现规则的手段(rule discovery)。

(1)刺激-反应模型(stimulus - response model)

这一步的目标是要用一种统一的方式，来表达各种系统中的主体的最基本的行为模式，出发点是基本的刺激—反应模型。例如，一只青蛙看到小虫飞过，便伸出舌头去捕食。这里的刺激就是“小物体靠近”，而反应则是“伸出舌头”。类似地，对于“大物体靠近”的反应则可能是“逃避”。按照现代信息处理的一般思路，这里的规则，包括条件和反应，都可以表示为字符串，如在第一位用“0”表示没有物体靠近，而用“1”表示有物体靠近；在第二位分别用“0”和“1”表示小物体和大物体。这样一来，上述第一个刺激就可以用“10”表示，而第二个刺激则表示为

“11”。同样,反应也可以通过编号和二进制,表示为字符串。把两个字符串连起来,前半段是条件,后半段是反应。用遗传算法的说法,这就是“染色体”(chromosome),如图 7.2 所示。每个主体内部都存储着许多条这样的规则,规则越多越细,个体的行为就越精巧。

	刺激(stimulus)	反应(response)
规则:	IF(小物体靠近)	THEN(捕食)
	IF(大物体靠近)	THEN(逃避)
字符串:	IF　10	THEN　01

图 7.2　染色体的表示方法

这里涉及以下几个概念:

1) 输入 —— 环境(包括其他个体)的刺激;

2) 输出 —— 个体的反应(一般是动作);

3) 规则 —— 对什么样的刺激作出怎样的反应的规则;

4) 探测器 —— 接受刺激的器官;

5) 反应器 —— 作出反应的器官。

它们之间的关系及消息流构成刺激-反应的行为系统如图 7.3 所示。

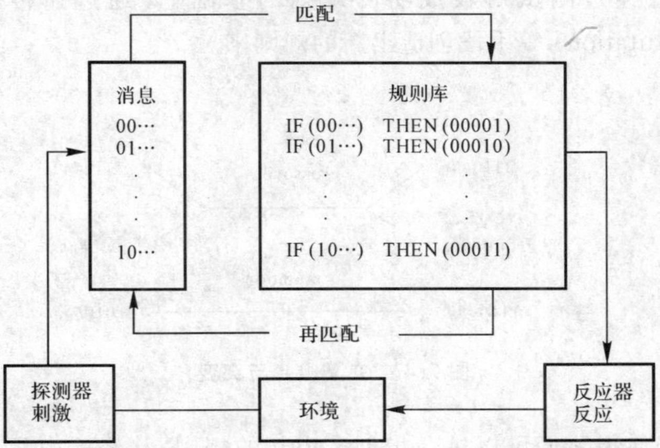

图 7.3　刺激-反应行为系统

行为系统说明了主体在某个时刻的能力。行为系统的 3 个主要部分是:一个探测器,一个 IF/THEN 规则集合和一个反应器。探测器代表了主体从环境中抽取信息的能力,IF/THEN 规则代表了处理这些信息的能力,而反应器则代表了它反作用于环境的能力。这 3 种元素都是抽象的,已经剔除了特定机制的细节,所以可应用于不同种类的主体。

按一般的想法,所有的规则都应当互相一致,既不重复(每一个刺激只有一种确定的反应)也不遗漏(每一个刺激必然有唯一的一条规则与之相对应),否则就是有矛盾,系统就会被认为是处于错误的状态。然而,CAS 理论认为这种看法和要求不适用于复杂系统的建模,它引进了一个重要的思想。把这些规则看做是有待于测试和认证的假设,进化的过程正是要提供多种多样的选择,因而需要有矛盾、冲突和不一致,而不是避免或消除它们。所以,这里的规则(或按遗传算法称为染色体)应当足够多而且有选择的余地,它们之间不但可以,而且需要有矛盾和不一致。当然,为了真正进行操作,需要在这些规则之间建立一种进行比较和选择,进而进行淘汰的机制,这将是下一步 —— 信用确认 —— 的任务。

(2) 适应度的确认和修改

为了对规则进行比较和选择,首先要把假设的信用程度定量化,为此给每一条规则一个特定的数值,称为强度(strength)。或者按照遗传算法的名称,称之为适应度(fitness)。每次需要使用规则的时候,系统按照一定的方法加以选择。选择的基本想法是:按照一定的概率选择,具有较大强度或适应度的规则有更多的机会被选用。在这个基本算法的基础上,还可以加入并行算法和缺省层次等思想,使得规则的选择更加灵活,更加符合现实的系统行为。

信用确认的本质是向系统提供评价和比较规则,每次应用规则之后,个体将根据应用的结果修改强度或适应度。这实际上就是"学习"或"经验积累",而且现实的市场中和生物界的竞争现象,就是这种描述适应性主体竞争行为的信用确认技术的背景。信用确认机制的意义在于提供了实际的度量方法,能够将定量研究与定性研究有机地结合起来,显示出了其超出传统方法的优越之处。

(3) 新规则的产生

经过与环境的对话与交流,已有的规则就能够得到不同的信用指数。在这个基础上,下一步的要点就是如何发现或形成新的规则,从而提高个体适应环境的能力。在 CAS 理论中,如图 7.4 所示,往往在经过测试后较成功的规则的基础上,通过遗传算法中的交叉组合(crossover)、突变(mutation)等手段创造出新的规则来。

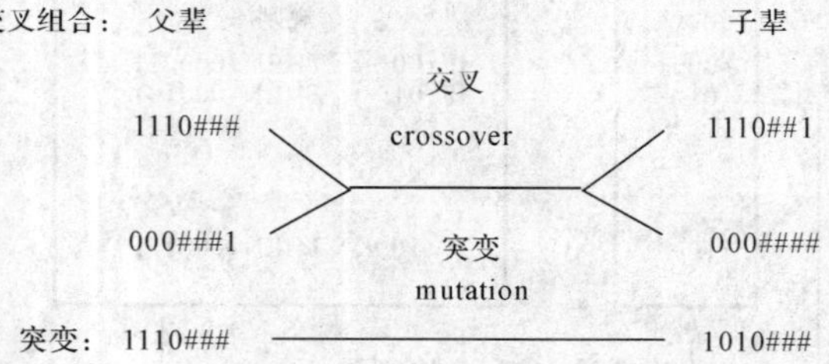

图 7.4　交叉组合与突变

交叉组合和突变使得我们可以进一步创造出新的规则:从经验中积累,从已有的规则出发,让成功可能性比较高的规则产生出新的规则,再让实际与环境交互的过程筛选出比较有效的规则和构筑块,进而产生更有效的规则。依赖已有的成果,考虑实际应用的结果,这就是这种新的思路的特点,也正是它具有更大潜力的原因所在。

2. 从个体到全局的回声(ECHO)模型

以上,建立了个体的刺激-反应模型,现在从微观转向宏观,建立整个系统的宏观模型,Holland 称之为回声(ECHO)模型。

为了给主体一个进行活动的外部环境,我们首先定义两个概念:第一个概念是资源,资源的意义十分广泛。例如现实生活中的水井或泉水,它可以不断地向主体提供所需要的某种物质或能量;另一个概念是位置(site)。可以用城市去理解它。它是一个可以容纳若干个体活动的"容器",具有一定的环境条件与资源条件,例如"温度""服务水平"等。个体可以在位置之间移动和选择。各个位置之间还有"距离"等概念。这就像一般计算机模拟中的环境参数一样。

这样一来，为了构筑宏观系统的模型，除了主体之外，又定义了资源和位置。这几个概念互相结合，就形成了下面说的回声模型。

在这个基本模型中，主体具有最简单的功能——寻找交换资源的其他主体，与其他主体进行资源交流，保存及加工资源。为此，主体要有 3 个基本部分：

1)主动标识(offence flag)——用于主动地与其他主体联系和接触。

2)被动标识(defense flag)——用于其他主体与自己联系时决定应答与否。

3)资源库(reservoir)——用于存储的加工资源。

这样，这个主体的基本情况就如图 7.5 所示。它们的功能包括：主动与其他主体接触，同时也对其他主体的接触进行应答，如果匹配成功则进行资源交流，在自己内部存储与加工资源，如果资源足够，则繁殖新的主体。在此基础上，整个 ECHO 模型成为如下的情况：整个系统包括若干个位置；每个位置中有若干个主体；主体之间进行交往，交流资源和信息。

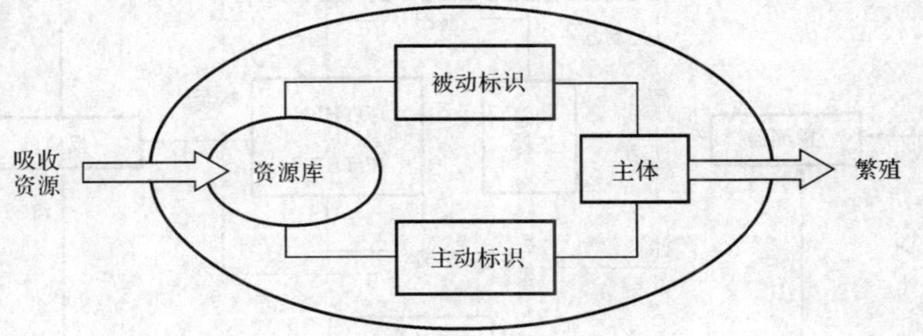

图 7.5　ECHO 模型中的主体

需要说明的是，霍兰在构筑 CAS 理论时用的是归纳法。他是在大量研究具体案例的基础上归纳出这些概念，而不是先给出一个定义，再进行演绎推理。许多丰富的含义是随着讨论的深入逐步展开的，使得这一理论具有丰富的内涵，给人以许多启示。而且作为一个刚刚开发的新领域，这种做法更加有利于开拓思路，引导思考，而避免过早地限制自己的思想，束缚自己的手脚。当然，这并不排斥在发展中逐步完善化、严格化。

当然，这个基本的 ECHO 模型还过于简单，无法描述复杂的系统行为。霍兰在此基础上逐步增加各种功能，形成了扩展的 ECHO 模型，先后加入了以下一些功能：

1)增加“交换条件”的概念，即在主动标识与被动标识相符的条件下，还要加上某种交换条件的确认。比如，在采购原料时，并不只是有某种原料就行，还要考虑价格和质量。

2)增加“资源转换”的概念，即主体具备加工、利用和重组资源的能力。增加这一功能为主体的分工和专门化打下了基础。

3)增加“黏合”(adhesion)的概念，即若干主体通过建立固定的联系，成为一个多主体的聚合体在系统中一起活动。显然，它的来源是生物界的共生体以及经济活动中的企业集团；

4)增加“选择交配”(selective mating)的概念，即主体可以有选择地与其他主体结合，通过交叉组合形成新的更强的主体。

5)增加“条件复制”(conditional duplicate)的功能，即主体在资源充裕、条件适宜的情况下，复制增加自身的功能。

通过这一步步的扩充，ECHO 模型的表达和描述能力不断增加，从而具备了描述和研究各种复杂系统的能力。然而，扩充到这种程度的回声模型仍然是十分简单的，所有这些模型都有着明显的经济、生物、生态领域的背景和影响。

7.4.2 适应性 Agent 图的控制器

通过以上介绍可以看出，霍兰提出了一个复杂适应系统中个体适应性行为的研究模型，但是它的描述能力十分有限，而且带有明显的生物学、经济学的印记。本书中笔者将应用流的思想对其进行进一步的改进，使其更加丰富和易于在控制系统中实现，其顶点演化规则的执行系统如图 7.6 所示。

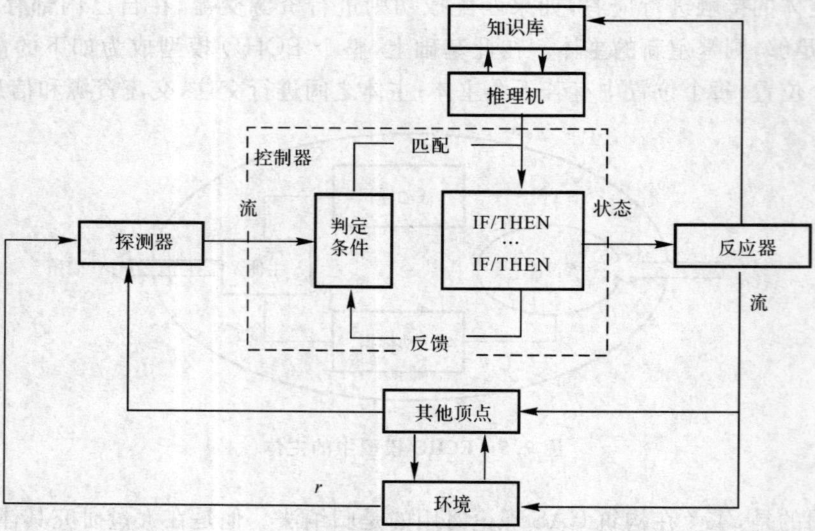

图 7.6 顶点的控制系统

首先，参考刺激-反映模型，定义顶点的控制器由一系列 l 个 IF/THEN 准则构成，执行器可以调节 Agent 的适应性行为；考虑到顶点 v_i，将通过式(7.15)更新过的流 $f_i^{\text{input}}(k+1)$ 作为 $k+1$ 时刻执行器的输入，Agent 的状态 $x_i(k+1)$ 与 $f_i(k+1)$ 的关系由执行器中的 IF/THEN 准则决定，即

$$\text{IF} \quad f_i^{\text{input}}(k+1) \in C^1 \ \text{THEN} \ x_i(k+1) = \varphi_i^1(f_i(k+1), I)$$

$$\cdots$$

$$\text{IF} \quad f_i^{\text{input}}(k+1) \in C^l \ \text{THEN} \ x_i(k+1) = \varphi_i^l(f_i(k+1), I)$$

式中，$C^j(j=1,\cdots,l)$ 是判定条件，映射 $\varphi_i^j(j=1,\cdots,l)$ 是确定状态的执行函数。因此，流经过控制器得到 $k+1$ 顶点的状态向量 $x(k+1)=(x_1(k+1)x_2(k+1)\cdots x_n(k+1))$，而且顶点的状态又决定了此时顶点的流：$f_i(k+1)=F(x_i(k+1))$。另外，控制器中的 IF/THEN 准则能够针对目标函数以顶点的一系列记忆函数为知识库进行学习，所以控制器赋予了 Agent 顶点以适应性和目的性。

可以将 IF/THEN 准则(IF $f_i(k+1) \in C^j$ THEN $x_i(k+1)=\varphi_i^j(f_i(k+1),I)$)用模糊隐函数的形式表示为 $C^j \to \Phi^j$，其中 $\Phi^j=\{\varphi_1^j,\varphi_2^j,\cdots,\varphi_n^j\}$，$\Phi^j \in \Phi$，$\Phi$ 是执行函数集合；$C^j \in C$，C 是判定条件集合；C^j 和 Φ^j 就是论域 C 和 Φ 的模糊集合。进一步，定义模糊隶属函数 $\mu_{C^j} \in$

$[0,1]$，$\mu_{\Phi^j}\in[0,1]$，并且用 v_i 的输入 $f_i^{\text{input}}\in C^j$ 及选择的执行函数 $\varphi_i\in\Phi^j$ 的概率来表示，即

$$p(f_i^{\text{input}}\in C^j)=\mu_{C^j},\quad p(\varphi_i\in\Phi^j)=\mu_{\Phi^j}\tag{7.72}$$

为了便于理解准则的运算形式，给出下面的定义：

定义 7.19　三角范式：三角范式运算 $*$ 是一个映射 $*:[0,1]\times[0,1]\to[0,1]$，它包括交、代数积、有界积和强积。对于所有 $x,y\in[0,1]$，有

交：$x\wedge y=\min\{x,y\}$

代数积：$x\cdot y=xy$

有界积：$x\otimes y=\max\{0,x+y-1\}$

强积：$x\odot y=\begin{cases}x, & y=1\\ y, & x=1\\ 0, & x<1,y<1\end{cases}$

定义 7.20　三角协范式：三角协范式运算 $\dot{+}$ 是映射 $\dot{+}:[0,1]\times[0,1]\to[0,1]$，它包括并、代数和、有界和、强和以及不相交和。对于所有 $x,y\in[0,1]$，有

并：$x\vee y=\max\{x,y\}$

代数和：$x+y=x+y-xy$

有界和：$x\oplus y=\min\{x+y,1\}$

强和：$x\odot y=\begin{cases}x, & y=0\\ y, & x=0\\ 0, & x>0,y>0\end{cases}$

不相交和：$x\Delta y=\max\{\min(x,1-y),\min(1-x,y)\}$

以此运算法则为基础，可以得到 6 种 IF/THEN 的模糊推理准则：

(1) 模糊合取

$$C^j\to\Phi^j=C^j\times\Phi^j$$

$$\mu_{C^j\to\Phi^j}(f_i^{\text{input}},\varphi_i)=\mu_{C^j}(f_i^{\text{input}})*\mu_{\Phi^j}(\varphi_i)\tag{7.73}$$

(2) 模糊析取

$$C^j\to\Phi^j=C^j+\Phi^j$$

$$\mu_{C^j\to\Phi^j}(f_i^{\text{input}},\varphi_i)=\mu_{C^j}(f_i^{\text{input}})\dot{+}\mu_{\Phi^j}(\varphi_i)\tag{7.74}$$

(3) 基本蕴涵

$$C^j\to\Phi^j=\overline{C^j}\dot{+}\Phi^j$$

$$\mu_{C^j\to\Phi^j}(f_i^{\text{input}},\varphi_i)=\mu_{\overline{C^j}}(f_i^{\text{input}})\dot{+}\mu_{\Phi^j}(\varphi_i)\tag{7.75}$$

(4) 命题演算

$$C^j\to\Phi^j=\overline{C^j}\dot{+}(C^j*\Phi^j)$$

$$\mu_{C^j\to\Phi^j}(f_i^{\text{input}},\varphi_i)=\mu_{\overline{C^j}}(f_i^{\text{input}})\dot{+}\mu_{C^j}*\Phi^j(\varphi_i)\tag{7.76}$$

(5)GMP 推理

$$C^j\to\Phi^j=\sup\{c\in[0,1],C^j*c\leqslant\Phi^j\}$$

$$\mu_{C^j \to \Phi^j}(f_i^{\text{input}}, \varphi_i) = \sup\{c \in [0,1] \mid \mu_{C^j}(f_i^{\text{input}}) * c \leqslant \mu_{\Phi^j}(\varphi_i)\} \tag{7.77}$$

(6)GMT 推理

$$C^j \rightarrow \Phi^j = \inf\{c \in [0,1], \Phi^j \dot{+} c \leqslant C^j\}$$

$$\mu_{C^j \to \Phi^j}(f_i^{\text{input}}, \varphi_i) = \inf\{c \in [0,1] \mid \mu_{\Phi^j}(\varphi_i) \dot{+} c \leqslant \mu_{C^j}(f_i^{\text{input}})\} \tag{7.78}$$

以上给出了 IF/THEN 准则的几种表达式,在实际应用中,往往还要赋予每一条准则一个特定的数值,即适应度 $fit(\mu_{C^j}(f_i^{\text{input}}), \mu_{\Phi^j}(\varphi_i))$。Agent 顶点的控制器就是以这些准则为基础,参照知识库综合优化适应度,通过推理机确立控制策略,从而达到控制系统的目的。而且,这些准则的不断演绎与进化始终伴随着系统的演化过程。

接下来考虑适应性 Agent 图的能量函数 $H(D)$,通常我们可以把它看做整个系统的性能指标,其反馈形式如图 7.7 所示。

图 7.7　全局能量函数的反馈模型

适应性 Agent 图的全局能量函数作为一个性能指标函数出现,正好反映了复杂适应系统演化的目的性和涌现性。全局能量函数的调节是通过智能优化算法对适应度进行分配,然后将适应度输入各个顶点,通过各顶点的控制器调节主体的行为。因此,当所有的顶点需要完成某项工作或任务时,就可以通过解决全局能量函数来完成。

7.5　复杂系统脆性关系的图形表示

7.5.1　脆性行为的赋权有向图模型

1. 复杂系统的脆性图

针对系统脆性行为的研究,如果只考虑系统的脆性关系,可以将系统用一个赋权图来描述:以各子系统为顶点,以子系统之间的脆性联系为边,表示为

$$D = \langle V, A, R \rangle \tag{7.79}$$

式中,V 为顶点集,表示子系统的集合,且各顶点 $v \in V$ 的状态集包括

$$Q(v) = \langle \text{State}(v), x(v) \rangle \tag{7.80}$$

式中,$\text{State}(v)$ 表示顶点 v 的状态,$x(v)$ 表示顶点 v 在外界干扰或攻击下崩溃的程度;根据式

(3.8),有

$$x(v)=\prod_{i=1}^{m} p_i^{p_i} \tag{7.81}$$

假设子系统即顶点 v 有 m 种可能崩溃的情况,则式(7.81)中 $p_i(i=1,2,\cdots,m)$ 表示每种情况出现的概率。

R 为图中各顶点之间的关系集合,如果顶点 v_i 崩溃可能引起 v_j 崩溃,则称 v_i 和 v_j 有脆性联系,记作

$$r_{ij}=\begin{cases}1, & v_i,v_j \text{ 有脆性联系}\\ 0, & v_i,v_j \text{ 无脆性联系}\end{cases} \tag{7.82}$$

若有 $r_{ij}=1$,则存在一个由 v_i 指向 v_j 的边 $\langle i,j\rangle$。

A 为图中边的集合,弧 $a\in A$ 具有权值 w_{ij}。其中,边 $\langle i,j\rangle$ 的权值 w_{ij} 描述顶点之间的脆性联系程度,即 v_i 的崩溃行为引起 v_j 崩溃的概率

$$w_{ij}=p(B_j\mid B_i) \tag{7.83}$$

式中,B_i 表示事件顶点 v_i 崩溃,另外弧 $a\in A$ 也可以有方向来描述崩溃行为的传递方向。因此,赋权有向图 D 构成了复杂系统脆性的图的模型,这种表示复杂系统脆性关系的图称为复杂系统的脆性图(brittleness digraph)。

赋予每个子系统即顶点以一定的初始熵值和临界阈值。当外界干扰引起某一个顶点的熵值超过阈值从而产生崩溃时,就会把给顶点的熵按照一定的策略从邻居顶点吸收负熵流,也可以说将熵值分配给其他子系统。邻居顶点提供了负熵,其熵值也可能超过阈值引起崩溃,进而引起新一轮的熵的重新分配。这个过程反复进行,影响的顶点逐步扩散,导致整个系统崩溃。所以,根据复杂系统脆性的性质可知,复杂系统脆性的关系图是一个连通图。

2. 脆性行为的动态模型

下面介绍脆性行为在脆性图的动态模型:考虑到一个有 N 个子系统的复杂系统,建立其脆性图 $D=\langle V_N,A,R\rangle$,D 是一个 BA 无标度图。假设系统的每个顶点 $v_i\in V_N$ 能够承担相同的熵值 $h=\Delta H/N$,其中 ΔH 表示外部作用引起的熵增,并且赋予每个顶点一个满足某种统计分布的阈值 $h_i(i=1,2,\cdots,N)$,进一步如果 $h\geqslant h_i$,则表明 v_i 崩溃有状态 $x_i=1$,记为 $v_i\in B$,于是将其熵增平均地传送给它的邻居,并从图中去除这个顶点。进而熵值的重新分配引起其他顶点的崩溃,当熵值分配给所有的顶点时,脆性行为结束。此时若 $x_i=1$ 对于所有的 $i=1,2,\cdots,N$ 成立,则整个系统崩溃;否则,将剩余的 $x_i\neq 1$ 组成的子图称为最大子图,如果最大子图是连通的则称为最大连通子图。不妨令临界阈值使用 Weibull 分布

$$P(h_i)=1-\exp\left(-(h_i)^{\rho}\right) \tag{7.84}$$

式中,ρ 称为 Weibull 指数,它可以控制阈值分布的杂乱程度。这样就可以比较临界阈值具有不同层次的非均匀性的影响。

图 7.8 是针对 $N=10^5$ 的 BA 无标度脆性图,在脆性行为结束时最大连通子图相对值大小与熵值 h 的关系图,其中 3 条曲线分别对应于 3 种不同的阈值分布。这里最大连通子图相对值 G 定义为

$$G=\frac{N'}{N} \tag{7.85}$$

式中，N' 表示脆性行为结束后的最大连通子图包含的顶点个数。

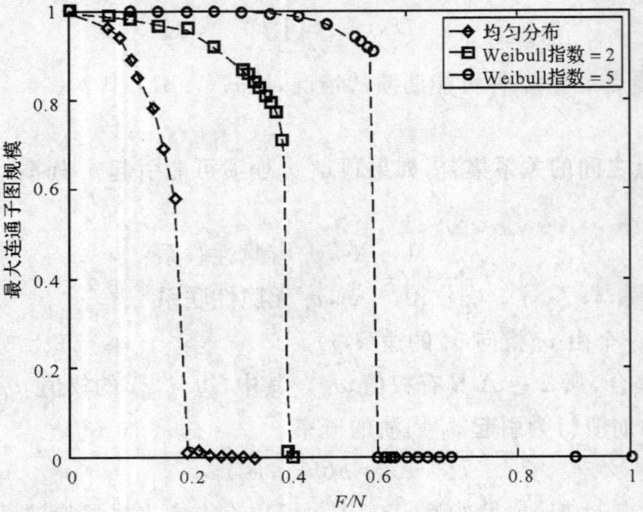

图 7.8　最大连通子图相对值与 h 的关系图

可以看出，对于较小的 h（顶点熵值较小），脆性行为的规模也较小。当 h 增加时，崩溃顶点的规模持续增加到一个临界值（其大小也受 Weibull 指数 ρ 的影响）。然后曲线突然下降到 0 附近，表明系统无法正常工作，最终崩溃。也就是说，系统外界的干扰作用越大，系统越容易崩溃。另外，ρ 值的增加会导致临界点右移，表明阈值分布较均匀的图对脆性更具有承受能力。

如果用控制参数 h 变化时图的拓扑结构的变化来分析脆性行为，则在给定 $N=10^5$，$\rho=5$ 的情况下，图 7.9 显示了 h 取不同值时，对应的结束状态下度为 k 的顶点个数 P_k 与 k 的关系图。若外界作用较小，当 $h=0.05$ 时，图的拓扑结构基本维持不变；当 $h\geqslant 0.52$ 时，图中将不再有度很大的顶点，系统将崩溃。

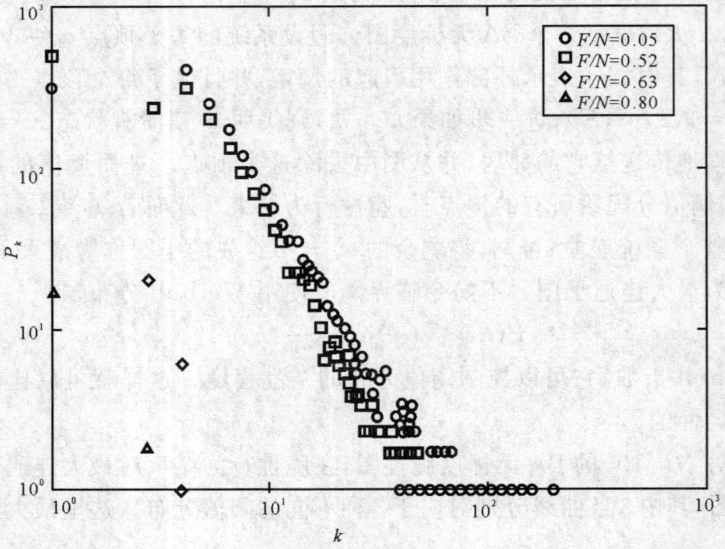

图 7.9　度为 k 的顶点个数 P_k 与 k 的关系图

7.5.2　脆性图的崩溃路径

由于复杂系统的脆性行为就是由系统的某一部分或某一子系统的崩溃，通过能量或物质或信息的交换导致其他部分或子系统崩溃，进而使整个系统崩溃的连锁反应过程，所以由系统的脆性联系建立的图 D，必存在一条道路使得 D 的每个顶点都崩溃，这样的道路就是系统的一条崩溃路径，于是给出以下定义：

定义 7.21　设有向图 $D=\langle V,E,R\rangle$。若满足：

1) $V(H)=V(D)$；

2) $E(H)\subset E(D)$；

则经过每个顶点一次且仅有一次的有向道路 H，称为图 D 的一个 Hamilton 道路。

定义 7.22　由于 D 的 Hamilton 道路是由它的一个顶点作为起点，并且遍历所有的顶点一次且仅有一次，相当于系统中的一个子系统崩溃，然后通过有向道路 H 的传递，最终导致其他所有子系统随之崩溃的过程，因此，对于脆性分析中的有向图 D，Hamilton 道路 H 称为一条崩溃路径。

首先，简单介绍一个简单的寻找崩溃路径的穷举搜索法。为了便于寻找图的崩溃路径，可以将各顶点之间的关系用树的结构表示出来。

取顶点 v_i 作为根，如果在顶点集 $V(D)-\{v_i\}$ 中有顶点 v_j 使得有向边 v_iv_j 存在，那么将 v_j 作为 v_i 的子节点；然后考虑 $V(D)-\{v_i,v_j\}$，将其中能够与 v_j 组成弧且以 v_j 为起点的顶点作为 v_j 的子节点；依此类推，直到不能与剩余的顶点组成有向边为止。注意到，在这里得到的树并不是 D 的生成树，它只是用树状的结构表示图来描述各顶点崩溃可能引发的脆性传递情况。

例 7.2　四元组系统 C 如图(a) 所示，它可以用图(b) 中的有向图 D 描述，其中，第 i 个顶点 v_i 分别对应于第 i 个子系统 $C_i(i=1,2,3,4)$。

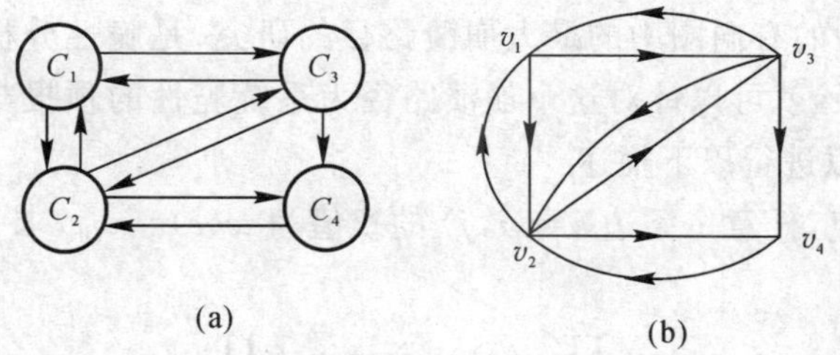

图 7.10　四元组系统 C 及其有向图

(a) 四元组系统 C；（b) 四元组系统 C 的有向图

根据上面的介绍，分别以 4 个顶点为根，按照图中崩溃行为的传递方向建立以下树状表示结构，如图 7.11 所示。

于是，从上面的图中可以得到，D 的崩溃路径分别为

$$H_1=v_1v_2v_3v_4,\quad H_2=v_1v_3v_2v_4,\quad H_3=v_1v_3v_4v_2,\quad H_4=v_2v_1v_3v_4$$

$$H_5=v_3v_1v_2v_4,\quad H_6=v_3v_4v_2v_1,\quad H_7=v_4v_2v_1v_3,\quad H_8=v_4v_2v_3v_1$$

D 的崩溃路径是由起点出发遍历其他的顶点，相当于系统中的一个脆性源崩溃，然后通过

路径 H 的传递,最终导致其他部分或其他子系统随之崩溃的过程。系统的崩溃路径反映了在复杂多变的不确定性环境中,脆性源引起整个系统崩溃的可能顺序以及脆性作用的运动方向。假设顶点的崩溃行为总是在顶点之间沿着最大崩溃路径传递,下面介绍最大崩溃路径的定义。

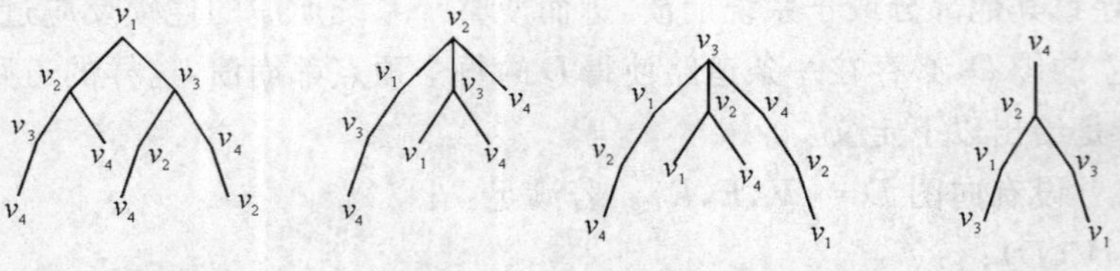

图 7.11 D 的各顶点脆性关系的树表示图

定义 7.23 设崩溃路径 $H=v_{i_1}v_{i_2}\cdots v_{i_n}$ 的权值为 w_H,描述由起点崩溃引起该路径发生的概率。

考虑到,系统崩溃过程的传递方向是 $v_{i_1}\rightarrow v_{i_2}\rightarrow\cdots\rightarrow v_{i_n}$,且各顶点的崩溃行为只与相邻(即与其有脆性联系)的顶点有关,所以依据条件概率公式,有

$$\begin{aligned}w_H&=P(B_{i_n}B_{i_{n-1}}\cdots B_{i_1}\mid B_{i_1})=\frac{P(B_{i_n}B_{i_{n-1}}\cdots B_{i_1})}{P(B_{i_1})}=\\&\frac{P(B_{i_2}B_{i_1})}{P(B_{i_1})}\frac{P(B_{i_3}B_{i_2}B_{i_1})}{P(B_{i_2}B_{i_1})}\cdots\frac{P(B_{i_n}\cdots B_{i_1})}{P(B_{i_{n-1}}\cdots B_{i_1})}=\\&P(B_{i_2}\mid B_{i_1})P(B_{i_3}\mid B_{i_2}B_{i_1})\cdots P(B_{i_n}\mid B_{i_{n-1}}\cdots B_{i_1})=\\&P(B_{i_2}\mid B_{i_1})P(B_{i_3}\mid B_{i_2})\cdots P(B_{i_n}\mid B_{i_{n-1}})=\\&w_{i_1i_2}w_{i_2i_3}\cdots w_{i_{n-1}i_n}\end{aligned}\tag{7.86}$$

因此,崩溃路径 H 的权值 w_H 是路径中所有边的权值的乘积。

定义 7.24 图 D 的所有崩溃路径 H 中,权值最大的称为最大崩溃路径,记作 $H_{\max}$;而权值最小的称为最小崩溃路径,记作 $H_{\min}$。

复杂系统脆性行为的有向图中的最大崩溃路径的研究,是脆性分析中的重要环节。如果能够找到最大崩溃路径,就可以针对这个崩溃路径为系统脆性的预报与控制提供依据。最大(小)崩溃路径问题可以进行以下描述:

设图 D 有 n 个顶点,任意一条边 $e=\langle i,j\rangle$ 的权值为 $w(e)=w_{ij}$,求一条遍历所有顶点的道路 H,使得

$$\max_{H\in E(H)}\left(\prod_{e\in H}w(e)\right)\text{ 或 }\min_{H\in E(H)}\left(\prod_{e\in H}w(e)\right)\tag{7.87}$$

式中,$E(H)$ 是所有崩溃路径的集合。

综上所述,系统的崩溃路径反映了在复杂多变的不确定性环境中,一个子系统在外界扰动下崩溃,引起整个系统崩溃的可能顺序以及脆性作用的运动方向,而系统崩溃路经的权值又反映了由起点崩溃引起该路径可能崩溃发生的概率。崩溃路径的权值是乘积的关系。

例如,例 7.2 中的崩溃路径 H_i 的权值分别为

$$w_1=w_{12}w_{23}w_{34},\quad w_2=w_{13}w_{32}w_{24},\quad w_3=w_{13}w_{34}w_{42},\quad w_4=w_{21}w_{13}w_{34}$$

$$w_5=w_{31}w_{12}w_{24},\quad w_6=w_{34}w_{42}w_{21},\quad w_7=w_{42}w_{21}w_{13},\quad w_8=w_{42}w_{23}w_{31}$$

式中,w_{ij} 是顶点 v_i 指向顶点 v_j 的有向边的权值。

如果有向图 D 的邻接矩阵为

$$W=\begin{bmatrix}0 & w_{12} & w_{13} & w_{14}\\ w_{21} & 0 & w_{23} & w_{24}\\ w_{31} & w_{32} & 0 & w_{34}\\ w_{41} & w_{42} & w_{43} & 0\end{bmatrix}=\begin{bmatrix}0 & 0.1 & 0.2 & 0\\ 0.3 & 0 & 0.1 & 0.2\\ 0.2 & 0.3 & 0 & 0.4\\ 0 & 0.1 & 0 & 0\end{bmatrix}$$

利用上面介绍的穷举搜索法，可以得到它的最大(小)崩溃路径为 $H_{\max}=v_2v_1v_3v_4$，$H_{\min}=v_4v_2v_3v_1$，其权值分别为

$$w_{\max}=w_{21}w_{13}w_{34}=0.024 \tag{7.88}$$

$$w_{\min}=w_{42}w_{23}w_{31}=0.002 \tag{7.89}$$

求解复杂系统脆性有向图的最大崩溃路径的问题是一个组合优化的问题，对于简单的脆性有向图，我们利用穷举搜索法就可以求出它的最大崩溃路径，但是对于一个复杂的有向图，求解问题的计算复杂性会随着顶点的增多呈指数级的爆炸性增长，若使用穷举搜索法，在现有的条件下很难实现。

对最大崩溃路径的研究是一类特殊的旅行售货员问题(Traveling Salesman Problem，简称 TSP)。TSP 是求解使 Hamilton 回路权值相加最大的问题，而脆性有向图的最大崩溃路径问题不同于一般的 TSP 问题，在于它是求解一条 Hamilton 道路使其权值相乘达到最大值的问题，并且这个道路是图 D 的一个生成子图，这类问题在图论的研究文献中并没有出现过。因此，我们设计了一种新的蚁群优化算法来求解这一问题。

7.6　最大崩溃路径的蚁群算法

7.6.1　蚁群系统算法

蚁群算法是一种新颖的仿生蚁群觅食的进化算法，蚁群在觅食过程中总能发现巢穴到食物源的最短路径。生物学家发现，蚂蚁之间是通过一种信息素来传递信息的，每一只蚂蚁都会在走过的地方释放信息素，而且还会通过感知信息素的强度，指导自己向浓度高的地方移动。因此，由大量蚂蚁组成的蚁群的集体行为就会表现出一种信息的正反馈现象，一条道路上走过的蚂蚁越多，后面的蚂蚁选择这条道路的概率就越大，最终所有的蚂蚁将集中到一条道路上[9]。

受其启发，意大利学者多里科(M. Dorigo)率先建立了蚁群系统算法理论，并且将其用于求解 TSP，作为一种启发式优化算法获得了很好的效果。他同时还将该算法与基本蚁群算法、模拟退火、遗传算法等进行了比较，发现在大多数情况下相当或优于其他算法[9]。

下面介绍多里科的蚁群系统算法：如图 7.12 所示，设 A 是蚂蚁的巢穴，E 是食物源，F，C 为一障碍物。由于存在障碍物，蚂蚁只能绕经 F 或 C 从 A 到达 E，或从 E 到达 A，各点之间的距离见图 7.12。设每个时间单位有 30 只蚂蚁由 A 到达 B，又有 30 只蚂蚁由 E 到达 D，蚂蚁过后留下的外激素为 1。为便于讨论，设外激素停留的时间为 1。在初始时刻，由于路径 BF，BC，DF，DC 上均无信息存在，位于 B 和 E 的蚂蚁可以随机选择路径。从统计的角度可以认为

它们以相同的概率选择路径 FB,BC,DF,DC。经过一个时间单位后,在路径 BCD 上的信息量是路径 BFD 上的信息量的两倍。在 $t=1$ 时刻,将有 20 只蚂蚁由 B 和 D 到达 C,有 10 只蚂蚁由 B 和 D 到达 E。随着时间的推移,蚂蚁将会以越来越大的概率选择路径 BCD。从而找到由蚁巢到食物源的最短路径,由此可见蚂蚁个体之间的信息交换是一个正反馈过程[10-17]。

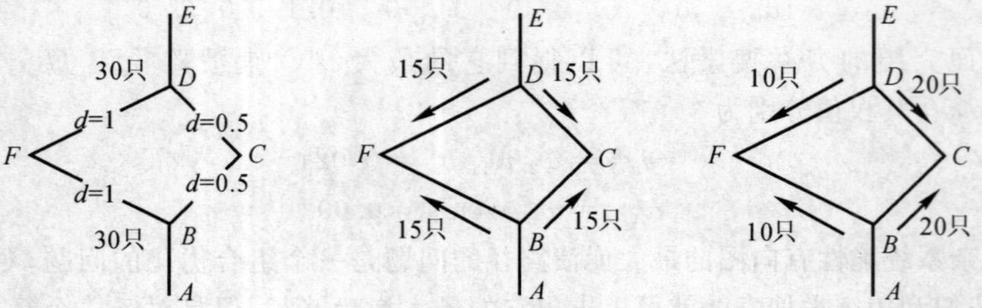

图 7.12 蚂蚁觅食示意图

在求解 n 个城市 TSP 的问题时,模拟实际蚂蚁的行为,令 m 表示蚁群中蚂蚁的数量;$d_{ij}(i,j=1,2,\cdots,n)$ 表示城市 i 和城市 j 之间的距离;$b_i(t)$ 表示 t 时刻位于城市 i 的蚂蚁个数,则 $m=\sum\limits_{i=1}^{n}b_i(t)$。$\tau_{ij}(t)$ 表示 t 时刻在路径 ij 残留的信息量。在初始时刻,各条路径上信息量相等,设 $\tau_{ij}(0)=C$(C 为常数)。蚂蚁 $k(k=1,2,\cdots,m)$ 在运动过程中,根据各条路径上的信息量决定转移方向。$p_{ij}^k(t)$ 表示在 t 时刻蚂蚁由城市 i 转移到城市 j 的概率,

$$p_{ij}^k=\begin{cases}\dfrac{\tau_{ij}^{\alpha}\eta_{ij}^{\beta}}{\sum\limits_{s\in allowed_k}\tau_{ij}^{\alpha}\eta_{ij}^{\beta}}, & j\in allowed_k\\ 0, & \text{otherwise}\end{cases}\tag{7.90}$$

式中,$allowed_k=\{0,1,\cdots,n-1\}$ 表示蚂蚁 k 下一步允许选择的城市。与真实蚁群不同,人工蚁群系统具有一定的记忆功能,这里用 $tabu_k(k=1,2,\cdots,m)$ 记录蚂蚁 k 目前已经走过的城市。随着时间的推移,以前留下的信息逐渐消逝,用参数 $(1-\rho)$ 表示信息消逝程度,经过 n 个时刻,蚂蚁完成一次循环。各路径上的信息量要根据式(7.91)更新

$$\tau_{ij}(t+n)=(1-\rho)\tau_{ij}(t)+\Delta\tau_{ij}\tag{7.91}$$

$$\Delta\tau_{ij}=\sum_{k=1}^{m}\Delta\tau_{ij}^k\tag{7.92}$$

式中,$\Delta\tau_{ij}^k$ 表示第 k 只蚂蚁在本次循环中留在路径 ij 上的信息量;$\Delta\tau_{ij}$ 表示本次循环中留在路径 ij 上的总信息量。

$$\Delta\tau_{ij}^k=\begin{cases}\dfrac{Q}{L_k}, & \text{第 } k \text{ 只蚂蚁在本次循环中经过 } ij\\ 0, & \text{otherwise}\end{cases}\tag{7.93}$$

式中,Q 是常数,L_k 表示第 k 只蚂蚁在本次循环中所走过的路径长度。在初始时刻,$\tau_{ij}(0)=C$,$\Delta\tau_{ij}=0(i,j=0,1,\cdots,n-1)$。$\alpha$,$\beta$ 分别表示蚂蚁在运动过程中所积累的信息及启发式因子在蚂蚁路径中所起的不同作用;η_{ij} 表示由城市 i 转移到城市 j 的期望程度,可根据某种启发式算法具体确定。根据具体算法的不同,τ_{ij},$\Delta\tau_{ij}$ 及 $p_{ij}^k(t)$ 的表达式也可以由具体问题而定。参数 Q,C,α,β,ρ 可以用实验方法确定其最优组合,终止条件可以用固定循环次数或进化趋势不明

显时便停止计算。上述蚁群系统算法是一个递归过程，易于在计算机上实现，其过程可以用伪代码表 7.1 表示。

表 7.1　ACS 的伪代码

```
    begin
初始化过程;
ncycle: = 0;
bestcycle: = 0;
    τij : = C;
    Δτij = 0;
ηij 由某种启发式算法确定;
tabuk = φ;
while (not termination condition)
{ncycle: ncycle+1;
for (index = 0; index < n; index ++) 这里,index 表示当前已经走过的城市个数
{以概率 p^k [tabu[k][index-1]][j] 选择城市 j, j ∈ {0,1,…,n-1} - tabuk;
}
将刚刚选择的城市 j 加到 tabuk 中
}
计算 Δτ^k_ij (index), τij (index + n)
确定本次循环中找到的最佳路径
}
输出最佳路径及最佳结果
end
```

根据参数及表达式的不同，多里科曾给出 3 种不同模型，分别称之为 Ant-cycle System，Ant-quantity System 及 Ant-density System。在参考文献[9]中，实验和比较结果表明，Ant-cycle System 算法的效果最好，这是因为它使用了全局信息，并能够保证残留信息不被无限积累，使算法忘记不好的路径。

以上是针对求解 TSP 问题的蚁群系统算法，由算法复杂度分析理论可知，该算法复杂度为 $O(nc,n^3)$，其中 nc 表示循环次数。自从 1991 年多里科提出蚁群算法以来，吸引了许多研究人员对该算法的研究，并且成功地应用于解决组合优化问题，如 TSP，JSP 问题等。对于许多组合优化问题，只要满足：

1) 能够用一个图来描述将要解决的问题；

2) 能够定义一种正反馈过程，如问题中的残留信息等；

3) 问题结构本身能够提供启发式信息，如 TSP 问题中的城市距离；

4) 能够建立约束机制，如 TSP 中的已访问城市列表。

这 4 个条件，就可以用改进的蚁群算法加以解决。因此，在这里提出一种改进的蚁群系统算法（Ant-cycle System）来解决脆性有向图的最大（小）崩溃路径问题。

7.6.2 改进的蚁群算法

设有 m 个蚂蚁分布在 n 个节点上，则第 k 个蚂蚁由 i 走到 j 的转移概率为

$$p_k(i,j)=\begin{cases}\dfrac{[\tau(i,j)]^\alpha[\eta(i,j)]^\beta}{\sum\limits_{l\in J_k(i)}[\tau(i,l)]^\alpha[\eta(i,l)]^\beta}, & path_k\in J_k(i)\\ 0, & \text{otherwise}\end{cases} \tag{7.94}$$

式中，$path_k$ 是第 k 只蚂蚁经过的路径，$\tau(i,j)$ 表示支路 i 和 j 之间的信息素，可以取一个常数为初值，$\eta(i,j)$ 是一个自启发因子描述从点 i 到 j 的期望程度，在这里可以用脆性赋权图的权值 w_{ij} 表示

$$\eta(i,j)=w_{ij} \tag{7.95}$$

另外，$J_k(i)$ 是允许蚂蚁 k 选择的顶点集合；设一个禁忌集 $tabu_k$ 来记录蚂蚁 k 已经路过的顶点；$\alpha,\beta>0$ 体现了信息素与启发因子与权值的重要关系。

在多里科的 ACS 算法中，为了保证结果的全局性，蚂蚁还使用了一种伪随机比率规则(pseudo-random-proportional rule)，即设一个参数 $0\leqslant q_0\leqslant 1$，在每一次蚂蚁选择下一个顶点前取一个随机数 $q\in[0,1]$，将 q 与参数 q_0 进行比较，提出状态转移规则

$$j=\begin{cases}\arg\max\limits_{j\in J_k(i)}[\tau(i,j)]^\alpha[w_{ij}]^\beta, & q<q_0\\ J, & \text{otherwise}\end{cases} \tag{7.96}$$

式中，J 是一个根据转移概率式(7.94)选取的数。

应注意到，边 $e=\langle i,j\rangle$ 上的信息素的增加是由启发值 w_{ij} 决定的。由于边上的信息素能够挥发，所以设 $1-\rho(0<\rho<1)$ 表示信息素的衰减参数。因此，在每次蚂蚁通过一条边 $\langle i,j\rangle$ 以后，应用一个局部更新规则(7.97)更新支路 $\langle i,j\rangle$ 的信息素。

$$\tau(i,j)\leftarrow(1-\rho)\tau(i,j)+\rho\Delta\tau(i,j) \tag{7.97}$$

式中，$\Delta\tau(i,j)=\gamma\max\limits_{l\in J_k(i)}\tau(i,l)$，$\gamma$ 是一个参数($0\leqslant\gamma<1$)。

设当所有蚂蚁完成一次对所有顶点的访问后，应用全局更新规则式(7.98)来更新所有边的信息素。

$$\tau(i,j)\leftarrow(1-\rho)\tau(i,j)+\rho\prod_{k=1}^{m}\Delta\tau_k(i,j) \tag{7.98}$$

$$\Delta\tau_k(i,j)=\begin{cases}w_{ij}, & \langle i,j\rangle\in H_m\\ 0, & \text{otherwise}\end{cases} \tag{7.99}$$

式中，H_m 是蚂蚁 k 上一轮访问得到的最优道路。

设如果蚂蚁 k 遍历所有顶点，则称 k 满足可行解；另外，如果迭代过程到达终止时钟 T 或无退化行为即找到的都是相同解，则迭代结束，输出结果。综上所述，将最大(小)崩溃路径的蚁群算法归结为表 7.2。

表7.2 算法执行流程

序 号	命 令
a)	初始化参数 α,β,ρ,γ
b)	将 m 个蚂蚁放到 n 个节点上
c)	每个蚂蚁按照式(7.96)向下一个节点转移,并且用式(7.97)更新相应支路的信息素
d)	如果每个蚂蚁都不满足可行解,返回c) 否则用全局更新规则式(7.98)更新所有支路的信息素
e)	如果不满足结束条件,返回b) 否则输出结果

例7.3 下面以例7.2中的四元组系统为例来进一步说明蚁群算法,应用平面坐标表示,如图7.13所示,邻接矩阵为

$$\boldsymbol{W}=\begin{bmatrix}0 & w_{12} & w_{13} & w_{14}\\ w_{21} & 0 & w_{23} & w_{24}\\ w_{31} & w_{32} & 0 & w_{34}\\ w_{41} & w_{42} & w_{43} & 0\end{bmatrix}=\begin{bmatrix}0 & 0.1 & 0.2 & 0\\ 0.3 & 0 & 0.1 & 0.2\\ 0.2 & 0.3 & 0 & 0.4\\ 0 & 0.1 & 0 & 0\end{bmatrix}$$

取参数值蚂蚁个数 $m=10,\alpha=\beta=1,\gamma=0.5,\rho=0.2,\tau_0=1/4,q_0=0.6$,应用蚁群算法,经过3次迭代,寻优过程结果如图7.13所示。最终得到最大崩溃路径为 $H_{\max}=v_2v_1v_3v_4$。

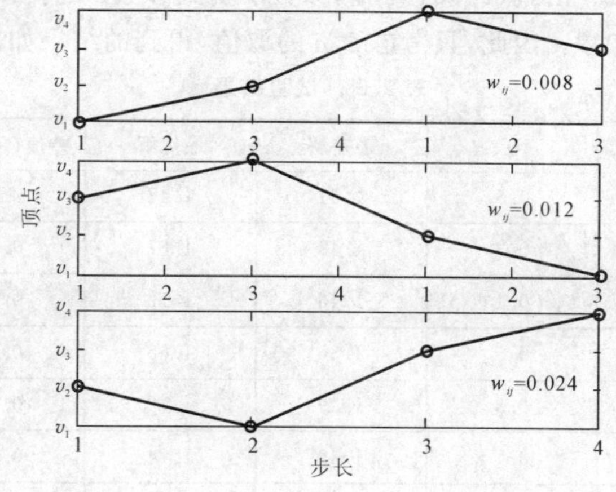

图7.13 蚂蚁寻优过程

例7.4 考虑到如图7.14(a)所示为一个IEEE-RTS 79可靠性测试系统,该系统中有11个发电机、71个元件、24个母线。设系统各节点之间只要有线路的连接就存在着脆性联系,而且节点之间的联系程度有 $w_{ij}=w_{ji}$,系统中各节点崩溃是通过图中连接道路来传递的,于是得到了系统脆性的图的模型,如图7.14(b)所示。

试验结果与参数性能分析:首先,设权值矩阵 $\boldsymbol{W}=(w_{ij})_{24\times24}$。心理学家研究发现,进行成对比较的因素太多,将超出人的判断能力,最多大致在7±2范围之内,因此,根据专家意见,将节点之间的脆性联系分为6个级别:{极弱、弱、较弱、强、较强、1},则权值 $w_{ij}\in\{0.1,0.3,0.5,0.7,0.9,1.0\}$。除了应用专家经验判断外,权值矩阵也可以应用蒙特卡洛仿

真的方法得到,这不是本书介绍的重点,所以不作详细的探讨。

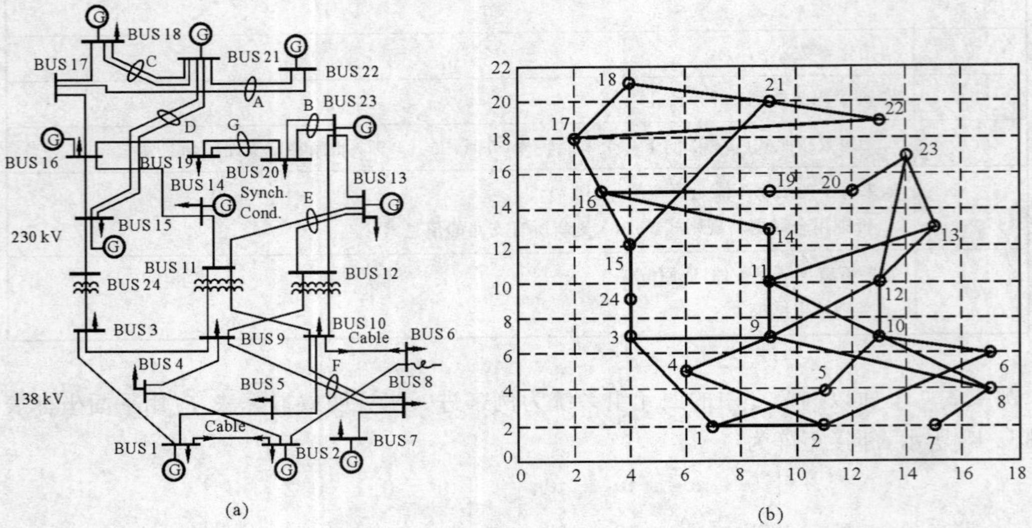

图 7.14　IEEE - RTS79 可靠性测试系统

下面讨论参数的选取:由于 α,β 取值越大,计算量越大,所以在能够获得满意解的情况下,建议 α,β 取较小的值;又因为 α 的取值会对信息素产生很大的稀释作用,不宜取的太大,所以依据参考文献[9]取 $\alpha=1$。由式(7.98)可知,参数 γ 受到参数 ρ 的作用,对整个搜索过程的影响不大,所以不妨取 $\gamma=0.9$。因此,只考虑 β,ρ 的取值,得到的结果如表 7.3 所示。

表 7.3　试验结果

β	ρ	最差解	最优解	差值($\times 10^{-6}$)
1	0.5	1.31	1.48	0.17
1	0.3	1.43	1.67	0.23
1	0.1	1.46	1.72	0.26
2	0.5	1.36	1.65	0.29
2	0.3	1.29	1.72	0.43
2	0.1	1.49	1.74	0.25
3	0.5	1.36	1.48	0.12
3	0.3	1.43	1.65	0.22
3	0.1	1.47	1.67	0.20
4	0.5	1.31	1.57	0.26
4	0.3	1.47	1.65	0.18
4	0.1	1.47	1.67	0.20
5	0.5	1.38	1.57	0.19
5	0.3	1.36	1.67	0.31
5	0.1	1.47	1.65	0.18

其中，每次完成参数值选取，算法需要运行 10 次，最差解是 10 次运行中最差的解，而最优解是 10 次运行中最好的解。经过对以上取值的比较发现：β，ρ 的取值对最大崩溃路径问题的求解有一定的影响，ρ 的值越小得到解的效果越好。在取参数值 $\beta=2$，$\rho=0.1$ 时，得到质量最好的最大崩溃路经：22 → 21 → 18 → 17 → 16 → 15 → 24 → 3 → 1 → 5 → 10 → 6 → 2 → 4 → 9 → 12 → 13 → 23 → 20 → 19 → 16 → 14 → 11 → 10 → 8 → 7，如图 7.15 所示。

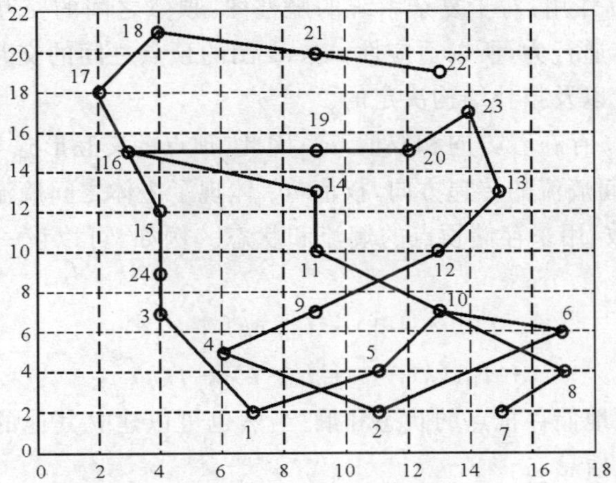

图 7.15　最大崩溃路径

7.7　脆性行为的适应性 Agent 图模型

7.7.1　脆性行为的适应性 Agent 图

考虑到适应性 Agent 图的几个基本概念，将上面的复杂系统的脆性图升级为一个适应性 Agent 图。

1) 拓扑结构：就是复杂系统脆性关系的图形表示，反映了系统之间的脆性关系，以及子系统之间崩溃行为传递的拓扑结构。

2) 流：由于子系统之间的脆性关系是通过熵流的分配实现的，所以我们将子系统的熵定义为脆性图的顶点的流，则第 i 个顶点 v_i 的流为

$$f_i = h_i = -\sum_{i=1}^{m} p_i \log\, p_i \tag{7.100}$$

式中，$p_i(i=1,2,\cdots,m)$ 表示可能崩溃情况出现的概率，依据式(7.81)有

$$f_i = F(x_i) = -\log\, x_i \tag{7.101}$$

式中，$x_i = \prod\limits_{i=1}^{m} p_i^{p_i}$。依据最大熵原理，由式(7.101)可知顶点的流有界，即

$$\log(m) \geqslant f_i > 0 \tag{7.102}$$

于是函数 F 的逆函数为

$$x_i = F^{-1}(f_i) = e^{-f_i} \tag{7.103}$$

以下证明式(7.103)满足 Lipschitz 条件，由于 $f(x)=e^{-x}$ 是一个连续函数，依拉格朗日中值定理，对于任意 $x<y$，存在一个 $\xi \in [x,y]$，使得

$$|e^{-x}-e^{-y}| = |e^{-\xi}||x-y| \tag{7.104}$$

显然，式(7.103)满足 Lipschitz 条件，符合定理 7.2。

3）顶点之间的交互作用：对于复杂系统的脆性图，顶点之间的交互作用就是子系统通过熵交换所产生的崩溃传递行为，所以适应性 Agent 图的顶点之间的交互形式是由各顶点之间熵流的交换与传递形式以及拓扑结构决定的。

图 D 的弧 $a=\langle i,j\rangle$ 存在着方向和权值 w_{ij}，因此，顶点的交互形式与图中的弧有关。一般地，方向体现了主体之间熵流的传递方向，权值 w_{ij} 体现了主体之间熵流的传递状况。

4）顶点的记忆函数：用来存储顶点的熵流和状态。例如，可以设一个存储状态的记忆函数 $I(x,t)$，有

$$I_{\text{state}}(k+1) = I_{\text{state}}(k) + x(k) \tag{7.105}$$

$$I_{\text{flow}}(k+1) = I_{\text{flow}}(k) + f(k) \tag{7.106}$$

记忆函数可以实时地储存顶点的状态和熵，当然也可以建立其他的迭加函数来存储其余的对系统分析有帮助的信息。

5）顶点的演化规则：是顶点的状态适应环境变化、其他顶点的行为以及整个系统的性能要求的演化过程，可以用一个离散的演化方程表示。

假设 Agent 顶点的更新过程也是由感知、储存、控制和反应四部分构成：感知——通过探测器感知来自其他主体的熵流以及外部环境的干扰因素造成的熵增，然后根据自身状态决定流的过程；储存——主体建立存储函数，用储存器存储顶点状态、熵流等信息的过程；控制——指主体从储存器所建立的知识库中不断学习、积累经验，建立控制策略；反应——根据流的交互过程决定主体的行为及状态，由反应器实现。假设脆性图顶点的更新过程如图 7.16 所示，首先，由探测器感知其他顶点的熵流；再将其输入到储存器进行存储，并且输入控制器，建立一系列的 IF/THEN 准则；然后通过流函数 φ 输出顶点的状态；最后通过反应器输出顶点的熵流。另外，我们也可以通过推理器产生一个控制变量 u，来控制顶点的熵流的行为，对于控制变量的介绍将在下一节讨论。

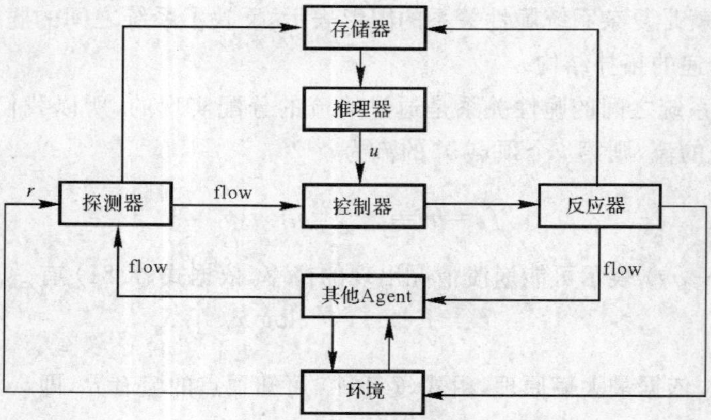

图 7.16　系统脆性的适应性 Agent 图模型

因此,顶点之间的熵流的演化方程为

$$f_i^{\text{input}}(k+1)=f_i(k)-\sum_{j\in\Pi^-}w_{ij}f_j(k)+\sum_{s\in\Pi^+}w_{si}f_s(k)+r_i \tag{7.107}$$

建立 IF/THEN 准则,即

$$\text{IF}\quad f_i^{\text{input}}(k+1)\in C^1\ \text{THEN}\ x_i(k+1)=\varphi_i^1(f_i^{\text{input}}(k+1))$$

$$\cdots$$

$$\text{IF}\quad f_i^{\text{input}}(k+1)\in C^l\ \text{THEN}\ x_i(k+1)=\varphi_i^l(f_i^{\text{input}}(k+1))$$

状态方程为

$$x_i(k+1)=\varphi_i^s(f_i^{\text{input}}(k+1)),s\in\{1,2,\cdots,l\} \tag{7.108}$$

此时,根据式(7.101)可知通过反应器输出的流为

$$f_i(k+1)=-\log(x_i(k+1)) \tag{7.109}$$

6) 全局能量函数:定义全局能量函数为

$$H(D)=-\int_S P(\sigma)\log P(\sigma)\mathrm{d}\sigma \tag{7.110}$$

式中,$\sigma\in S$ 是整个系统崩溃的可能传递方式,S 是所有可能序列 σ 的集合,它是由顶点的状态和脆性图的权值决定的,而且有

$$\int_{\sigma\in S}P(\sigma)\mathrm{d}\sigma=1 \tag{7.111}$$

对于一个复杂系统脆性行为的适应性 Agent 图模型,由于复杂系统的子系统数量非常庞大,所以适应性 Agent 图的全局能量函数可以近似为

$$H(D)\approx\int_{\mu_{\min}}^{\mu_{\max}}x\log x\mathrm{d}x \tag{7.112}$$

$$\mu_{\min}=\frac{w_{\min}\tau_{h_{\min}}}{\sum_{h\in H}w_h\tau_h},\quad \mu_{\max}=\frac{w_{\max}\tau_{h_{\max}}}{\sum_{h\in H}w_h\tau_h} \tag{7.113}$$

式中,$w_{\min}$ 和 $w_{\max}$ 分别是图中最大、最小崩溃路径权值;h 是系统的崩溃路径,w_h 是其权值,τ_h 是指路径起点的状态;H 是系统所有崩溃路径的集合。以上的全局能量函数反映了整个系统的无序程度,是整个系统的崩溃指标。

综合以上几点,建立了一个表示复杂系统的子系统之间脆性关系的适应性 Agent 图。下面是简单脆性基元的例子。

例 7.5　取三元组系统,子系统 X,Y 和 Z 之间的完全脆性关系如图 7.17 所示。其中,(a)可以用(b)来表示。设系统脆性图 D 是一个适应性 Agent 图,其邻接矩阵为

$$\boldsymbol{W}=\begin{bmatrix}0 & w_{12} & w_{13}\\ w_{21} & 0 & w_{23}\\ w_{31} & w_{32} & 0\end{bmatrix}=\begin{bmatrix}0 & 0.5972 & 0.9561\\ 0.3290 & 0 & 0.5955\\ 0.4782 & 0.8295 & 0\end{bmatrix} \tag{7.114}$$

初始化参数:设各顶点初始时刻的流为 $f_i(0)=1$,则初始状态为 $x_i(0)=\mathrm{e}^{-1}$,取记忆函数 $I_i(0)=0$ 且 $I_i(t)=I_i(t-1)+f_i(t)$。

由于系统熵大小存在一定的范围,所以如果只考虑 $m=2$,一个子系统只有两种崩溃可能。规定可行集合 $S=(0,\log 2]$,根据 7.4 节的演化规则,

$$x_i(t)=\begin{cases}1, & f_i\leqslant 0\\ F^{-1}(f_i^{\text{input}}(t)), & f_i\in S\\ 1/m, & f_i>\log 2\end{cases} \tag{7.115}$$

于是,各顶点根据式(7.107),式(7.109)以及式(7.115)确定下一时刻的状态和流。

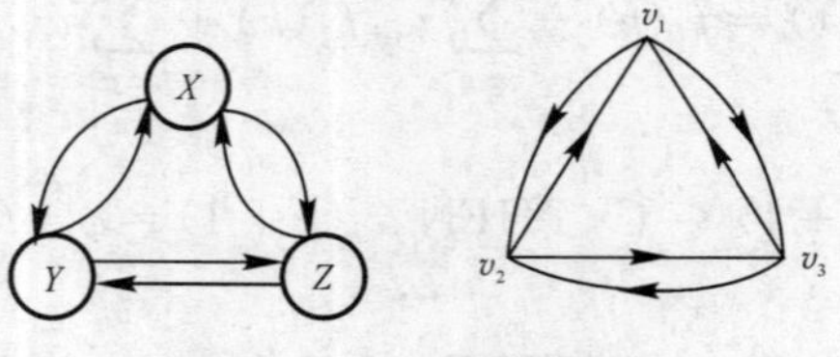

图 7.17 完全脆性联系适应性 Agent 图

(a) 完全脆性关系图; (b) 完全脆性关系图简图

另外,系统有 $2\times3=6$ 个崩溃路径。因此,整个系统的熵定义为

$$H=-\int_{h\in H}\mu_h\log\mu_h \tag{7.116}$$

式中,h 是系统的崩溃路径;H 是系统所有崩溃路径的集合;$\mu_h=\dfrac{w_h\tau_h}{\sum\limits_{h\in H}w_h\tau_h}$ 是指崩溃路径h 发生的概率,且满足 $\sum\limits_{h\in H}\mu_h=1$,$w_h$ 是崩溃路径权值,τ_h 是指路径起点的状态。进而熵就看做一个全局能量函数,反映整个系统的无序程度。

然后假设在外部干扰下,子系统 X 即顶点 v_1 崩溃,则脆性基元各子系统的熵流和状态变化时,系统脆性适应性 Agent 图 D 的全局熵值也随之变化。仿真结果如图 7.18 至图 7.20 所示。

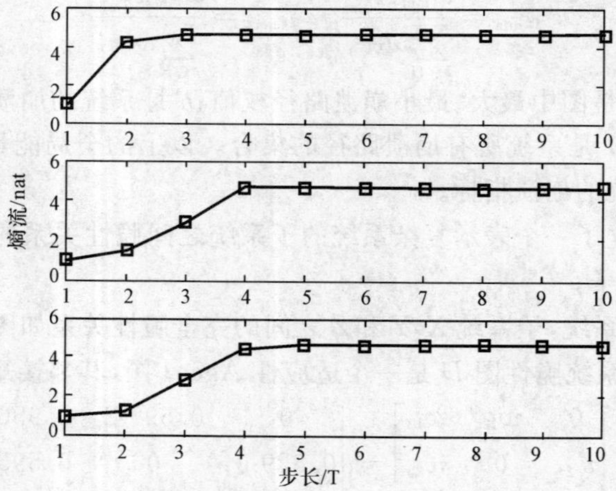

图 7.18 各顶点的流变化曲线

从曲线可以看出,子系统 X 在受扰动后马上崩溃,受其影响 Y,Z 在步长为 4 时也崩溃。而且整个系统的全局熵值也受其影响在步长为 4 时达到峰值。可以看到子系统的崩溃行为对全局的无序程度有很大影响,对于一个脆性基元所有子系统崩溃,即为整个基元崩溃,此时全局熵值到达临界值,而且在扰动很大的情况下,脆性行为的速度会非常快。

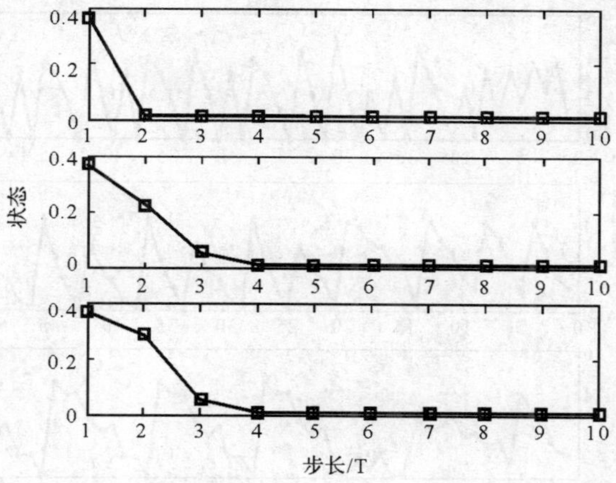

图 7.19　各顶点的状态变化曲线

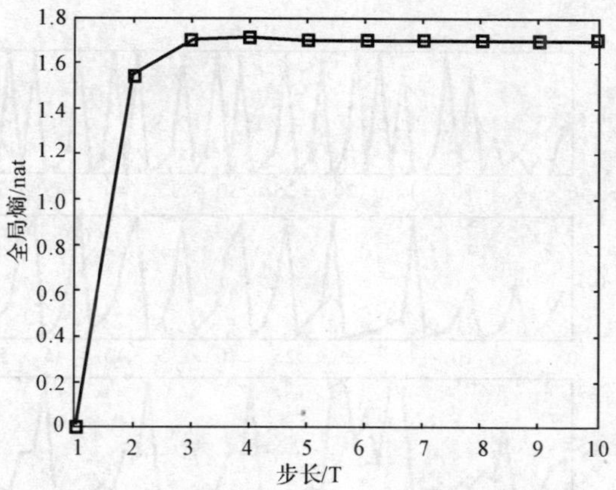

图 7.20　系统全局熵的变化曲线

如果考虑到子系统的适应性行为，在顶点 $v_i(i=1,2,3)$ 即将达到临界值 $\log m$ 时，v_i 就会根据以往的经验确定状态，所以建立 IF/THEN 准则。

IF　$f_i(k+1)\in S$　THEN　$x_i(k+1)=F^{-1}(f_i(k+1))$

IF　$f_i(k+1)\leqslant 0$　THEN　$x_i(k+1)=1$

IF　$f_i(k+1)\geqslant \log(m)$　THEN　$x_i(k+1)=I_i(k-1)/I_i(k)$

式中，$I_i(t)$ 是一个熵流记忆函数。于是根据熵流的更新方程式(7.107)，流函数式(7.109) 得到的曲线如图 7.21 至图 7.23 所示。

图中曲线反映了各顶点熵值、状态，以及整个基元的全局熵在 IF/THEN 准则的适应性行为作用下的变化情况：在开始阶段各顶点熵值都出现了波动，后来由于主体的适应性行为，各主体的熵趋于稳定，呈周期性震荡；随着各主体熵的变化，其状态也出现在开始阶段大幅度的波动，然后周期性震荡的现象；伴随着各顶点的行为，整个基元的熵值也出现先震荡后周期的行为。所以系统中各主体的适应性行为是为了保证系统有序，阻止系统崩溃的行为，具有一定的目的性。当然，这种适应性行为如果不通过外界负熵流的支持或被动的控制，是很难实现的。在后面的内容中将对外界负熵流的输入变量进行探讨。

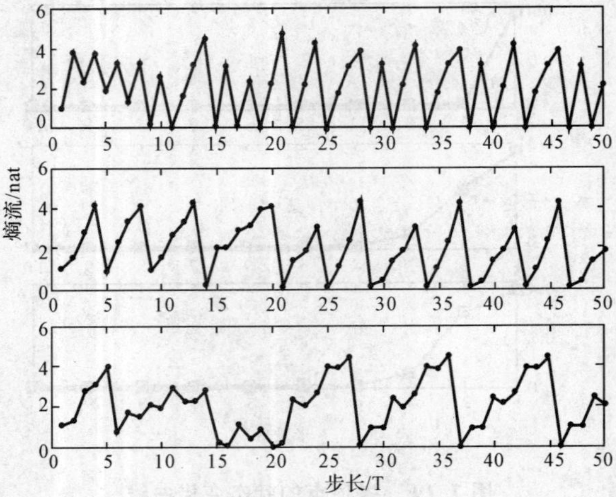

图 7.21　各顶点的流变化曲线

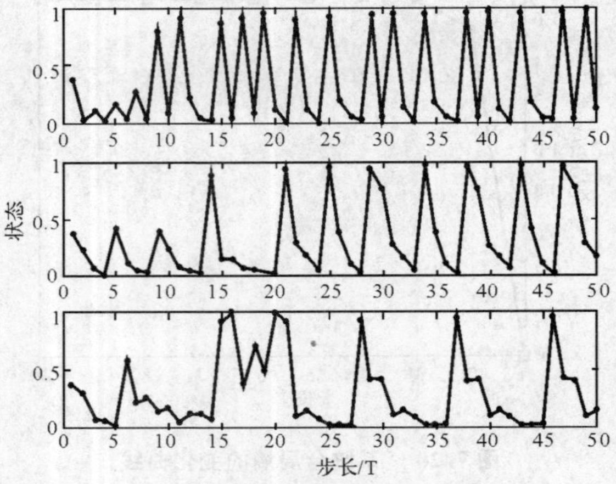

图 7.22　各顶点的状态变化曲线

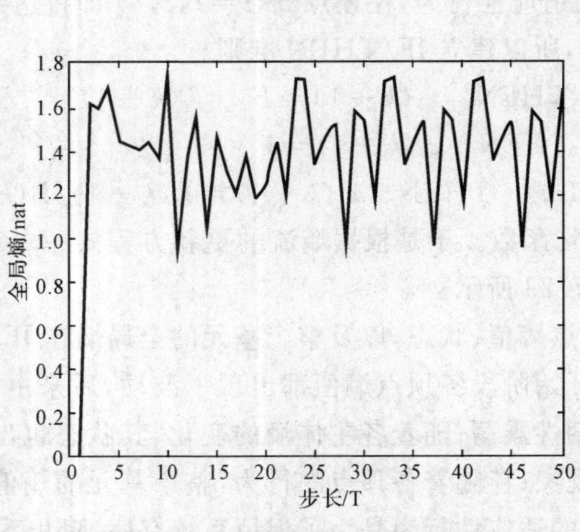

图 7.23　系统全局熵的变化曲线

7.7.2　适应性 Agent 图的动态行为分析

考虑到如果忽略顶点的 IF/THEN 准则，则系统的自治方程为

$$f_i(k+1)=f_i(k)-\sum_{j\in\Pi^-}w_{ij}f_j(k)+\sum_{s\in\Pi^+}w_{si}f_s(k)+r_i \tag{7.117}$$

状态自治方程为

$$x_i(k+1)=\exp\left(-f_i(k+1)\right) \tag{7.118}$$

$$x_i(k+1)=\exp\left(f_i(k)-\sum_{j\in\Pi^-}w_{ij}f_j(k)+\sum_{s\in\Pi^+}w_{si}f_s(k)+r_i\right) \tag{7.119}$$

由式(7.101)有

$$x_i(k+1)=\exp\left(\log\left(x_i(k)-\sum_{j\in\Pi^-}w_{ij}\log x_j(k)+\sum_{s\in\Pi^+}w_{si}\log x_s(k)-r_i\right)\right) \tag{7.120}$$

$$x_i(k+1)=x_i(k)\left(\prod_{s\in\Pi^+}x_s(k)^{w_{si}}\Big/\prod_{j\in\Pi^-}x_j(k)^{w_{ij}}\right)\mathrm{e}^{-r_i} \tag{7.121}$$

式中，r_i 是外界环境的扰动。

由定义 7.15 知，脆性适应性 Agent 图 D 的顶点 v_i 的功率谱为

$$S_j(k)=\lim_{N\to\infty}\frac{1}{N}\left|\sum_{t=0}^{N-1}x_j(t)\mathrm{e}^{-\mathrm{i}\omega kt}\right|^2 \tag{7.122}$$

图 D 的功率谱为

$$S(k)=\frac{1}{n}\sum_{j=1}^{n}S_j(k) \tag{7.123}$$

功率谱反映了系统脆性行为的频率特性。

由定义 7.17，第 i 个顶点 v_i 的 Lyapunov 指数定义为

$$\lambda_i(x)=\lim_{t\to\infty}\frac{1}{t}\ln\left|\frac{\mathrm{d}\varphi_i(x)}{\mathrm{d}x_i}\Big|_{x=x_t}\right| \tag{7.124}$$

将上述的 Lyapunov 指数从大到小排列，得到图 D 的 Lyapunov 指数谱

$$\lambda_{i1}\geqslant\lambda_{i2}\geqslant\cdots\geqslant\lambda_{in} \tag{7.125}$$

式中，λ_{i1} 为图 D 的最大 Lyapunov 指数，记作 λ_D。Lyapunov 指数是系统脆性行为特性的一项重要指标。

例 7.6　参考例 7.5 的三元组系统，子系统 X，Y 和 Z 之间的完全脆性关系图如图 7.17(b) 所示。如果对邻接矩阵 $\boldsymbol{W}$ 取不同的值，可以得到不同的频谱图。

经过对邻接矩阵的随机选取，可以总结出上面的 3 种结果：

1) 如图 7.24 所示，节点 1 崩溃后，在短时间内造成整个系统的崩溃，此时 $\lambda_D=0$；

2) 如图 7.25 所示，经过一段时间的震荡后，整个系统崩溃，此时 $\lambda_D<0$；

3) 如图 7.26 所示，整个系统不崩溃，而且最终呈现周期性的震荡，此时 $\lambda_D>0$。

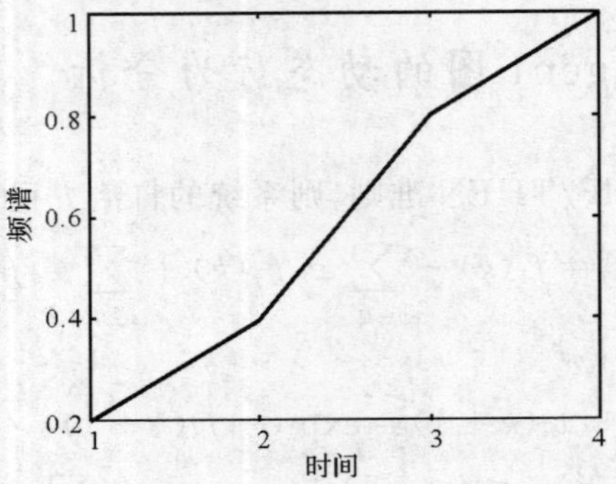

图 7.24 第一类脆性行为

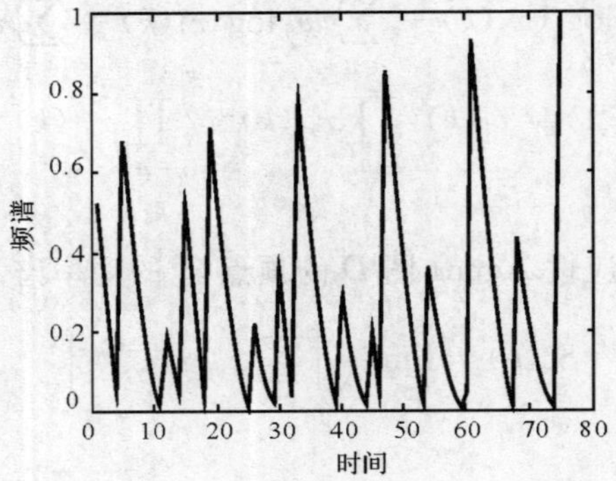

图 7.25 第二类脆性行为

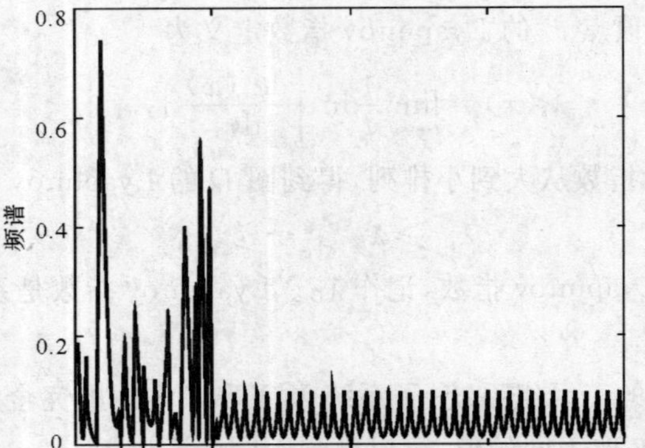

图 7.26 第三类脆性行为

7.7.3 适应性 Agent 图的负熵流

如果想控制系统的脆性行为，那么可以通过推理器产生一个负熵流作为控制变量 u，来抑制系统中各顶点的熵增。考虑到顶点的控制变量为

$$f_i(k+1)=f_i(k)-\sum_{j\in\Pi^-}w_{ij}f_j(k)+\sum_{s\in\Pi^+}w_{si}f_s(k)+r_i+u_i(k) \tag{7.126}$$

状态方程为

$$x_i(k+1)=\exp\left(-f_i(k+1)\right) \tag{7.127}$$

以式(7.126)、式(7.127)构成了顶点之间交互作用的动力学方程，进而得到状态方程为

$$x_i(k+1)=\exp\left[f_i(k)-\sum_{j\in\Pi^-}w_{ij}f_j(k)+\sum_{s\in\Pi^+}w_{si}f_s(k)+u_i(k)+r_i\right] \tag{7.128}$$

由式(7.87)有

$$x_i(k+1)=\exp(\log(x_i(k))-\sum_{j\in\Pi^-}w_{ij}\log x_j(k)+\sum_{s\in\Pi^+}w_{si}\log x_s(k)-u_i(k)-r_i) \tag{7.129}$$

$$x_i(k+1)=x_i(k)\left(\prod_{s\in\Pi^+}x_s(k)^{w_{si}}/\prod_{j\in\Pi^-}x_j(k)^{w_{ij}}\right)\mathrm{e}^{-r_i-u_i(k)} \tag{7.130}$$

式中，r_i 是外界环境的扰动，$u_i(k)$ 是通过推理器得到的控制变量。

定理 7.6　系统脆性关系适应性 Agent 图的第 i 个顶点 v_i 的控制变量 $u_i(k)$ 满足条件

$$\log(m)+\log x_i(k)+\psi>u_i(k)>\psi \tag{7.131}$$

式中，$\psi=\sum_{s\in\Pi^+}w_{si}\log x_s(k)-\sum_{j\in\Pi^-}w_{ij}\log x_j(k)-r_i$。

证明　依据熵的边界条件式(7.102)，有

$$\log(m)\geqslant f_i(k+1)>0 \tag{7.132}$$

即

$$\frac{1}{m}\leqslant x_i(k+1)<1 \tag{7.133}$$

由式(7.128)得到

$$\frac{1}{m}\leqslant x_i(k)\left(\prod_{s\in\Pi^+}x_s(k)^{w_{si}}\Big/\prod_{j\in\Pi^-}x_j(k)^{w_{ij}}\right)\mathrm{e}^{-r_i-u_i(k)}<1 \tag{7.134}$$

进而

$$\mathrm{e}^{u_i(k)}\leqslant mx_i(k)\left(\prod_{s\in\Pi^+}x_s(k)^{w_{si}}\Big/\prod_{j\in\Pi^-}x_j(k)^{w_{ij}}\right)\mathrm{e}^{-r_i} \tag{7.135}$$

且

$$\mathrm{e}^{u_i(k)}>x_i(k)\left(\prod_{s\in\Pi^+}x_s(k)^{w_{si}}\Big/\prod_{j\in\Pi^-}x_j(k)^{w_{ij}}\right)\mathrm{e}^{-r_i} \tag{7.136}$$

得到

$$u_i(k)<\log(m)+\log x_i(k)+\sum_{s\in\Pi^+}w_{si}\log x_s(k)-\sum_{j\in\Pi^-}w_{ij}\log x_j(k)-r_i \tag{7.137}$$

且

$$u_i(k)>\log x_i(k)+\sum_{s\in\Pi^+}w_{si}\log x_s(k)-\sum_{j\in\Pi^-}w_{ij}\log x_j(k)-r_i \tag{7.138}$$

接下来，考虑到系统的稳定性，有

$$\Delta x_i=x_i(k+1)-x_i(k)=$$

$$x_i(k)\left(\prod_{s\in\Pi^+}x_s(k)^{w_{si}}\Big/\prod_{j\in\Pi^-}x_j(k)^{w_{ij}}\right)\mathrm{e}^{-r_i-u_i(k)}-x_i(k)=$$

$$\left[\left(\prod_{s\in\Pi^+} x_s\ (k)^{w_{si}} \Big/ \prod_{j\in\Pi^-} x_j\ (k)^{w_{ij}}\right) \mathrm{e}^{-r_i-u_i(k)} - 1\right] x_i(k) \tag{7.139}$$

因此，若系统的脆性过程是稳定的，则控制变量应满足

$$\left(\prod_{s\in\Pi^+} x_s(k)^{w_{si}} \Big/ \prod_{j\in\Pi^-} x_j(k)^{w_{ij}}\right) \mathrm{e}^{-r_i-u_i(k)} < 1 \tag{7.140}$$

$$\mathrm{e}^{u_i(k)} > \left(\prod_{s\in\Pi^+} x_s\ (k)^{w_{si}} \Big/ \prod_{j\in\Pi^-} x_j\ (k)^{w_{ij}}\right) \mathrm{e}^{-r_i} \tag{7.141}$$

$$u_i(k) > \sum_{s\in\Pi^+} w_{si} \log x_s(k) - \sum_{j\in\Pi^-} w_{ij} \log x_j(k) - r_i \tag{7.142}$$

进而，令 $\psi = \sum_{s\in\Pi^+} w_{si} \log x_s(k) - \sum_{j\in\Pi^-} w_{ij} \log x_j(k) - r_i$，综合式(7.137)、式(7.138)和式(7.142)得到顶点 v_i 的控制变量 $u_i(k)$ 边界条件为 $\log(m) + \log x_i(k) + \psi > u_i(k) > \psi$。

证毕。

7.7.4 崩溃同步的充分条件

定义 7.25 对于一个有 N 个子系统的系统 S，它的脆性行为是一个子系统 S_1 崩溃后使得所有节点随之崩溃的过程，也就是说，当 $t \to \infty$ 时，有

$$x_1(t) \to x_2(t) \to \cdots x_N(t) \to b(t) \tag{7.143}$$

式中，$b(t)$ 指一种崩溃状态，此时就称整个系统达到了崩溃同步。

考虑到复杂系统脆性关系的适应性 Agent 图模型的动力学方程式(7.126)、式(7.127)，

$$f_i(k+1) = f_i(k) - \sum_{j\in\Pi^-} w_{ij} f_j(k) + \sum_{s\in\Pi^+} w_{si} f_s(k) + r_i + u_i(k)$$

$$x_i(k+1) = \exp(-f_i(k+1))$$

式中，f_i 为顶点 v_i 的熵流，x_i 为顶点 v_i 的状态。

由式(7.126)可知，当 $\sum_{j\in\Pi^-} w_{ij} f_j(k) = \sum_{s\in\Pi^+} w_{si} f_s(k)$ 时，若所有顶点状态相同，熵流方程(7.126)右端的耦合项将自动消失。进而，由于

$$\sum_{j\in\Pi^-} w_{ij} f_j(k) = -\sum_{j\in\Pi^-} w_{ij} \log x_j(k) = -\log \prod_{j\in\Pi^-} x_j\ (k)^{w_{ij}} \tag{7.144}$$

$$\sum_{s\in\Pi^+} w_{si} f_s(k) = -\sum_{s\in\Pi^+} w_{si} \log x_s(k) = -\log \prod_{s\in\Pi^+} x_s\ (k)^{w_{si}} \tag{7.145}$$

得到 $\prod_{s\in\Pi^+} x_s\ (k)^{w_{si}} = \prod_{j\in\Pi^-} x_j\ (k)^{w_{ij}}$，于是，状态方程(7.129)的耦合项也会消失。

定理 7.7 设一个有 n 个顶点的系统脆性关系适应性 Agent 图 D，其邻接矩阵为 $\boldsymbol{W}(D) = (w_{ij})_{n\times n}$，则它的耗散耦合条件为

$$\sum_{j\in\Pi^-} w_{ij} f_j(k) = \sum_{s\in\Pi^+} w_{si} f_s(k) \tag{7.146}$$

特别地，当弧的权值都相等时，耦合条件为 $\deg_{v_i}^- = \deg_{v_i}^+$。

当用 D 的邻接矩阵 $\boldsymbol{W}$ 来描述一个适应性 Agent 图的拓扑结构的时候，则以上耦合条件为

$$\boldsymbol{W}[1\quad 1\quad \cdots\quad 1]^{\mathrm{T}} = \boldsymbol{W}^{\mathrm{T}}[1\quad 1\quad \cdots\quad 1]^{\mathrm{T}} \tag{7.147}$$

如果考虑图 D 的谱

$$\mathrm{Spec}D=\begin{bmatrix}\lambda_1 & \lambda_2 & \cdots & \lambda_l\\ m_1 & m_2 & \cdots & m_l\end{bmatrix} \tag{7.148}$$

式中，$\lambda_1>\lambda_2>\cdots>\lambda_l$ 为 $\boldsymbol{W}$ 的不同特征值且 λ_i 的重数为 m_i，可以得到下面的定理。

定理 7.8　设一个有 n 个顶点的系统脆性关系适应性 Agent 图 D，其邻接矩阵为 $\boldsymbol{W}(D)=(w_{ij})_{n\times n}$，则它能够产生崩溃同步行为的充分条件是 $\boldsymbol{W}(D)$ 的谱中存在一个特征向量为 $[1\ \ 1\ \ \cdots\ \ 1]^{\mathrm{T}}$ 的特征值。

证明　如果邻接矩阵 $\boldsymbol{W}$ 存在一个特征向量为 $[1\ \ 1\ \ \cdots\ \ 1]^{\mathrm{T}}$ 的特征值 λ_i，则有

$$\boldsymbol{W}[1\ \ 1\ \ \cdots\ \ 1]^{\mathrm{T}}=\lambda_i[1\ \ 1\ \ \cdots\ \ 1]^{\mathrm{T}} \tag{7.149}$$

由于 $\boldsymbol{W}$ 与 $\boldsymbol{W}^{\mathrm{T}}$ 有相同的谱，因此

$$\boldsymbol{W}^{\mathrm{T}}[1\ \ 1\ \ \cdots\ \ 1]^{\mathrm{T}}=\lambda_i[1\ \ 1\ \ \cdots\ \ 1]^{\mathrm{T}} \tag{7.150}$$

进而得到式(7.147)。

证毕。

本章小结

本章首先提出了一种新的适应性 Agent 图的复杂系统分析模型。在这里，不仅提出了适应性 Agent 图的概念，还提出了适应性 Agent 图的动力学模型以及模型稳定性的条件，同时定义了图的功率谱、最大 Lyapunov 指数，这些都是系统行为特性分析的重要物理量，并且对适应性 Agent 图的适应性行为以及控制器的机构进行了探讨。

其次，建立了一种复杂系统脆性分析的新方法，提出了一个复杂系统脆性关系的适应性 Agent 图模型。该模型具有逻辑性强、清晰直观、定性分析与定量分析相结合的特点。

然后，应用复杂系统的子系统之间的拓扑结构建立能够表示系统脆性关系的脆性图模型，再通过寻找脆性图中崩溃路径可以找到各子系统之间崩溃行为的传递情况即系统可能崩溃的途径，最大崩溃路径更是提出了系统最有可能崩溃的路径。复杂系统最大崩溃路径的寻找被看做一个类似于旅行商问题的组合优化问题，改进了对 TSP 有很好解决效果的遗传系统算法，使其适用于最大崩溃路径的求解。

接下来，在复杂系统脆性图的基础上，应用适应性 Agent 图理论对脆性图的顶点赋予流和状态，将脆性图改进为一个适应性 Agent 图。利用适应性 Agent 图的动态行为分析方法对系统的脆性行为进行研究，得到了系统脆性行为的 3 种常见形态。进而，提出了系统脆性行为的负熵流控制方法。最后，考虑到当脆性行为发生后的崩溃同步行为，提出了复杂系统崩溃行为同步的几个充分条件，为以后对于复杂系统脆性行为的预报和控制都提供了有效的指导作用。

总而言之，适应性 Agent 图是特殊的一个多主体系统(Multi-Agent System，简称 MAS)，不同于一般的 MAS，适应性 Agent 图是以复杂适应系统理论为理论基础，定义了流的概念，作为 Agent 之间以及 Agent 与环境之间交互、协作的介质，以此解释 MAS 中的交互作用，使得 Agent 间的交互作用更加形象具体。而且 Agent 的适应性行为是通过控制器来完成的，控制器是由一系列的 IF/THEN 执行准则构成的，这些准则可以根据记忆函数提供的知识库 I 进行归纳学习，并且存储学习经验。此外还定义了适应性 Agent 图全局能量函数来描述整个

系统的性能，该函数能够随着主体的行为以及环境的变化而不断更新，这反映了系统由于主体行为所产生的涌现性行为。因此，适应性 Agent 图作为一种新型的智能图，除了具有一般图论中直观清晰、逻辑性强、定性与定量相结合的的特点外，还具有智能性、记忆性、适应性、并行性、涌现性等特点。基于适应性 Agent 图的这些特点，它在系统的建模与性能分析、解决图论问题（如图着色、旅行商问题等）、复杂网络研究、机器人或其他群体的路径规划问题等方面将有不错的应用前景。

参考文献

[1] 吴铁军，吕勇哉．离散时间动态系统稳定性分析方法．自动化学报，1990，15(5)：408－414.

[2] 刘秉正．非线性动力学和混沌基础．长春：东北师范大学出版社，1994.

[3] 汪小帆，李翔，陈关荣．复杂网络理论及其应用．北京：清华大学出版社，2006.

[4] 曹军海，张和明，熊光楞．多 Agent 仿真中 Agent 行为的形式化描述方法．系统仿真学报，2004，16(11)：2398－2400.

[5] LIU Yanfei, Kevin M. Passino. Cohesive Behaviors of Multiagent Systems With Information Flow Constraints. IEEE Transactions on Automatic Control, 2006, 51(11): 1734－1748.

[6] T Eguchi, K Hirasawa HU Jinglu, et al. A study of evolutionary multiagent models based on symbiosis. IEEE Transactions on Systems Man and Cybernetics, 2006, 31(1): 179－193.

[7] XIAO Feng, WANG Long. Dynamic behavior of discrete－time multiagent systems with general communication structures. Physica A, 2006 (370): 364－380.

[8] Holland, Hidden J H. Order: How Adaptation Builds Complexity. Perseus Books, Reading, Massachusetts, 1995.

[9] Dorigo M, Grambardella L M. Ant Colony System: A Cooperative Learning Approach to the Traveling Salesman Problem. IEEE Transactions on Evolutionary Computation, 1997, 1(1): 53－66.

[10] 段海滨，王道波．蚁群算法的全局收敛性研究及改进．系统工程与电子技术，2004，26(10)：1506－1509.

[11] 吕勇，赵光宙．蚁群优化算法及其在电力系统中的应用．电工技术学报，2003，18(4)：70－74.

[12] Badr A, Fahmy A. A proof of Convergence for Ant Algorithms. Information Sciences, 2004 (160): 267－279.

[13] 叶志伟，郑肇葆．蚁群算法中参数 α、β、ρ 设置的研究——以 TSP 问题为例．武汉大学学报：信息科学版，2004，29(7)：597－601.

[14] Dorigo M, Blum C. Ant colony optimization theory: A survey. Theoretical Computer Science, 2005 (344): 243－278.

[15] Eshghi K, Kazemi M. Ant colony algorithm for the shortest loop design problem. Computers & Industrial Engineering, 2006 (50): 358－366.

[16] Carreras B A, Newman D E, Dolrou I, et al. Initial Evidence for Self-organized Criti-

cality in Electric Power System Blackouts. Proceeding of 33th Hawaii International Conference on System Sciences, Hawaii, USA, 2001: 1-6.

[17] Carreras B A, Lynch V E, Dobson I, et al. Critical Points and Transitions in an Electric Power Transmission Model for Cascading Failure Blackouts. Chaos, 2002, 12 (4): 985-994.

第 8 章　煤矿事故脆性模型的研究

8.1　煤矿事故现状的介绍

煤炭是我国国民经济和社会发展的基础，一直以来在我国一次能源生产和消费结构中始终占据 70%左右的比例。据国家能源部门预测，到 2010 年煤炭仍将在我国一次能源生产和消费结构中占 60%左右，即使到 2050 年仍将占 50%以上。由此可见，在未来相当长的一段时期内，煤炭仍将是我国的主要能源之一。据统计，2000 年全国煤炭总量为 9.9×10^8 t，2001 年 11.0×10^8 t，2002 年煤炭产量尽管达到了 13.9×10^8 t，仍不能满足需求。当前快速增长的经济，对煤炭工业发展提出了更高的要求。因此，必须确保煤炭工业持续、稳定、健康地发展。我国煤矿主要是井下开采，生产环境条件复杂，与其他行业相比，煤矿安全尤为重要。安全生产是煤炭生产的头等大事，安全对煤炭生产起着保证、支撑和推动作用。保障煤矿职工的人身安全和国家财产安全是煤炭工业实现可持续发展的必要前提，煤矿安全生产形势的好坏直接关系到我国国民经济的能源供给问题。因此，切实做好煤矿生产安全管理工作，有效预防煤矿事故的发生，对于保障广大煤矿职工的人身安全，保证煤炭工业的持续稳定发展，促进国民经济的持续健康发展以及维护社会安定团结具有十分重大的意义。

然而，长期以来我国煤矿生产安全管理工作成绩并不理想，全国煤矿安全生产形势一直十分严峻，煤矿事故频繁、反复发生。虽然我国政府相继采取了一系列措施，如制定了相关的法律、法规、规章及其他规范性文件，规定了大量的煤矿生产安全管理制度和措施，建立健全了煤矿安全生产监督管理机构，以及加大了对煤矿企业安全生产的监督管理力度，等等，然而成效并不明显，煤矿事故并未得到有效的控制。煤矿事故依然不断发生，造成重大的人员伤亡和财物损失。1995—2005 年全国煤矿事故统计情况见表 8.1。

表 8.1　1995—2005 年全国煤矿事故统计表

年份/年	1995	1996	1997	1998	1999	2000	2001	2002	2003	2004	2005
死亡人数/人	6 387	6 404	6 753	6 134	6 478	5 798	5 670	6 995	6 434	6 027	5 938
死亡率/(人·百万吨$^{-1}$)	5.03	4.67	5.10	5.02	6.07	5.77	5.20	5.00	4.17	3.08	2.811

由表 8.1 可知，在 1995—2005 年的 11 年间，全国煤矿事故共造成 69,008 人死亡，平均每年死亡 6 274 人，平均每天死亡 17.2 人。如果以每死亡 1 人造成的直接经济损失为 3 万元来计算的话，我国每年因煤矿事故而导致的直接经济损失竟高达 18 822 万元，更何况，每死亡 1 人所造成的最终损失远不止 3 万元。另据国家安全生产监督管理局统计数据表明，2003 年全国煤矿共发生伤亡事故 4 143 起，共造成 6 434 人死亡，分别占全国工矿企业死亡事故起数的 26.56%和死亡人数的 37.16%，占全国矿山死亡事故起数的 64.47%和死亡人数的 69.00%。平均每天发生伤亡事故 11.4 起，死亡 17.6 人。

由于煤矿事故频繁,死亡人数多,我国煤炭生产的百万吨死亡率一直居高不下,与一些先进采煤国家之间存在较大的差距。例如,2003 年我国煤炭生产的百万吨死亡率为 4.17 人,2004 年为 3.08 人,2005 年为 2.811 人。然而,国外先进采煤国家的煤炭生产百万吨死亡率相当低。例如,2003 年美国的煤炭生产百万吨死亡率为 0.039 人,俄罗斯为 0.34 人,南非为 0.13 人,均大大低于我国的煤炭生产百万吨死亡率。由此可见,我国煤矿安全生产管理工作与国外先进采煤国家相比,差距仍然较大。

煤矿事故频繁、反复发生,事故死亡人数多,煤炭生产百万吨死亡率居高不下,严重威胁着我国广大煤矿职工的生命安全,对社会的安定团结造成极为不利的影响。同时,也对国家和煤矿企业造成巨大的经济和财物损失,削弱了我国煤炭工业在世界煤炭市场中的竞争力,阻碍了我国煤炭工业的继续发展,不利于我国国民经济的持续健康发展。因此,解决我国煤矿安全生产问题已是摆在我们面前的一个迫切任务[1-3]。

8.2 煤矿事故特点与脆性特点的比较

通过对煤矿事故的特点与复杂系统脆性特点的比较,可以得到煤矿事故除了具备复杂系统脆性的一些特点外,还具备一些不同别的系统的一些特性。

煤矿事故具有的复杂系统脆性的一些特点如下:

(1)事故的隐藏性

事故往往是突然发生的。而导致事故发生的因素,即所谓"隐患"或潜在危险是早就存在的,只是未被发现或未受到重视而已。随着时间的推移,一旦条件成熟,就会显现而酿成事故,这就是事故的隐藏性。

(2)事故的连锁性

煤矿井下生产系统的管网式空间布置,多种危险因子共存的生产环境,决定了在不同的地区各种灾害发生的危险程度、灾害产生后果的严重程度各不相同。同一地点的某种灾害事故,不仅受本地区事故因子的影响,而且受相关区域甚至整个系统事故因子的影响。事故的后果,不仅影响本地区的设备、设施、人员,而且可能危及相关地区,甚至整个系统,不同的事故形式互为触发事故的因果。因此,煤矿井下灾害具有很强的连锁性。

(3)巨大的破坏性

煤矿生产,由于空间有限,发生事故时容易造成巨大的破坏性。如瓦斯爆炸和突水事故,往往导致矿井毁灭性的破坏和人员的巨大伤亡。

(4)伴随性

当外界干扰扰动煤矿系统中的一部分子系统时,由于子系统之间的关联作用,同样也会影响其他的子系统,一个子系统的崩溃同样也伴随着脆性的激发导致其他子系统的崩溃。

(5) 作用结果的表现形式的多样性

煤矿事故的发生结果的表现形式是多样性的,有设备的损失、人的生命的损失、停产等形式。

煤矿事故自身所具备的一些特性如下:

(1)事故的偶然性、必然性和规律性

从本质上讲,伤亡事故属于在一定条件下可能发生,也可能不发生的随机事件。就特定事故而言,其发生的时间、地点、状况等均无法预测。

事故是由于客观存在不安全因素,随着时间的推移,出现某些意外情况而发生的,这些意外情况往往是难以预知的。因此,事故的偶然性是客观存在的,这与是否掌握事故的原因毫无关系。换言之,即使完全掌握了事故原因,也不能保证绝对不发生事故。

事故的偶然性还表现在事故是否产生后果(人员伤亡、物质损失),以及后果的大小如何都是随机的,是难以预测的。反复发生的同类事故,并不一定产生相同的后果。事故的偶然性决定了要完全杜绝事故发生是困难的,甚至是不可能的。

事故的因果性决定了事故发生的必然性,事故是一系列因素互为因果、连续发生的结果。事故因素及其因果关系的存在决定了事故或迟或早必然要发生,其随机性仅表现在何时、何地、因什么意外事件触发产生而已。

事故的必然性中包含着规律性。既为必然,就有规律可循。必然性来自因果性,深入探查、了解事故因素的因果关系,就可以发现事故发生的客观规律,从而为防止事故发生提供依据。

(2)事故因子的动态性、随机性、模糊性

在煤矿生产系统中,导致事故的因子的种类及其结构关系都是处在动态变化中,事故因子的出现概率具有随机性,事故因子的作用方式、影响结果具有一定的模糊性。

(3)事故因子的时空依托性

事故的发生是在一定的时间、空间中发生的,只有在具体的时空中,危险因子才能转变为事故因子。

(4)事故因子之间存在非线性关系

事故因子之间的作用方式复杂,存在非线性关系。

8.3 煤矿事故发生机理描述

8.3.1 煤矿主要事故分类

按煤炭工业伤亡事故的性质,伤亡事故分为以下8类:

1)顶板事故。指矿井冒顶、片帮、煤炮、冲击地压、露天滑坡、坑槽垮塌等事故。

2)瓦斯事故。指瓦斯(煤尘)爆炸(燃烧)、煤(岩)与瓦斯突出、瓦斯窒息(含有害气体中毒)等事故。

3)机电事故。指触电、机械故障伤人等事故。

4)运输事故。指运输工具造成的伤害事故。如车辆撞、挤、轧人,斜井(绞车道)跑车、竖井罐、皮带及刮板输送机伤人等事故。

5)火药放炮事故。指放炮崩人,触响瞎炮伤人、火药、雷管爆炸等事故。

6)水害。指透老窑区,地质水、洪水灌入井下,井下透地面水,巷道或工作面积水,充填溃水伤人,冒顶后透黄泥、流沙等事故。

7)火灾。指煤层自然发火和外因火灾,直接使人致死或产生的有害气体使人中毒的事故(煤层自然发火未见明火,溢出有害气体中毒,应算作瓦斯事故)及地面火灾。

8)其他事故。以上 7 类以外的事故。

以上 8 类是煤矿现行的伤亡事故统计分类标准。

8.3.2　煤矿事故主要原因分析

煤矿事故的发生是多种因素综合作用的结果,而且各个因素之间存在着特定的因果联系。要想有效地控制和预防煤矿事故的发生,必须对这些因素以及因素之间的因果联系有清楚而明确的认识,从众多的因素中找出导致煤矿事故发生的本质原因,从源头上控制和预防煤矿事故的发生。本书从下面几个方面进行分析[4-7]。

(1)本质原因——安全管理

事故因果连锁中一个最重要的因素是安全管理。对于大多数工业企业来说,由于各种原因,完全依靠工程技术措施预防事故既不经济也不现实。只能通过完善安全管理工作,才能防止事故的发生。企业管理者必须认识到,只要生产没有实现本质安全化,就有发生事故及伤害的可能性。因此,安全管理是企业管理的重要一环。

安全管理工作要随着生产的发展和变化而不断调整完善,如果安全管理工作不能适应生产的发展和变化,将导致安全管理上的缺陷,并致使能够引发事故的其他原因出现。

(2)基本原因——个人原因及工作条件

为了从根本上预防事故,必须查明事故的基本原因,并针对基本原因采取相应的对策。基本原因包括个人原因及工作条件方面的原因。个人原因包括缺乏安全知识或技能,行为动机不正确,身体上或精神上存在问题。工作条件方面的原因包括安全操作规程不健全,设备、材料不合格,以及温度、湿度、粉尘、气体、噪声、照明、工作场地状况(如容易滑倒的地面、障碍物、不可靠支撑物、有危险的物体)等环境因素。只有找出并控制这些原因,才能有效地防止后续原因的发生,从而防止事故的发生。

(3)直接原因

人的不安全行为或物的不安全状态是事故的直接原因。这类原因在安全管理中必须重点加以追究。但是,直接原因只是一种表面现象,是深层次原因的表征。在实际工作中,不能停留在这种表面现象上,而要追究其背后隐藏的管理的缺陷,并采取有效的控制措施,从源头上杜绝事故的发生。

本章将把这几方面综合为煤矿安全指标,它们反应了煤矿系统的安全程度及安全投入的多少。

在本章中把煤矿的倒闭认为是系统的崩溃,而煤矿的崩溃对其他系统的影响我们认为是脆性的激发过程。煤矿系统的倒闭这里认为存在两种方式:事故爆发引起与经营不善引起。所以选取赢利额与安全度两个指标来表示系统脆性的程度。

8.4　矿山系统内部各因素之间的联系

整个复杂系统的崩溃一般都是以复杂系统内部的一些子系统(也就是我们前面所提到的

关键子系统)的崩溃为标志的。而这些子系统的崩溃都是由于子系统与子系统之间的相互作用而引起的,它们之间的相互作用都是通过它们各自内部因子相互作用来完成的。下面给出一些定义:

1. 内部脆性过程

一个子系统的崩溃也是由它内部的因素来表征的,而往往系统的崩溃都是由于内部一个小小的因素出现问题,引发了它与系统内其他与此因素有关联的因素之间的联系,导致了其他因素的发生,这样一直下去很有可能导致系统内部的表征其崩溃的因素的发生,这样系统内部的脆性过程就被完全地激发了。由图 8.1 中的关系表示出来。

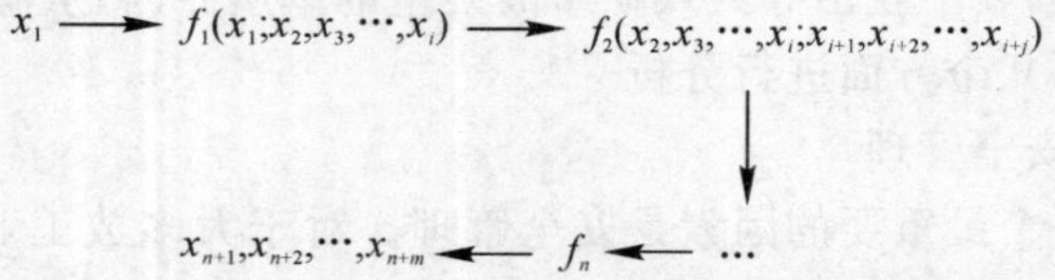

图 8.1　系统内部脆性作用过程

图 8.1 中 x 表示某个子系统内部的各个因素;而其下标则不说明什么,只是为了区别因素之间的不同而设;$x_{n+1},x_{n+2},\cdots,x_{n+m}$ 表示使系统崩溃的系统内部的关键因素,关键因素的发生则意味着系统的崩溃;$f_1,f_2,\cdots,f_n$ 表示因素之间的关联,因素之间的互相作用也就是依靠这些函数来起作用的,而这个内部因素之间的作用过程我们就称为内部脆性过程。

2. 外部脆性过程

外部脆性过程主要发生在复杂系统的子系统之间,一个已经崩溃的子系统对于和它有一定联系的子系统会造成一定的影响,这个影响的过程我们就称为外部脆性过程。

而外部脆性过程一般是依靠内部脆性过程来完成的,崩溃的子系统对于其他子系统能够产生影响也是由于两个子系统各自内部因素之间存在着联系,通过这种联系影响到其他子系统,而其他子系统则通过内部脆性过程决定是否接受这种影响。

3. 系统脆性度

脆性度用来表征子系统发生崩溃的可能性,如果子系统发生崩溃,则此子系统的脆性度 P 为 1,而若系统内部存在隐患但并没有导致崩溃,这时脆性度 $0\leqslant P<1$,其大小表示内部隐患的大小。若系统崩溃,脆性度 P 为 1,意味着此子系统将会对与之联系紧密的子系统有影响,即脆性有可能被激发。而脆性度为 $0\leqslant P<1$,则意味着此子系统不会对与之有联系的子系统产生影响,即脆性不可能被激发。

当前煤炭价格大幅上扬,受行情看好与高额利润的刺激,煤炭行业超设计能力生产与频繁“扩能改造”现象成风,许多煤矿纷纷挑战生产能力的“极限”。这不仅造成大量资源浪费和加速煤炭资源枯竭,更成为煤矿安全事故频发的“祸首”。据统计,在全国 27 个产煤省区中有 20 个省区超产,其中 19 个省区超产 10% 以上,有些甚至达到了 50%。据国务院安委会煤矿安全检查组对某省四大煤业集团进行的安全生产大检查显示,这些煤炭企业 2004 年超产情况十分严重,最多的超产达 800 万吨,最少的超产也达 400 万吨以上,而在这些企业的 2005 年生产计划中仍表现出了相当严重的超产倾向，这都将为煤矿的安全生产带来极大的隐患。

了解到煤矿的超能力生产是导致事故发生的根本原因，而事故的发生又增加了煤矿系统的安全成本，损失性安全成本的增加又会影响到经济系统，而经济的亏损又会使得系统不能够保证性安全成本的投入，保证性安全成本的不足又直接影响了系统内部的隐患，恶性的循环最终会导致整个煤矿系统的崩溃。而政府的调控又会对煤矿系统输入负熵流，减少内部的隐患，遏制事故的发生。其脆性激发过程如图 8.2 表示，所以可以把煤矿系统分为事故系统、安全成本系统和经济系统。

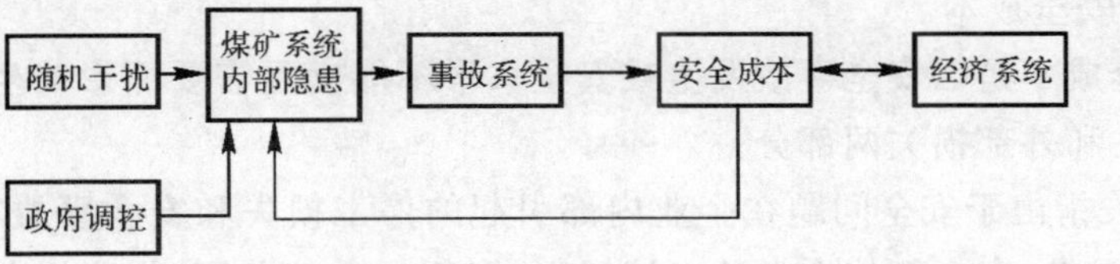

图 8.2 煤矿系统内部的脆性激发过程

8.4.1 安全成本系统

对于安全成本系统的描述当然就是采用安全成本来表征。下面先来介绍安全成本的定义[8]。

1. 安全成本

安全成本是实际发生并客观存在的，它是煤炭生产过程中伴随着产品的生产而发生的一种“附加性”成本。在煤炭产品生产中，必须保证一定的安全程度，这是实现正常生产活动的首要前提。为此，一方面需要构筑安全工程和设施，购置安全设备和仪器，制定安全管理措施，进行安全检测、预防和有关人员的培训、教育等。所有这些，都要发生费用，这些费用都与安全有关。另一方面，不管安全程度如何，在煤炭生产中总是发生这样或那样的安全事故，安全事故的发生必然要带来损失，这些损失也与安全有关。在煤炭生产中发生的这些与安全有关的费用和损失，对其单独核算、汇总和研究，并称之为“安全成本”。因此，定义安全成本如下：安全成本是企业在产品生产中为保证实现一定的安全水平而支付的一切费用和因安全事故的发生而产生的一切损失。

2. 安全成本的构成分析

从安全成本的定义出发，结合煤炭生产的实际，把安全成本分为两大类，即安全成本包括保证性安全成本和损失性安全成本。

(1) 保证性安全成本

保证性安全成本是煤炭企业为保证达到一定的安全水平而支付的一切费用，它包括安全工程费用和安全预防费用两部分。

1) 安全工程费用指为构筑安装安全工程、设施以及购置安全监测设备、仪器、仪表等支付的费用。主要包括上述各项工程设施的材料费、设备费、工时费；安监设备、仪器仪表的购置、维修、维护费以及安监人员的工资、补贴等;安全工程的设计费、评审费;安全工程设施的维护费、检修费。

2) 安全预防费用指运营安全工程设施,使用安监设备、仪器仪表进行安全管理和监督检查,安全培训和教育等支出的费用。主要包括安全工程、设施的运营费用;安监设备、仪器仪表使用费;建立安全评价体系,制订安全工作计划和安全监督检查所需要的费用;安全奖;安全培训教育费用;安全信息的收集、整理、反馈、储存费用;开展安全工作所需的有关资料、表格打印、宣传等的费用。

(2) 损失性安全成本

损失性安全成本是因安全事故发生或安全水平不能满足需要而影响生产所产生的损失,它包括内部损失和外部损失两部分。

1) 内部损失指由于安全问题在企业内部引起的停工损失和安全事故本身造成的损失。主要包括:停产损失;安全事故本身的直接损失;恢复生产的费用;报废设备、工程等的处理费用;安全事故处理与分析费用。

2) 外部损失指因安全问题并引起的发生在企业外部的各类损失。主要包括:人员伤亡的医疗费、赔偿费、各类罚款、诉讼费、其他赔偿费、其他费用。

安全成本的构成如图 8.3 所示。

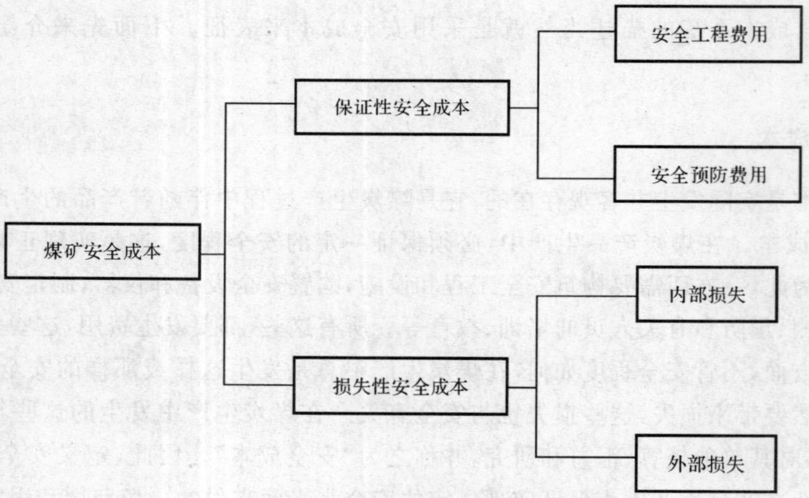

图 8.3 煤矿安全成本的构成

构成安全成本的保证性安全成本和损失性安全成本是相互联系和影响的,保证性安全成本的高低影响着煤矿系统脆性度的大小;同时,煤矿系统脆性度的大小又影响着损失性安全成本的大小。一般来讲,煤矿系统的脆性度越小,保证性安全成本越高,损失性安全成本越低,并且安全成本总额随煤矿系统脆性度的由低到高变化而由高到低,又由低到高变化,如图 8.4[9]所示。

由图 8.4 可以看出,安全成本存在着最低点 Q,它保证了系统在合理的安全投入下达到最低的安全损失。而在 Q 点的左侧,属于保证性安全成本过低,事故发生的可能性大,造成的损失性安全成本高,整体的安全成本也由于损失性安全成本的增加而过高,很有可能造成整个煤矿系统处于亏损状态，面临崩溃；在Q点的右侧，属于保证性安全成本过高，系统事故发生的可能性小，造成的损失性安全成本小，但是总体的安全成本高，造成整个系统的成本过高，系统也有可能处于亏损状态，面临崩溃。为了减少系统的成本，我们就必须寻求在Q点的保证性安全成本，使系统的安全成本处于最低。

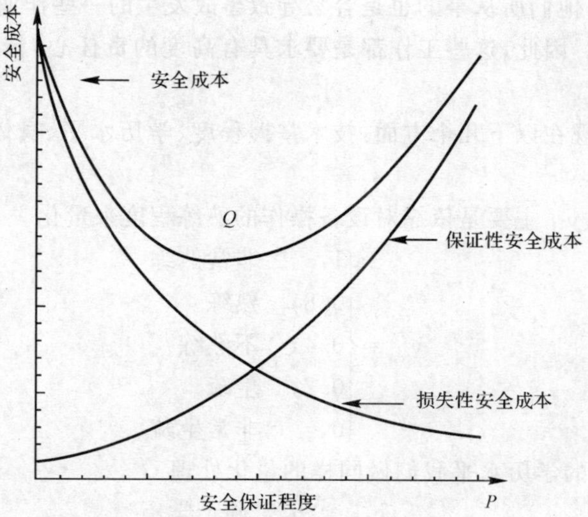

图 8.4　安全成本的变化趋势

必须指出，安全成本曲线及Q点并非固定不变，而是会随着生产技术条件的变化而变化，所以经济安全保证程度是动态的。在不同企业，或是在同一企业的不同时期，安全成本曲线和Q点是不同的。

在了解了两种安全成本的定义之后，还需要对两种安全成本进行计算。

(1) 保证性安全成本的计算

保证性安全成本的投入主要是在设备、技术、人才、管理这几个方面进行，所以它的值应该是这几方面投入的总和，而对各个方面投入的多少与这些因素的等级成正比关系，例如说，在设备方面，设备越先进投入越多。所以我们可以得出保证性安全成本的计算公式：

$$B=k_1x_1+k_2x_2+k_3x_3+k_4x_4 \tag{8.1}$$

式中　B —— 保证性安全成本；

x_1 —— 管理水平；

x_2 —— 人员素质程度；

x_3 —— 设备先进水平；

x_4 —— 技术先进程度；

k_i——x_i 水平的设备、技术、人员或者管理者水平应该付出的成本与其相应的水平之间的比例，$i=1,2,3,4$。

1) 人员素质程度：煤矿工人分为[9]：技术人员、采掘工人及特种作业工人、其他人员。对于不同类型的工人素质要求方面也是不一样的。

采掘工人是煤矿生产的主要生产力，他们的流动性很大，也是煤矿事故中的受害者，因此，对于他们应该主要要求熟悉煤矿安全常识，懂得自我保护。

技术人员直接负责设备的安装、使用、校正等，他们也决定了设备的利用率以及使用情况。因此，技术人员应该对于井下设备、图纸等比较熟悉，掌握一定的专业知识，学历上应该要求比较高。

煤矿安全检查员、瓦斯检查工、井下放炮工、井下电钳工、采煤机司机、主提升机司机等属于煤矿特种作业人员，他们所从事的也是容易导致事故发生的一些作业，他们的正常作业对于事故的预防是很重的。因此，这些工作都是要求具有高度的责任心，精神上比较集中，身体状况比较好的人。

素质要求主要表现在以下几个方面：技术掌握程度、学历水平、身体状况、心理状况、责任心、性格等。

① 技术掌握程度 y_{21} 主要是依靠对设备操作的熟练程度来量化。

$$y_{21}=\begin{cases}1, & \text{非常熟练}\\ 0.8, & \text{熟练}\\ 0.4, & \text{不熟练}\\ 0.2, & \text{生疏}\\ 0, & \text{非常生疏}\end{cases} \tag{8.2}$$

② 对于煤矿工人的学历水平我们做同样的量化处理。

$$y_{22}(b)=\begin{cases}1, & b>\text{硕士学历}\\ 0.9, & b=\text{硕士学历}\\ 0.7, & b=\text{大学本科学历}\\ 0.5, & b=\text{大专学历}\\ 0.3, & b=\text{中专或高中学历}\\ 0.1, & b=\text{初中学历}\\ 0, & b<\text{初中学历}\end{cases} \tag{8.3}$$

式中，b 为煤矿工人的学历层次。

③ 身体状况量化：

$$y_{23}=\begin{cases}\text{健康}, & 1\\ \text{良好}, & 0.8\\ \text{差}, & 0.4\\ \text{非常差}, & 0.2\\ \text{有缺陷}, & 0\end{cases} \tag{8.4}$$

④ 心理状况主要包括：恐惧焦虑状态、麻痹大意、注意力分散。

一是恐惧、焦虑状态。在这种状态下，矿工会坐卧不安，举止失措，畏缩，工作不负责，不利于煤矿安全生产；二是麻痹大意状态。主要表现为视而不见，听而不闻，工作马虎，凭经验干活，对隐患掉以轻心等；三是注意力分散状态。引起注意力分散的原因很多，主要可分为三类：客观因素。主要有药物刺激、酗酒、精神恍惚、不安心工作，冒险倾向等。心理因素。这主要与人的遗传因素、社会经历、受教育程度、年龄、技术水平等有关。此外，家庭不和、人际关系紧张，与领导有矛盾等都有可能引起矿工注意力分散。生理因素。视力、听力不良，睡眠不足，疲劳过度，体力不适，疾病等都能引起注意力分散。依据长期的研究和工作经验，我们认为可以采取以下几个方面的措施克服“三违”(违章指挥、违章操作、违反劳动纪律) 现象。

对于心理因素的量化，主要是根据工人平时的表现。在工作时若存在这样的心理，则以存在这种心理在所有工作日中所占的比例来量化。其值用 y_{24} 来表示，范围在 $0 \sim 1$ 之间。

⑤ 是否具有责任心也可根据矿工平时的表现进行具体量化，用 y_{25} 表示，范围在 $0 \sim 1$ 之间。

⑥ 性格主要分为活泼型、冷静型、急躁型、迟钝型、轻浮型。具体特征如表 8.2[10] 所示。

人员素质可以表示为

$$y_j = r_{21}^j y_{21}^j + r_{22}^j y_{22}^j + r_{23}^j y_{23}^j + r_{24}^j y_{24}^j + r_{25}^j y_{25}^j + r_{26}^j y_{26}^j \tag{8.5}$$

式中　y_j—— 表示技术人员、采掘工人、特种作业工人、其他人员的人员素质；

r_{2i}^j——y_{2i}^j 在 y_j 中所占的权重，且 $\sum_i r_{2i}^j = 1, y_j \in [0,1](i=1,2,3,4,5,6)$。

表 8.2　性格分类

类　型	特　征	归　类(y_{26})
活泼型	反应灵敏，适应性强，精力充沛，勤劳勇敢	安全型(1)
冷静型	善于思考，工作细致，头脑清楚，行动准确	安全型(1)
急躁型	反应迅速，胆大有余，求成心切，工作效率高	非安全型(0.7)
迟钝型	反应迟缓，动作呆板，头脑简单，判别力差	不安全型(0.3)
轻浮型	做事马虎，不求甚解，心猿意马，轻举妄动	很不安全型(0)

综上所述，可以得到煤矿系统中工作人员的总体素质：

$$x_2 = r_1 y_1 + r_2 y_2 + r_3 y_3 + r_4 y_4 \tag{8.6}$$

式中，r_j 为 y_j 在 x_2 中的权值，$j = 1,2,3,4$。

其中 $r_1 + r_2 + r_3 + r_4 = 1$，且 $x_2 \in [0,1]$。

其中 y_{2i}^j 的自身演化系数为 β_{2i}，也就是说

$$y_{2i}^j(t) = e^{\beta_{2i}t} y_{2i0}^j \tag{8.7}$$

式中　β_{2i}——y_{2i}^j 的自身演化系数；

y_{2i0}^j——y_{2i}^j 的初始值。

根据 β_{2i} 的实际物理意义，有 $\beta_{21} > 0, \beta_{22} = 0, \beta_{23} < 0, \beta_{24}$ 与环境有关，根据煤矿的生产环境越来越恶劣，初步认为 $\beta_{24} < 0, \beta_{25} = 0, \beta_{26} = 0$。则有

$$\dot{\boldsymbol{y}}_j = \boldsymbol{\beta}_2 \boldsymbol{y}_j \tag{8.8}$$

式中，$\boldsymbol{y}_j = \begin{bmatrix} r_{21}^j & y_{21}^j \\ r_{22}^j & y_{22}^j \\ r_{23}^j & y_{23}^j \\ r_{24}^j & y_{24}^j \\ r_{25}^j & y_{25}^j \\ r_{26}^j & y_{26}^j \end{bmatrix}$，$\boldsymbol{\beta}_2 = [\beta_{21} \quad \beta_{22} \quad \beta_{23} \quad \beta_{24} \quad \beta_{25} \quad \beta_{26}]$。

令 $\boldsymbol{a}_i=\begin{bmatrix} y_{2i}^1 \\ y_{2i}^2 \\ y_{2i}^3 \\ y_{2i}^4 \end{bmatrix}$，$\boldsymbol{x}_2=\begin{bmatrix} \boldsymbol{a}_1 \\ \boldsymbol{a}_2 \\ \boldsymbol{a}_3 \\ \boldsymbol{a}_4 \\ \boldsymbol{a}_5 \\ \boldsymbol{a}_6 \end{bmatrix}$，$\boldsymbol{b}_i=[\beta_{2i}r_1r_{2i}^1 \quad \beta_{2i}r_2r_{2i}^2 \quad \beta_{2i}r_3r_{2i}^3 \quad \beta_{2i}r_4r_{2i}^4]$，

$\boldsymbol{z}_2=[\boldsymbol{b}_1 \quad \boldsymbol{b}_2 \quad \boldsymbol{b}_3 \quad \boldsymbol{b}_4 \quad \boldsymbol{b}_5 \quad \boldsymbol{b}_6]$。

则有

$$\dot{\boldsymbol{x}}_2=\boldsymbol{z}_2\boldsymbol{x}_2 \tag{8.9}$$

$x_2(t)$ 的变化也是有限度的，当 $x_2(t)\geqslant 1$ 时，则当做 $x_2(t)=1$ 处理；若 $x_2(t)\leqslant 0$，则当做 $x_2(t)=0$ 处理。

2）管理水平：对于一个煤矿系统管理的水平可以根据煤矿系统中管理人员的素质来说明，由上面对煤矿工人的分析知道对于煤矿管理者主要应该考虑这些方面的因素：学历水平、身体状况、心理状况、责任心、性格、对矿山的了解程度。

学历水平 y_{11}、身体状况 y_{12}、状况 y_{13}、责任心 y_{14}、性格 y_{15} 跟上面对煤矿工人的考虑可以采用同样的方法，并且演化指数也可以认为相同，而对矿山的了解程度 y_{16}，主要是根据在这个矿山的工作年限来考虑。

$$y_{16}=\begin{cases} 1, & 10\text{ 年及 }10\text{ 年以上} \\ 0.8, & 7\sim 9\text{ 年} \\ 0.5, & 5\sim 6\text{ 年} \\ 0.3, & 2\sim 4\text{ 年} \\ 0, & 0\sim 1\text{ 年} \end{cases} \tag{8.10}$$

其演化指数设为 β_{16}，随着时间的推移，工作年限应该是越来越大，所以这里设 $\beta_{16}>0$。

对于管理者来说，必须得考虑管理者在管理层所占据的位置及发挥的作用，所以在考虑这些因素时也应该考虑管理者在现今煤矿管理系统中所处的地位。将管理分为几个层面进行考虑，最高管理层：生产矿长和安全矿长；最低管理层：班组长；其他则属于中层管理人员。对各个阶层的领导进行权值分析，安全矿长与班组长在事故预防方面起到了决定性作用。安全矿长从全局出发对于安全设施进行管理，设备以及技术人员的安全配置对于煤矿系统的正常运行是非常重要的；而班组长是位于采矿前线的最高领导，班组长作为一名“兵头将尾”，是企业生产现场最重要的管理者，发挥着带领班组成员共同完成安全生产任务的重要作用，可以说，班组长素质的高低决定了企业安全生产及经济效益的好坏。班组长应掌握本职范围内生产技术管理知识以及有关规程规定和质量标准；熟悉矿井瓦斯、煤尘、顶板、水、火等井下灾害发生的规律；能正确检查、判断和采取预防及应急措施，并能组织本班工人处理事故和避灾脱险；掌握本职范围内设备、仪器、仪表的性能、原理、结构、标准和使用维修的技能。按照国家有关部门规定，矿长职务的文化层次必须要达到高中文化程度以上[11-12]。

同理可以得到

$$y_j=r_{11}^jy_{11}^j+r_{12}^jy_{12}^j+r_{13}^jy_{13}^j+r_{14}^jy_{14}^j+r_{15}^jy_{15}^j+r_{16}^jy_{16}^j \tag{8.11}$$

式中　y_j—— 表示矿长、中层管理者、班组长的素质，$j=5,6,7$；

r_{1i}^j——y_{1i} 在 y_j 中所占的权重。

且 $\sum_i r_{1i}^j=1, y_j \in [0,1](i=1,2,3,4,5,6)$，则

$$x_1=r_5y_5+r_6y_6+r_7y_7 \tag{8.12}$$

式中，r_j 为 y_j 在 x_1 中的权值，$j=5,6,7, x_1\in[0,1]$。

这里做一些假设，

$$\boldsymbol{c}_i=\begin{bmatrix} y_{1i}^5 \\ y_{1i}^6 \\ y_{1i}^7 \end{bmatrix}, \boldsymbol{x}_1=\begin{bmatrix} \boldsymbol{c}_1 \\ \boldsymbol{c}_2 \\ \boldsymbol{c}_3 \\ \boldsymbol{c}_4 \\ \boldsymbol{c}_5 \\ \boldsymbol{c}_6 \end{bmatrix}, \boldsymbol{\beta}_1=[\beta_{11} \quad \beta_{12} \quad \beta_{13} \quad \beta_{14} \quad \beta_{15} \quad \beta_{16}],$$

$$\boldsymbol{d}_i=[\beta_{1i}r_5r_{1i}^5 \quad \beta_{1i}r_6r_{1i}^6 \quad \beta_{1i}r_7r_{1i}^7], \quad \boldsymbol{z}_1=[\boldsymbol{d}_1 \quad \boldsymbol{d}_2 \quad \boldsymbol{d}_3 \quad \boldsymbol{d}_4 \quad \boldsymbol{d}_5 \quad \boldsymbol{d}_6]。$$

则

$$\dot{\boldsymbol{x}}_1=\boldsymbol{z}_1\boldsymbol{x}_1 \tag{8.13}$$

且其中 $\beta_{1i}=\beta_{2i}(i=1,2,3,4,5)$。

$x_1(t)$ 的变化也是有限度的，当 $x_1(t)\geqslant 1$ 时，按照 $x_1(t)=1$ 处理；当 $x_1(t)\leqslant 0$ 时，则按照 $x_1(t)=0$ 处理。

3）设备先进水平：设备性能主要包括设备的可靠性 y_{31}、使用程度 y_{32}、保养情况 y_{33}，且 $y_{3i}\in[0,1](i=1,2,3)$，则

$$x_3=r_{31}y_{31}+r_{32}y_{32}+r_{33}y_{33} \tag{8.14}$$

式中，r_{3i} 为 y_{3i} 在 x_3 中的权值，且 $r_{31}+r_{32}+r_{33}=1, x_3\in[0,1]$。

设备的自身演化：随着时间的推移，设备存在着老化问题，这里我们设老化系数为 β_3，且 $\beta_3<0$，则有

$$x_3(t)=\mathrm{e}^{\beta_3 t}x_{30} \tag{8.15}$$

即为

$$\dot{x}_3=\beta_3x_3 \tag{8.16}$$

令 $\beta_3=z_3$。

4）技术先进程度：技术方面主要包括先进性 y_{41}、被人掌握的程度 y_{42}、实用性 y_{43}，且 $y_{4i}\in[0,1](i=1,2,3)$，则

$$x_4=r_{41}y_{41}+r_{42}y_{42}+r_{43}y_{43} \tag{8.17}$$

式中，r_{4i} 为 y_{4i} 在 x_4 中的权值。且 $r_{41}+r_{42}+r_{43}=1, x_4\in[0,1]$。

技术的自身演化：随着时间的推移，技术的先进性会发生一些退化，把退化系数设为 β_{41}，且 $\beta_{41}<0$；而技术也会慢慢地被人所掌握，设被人掌握程度的变化系数为 β_{42}，且 $\beta_{42}>0$；随着人们对矿井的开采，矿井的环境会越来越恶劣，技术的实用性也会越来越差，所以这里设系统的实用性变化系数为 β_{43}，且 $\beta_{43}<0$，则有

$$y_{4i}(t)=\mathrm{e}^{\beta_{4i}t}y_{4i0} \tag{8.18}$$

即为

$$\dot{y}_{4i}=\beta_{4i}y_{4i} \tag{8.19}$$

设 $\boldsymbol{\beta}_4=[\beta_{41}\quad \beta_{42}\quad \beta_{43}]$， $\boldsymbol{z}_4=[r_{41}\beta_{41}\quad r_{42}\beta_{42}\quad r_{43}\beta_{43}]$， $\boldsymbol{x}_4=\begin{bmatrix} y_{41}\\ y_{42}\\ y_{43}\end{bmatrix}$，则

$$\dot{\boldsymbol{x}}_4=\boldsymbol{z}_4\boldsymbol{x}_4 \tag{8.20}$$

将式(8.6)、式(8.12)、式(8.14)、式(8.17)带入式(8.1)这样可以求得系统的保证性安全成本。

其中 k_i 的确定根据当前的情况计算。设备方面，根据某种先进程度的设备的引进以及维护等所需要的成本进行计算；技术方面，则考虑技术的引进及投入生产所需要的成本；人员方面，引进各类人才以及对人才进行培养所需要的成本的计算；管理方面，同样是在引进这些管理人才方面所需要的成本。这些的综合就是所要求的保证性安全成本。

一般来说，当事故的发生频率达到人们的忍受极限，政府部门就会在一定程度上对其进行控制，而不管控制的决策是什么，都会使煤矿系统增加其保证性安全投入，降低系统的事故发生频率，进一步也就是降低系统的损失性安全成本。

(2) 损失性安全成本的计算

我们知道不同类型的事故造成的损失是不尽相同的，而且损失性成本的存在是在事故发生的前提下，所以可以定义事故的平均损失性安全成本为

$$S=P\sum(C\text{事故造成的死亡人数在所有发生事故死亡人数中所占的比例}\times C\text{事故所造成的损失}) \tag{8.21}$$

式中　S—— 损失性安全成本；

P—— 系统内部隐患组成的脆性度；

C—— 有死伤事故中各种不同严重程度的事故。

由损失性安全成本的计算公式我们可以看出，它主要受系统内部脆性度以及脆性度所引发的事故的严重程度的影响。而只要系统内部的脆性度小了，所带来的事故的严重程度也就没有提及的必要性，所以我们可以认为损失性安全成本主要受系统内部脆性度的影响。而系统内部的脆性度的大小主要是依靠煤矿系统保证性安全成本的投入来决定的，因此，可以认为保证性安全成本和损失性安全成本之间是通过政府协调互相制约的。

伤亡事故按照严重程度可分为：轻伤事故、重伤事故、死亡事故。而死亡事故又可根据其程度分为特别重大事故：死亡人数在 30 人以上；特大型事故：死亡人数 10 ～ 29 人；重大事故：死亡人数 3 ～ 9 人；一般事故：死亡人数 1 ～ 2 人。

煤矿每发生一起事故，生产都会受到影响，处理事故都要付出相当大的费用，特别是瓦斯爆炸事故还要造成工程设施和设备的破坏，损失更大。据一些矿务局统计，每死亡 1 人，平均直接经济损失不下 10 万元，瓦斯爆炸事故的损失更大，平均每死亡 1 人损失高达 30 万元。除事故引发的直接费用外，损坏设施设备、恢复生产、影响生产、影响出勤率等间接损失数目更为惊人。一般中、小事故造成员工心理紊乱和生产秩序紊乱，要停工 3 ～ 7 天。大型和特大型事故，要影响生产 10 天以上。山东一个年产 400 万吨的国有重点煤矿，停产一天的损失就是400 万元。

C 事故造成的死亡人数在所有死亡人数中所占的比例可以根据对某一地区的事故进行统计得出；而 C 事故所造成的损失我们可以根据事故所属的类型及严重程度确定。这样就得到

了在事故发生后所造成的损失性安全成本。

安全成本为

$$A = B + S \tag{8.22}$$

式中，A 为安全成本。

为了使系统在可能的范围内最大限度地赢利，寻求整个系统成本的最低，这里设定除了安全成本以外的成本为定值，这样的话，系统成本的最低也就是安全成本的最低，而安全成本的最低也就是寻求图 8.4 中的 Q 点，即

$$\min A = \min (B + S) \tag{8.23}$$

从上面的分析可以看出，保证性安全成本增大，会在一定程度上制约损失性安全成本的加大，而损失性安全成本太大，就会刺激政府对煤矿的控制能力，加大煤矿对于保证性安全成本的投入，保证性安全成本的增加又会在一定程度上减少损失性成本，所以在求取安全成本的最小值时一定要协调两者之间的关系。

8.4.2　生产系统

生产系统的考虑主要在产量方面，我们知道现在大部分事故的发生都是由于煤矿本身的超能力生产造成的，也就是说煤矿生产能力的一以部分是没有安全成本的，在没有安全成本的保证下进行生产很容易导致事故的发生，近年所爆发的大部分事故都给了我们很明显的例子，所以这里主要考虑超能力生产与保证性安全成本之间的关系。为了表示方便设产量为 C。

首先考虑安全生产成本 B 一定时，即 $B=B_0$，而产量 C 存在与 B_0 相对应的值 C_0，也就是说在 B_0 时，C_0 是最佳的生产量（这里可以认为它是一个煤矿的法定生产量）。假设产量 C 在达到 C_0 时属于在 B_0 下允许的最大值，认为 C 在 $C>C_0$ 时属于超能力生产。超能力生产的程度决定了系统发生事故的可能性，所以 $C-C_0$ 的值与煤矿系统重大事故系统的脆性度成正比的关系。但其具体的关系形式应该从实际的数据中得出，在 $C<C_0$ 的范围内属于安全生产，也就是对于事故系统来说脆性度为 0；但是如果 $C<C_0$ 达到一定程度，也就是说产量所带来的利润没有办法弥补保证性安全成本的这部分支出，这时认为系统属于亏损状态，而亏损的程度又直接决定了煤矿系统中的经济系统崩溃的程度，所以这里认为 C_0-C 的值与经济系统的脆性度成正比的关系。而若保证性安全成本 B 在一定区间内变化的话，对于产量 C 的取值，则认为是在 B 区间内所有点所对应的 C 的取值范围的并集。如果 B 只是一些离散的点，则 C 也将有对应这些离散点的所允许的最大值，范围也和上面的分析类似。

考虑产量 C 一定时，即 $C=C_0$，安全成本 B 的情况。同样的 C_0 时，也存在一个 B_0，假设 B_0 是 B 在 C_0 时允许的最小值，认为当 $B<B_0$ 时，系统处于超能力生产的范围，也就是这时的 C_0 在 B 下，属于超能力生产，事故系统的脆性度与 B_0-B 成正比；当 $B>B_0$ 时。安全成本过高，系统处于安全生产的范围，事故系统的脆性度为 0，在安全成本高到一定程度，大于产量所带来的利润，系统就会处于亏损状态。如果这样的情形维持一段时间，处于长期亏损，经济系统崩溃的可能性就会很大，所以这里我们认为经济系统的脆性度与 $B-B_0$ 成正比的关系。如果 C 的取值不止一个，在一个区间内或者有一些离散点，则 B 取值的分析也是类似的，是这些区间或者离散点所对应的值的集合。

8.4.3 经济系统与事故系统

(1) 经济系统

对于经济系统的描述采用煤矿系统是否亏损来表征，而亏损主要表现在赢利额上，下面是赢利额的计算公式：

$$\text{赢利额} = \text{销售额} - \text{成本} \tag{8.24}$$

$$\text{成本} = \text{生产成本} + \text{安全成本} \tag{8.25}$$

$$\text{安全成本} = \text{保证性安全成本} + \text{损失性安全成本} \tag{8.26}$$

式中，损失性安全成本可由公式得出；保证性安全成本为在生产过程中所投入的安全成本；生产成本为生产一定量的煤炭所需要的成本；销售额为售出的煤炭。

成本中包括着安全成本，安全成本也就是依靠着这个关系来影响系统的赢利额，而作用于经济系统的，经济系统中的赢利额的多少直接决定了系统是否能够正常运营下去。若是安全成本过高，使得赢利额 <0(系统处于亏损状态)，系统若长期处于亏损的状态。很有可能就导致了系统的崩溃，此时煤矿系统中的经济系统的脆性已经被完全激发。

而如果事故系统的脆性被激发(也就是事故发生后)，必然会对安全成本中的损失性安全成本造成影响，事故发生的严重性则决定了对其影响的程度，若损失性安全成本的增加使得生产成本远大于销售额，则经济系统面临崩溃(也就是经济系统的脆性被激发)，这时可认为经济系统在事故系统脆性的作用下，通过损失性安全成本作用于安全成本的形式激发经济系统的脆性，而可以认为这就是煤矿系统内部脆性过程。后面将研究煤矿的脆性被引发后对于其他外在系统的脆性影响过程。

事故的脆性如果没有被激发，也就是说保证性安全成本能够满足当前产量的生产，但是在这个时候，如果保证性安全成本过大或者产量过小，不能够使赢利额 >0，经济系统都会处于不健康状态，长时间的亏损就会加速激发经济系统的脆性。

(2) 事故系统

事故脆性的激发主要以事故发生的概率为表征，事故发生可能性的大小由上面的分析知道主要是由于保证性安全成本太低，不能满足生产的需要，所以这里以保证性安全成本不能满足生产需要的程度来表示事故的脆性程度，也就是事故发生的概率。

对于现今煤矿事故频发，分析其原因发现都是在煤炭价格上涨的巨额利润刺激下，无视安全生产的重要性，在没有合格设备与技术条件下进行大规模的超能力生产。具体说来，煤矿事故的发生主要不仅取决于人的不安全行为、设备的不安全状态和技术的不安全状态，而且还存在着制约这三种因素的管理因素，它们的关系如图 8.5 所示。

由此可知，事故的爆发一般都是外界的随机干扰加上内部的隐患联合作用的结果，则可以根据图 8.5 中所示的它们之间的关系定义系统内部的脆性度 P 为

$$P = x'_1(r_2 x'_2 + r_3 x'_3 + r_4 x'_4) \tag{8.27}$$

式中 P —— 系统内部的脆性度；

x'_1 —— 管理混乱的程度；

x'_2 —— 人员素质低下的程度；

x'_3 —— 设备落后的程度；

x'_4 —— 技术不先进的程度；

r_2 —— 人为原因在事故发生概率中的权值；

r_3 —— 设备原因在事故发生概率中的权值；

r_4 —— 技术原因在事故发生概率中的权值。

式中，$r_2+r_3+r_4=1, x'_i=1-x_i$。带入系统内部脆性度的计算式(8.27)，就可以得到系统内部的脆性度

$$P=1-x_1-r_2x_2-r_3x_3-r_4x_4+r_2x_1x_2+r_3x_1x_3+r_4x_1x \tag{8.28}$$

当 $x_1=x_2=x_3=x_4=0$ 时，$P=1$；当 $x_1=x_2=x_3=x_4=1$ 时，$P=0$，所以 $P\in[0,1]$，符合脆性度的定义。

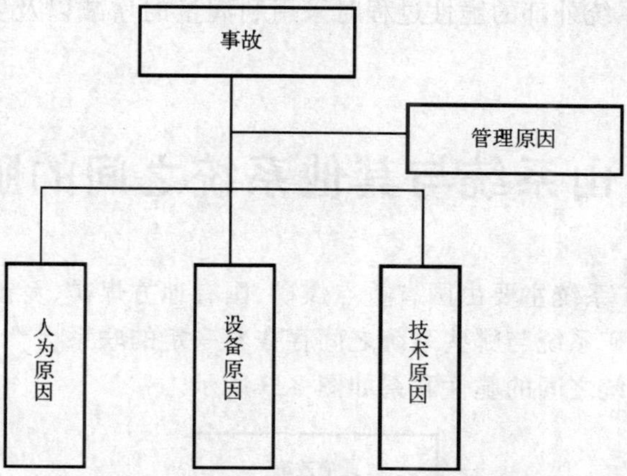

图 8.5　事故发生的原因

8.5　矿山系统之间的联系

这里我们主要考虑国有重点煤矿、国有地方煤矿、乡镇煤矿、非法小煤窑之间的联系，首先可以对各个煤矿的技术指标进行说明[13-17]：

国有重点煤矿：安全设施可以认为是比较完善的，且其在煤价的刺激下没有进行超能力生产，只是在安全设施允许的范围内进行最大的生产，设备、技术、员工素质等安全指标在全国煤矿中属于最好。

国有地方煤矿：安全设施没有国有重点煤矿的完善，煤矿规模也不如国有重点煤矿，在超能力生产方面又未达乡镇煤矿的程度，因此在一定时间段内，国有地方煤矿处于亏损的状态。

乡镇煤矿：安全设施不是很完善，在煤价的刺激下进行超能力生产，但是并没有达到最大限度的生产，设备、技术、员工素质等安全指标次于国有重点煤矿。

小煤窑：基本没有什么安全设施，在煤价的刺激下进行最大限度的超能力生产，设备简陋，技术上也只有基本的采煤技术，员工基本上就是农民出身，且没有进行过专业培训，可以说小煤窑的安全指标等于0。

它们之间的联系也是通过事故的爆发引起的，若是事故的严重程度或者事故的发生频率

超过一定的限度,人们对于煤矿事故就会倍加关注,舆论压力以及政府加大控制力度都会对于处在同一地区的煤矿造成影响,影响主要表现在:一方面,停产整顿,控制煤矿的生产进度等都会对煤矿的经济效益造成影响;而另外一方面,由于某些煤矿的崩溃使得市场上的煤炭供不应求,煤炭价格再度上涨,会使得一些胆大业主无视舆论以及政府控制,更加肆无忌惮,而这些企业一般都是一些小规模的煤矿企业,比如说:非法小煤窑、乡镇煤矿、少部分的国有煤矿。对于小规模煤矿本身的生产就已经达到了其所拥有的设备技术的极限,再度增加产量只会增加它们内部脆性被激发的程度,进而导致这部分煤矿的崩溃,如果政府的控制力度没有起到应有的作用,这种恶性循环就会一直持续下去,直至造成整个煤矿企业的瘫痪。煤矿企业的崩溃对于我们现有条件下能否正常生活是很重要的,所以应该足够地重视对于煤矿企业的控制。

因此,在研究煤矿系统外部的脆性过程时采用利润量的增减以及安全成本的变化这两个指标。

8.6 矿山系统与其他系统之间的脆性联系

在中国,现有的煤矿系统主要由国有重点煤矿、国有地方煤矿、乡镇煤矿、小煤窑组成。下面我们了解一下这些煤矿系统与哪些系统之间存在着一定的联系[18-20]。

煤矿系统与这些系统之间的脆性联系如图 8.6 所示。

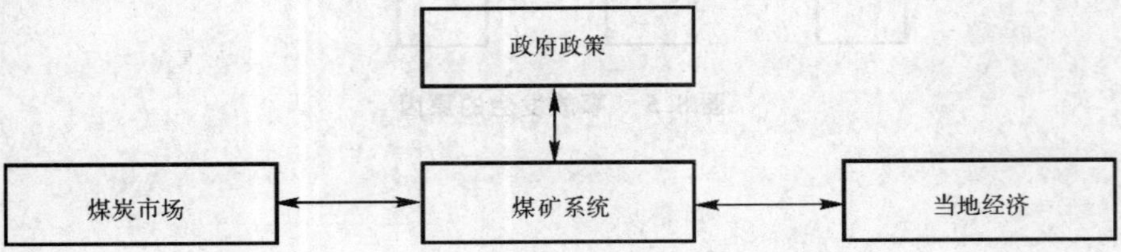

图 8.6 各个系统之间的脆性联系

图 8.6 中的箭头表示了脆性源与脆性接收者的脆性联系。但是这些系统与煤矿系统之间的联系是靠煤矿系统内不同的因素进行关联的。例如,煤矿系统对于政府政策的影响是依靠系统内部的脆性度,而政府政策对煤矿系统的影响则是依靠影响其损失性安全成本;煤炭市场对于煤矿系统的影响是依靠煤炭的价格影响其产量,产量的无度增加又加大事故发生的可能性,而事故的发生又进一步影响了煤炭的供应,供不应求使得煤炭价格又再继续疯长;煤矿系统对于当地经济的影响一方面体现在煤炭系统的繁荣发展加大了当地经济的增长,但是同时,煤矿系统对于当地的地质环境造成了一定的破坏,而当地政府为了煤炭市场给其带来的经济利益会在一定程度上对其进行地方保护,影响国家政策对其的控制。

(1) 矿山系统与当地经济的联系

煤矿要正常的生产必须与当地的村民达成一定的协议才有可能投入生产,如若不然,煤矿所在村的村民一旦反对,矿主的生意就会受到影响。因此,矿主在承包煤矿的时候,一般都会和村主任达成某种默契:煤矿提供给村民一定的"福利",村里则承诺不找煤矿麻烦。但不是所有的"交易"都这么顺利,一旦某个环节出错,村民和矿主间的矛盾就会白热化。矿主需要挖煤赚钱，村民需要从挖煤中获取好处。其实在很大程度上，二者是相互依附的，最好的解决方法就是达成某种平衡，既让村民满意，矿主又能赚到钱。这只是矿山系统对当地经济的正面影响，事物都是具有两面性的，下面来看矿山系统对当地的负面影响。

煤矿区是以煤炭开采为主要生产活动的区域，在其生产过程中将会产生大量的废气、废水及固体废物。据统计，我国煤矿每年排出约 $22\times10^8\,m^3$ 矿井水，$1\times10^8\,m^3$ 选煤水，$2\times10^8\,t$ 煤矸石和 $1\times10^9\,m^3$ 的甲烷，每年因煤矿开采而塌陷的土地 $2\times10^4\,km^2$。再加之长期以来我国环境政策不完善，社会环保意识薄弱，矿区自然环境遭到了严重破坏，大气污染、水污染、地表塌陷、水土流失，出现动植物大量死亡。因此，环境的恶化使得矿区不再适宜人类居住、生存，这会在很大程度上影响当地居民的生活环境。

在当地的矿山系统崩溃后对当地的影响可以认为有这几个方面：一方面，会使当地经济的增长趋势有所下降；另外一方面，会阻止当地的环境进一步恶化。

(2) 矿山系统与煤炭市场的联系

近年来，由于对煤炭需求量的增加，使得煤价一度飙升，而这高额的利润无形中刺激一些煤矿在忽视了安全的情况下疯狂生产，导致了近年来煤矿事故的层出不穷。在煤价上升的同时，给煤矿企业带来了巨额的利润；但是同时也增加了煤矿事故的发生，而煤矿事故的发生又导致了煤矿系统的崩溃，煤矿系统的崩溃会使得市场上的煤炭供不应求，进而会使得煤炭的价格再度飙升。对于一些购买不起昂贵煤炭的人来说，也许会采取极端做法，如砍伐树木，非法自主开设煤矿等，对于社会造成更大的影响。因此，政府应该加大对于煤炭市场以及煤矿事故的控制力度，防止这种恶性循环的愈演愈烈。

在对矿山事故的研究方面，我们主要考虑煤炭市场对于矿山系统的影响，通过对一些煤矿事故的分析，我们可以看出煤炭价格对于煤矿系统的影响主要是通过超能力生产来实现的，所以可以认为煤炭市场对于煤矿的影响关系如图 8.7 所示。

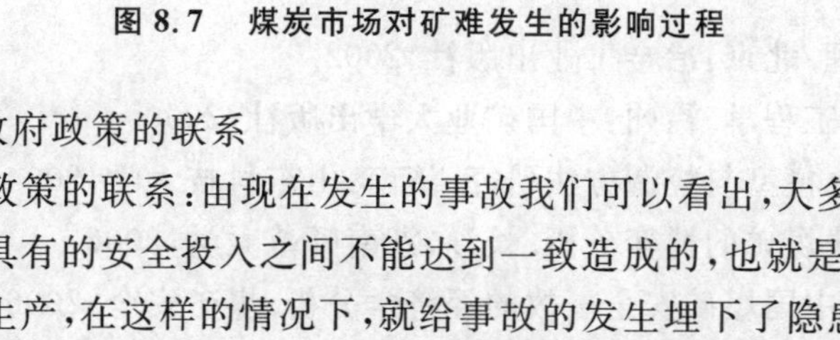

图 8.7　煤炭市场对矿难发生的影响过程

(3) 矿山系统与政府政策的联系

矿山系统与政府政策的联系：由现在发生的事故我们可以看出，大多数都是由矿山系统的生产能力与其本身所具有的安全投入之间不能达到一致造成的，也就是说安全投入不能满足大部分矿山的超能力生产，在这样的情况下，就给事故的发生埋下了隐患。情况的恶化，事故的频发引起了社会的普遍关注，政府加大了对矿山系统的控制能力，其控制的方式主要通过两个途径：强制性地令矿山加大其安全投入；加大事故发生所造成的损失性安全成本，使矿主没有足够的资金赔偿，如图 8.8 所示。

事故的频发使政府加大了控制力度，而其直接后果是在安全成本方面加大了保证性安全成本的投入，而保证性安全成本主要包括设备、技术、人才以及管理方面的投入，使得保证性安全成本能够满足系统的生产能力,降低事故发生的概率,从而遏制事故频发的趋势。

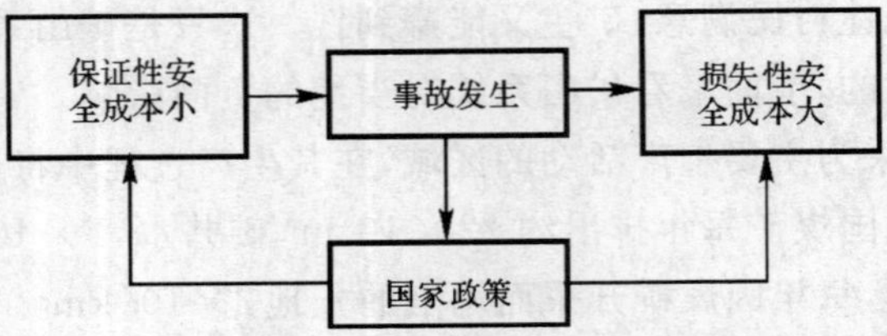

图 8.8 国家政策对煤矿的影响过程

本章小结

在这一章里,我们介绍了煤矿系统脆性被激发的整个过程,分别讨论了煤矿内部脆性的激发以及外部脆性的激发,对于内部脆性主要是依靠事故来传播的,事故的发生不仅对人们的生命财产造成损害,而且对于煤矿本身也加大了损失性成本。损失性成本作用在煤矿系统的安全成本上,也就是在负面加大了安全成本,使得在产量不变的情况下成本加大。而事故爆发的严重性决定了损失性成本的加大幅度,大型的事故所引起的损失性成本有可能会使得整个煤矿的经济无法运转,面临倒闭(崩溃)的危险。一些煤矿系统的倒闭会对整个煤矿企业产生影响,一方面,使得市场上的煤炭供不应求,煤炭价格上涨,促使一些胆大矿主再度非法经营,给事故的进一步发生埋下了隐患;另一方面,煤矿事故的频发引起了社会以及政府的关注,社会舆论的压力以及政府控制力度的加大又会使得一些煤矿对其生产加大控制力度。总体来说,要遏制事故的发生,防止恶性循环的出现,最主要是从根本入手,控制煤炭市场的不稳定,使得煤炭价格不至于疯长,没有高额的利润刺激,非法矿主也不会铤而走险,无视生命的重要性。

参考文献

[1] 陈元桥. GB/T28001—2001《职业健康安全管理体系规范》理解与实施. 北京:中国标准出版社,2001.

[2] 陈宝智. 安全原理. 北京:冶金工业出版社,2002.

[3] 何学秋,等. 安全工程学. 徐州:中国矿业大学出版社,2000.

[4] 苗德俊. 煤矿事故模型与控制方法研究. 济南:山东科技大学,2004.

[5] 李新光. 我国非法煤矿的博弈分析. 长沙:湖南师范大学,2006.

[6] 刘铁敏,秦华礼. 中国煤矿安全事故的经济学分析. 煤矿安全,2006,4:70-72.

[7] 孟智泉. 浅析煤矿职工素质与安全生产的关系. 煤矿安全,2005,36(7):42-44.

[8] 姚庆国. 安全成本与安全工作经济优化. 煤炭学报. 2001,26(3):331-334.

[9] 林红涛. 对辽宁乡镇煤矿安全生产人的分析. 煤矿安全,2004,7(35):54-56.

[10] 姜初炎. 基于人为因素的煤矿安全管理研究. 安徽理工大学学报,2005,1(7):11-15.

[11] 曹庆贵. 煤矿安全评价与安全信息管理. 江苏:中国矿业大学出版社,1993.

[12]　刘永立,刘晓军.矿井安全评价及其确定方法.煤炭技术,2002,21(8):37-38.
[13]　王颖,郭惟嘉,丁连第.对煤矿发展循环经济的研究.商场现代化,2006,10:234.
[14]　秦文贵.如何进行中小煤矿安全现状评价.矿业安全与环保,2005,32(3):24-27.
[15]　施式亮.矿井安全非线性动力学评价模型及应用研究.长沙:中南大学,2000.
[16]　罗东澜.煤矿爆炸安全分级评价及其在煤矿工伤保险中的应用.重庆:重庆大学,2004.
[17]　陈全君.煤矿系统危险与有害因素辨识及其控制方法.煤矿安全,2006,2:65-68.
[18]　陈红,祈慧,谭慧.中国煤矿重大瓦斯爆炸事故规律分析.中国矿业,2005,14(3):64-68.
[19]　汤淳.煤炭市场形势变化对安全生产的影响.安全生产,2002,3:22-24.
[20]　刘穷志.煤矿安全事故博弈分析与政府管制政策选择.经济评论,2006,5:59-63.

第 9 章　系统脆性的自组织临界性分析

9.1　自组织临界性的提出

自组织临界性(Self-Organized Criticality,简称 SOC)理论是由 P Bak,C Tang 和 K Wiesenfeld 于 1987 年在《物理学评论快报》中首次提出的[1]。它是我们观察世界的又一方法,但是至今还没有给出一个明确的数学定义。那么什么是自组织临界性呢? 自组织临界性指的是一类开放的、动力学的、远离平衡态的、由多个单元组成的系统的能够通过一个漫长的自组织过程演化到一个临界态,处于临界态的一个微小的局域扰动可能会通过类似“多米诺效应”的机制被放大,其效应可能会延伸到整个系统,形成一个大的雪崩[2]。P Bak 用一个最简单的沙堆模型给出了自组织临界性形象的解释。

9.1.1　沙堆模型

沙堆模型是自组织临界性理论的典型模型。沙堆模型就是选择一个平板,选择一处位置,使沙子一次一粒、缓慢而均匀地落到平板的这个位置上。随着高度的增加,这个位置以及周围就形成了一个带斜坡的沙堆,当增加到某一高度后,沙堆的斜坡形成了一个很陡的角度,此时再增加一粒沙,沙堆就会发生规模不等的崩塌,就会有沙粒落到平板之外。当落到外面的沙粒与添加到沙堆上的沙粒数量在总数上平衡时,此时沙堆就达到了自组织临界态。此时再添加一粒沙粒,就会使整个沙堆发生规模大小不等的崩塌,可能是局部也可能是全局性的崩塌。下面介绍两个典型的一维和二维沙堆模型。

1. 一维沙堆模型[3]

一维沙堆模型是沙堆模型中最简单的一种。图 9.1 中画出的只是沙堆的右半边,该模型处在亚稳态,边界条件为沙粒只能朝右边离开沙堆。

用 $z_i(i=1,2,\cdots,n-1)$ 表示两个相邻座位的高度差:

$$z_i = h(i) - h(i+1) \tag{9.1}$$

沙粒落在 i 位置的过程为

$$z_i \rightarrow z_i + 1 \tag{9.2}$$

$$z_{i-1} \rightarrow z_{i-1} - 1 \tag{9.3}$$

当高度差超过一个确定临界值 z_c,即 $z_i > z_c$ 时,一个沙粒跌落到下一个座位,有

$$z_i \rightarrow z_i - 2 \tag{9.4}$$

$$z_{i\pm1} \rightarrow z_{i\pm1} + 1 \tag{9.5}$$

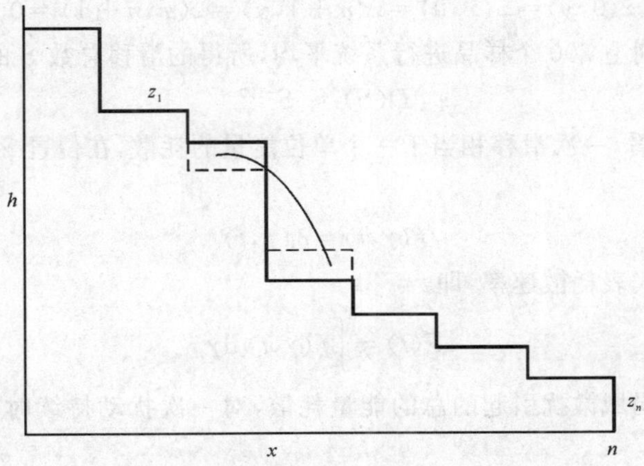

图 9.1　一维沙堆模型示意图

当 $z_i > z_c$ 时,左端的封闭边界条件和右端的开放边界条件可以写作

$$z_0 = 0 \tag{9.6}$$

$$z_n \to z_n - 1 \tag{9.7}$$

$$z_{n-1} \to z_{n-1} - 1 \tag{9.8}$$

当沙堆从一个空系统开始无规则地增加,它最终将变成所有的高度差 z_i 都达到临界值 $z_i = z_c$。这是所有定态中的最小稳定态,任何后加的沙粒都将自左向右从座位上跌落,并在 $i = n$ 处离开系统。如果某个座位上的一个沙粒受到推动,它也将连续跌落直至离开边界。当沙粒无规则地增加时,所得到的沙堆是无规则的白噪声。

2. 二维沙堆模型[3]

二维沙堆模型如图 9.2 所示。

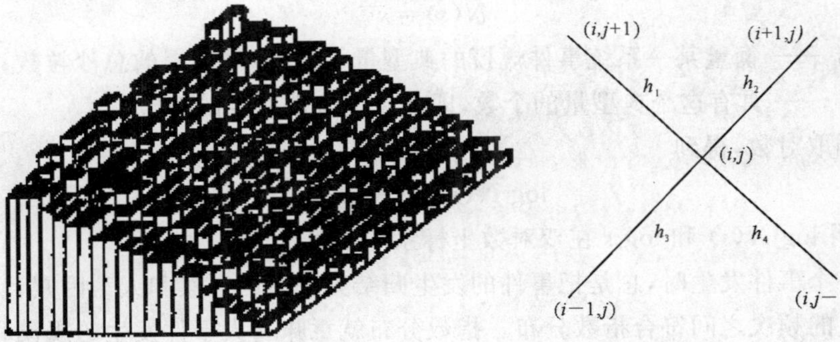

图 9.2　二维沙堆模型示意图

当每个位置的高度差超过临界值 $z(x,y) > z_c$ 时,局域扰动的非线性扩散满足如下方程:

$$z(x,y) \to z(x,y) - 4 \tag{9.9}$$

$$z(x,y \pm 1) \to z(x,y \pm 1) + 1 \tag{9.10}$$

$$z(x \pm 1,y) \to z(x \pm 1,y) + 1 \tag{9.11}$$

它们的边界条件是

$$z(0,y)=z(x,0)=z(n+1,y)=z(x,n+1)=0 \tag{9.12}$$

在对 50×50 阵列上 200 个样品进行系统平均，所得的滑移总数 S 的分布为幂律关系：

$$D(S)\approx S^{-1.0} \tag{9.13}$$

从能量的观点来看，一次滑移相当于一个单位能量的耗散，在位置 γ 和时间 t 的耗散能量可表示为

$$f(\gamma,t)=\delta(\gamma,t) \tag{9.14}$$

在时间 t 的滑移总数代表耗散速率，即

$$F(t)=\int f(\gamma,t)\,\mathrm{d}\gamma \tag{9.15}$$

集团尺寸 s 代表局域微扰引起的总的能量耗散，对一次扰动持续时间进行积分可以得到整个集团尺寸

$$s=\int F(t)\mathrm{d}t \tag{9.16}$$

$F(t)$ 的功率谱为

$$W(f)=\int\langle F(t_0+t)F(t_0)\rangle\exp\ (2\pi \mathrm{i}ft)\,\mathrm{d}t \tag{9.17}$$

这里〈〉代表所有初始时间 t_0 的平均。由此同样可以得到幂律形式的功率谱：

$$W(f)=\int\{tD(t)/[1+(2\pi ft)^2]\}\mathrm{d}t\approx f^{-\beta}=f^{-2+\alpha} \tag{9.18}$$

式中，$\beta\approx 1.57$。

9.1.2 幂律

当沙堆处于自组织临界态时，所发生的沙堆崩塌规模与发生的频次之间的关系在双对数坐标上表现为一条直线，即符合幂律分布。用公式可表示为

$$N(s)=s^{-\tau} \tag{9.19}$$

式中　　s —— 衡量某一系统事件规模的典型量，比如沙堆崩塌的总沙粒数；

$N(s)$ —— 具有这个典型量的个数，即此规模事件发生的频次。

两边分别取对数，得到

$$\log N(s)=-\tau\log s \tag{9.20}$$

式(9.20)表明 $\log N(s)$ 和 $\log s$ 在双对数坐标系中呈直线。

以前在一个事件发生时，总是把事件的发生归结为许多的自然和人为因素，认为事件发生的规模与发生的频次之间符合指数分布。指数分布就意味着大事件发生的规模和频次是相当低的，而现在大规模事件的频繁发生却和这一理论产生了明显的矛盾。如果用自组织临界性的理论来解释这种现象似乎更合理，因为自组织临界性理论认为事件发生的规模和频次之间符合幂律，就说明大规模事件发生的频次是比较大的，下降的趋势不会像指数曲线那么明显。这就解释了大事件的发生其实和小事件遵循着同一个规律。也就是说在自组织临界状态下，小事件能引起连锁反应事故，并对系统中的部分组元产生影响，遍及整体的连锁反应是系统动态行为的本质，在宏观上表现为小事故的发生比大事故多。由此可知，大的灾难性事件发生的概率远比想象的要大，这是因为系统处于自组织临界态的缘故。

9.1.3　分形

自组织临界性除了具有幂律的特征之外，还表现出结构上的分形特征[4-5]。

如果一个系统满足某客体的标度 r 与其上的频度 N，它们之间具有下式的关系，就说该客体满足分形结构

$$N=\frac{c}{r^D} \tag{9.21}$$

式中　c —— 待定常数；

D —— 分形维数，也即为幂律值。

将式(9.21)进行双对数变换，可以得到

$$D=c-\frac{\log N}{\log r} \tag{9.22}$$

分形结构常存在于心率涨落、DNA 序列、细胞膜电位、音乐旋律、水流的变化、高速公路车流的变化等很多方面。

9.2　自组织临界性的相关理论

9.2.1　自组织临界性的特征

自组织临界性具有如下的特征：

(1) 长程时空关联与连通性及时空分形结构[6]

空间上的分形反映为空间分形结构，而时间序列上的幂律功率谱则反映为事件分形结构。空间分形结构和闪烁噪声分别为自组织临界性的空间和时间指纹。在临界点附近，不同空间点上的微小涨落突然扩大而形成空间上的关联，其平均长度称为关联长度。同样，在临界点附近，不同时间上的微小涨落也突然扩大而产生时间上的关联。逼近临界点时，时间上和空间上的关联时间和关联长度突然发生一定程度的发散，从而出现长程时空关联，有时也称长程连通性。长程时空关联和长程连通性是自组织临界性的突出特点。正是临界点附近这种关联时间和关联长度的发散使复杂系统发生自组织而呈现有序的时空结构。

(2) 自组织临界性的实质则是崩塌动力学和分形动力学吸引子[7]

自然界和人类活动中的许多动力学过程都具有 3 大特点：① 过程的不可逆性(演化和历史)及其多重时间标度；② 动力学行为的自相似性和分形性(即标度不变性)；③ 以不同规模的阵发、崩塌方式进行的间歇性。

最近的研究表明，各种动力学行为和现象的分形性来源于自组织过程，并通过崩塌动力学驱动开放、远离平衡、时空延展的巨大耗散系统，使之自发地向临界态演化。临界态是嵌入在 d 维空间加一维时间中的 D 维(分数维)分形动力学吸引子。它由崩塌动力学与瞬态弛豫结合而成。临界态的长程时空关联与时空分形结构是分形动力学吸引子中的截断。

(3) 点断平衡反映了动力学系统向临界状态演化的趋势[8-9]

许多自然现象断断续续地进行演化,这种例子包括地震,火山爆发,太阳耀斑、伽马射线爆发以及生物的演化。点断平衡反映了动力学系统向临界状态演化的趋势。

(4) 预测的不可能性[1]

系统一旦达到临界状态,就通过连锁反应维持在临界状态。在临界状态下,会出现时间和空间上的无标度性,在数学形式上对应着时空幂律关系,由于具有许多自由度,因此对大大小小的事件,尤其是灾难性事件进行预测原理上是不可能的。

9.2.2 自组织临界性与其他理论之间的关系

1. 自组织临界性与一般临界性的区别

自组织临界性虽然是一种自组织的临界稳态,却有许多与一般临界态不同的特征[3]:

1) 它和耗散结构理论与协同学中所说的自组织不同,它不能实现自由度的归并,不能将多自由度的非线性动力学问题约化为低维问题,但却可以根据时空标度变换来描述。

2) 它也不同于平衡相变的临界点,不能利用参数的调节来逼近临界点,但却可以作为一个亚稳定的吸引子,保持在远离平衡的状态之中。

3) 临界点值不是相对于外部控制参量的临界点,而是系统内部相互作用的某个阈值,因此,它对外部参量的变化并不敏感,而对小的噪声相当敏感。根据临界现象的一般特征可知,临界现象的本质是关联长度发散,微小的涨落会引起系统全局的时空响应,从而产生系统属性的无标度性(即特征尺度的消失)。

2. 自组织临界性、混沌和复杂适应系统间的关系

自组织临界状态是继人类的科学认识发现静止稳态、随机状态、混沌状态之后,再次发现的一种新的复杂状态。主要表现在[10]:它不是简单的自组织状态,而是缓慢驱动的、相互作用占主导地位的阈值系统中出现的自组织状态;它也不是简单的临界状态,而是通过自组织形成的临界状态,也就是说不需要外在的干预自发产生的一种临界状态;它不是混沌态,也不是无序的随机态,更不是僵化的封闭状态。它是耗散动力学系统的一种状态,一种处于混沌的边缘的复杂适应状态。在这种状态之下,系统的运行效率最高。

(1) 自组织临界性涌现于混沌边缘

混沌的有序性表现在[10]:

1) 混沌是非线性系统的控制参量按一定方向不断变化而达到某种极限情形的一种结构状态,是一种非周期运动体制。

2) 混沌区的系统行为并非真的是一团乱麻,混沌谱本身还具有无穷的内部结构,其中嵌套着各种周期窗口,非周期与周期难分难解地交叉、缠绕在一起,表明混沌行为具有一种非平庸的有序性。

3) 混沌内部的无穷嵌套结构具有标度变换下的不变性(自相似性),所以从层次关系看,混沌也是具有明显对称特征的有序状态。

动力学研究指出，系统的动力学行为受外部参量的控制，当外部控制参量逐步增大并超过临界阈值时，系统将相继经历不动点（非平衡动态）、极限环（周期性振荡）而达到混沌这样一系列由简单到复杂的吸引子。在周期区与混沌区之间存在一个极窄的区，称它为混沌的边缘。在混沌的边缘，复杂系统成自组织临界态时，具有最大的复杂性、最大的演化性和最大的创新性[7]。

混沌的边缘，是一个系统中的各种要素从无真正静止在某一个状态中，但也没有动荡致解体的那个地方；混沌的边缘也就是生命有足够的稳定性来支撑自己的存在，又有足够的创造性使自己名副其实为生命的那个地方；混沌的边缘就是既有不稳定性，也有稳定性的地方，因此这个地方最容易孕育新奇性的创造；混沌的边缘是一个经常变换在停滞和无政府状态之间的战区，是系统能够自发地调整和存活的地方。正是在这种自组织临界状态下，系统具有最大的活力和运行效率。这种演化行为，可以称之为弱混沌，是系统的自组织临界性质导致的结果。弱混沌不同于完全混沌，其不确定性的增长比混沌行为的不确定性增长缓慢得多，所以是可以对其行为演化进行长期预报的[10]。

（2）自组织临界性与复杂适应系统理论具有相同的特征

复杂适应系统理论的基本思想描述如下[11]：它把系统中的成员称为具有适应性的主体，简称主体。适应性造就复杂性，所谓具有适应性，就是它能够与环境及其他主体进行交互作用，主体在这种交互作用的过程中能够不断“学习”或“积累经验”，并且根据学习到的经验改变自身的结构和行为方式。而且相互作用是“可记忆的”，它表现为进化过程中每个个体的结构和行为方式的变化，环境的影响以不同的方式“存储在”个体内部。计算机模拟表明，自组织临界状态也正是处于混沌的边缘，同样具有复杂适应系统的特征。也许，以复杂适应系统为第一工作原理的复杂性理论和自组织临界性理论描述的是同一个东西，二者也许是同一个理论。

自组织临界性与复杂适应系统理论的相同点是它们都认为复杂性产生于“混沌的边缘”，而不是混沌[10]。

自组织临界性与复杂适应系统理论的不同点是从方法论角度看，自组织临界性理论的“硬科学”实证特点更为突出一些，理论的逻辑结构较为严密，是一种新型的统计理论；而复杂适应系统理论的建构色彩更浓一些，隐喻性更强，其理论框架也比较粗糙，带有明显的经济学与生物学的印记，试图在统计规律之外找到系统从微观到宏观的演化机制。从二者提出的时间看，自组织临界性理论是 1987 年，复杂适应系统理论是 1994 年，作为科学探索的前沿理论，不够完善和成熟是极为正常的。由于这两个理论都还是不成熟的理论，目前还很难看清楚二者能否整合成一个统一的理论框架[10]。也许正是因为这两个理论思想均产生于圣塔菲研究所（SFI），也许正是因为这两个理论思想太接近了，人们宁可使用复杂适应系统，也不使用自组织临界性概念。

9.2.3 自组织临界性应用的领域

有许多大系统的崩溃都是源于系统处于自组织临界态：

1）火灾：参考文献[12,13] 成功地证明火灾系统具有自组织临界性；

2）地震：参考文献[14] 成功地证明地震也属于自组织临界态；

3）灾害预测领域：非线性地震动力学研究表明，地球动力系统是处于自组织临界状态，这进一步证明地震在一定程度上是可以预测的；同时，研究发现中国的森林火灾也具有自组织临界这个特征，发展一种对森林火灾有实际影响的参数的改进模型，结合足够多的数据引用自组织临界性特征可预测未来的森林火灾[15-16]；

4）城市交通领域：公路交通拥挤时的现象视为“自组织过程”，结合元胞自动机理论，制定合理的交通控制方案，对城市交通网络中的车流进行很好地预测、分配、调度和控制，整个城市道路交通系统保持畅通[17-18]；

5）生态学领域：部分学者用自组织临界理论来解释生物进化、物种灭绝等复杂的生态现象，在城市景观模拟和森林景观动态等研究领域该理论得到广泛应用并取得了较好的效果[19]；

6）其他：用于大脑、经济、交通、生物进化[9] 等方面。

9.2.4 脆性与自组织临界性的关系

脆性指的是系统由于外界或内部的扰动，使得系统的一部分崩溃，由于系统的各部分之间具有关联性而导致其他的部分崩溃，从而形成连锁崩溃。我们就说系统的脆性被激发了[20-21]。实际上脆性研究的是系统连锁崩溃现象的本质。这和系统处于自组织临界态时表现出的连锁性的崩塌极为类似。因此，作者提出一个大胆的设想，系统脆性的本质是系统处于自组织临界态。这个设想基于如下的事实：

1）处于自组织临界态的系统可以发生任何规模的崩塌，脆性激发时是出于自组织临界态系统的大规模崩塌，因为脆性具有全局崩溃的特征。

2）系统脆性激发是个小概率的事件，但是当这个小概率事件频繁发生时，即表明脆性激发的规模与频次之间不具有指数的特性，而具有幂律的特性。而幂律正是自组织临界性的一个重要特征。

3）系统脆性激发时表现出连锁崩溃的特征，证明系统中各部分的关联很强，而自组织临界性的一个特征就是具有长程的时空关联。

4）系统脆性激发的原因是系统中的某部分超出了承受的阈值，而自组织临界性的大规模崩塌也是由于系统的参数超出了临界值所致。

基于以上几点，作者认为系统处于自组织临界态是系统脆性激发的根本原因。

下面通过系统脆性的幂律和长程关联性证明作者的结论。

9.2.5 系统脆性与幂律的关系

幂律是自组织临界性的一个重要的特征，为了研究系统脆性激发时系统崩溃事件的规模与频次间是否符合幂律，选择图 5.10 的系统作为研究对象，通过 70 次模拟，得到了系统崩溃事件的规模数据，如表 9.1 所示。表中的规模指的是系统每次模拟崩溃时总损失的状态参量。

表 9.1　70 次系统崩溃事件的规模

序号	规模	序号	规模	序号	规模	序号	规模	序号	规模	序号	规模	序号	规模
1	167	11	9	21	12	31	13	41	71	51	19	61	21
2	12	12	97	22	147	32	22	42	95	52	36	62	197
3	47	13	112	23	27	33	136	43	46	53	97	63	9
4	90	14	121	24	94	34	75	44	37	54	57	64	201
5	97	15	66	25	186	35	6	45	127	55	145	65	26
6	236	16	27	26	258	36	22	46	96	56	21	66	215
7	12	17	27	27	70	37	236	47	9	57	26	67	5
8	137	18	71	28	25	38	14	48	21	58	72	68	12
9	49	19	237	29	136	39	95	49	236	59	258	69	21
10	105	20	196	30	14	40	72	50	70	60	256	70	247

此系统的数据分布如图 9.3 所示。为了使数据具有说服力，选择了 8 个不同的系统重复进行了上述的工作进行对比研究，则这些系统崩溃事件的规模与频次间的双对数坐标关系如图 9.4 所示。

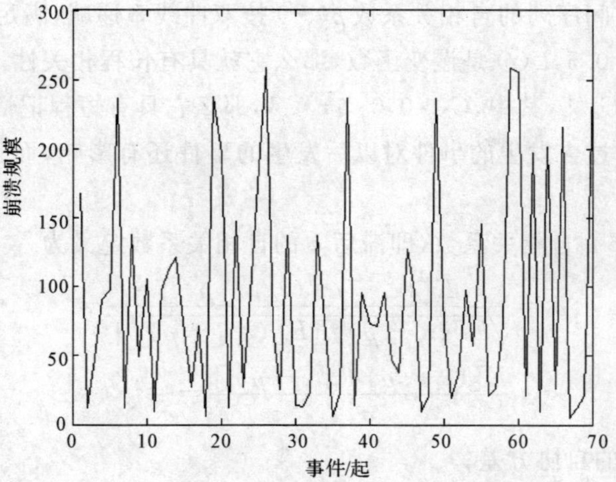

图 9.3　崩溃规模的分布

在这些系统中，系统的平均状态参数越大，系统的崩溃规模与崩溃频次间的直线特征越明显。这也说明系统的平均状态参数越大，则系统处于自组织临界性的可能性也越大，大的崩溃规模出现的概率就越大。从图中还可以得到更重要的一点就是如果系统的平均状态参数达到足够高的程度，则几乎每个系统都会激发系统的脆性，这是相当危险的状态，必须引起足够的重视。

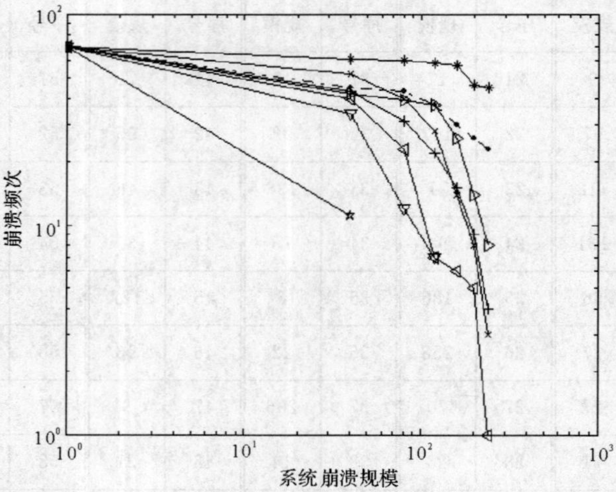

图 9.4　系统脆性与幂律的关系

9.2.6　系统脆性与长程关联间的关系

如果一个系统表现为自组织临界性，那么整个系统参数的时间序列必然是长程相关的。

时间序列的长程相关性的检测方法如下[22]：

如果一个弱平稳时间序列的自相关系数 $\rho(\cdot)$ 按双曲线率递减，满足 $\rho(t)\propto L(t)t^{2d-1}$，当 $t\to\infty$ 时，其中 $0<d<0.5$，$L(t)$ 是慢变函数，那么它就具有长程相关性。相反，如果 $\rho(\cdot)$ 满足下列条件：$|\rho(t)|\leqslant C_r^{|t|}$，其中，$C>0$，$0<r<1$，那么它具有短程记忆性。也就是说，时间序列的长程相关性是指过去发生的事件对以后发生的事件还有影响，而且这种影响在相当大的时滞后仍然存在。

设时间间隔为 k，那么自相关系数，即滞后 k 的自相关系数定义为

$$\rho_k=\frac{E[(z_t-\mu)(z_{t+k}-\mu)]}{\sqrt{E[(z_t-\mu)^2]E[(z_{t+k}-\mu)^2]}}=\frac{E[(z_t-\mu)(z_{t+k}-\mu)]}{\sigma_z^2}=\frac{\gamma_k}{\sigma_z^2} \tag{9.23}$$

式中　γ_k—— 滞后 k 的自协方差；

　　μ—— 随机变量 z_t 的期望。

对平稳过程而言，在时刻 $t+k$ 与时刻 t 的方差相等，令

$$\sigma_z^2=E[(z_t-\mu)^2]=\gamma_0 \tag{9.24}$$

则滞后 k 的自相关系数可写成

$$\rho_k=\frac{\gamma_k}{\gamma_0} \tag{9.25}$$

从表 9.1 的结果中随机抽取 60 个数据($N=60$)。按照自相关系数计算公式计算序列的自相关系数。这里的 $k=0,1,2,\cdots,m$,m 为最大相关延迟,取 $m=N/2$,得到自相关系数的计算结果,如表 9.2 所示。

表 9.2　自相关系数计算结果

k	ρ_k	k	ρ_k	k	ρ_k	k	ρ_k
1	0.811 9	9	0.761 4	17	0.640 5	25	0.523 8
2	0.824 7	10	0.734 3	18	0.582 7	26	0.507 7
3	0.838 1	11	0.686 5	19	0.603 5	27	0.483 6
4	0.825 5	12	0.718 2	20	0.608 0	28	0.461 4
5	0.810 8	13	0.691 7	21	0.563 5	29	0.479 3
6	0.778 5	14	0.684 3	22	0.554 0	30	0.436 4
7	0.781 4	15	0.639 2	23	0.535 6		—
8	0.748 5	16	0.654 3	24	0.531 9		—

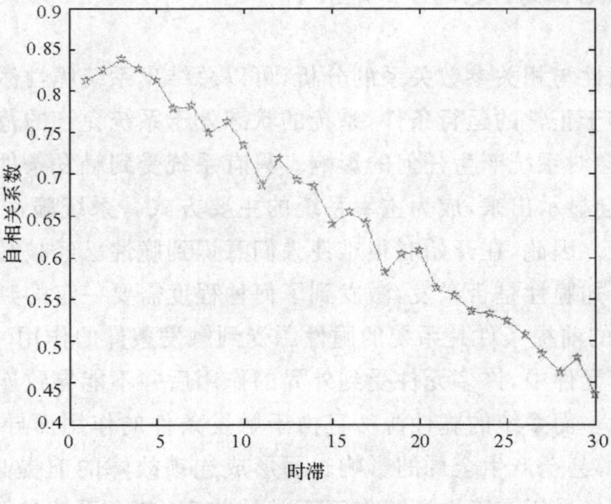

图 9.5　自相关系数折线图

从表 9.2 和图 9.5 的结果可以看出,自相关系数具有缓慢衰减的趋势,因此,系统具有长程相关性。

对其他的能够产生脆性激发的系统用同样的方法进行模拟,得到了如图 9.6 所示的结果。

从图 9.6 中可以看出,虽然能产生脆性激发的系统自相关系数的值不同,但是变化的趋势是完全相同的,因此说脆性激发的系统具有长程相关的特性。这也从另一个方面证明了脆性激发的系统处于自组织临界态。

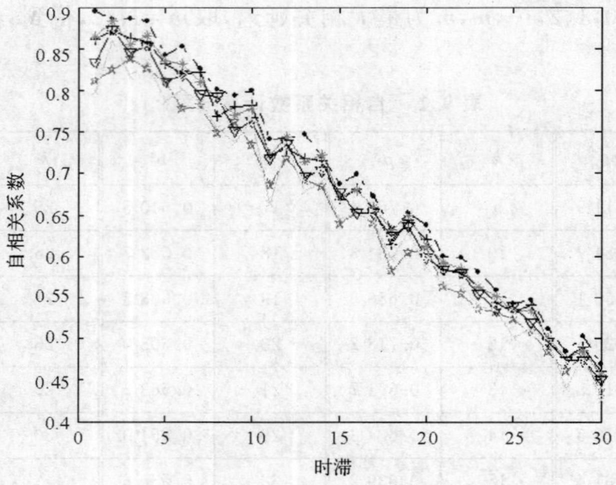

图 9.6 不同系统的自相关系数折线图

9.2.7 系统脆性激发的判断条件

通过以上对系统脆性与相关参数关系的分析,可以总结出系统脆性激发的判断条件。

一个系统如果工作于正常的运行条件,系统的状态处于系统允许的范围内,则此系统的脆性就处于隐藏状态,不会对系统产生任何的影响。只有系统受到触发条件的触发,激发了系统的脆性,系统的脆性才会显示出来,成为主宰系统的主要方式。系统脆性在被激发后,初始表现和一般的故障很相似。因此,在开始时很难使人们意识到脆性已经被激发,这就会使激发的后果更为严重。由此可知脆性是否激发,激发到了何种程度需要一定的判断条件。

(1) 系统脆性发生的前提条件是系统的脆性源受到触发条件的作用

在一个系统的所有元件中,许多元件受到外界的作用后并不能导致连锁故障的发生,它所产生的影响只是局部的。而系统的脆性源一旦由于触发条件的作用而导致故障,就可以在大范围内形成连锁的故障,甚至产生全局的影响。而形成连锁故障的前提必须是系统的脆性源受到触发条件的作用。如果所有脆性源工作于正常的状态,整个系统的脆性就不会被激发。可以说如果没有触发条件,系统的脆性源不会激发脆性。因此,系统的脆性源受到触发条件的作用是系统脆性发生的前提条件。

(2) 系统脆性激发时整个系统处于自组织临界态

系统的自组织临界态是由于自组织临界性引起的。自组织临界态是继人类的科学认识发现静止状态、随机状态、混沌状态之后,再次发现的一种新的复杂状态。它不是简单的自组织状态,而是缓慢驱动、相互作用占主导地位的阈值系统中出现的自组织状态;它也不是简单的临界状态,而是通过自组织形成的临界状态,也就是说不需要外在的干预自发产生的一种临界状态。只要系统处于自组织临界态,系统中就可能发生各种规模的事故。大事件和小事件的发生其实遵循着同一个规律。也就是说脆性激发这类最严重的事故也有可能发生,而且发生的概要远比一般的系统要大得多,因为一般系统在双对数坐标上表现出的是指数曲线。幂律同时说明了脆性的不可避免性。

（3）脆性发生的一个最明显的特征就是事故连锁反应

当系统的脆性被激发后，系统就表现出故障连锁发生的现象。当系统中的脆性源受到触发条件的作用，在系统中就会产生连锁崩溃的现象。这时，整个系统应该处于自组织临界态，所以脆性发生时表现为事故的连锁反应，系统会出现子系统连锁性退出运行的现象。

（4）系统脆性发生的结果是整个系统功能的丧失

一般情况下，系统脆性被激发后必然会引起整个系统的崩溃，从而丧失其应有的功能。同时，脆性的发生过程往往伴随着系统动态运行结构的改变。

本章小结

在这一章中，对自组织临界性理论的提出、特征与混沌和复杂适应系统理论间的关系、与一般临界概念的区别和应用领域的相关知识作了简要的介绍，接着研究了系统脆性与自组织临界性间的关系，提出了系统脆性激发时系统处于自组织临界态的观点，并通过以下两个方面证实了作者的结论：

1)系统崩溃规模与频次间的幂律关系；

2)系统的时间序列具有长程相关性。

通过对系统脆性的研究，最后总结了系统脆性激发的判断方法，从而为分析和研究电力系统的脆性打下了良好的理论基础。

参考文献

[1] Bak P. How nature works: the science of self－organized criticality. New York: Copernicus press, 1996.

[2] 别朝红，王锡凡. 复杂电力系统一类连锁反应事故可靠性评估模型和算法. 电力系统自动化，2001，(34)10：30－34.

[3] 陈忠，盛毅华. 现代系统科学. 上海：上海科学技术文献出版社，2005.

[4] 朱晓华，蔡运龙. 中国自然灾害灾情统计与自组织临界性特征. 地理科学，2004，24(3)：264－269.

[5] 陈忠，王浣尘. 分形生长，噪声与自组织的临界态. 系统辩证学学报，1995，3(2)：69－73.

[6] 蒋良潍. 散粒体自组织临界性及其应用. 成都：西南交通大学，2003 .

[7] 於崇文. 地质作用的自组织临界过程动力学. 地学前缘，2000，7(1)：13－43.

[8] 冯端，金国钧. 凝聚态物理学新论. 上海：上海科学技术出版社，1992.

[9] 李仕雄. 沙堆演化动态特性与自组织临界现象研究. 成都：西南交通大学，2004.

[10] 梅可玉. 论自组织临界性与复杂系统的演化行为. 系统辨证学学报，2004，12(4)：38－42.

[11] 许国志. 系统科学. 上海：上海科技教育出版社，2000.

[12] Bak P, Tang C. A forest－fire model and Some Thoughts on Turbulence. Phys.

Lett. A, 1990, 147(2): 297-300.

[13] 宋卫国,王健.火灾系统的复杂性与可持续防治.科技导报,2004,15(8):15-18.

[14] Bak P, Tang C. Earthquakes as a self-organized critical phenomenon. Geophys. Res, 1989,94(15):635-637.

[15] 苏凤环,姚令侃,等.自组织临界性研究及其在灾害预测中的应用.灾害学,2005,20(3):1-5.

[16] 朱晓华,蔡运龙.中国自然灾害灾情统计与自组织临界性特征.地理科学,2004,24(3):264-270.

[17] 张兆庆,李淡,刘肖峰.城市交通控制系统自组织方法研究.制造业自动化,2002,24(3):38-40.

[18] 汪秉宏,毛丹,等.交通流中的自组织临界性研究.广西师范大学学报,2002,20(1):45-52.

[19] 张锡.可持续发展方法论:生态膜与自组织.世界环境,2000,14(2):14-16.

[20] WEI Qi, JIN Hongzhang, et al. Analysis on the Collapse of Complex System Based on the Brittle Characteristic. 2002 International Symposium on Nonlinear Theory and its Applications(NOLTA 2002), 2002: 1233-1235.

[21] 金鸿章,郭健,韦琦,等.基于滑动 t 检验法的非典型性肺炎疫情的脆性分析.哈尔滨工程大学学报,2003,24(6):640-645.

[22] 王晓颖.泥石流产江流系统自组织临界性模拟研究.成都:四川大学,2003.

第 10 章　基于图论的系统脆性分析

图论是把事物及其他们之间的关系用图描述的一种直观数学模型。在第 2 章用元胞自动机建立了系统的脆性模型。但元胞自动机一般用来描述元胞同质的系统，对于由许多不同的子系统组成的系统来说，元胞自动机就不适于进行模拟了。为了解决这个问题，在这一章中应用图论的方法建立不同质的系统的脆性模型，同时此模型也可应用于同质系统。首先应用图论的知识建立系统脆性传播模型，也就是说把系统中的各个元件等效为节点；其次把系统中各元件间的脆性传播等效为有向边，从而把具体的系统等效为线图进行脆性传播分析。

10.1　系统脆性模型的建立

10.1.1　建立系统脆性模型的基础知识

定义 10.1　系统[1]：至少由两个或两个以上的可以相互区别的要素组成，可用数学式表述为

$$X=\{x_i \mid x_i \in X\},\quad i=1,2,\cdots,n \tag{10.1}$$

式中，x_i 为系统的组成要素或单元。

定义 10.2　节点 J：节点指的是系统中的部件（或子系统）。假设系统共有 n 个部件，对这 n 个部件进行编号一一对应，则有

$$J=\{J_1,J_2,\cdots,J_n\}=\{1,2,\cdots,n\} \tag{10.2}$$

定义 10.3　有向支路 $\boldsymbol{Z}$[2]：故障关系图中的支路是部件（或子系统）间的影响关系，即此支路为有向支路，表示为

$$\boldsymbol{Z}=[(i,j) \mid i,j \in n] \tag{10.3}$$

注意此支路即为有向支路，则有

$$(i,j) \neq (j,i) \tag{10.4}$$

定义 10.4　脆性邻接矩阵 $\boldsymbol{L}$：描述图中各节点两两之间的脆性关系，可表示为

$$\boldsymbol{L}_{n\times n}=[0,1] \tag{10.5}$$

其中当节点 i 对 j 有影响时，$\boldsymbol{L}$ 的值取 1，反之取 0。

定义 10.5　脆性可达矩阵 $\boldsymbol{K}$：表示有向图各节点之间经过一定长度的通路后可以影响的程度，表示为

$$\boldsymbol{K}=[K_{ij} \mid K_{ij} \in 0,1] \tag{10.6}$$

如果矩阵的值为 1，表示脆性关系可从某节点传递到另一个节点；如果值为 0，表示两个节点间不具有脆性传递关系。

定义 10.6　脆性强度 W_{ij}：如果脆性源被触发条件所作用而导致崩溃，则此脆性源的崩溃

将会对与其相关联的子系统或元件产生影响，从而导致连锁性崩溃的发生。为了衡量脆性源的崩溃对其他关联的子系统或元件的影响程度，定义脆性强度 W_{ij}，指子系统或元件 i 的崩溃对子系统或元件 j 的影响程度，且有

$$W_{ij} \in [0,1] \tag{10.7}$$

根据作用强度的不同，值在 $0 \sim 1$ 之间变化。值越大，表明脆性强度越强，当脆性强度为 1 时，将会触发另外的子系统或元件的崩溃。

定义 10.7 权 W：由于要研究系统中脆性激发的情况，所以权用脆性强度来表示，可以表示为

$$W = [W_{ij} \mid i,j \in n] \tag{10.8}$$

式中，$W_{ij} \in [0,1]$。

定义 10.8 传播概率 P：传播概率指的是当脆性强度介于 0 和 1 之间时，节点 i 是否引起节点 j 崩溃，即引起连锁性崩溃的概率，表示为

$$P = [P_{ij} \mid i,j \in n] \tag{10.9}$$

式中，$P_{ij} \in [0,1]$。

定义 10.9 脆性传播矩阵 $\boldsymbol{C}$：表达系统中的节点间是否能引起连锁性崩溃的矩阵为

$$\boldsymbol{C} = [0 \quad 1] \tag{10.10}$$

定义 10.10 脆性传播阈值 Y：节点 i 是否引起节点 j 崩溃，由脆性传播阈值表示，表示为

$$C = \begin{cases} 0, & W_{ij}P_{ij} < Y \\ 1, & W_{ij}P_{ij} > Y \end{cases} \tag{10.11}$$

定义 10.11 节点 i 的脆性度 D_i：由节点 i 引起的崩溃元件的个数为节点 i 的脆性度。

定义 10.12 节点 i 的脆性关键度 η_i：由节点 i 引起的崩溃元件的个数占总的元件个数的值。表示为

$$\eta_i = \frac{D_i}{n-1} \tag{10.12}$$

定义 10.13 可达集 $K(i)$[1]：要素 i 能够到达的要素集合定义为要素 i 的可达集，用 $K(i)$ 表示。即 $K(i)$ 是由可达矩阵中第 i 行中所有矩阵元素为 1 的列所对应的要素组成的，表示为

$$K(i) = [j \in n \mid K_{ij} = 1] \tag{10.13}$$

定义 10.14 先行集 $X(i)$[1]：能到达要素 i 的所有要素的集合定义为要素 i 的先行集，用 $X(i)$ 表示。即 $X(i)$ 是由可达矩阵中第 i 列中所有矩阵元素为 1 的行所对应的要素组成的，表示为

$$X(i) = [j \in n \mid K_{ji} = 1] \tag{10.14}$$

定义 10.15 共同集合 T：把所有要素 i 的可达集 $K(i)$ 与先行集 $X(i)$ 的交集作为先行集 $X(i)$ 的要素集合定义为共同集合，表示为

$$T = [i \in n \mid X(i) \cap K(i) = X(i)] \tag{10.15}$$

定义 10.16 区域划分[1-3]：就是把要素之间的关系分为可达与不可达，并且判断哪些要素是连通的，即把系统分为有关系的几个部分或子部分。

定义 10.17 级间划分[1]：把系统中的所有要素以可达矩阵为准则划分成不同级(层)次。

定义 10.18 强连通块划分(双向通道划分)：每级要素中可能有强连接要素，即两个要素

是互为可达的。

10.1.2　系统脆性模型的建模步骤

基本思想:求出系统的脆性模型,然后进行模型的分层重构,求出分层的系统脆性模型。

基于图论的系统脆性模型建立方法如下[4-11]:

1) 对整个系统进行结构分析,整理出系统的总节点数。

2) 对各部分间的关联情况进行分析,画出各部分间的关联有向图。

3) 求出系统的邻接矩阵。

4) 求出系统的可达矩阵。

可达矩阵的求取方法:令 $\boldsymbol{M}=\boldsymbol{A}+\boldsymbol{I}$,求取 $\boldsymbol{M}^2$,$\boldsymbol{M}^3$ 等元素的值,直到 $\boldsymbol{M}^k=\boldsymbol{M}^{k+1}$ 为止,则可达矩阵为 $\boldsymbol{R}=\boldsymbol{M}^k$。

5) 给出系统的脆性强度矩阵。

6) 给出系统相应的传播概率矩阵。

7) 给出系统的脆性传播阈值。

8) 求出系统的脆性传播矩阵。

9) 由脆性传播矩阵,得到此系统的脆性模型。

10) 求出此系统元件的脆性度矩阵。

11) 求出此系统元件的脆性关键度矩阵。

12) 求出系统的脆性源。

13) 求出系统的可达集、先行集和共同集。

14) 对脆性模型进行区域划分。

区域划分的方法:求出 $K(i)$,$X(i)$,T。如果两要素来自同一部分内,则它们的可达集有共同的单元,即 $K(i)\cap K(j)\neq\varnothing$。

15) 对脆性模型进行级间划分。

级间划分的方法:找出最上一级单元,满足条件 $K(i)=K(i)\cap X(i)$。找出最高一级元素后,即可将其从可达矩阵中划去相应的行和列,然后再从剩下的元素中寻找新的最高级要素。

用 $L_1,L_2,\cdots,L_k$ 表示从上到下的级次,则有 k 个级次的系统,级间划分 $\pi_k(n)$ 可以用下式来表示

$$\boldsymbol{\pi}_k(n)=[L_1,L_2,\cdots,L_k] \tag{10.16}$$

若定义第 0 级为空级,则可以列出求 $\boldsymbol{\pi}_k(s)$ 的迭代算法:

$$L_k=\{i\in n-L_0-L_1-\cdots-L_{k-1}\mid K_{k-1}(i)=K_{k-1}(i)\cap X_{k-1}(i)\} \tag{10.17}$$

式中　$K_{k-1}(i)$—— 由 $n-L_0-L_1-\cdots-L_{k-1}$ 组成的子图求得的可达集合;

　　　$X_{k-1}(i)$—— 由 $n-L_0-L_1-\cdots-L_{k-1}$ 组成的子图求得的先行集合。

即

$$K_{j-1}(i)=\{j\in n-L_0-L_1-\cdots-L_{j-1}\mid K_{ij}=1\} \tag{10.18}$$

$$X_{j-1}(i)=\{j\in n-L_0-L_1-\cdots-L_{j-1}\mid K_{ji}=1\} \tag{10.19}$$

16) 对脆性模型进行强连通块划分。

17) 得到分层的系统脆性模型。

10.1.3 电力系统的脆性建模与分析

7 节点电力系统如图 10.1 所示。

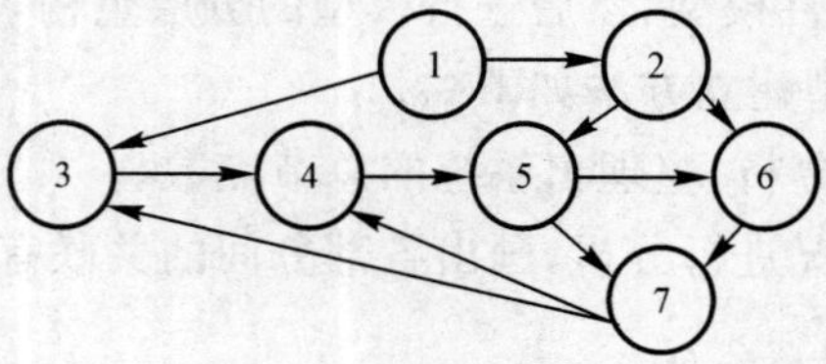

图 10.1 7 节点电力系统

此系统共有 7 个组件,各个组件间的关系如下:

1) 系统的节点:$J=\{1,2,3,4,5,6,7\}$ 。

2) 系统中的有向支路:

$Z=\{(1,2),(1,3),(2,5),(2,6),(3,4),(4,5),(5,6),(5,7),(6,7),(7,3),(7,4)\}$

3) 系统的邻接矩阵:

$$\boldsymbol{L}=\begin{bmatrix}0&1&1&0&0&0&0\\0&0&0&0&1&1&0\\0&0&0&1&0&0&0\\0&0&0&0&1&0&0\\0&0&0&0&0&1&1\\0&0&0&0&0&0&1\\0&0&1&1&0&0&0\end{bmatrix}$$

4) 求系统的可达矩阵:

$$\boldsymbol{L}+\boldsymbol{I}=\begin{bmatrix}1&1&1&0&0&0&0\\0&1&0&0&1&1&0\\0&0&1&1&0&0&0\\0&0&0&1&1&0&0\\0&0&0&0&1&1&1\\0&0&0&0&0&1&1\\0&0&1&1&0&0&1\end{bmatrix}$$

$$(\boldsymbol{L}+\boldsymbol{I})^2=\begin{bmatrix}1&1&1&1&1&1&0\\0&1&0&0&1&1&1\\0&0&1&1&1&0&0\\0&0&0&1&1&1&1\\0&0&1&1&1&1&1\\0&0&1&1&0&1&1\\0&0&1&1&1&0&1\end{bmatrix}$$

$$(\boldsymbol{L}+\boldsymbol{I})^3=\begin{bmatrix}1&1&1&1&1&1&1\\0&1&1&1&1&1&1\\0&0&1&1&1&1&1\\0&0&1&1&1&1&1\\0&0&1&1&1&1&1\\0&0&1&1&1&1&1\\0&0&1&1&1&1&1\end{bmatrix}$$

$$(\boldsymbol{L}+\boldsymbol{I})^4=\begin{bmatrix}1&1&1&1&1&1&1\\0&1&1&1&1&1&1\\0&0&1&1&1&1&1\\0&0&1&1&1&1&1\\0&0&1&1&1&1&1\\0&0&1&1&1&1&1\\0&0&1&1&1&1&1\end{bmatrix}$$

由上面的计算可以看出，$(\boldsymbol{L}+\boldsymbol{I})^4=(\boldsymbol{L}+\boldsymbol{I})^3$，所以系统脆性可达矩阵为

$$\boldsymbol{K}=\begin{bmatrix}1&1&1&1&1&1&1\\0&1&1&1&1&1&1\\0&0&1&1&1&1&1\\0&0&1&1&1&1&1\\0&0&1&1&1&1&1\\0&0&1&1&1&1&1\\0&0&1&1&1&1&1\end{bmatrix}$$

从系统脆性可达矩阵可以看出，节点 1 可以到达其他 6 个节点，如果系统的脆性强度和脆性传播概率足够大的话，可以造成整个系统的崩溃。

5）脆性强度矩阵：

$$\boldsymbol{W}=\begin{bmatrix}0&0.9&0.8&0&0&0&0\\0&0&0&0&0.6&0.2&0\\0&0&0&0.9&0&0&0\\0&0&0&0&0.8&0&0\\0&0&0&0&0&0.7&0.9\\0&0&0&0&0&0&0.9\\0&0&0.4&0.8&0&0&0\end{bmatrix}$$

6）传播概率矩阵：

$$\boldsymbol{P}=\begin{bmatrix}0 & 0.7 & 0.9 & 0 & 0 & 0 & 0\\0 & 0 & 0 & 0 & 0.8 & 0.5 & 0\\0 & 0 & 0 & 0.9 & 0 & 0 & 0\\0 & 0 & 0 & 0 & 0.7 & 0 & 0\\0 & 0 & 0 & 0 & 0 & 0.8 & 0.2\\0 & 0 & 0 & 0 & 0 & 0 & 0.8\\0 & 0 & 0.7 & 0.9 & 0 & 0 & 0\end{bmatrix}$$

7）设系统的脆性传播阈值 $Y=0.5$。

8）脆性传播矩阵：

$$\boldsymbol{C}=\begin{bmatrix}0 & 1 & 1 & 0 & 0 & 0 & 0\\0 & 0 & 0 & 0 & 0 & 0 & 0\\0 & 0 & 0 & 1 & 0 & 0 & 0\\0 & 0 & 0 & 0 & 1 & 0 & 0\\0 & 0 & 0 & 0 & 0 & 1 & 0\\0 & 0 & 0 & 0 & 0 & 0 & 1\\0 & 0 & 0 & 1 & 0 & 0 & 0\end{bmatrix}$$

$$(\boldsymbol{C}+\boldsymbol{I})^2=\begin{bmatrix}1 & 1 & 1 & 1 & 0 & 0 & 0\\0 & 1 & 0 & 0 & 0 & 0 & 0\\0 & 0 & 1 & 1 & 1 & 0 & 0\\0 & 0 & 0 & 1 & 1 & 1 & 0\\0 & 0 & 0 & 0 & 1 & 1 & 1\\0 & 0 & 0 & 1 & 0 & 1 & 1\\0 & 0 & 0 & 1 & 1 & 0 & 1\end{bmatrix}$$

$$(\boldsymbol{C}+\boldsymbol{I})^3=\begin{bmatrix}1 & 1 & 1 & 1 & 1 & 0 & 0\\0 & 1 & 0 & 0 & 0 & 0 & 0\\0 & 0 & 1 & 1 & 1 & 1 & 0\\0 & 0 & 0 & 1 & 1 & 1 & 1\\0 & 0 & 0 & 1 & 1 & 1 & 1\\0 & 0 & 0 & 1 & 1 & 1 & 1\\0 & 0 & 0 & 1 & 1 & 1 & 1\end{bmatrix}$$

$$(\boldsymbol{C}+\boldsymbol{I})^4=\begin{bmatrix}1 & 1 & 1 & 1 & 1 & 1 & 0\\0 & 1 & 0 & 0 & 0 & 0 & 0\\0 & 0 & 1 & 1 & 1 & 1 & 1\\0 & 0 & 0 & 1 & 1 & 1 & 1\\0 & 0 & 0 & 1 & 1 & 1 & 1\\0 & 0 & 0 & 1 & 1 & 1 & 1\\0 & 0 & 0 & 1 & 1 & 1 & 1\end{bmatrix}$$

$$(\boldsymbol{C}+\boldsymbol{I})^5=\begin{bmatrix}1&1&1&1&1&1&1\\0&1&0&0&0&0&0\\0&0&1&1&1&1&1\\0&0&0&1&1&1&1\\0&0&0&1&1&1&1\\0&0&0&1&1&1&1\\0&0&0&1&1&1&1\end{bmatrix}$$

9）最后形成此系统的脆性模型如图 10.2 所示。

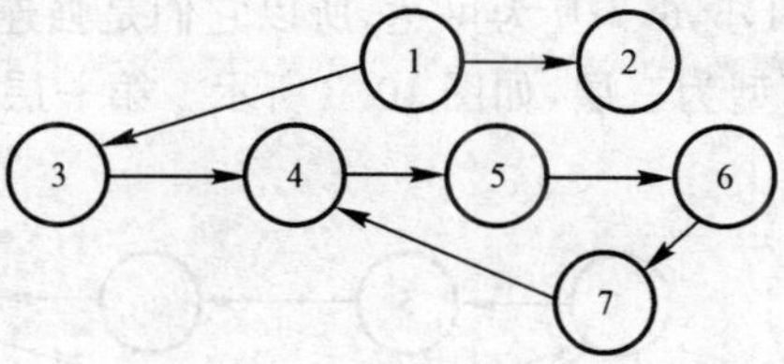

图 10.2　系统的脆性模型

从矩阵的运算可知，节点 1 的崩溃引起其他 6 个节点的崩溃。

10）此系统元件的脆性度矩阵：

$$\boldsymbol{D}_i=[6\quad 0\quad 4\quad 3\quad 3\quad 3\quad 3]$$

11）此系统元件的脆性关键度矩阵：

$$\boldsymbol{\eta}=\left[1\quad 0\quad \frac{2}{3}\quad \frac{1}{2}\quad \frac{1}{2}\quad \frac{1}{2}\quad \frac{1}{2}\right]$$

12）此系统元件的脆性源：

$$S=\{1\}$$

13）此系统的可达集、先行集和共同集如表 10.1 所示。

表 10.1　系统的可达集、先行集和共同集

要素	$K(i)$	$X(i)$	$K(i)\cap X(i)$	T
1	1,2,3,4,5,6,7	1	1	
2	2	1,2	2	
3	3,4,5,6,7	1,3	3	
4	4,5,6,7	1,3,4,5,6,7	4,5,6,7	1
5	4,5,6,7	1,3,4,5,6,7	4,5,6,7	
6	4,5,6,7	1,3,4,5,6,7	4,5,6,7	
7	4,5,6,7	1,3,4,5,6,7	4,5,6,7	

14）区域划分：由于只有一个共同元素，所以具有一个连通域。

15）级间划分：找出最高层

由于

$$K(2)=K(2)\cap X(2)$$

$$K(4)=K(4)\cap X(4)$$
$$K(5)=K(5)\cap X(5)$$
$$K(6)=K(6)\cap X(6)$$
$$K(7)=K(7)\cap X(7)$$

划去 2,4,5,6,7 后,有

$$K(3)=K(3)\cap X(3)$$

划去 3,有

$$K(1)=K(1)\cap X(1)$$

16) 强连通块划分:由于 4,5,6,7 互为可达,所以它们是强连通块。

17) 划分后的分层脆性模型为三层,如图 10.3 所示。第一层为 2,4,5,6,7,第二层为 3,第三层为 1。

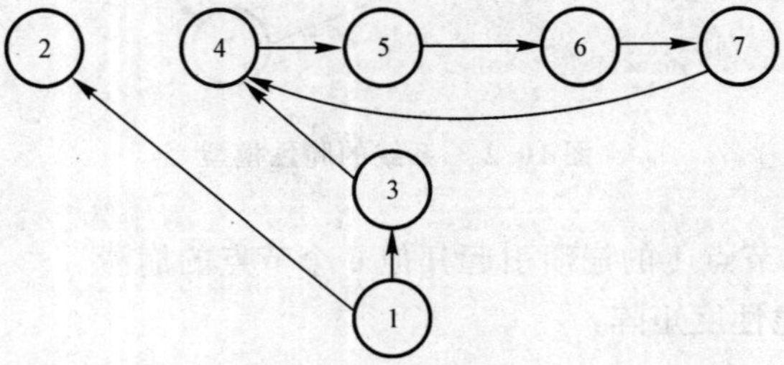

图 10.3 系统脆性分层图

10.1.4 系统脆性传播的模式

系统脆性激发过程中,连锁性传播的模式有以下几种情况:

(1) 一因一果模式(链式)

一因一果模式如图 10.4 所示。

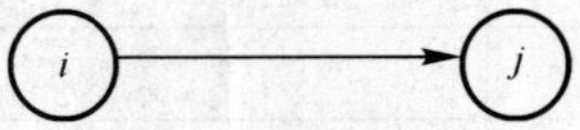

图 10.4 一因一果模式

(2) 多因一果模式

多因一果模式如图 10.5 所示。

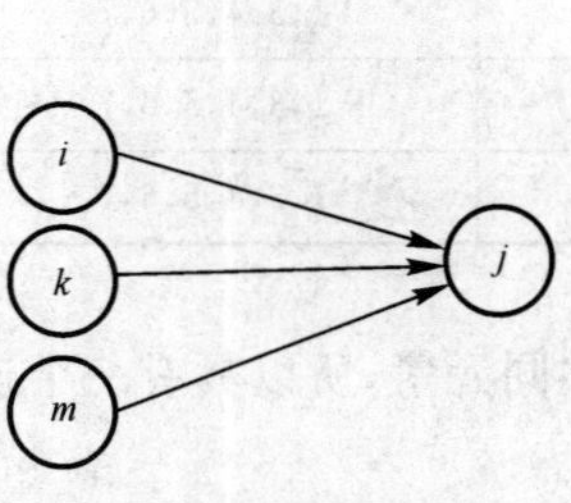

图 10.5 多因一果模式

(3) 一因多果模式

一因多果模式如图 10.6 所示。

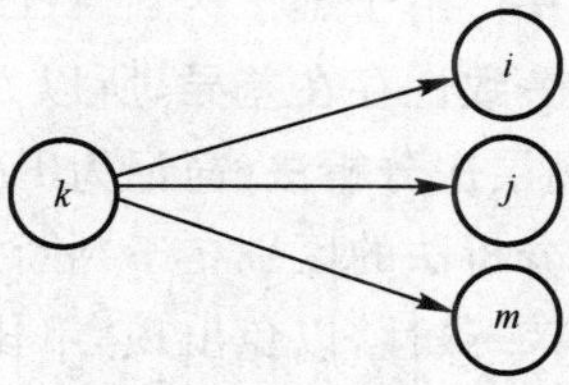

图 10.6　一因多果模式

(4) 多因多果模式

多因多果模式如图 10.7 所示。

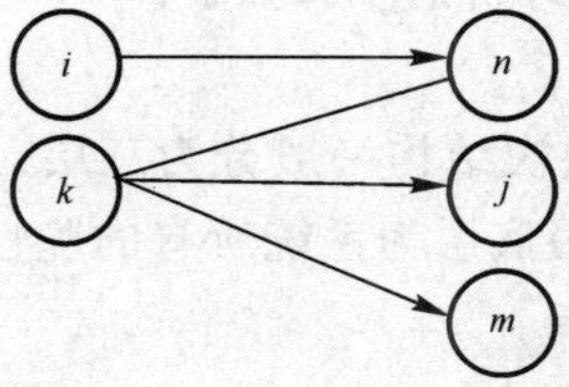

图 10.7　多因多果模式

(5) 环式

环式如图 10.8 所示。

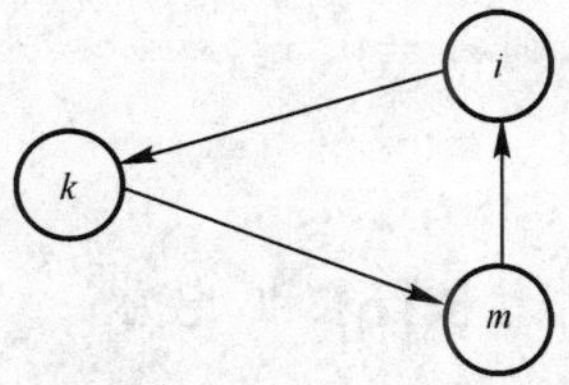

图 10.8　环式

10.2　电力变压器的脆性源评价

10.2.1　系统脆性源的评价

对脆性源的评价就是求出每个脆性源引起系统脆性的概率，用来评价脆性源的脆性级别。

由于系统具有层次性[12]，所以选择用层次分析法进行脆性源的评价。层次分析法(AHP)是美国著名的运筹学家 Saaty T. L. 于 1977 年提出的，它是一种定性和定量相结合的决策方法。AHP 把复杂的问题分解为各个组成因素，将这些因素按支配关系分组形成有序的递阶层次结构，通过两两比较的方式确定层次中诸因素的相对重要性，然后综合人的判断，以决定决策诸因素相对重要性总的顺序。由于难于达到 AHP 的判断矩阵的一致性指标以及判断矩阵的一致性与人们决策思维的一致性存在差异，所以人们在层次分析法中引入模糊一致矩阵，从而得到一种实用有效的模糊层次分析法（简记为 FAHP）[13,14]。

模糊层次分析法同普通的层次分析法的区别在于判断矩阵的模糊性。在构成判断矩阵的时候，要求此矩阵在大体上应该具有一致性，以免出现“甲比乙重要，乙比丙重要，而丙又比甲重要”的违反常识的情况。一个混乱的经不起推敲的判断矩阵有可能导致计算的错误。因此还要把此矩阵改成模糊一致矩阵，以重要、同等重要和不重要三个等级来区别每一层次中各因素对上层某因素的相对重要性，然后改造成模糊一致矩阵，可以省去判断矩阵的一致性，并且保证了一致性。

基于模糊层次分析法的脆性源评价的步骤如下：

(1) 建立系统递阶层次结构图

根据分析将因素分层。递阶层次结构一般分为三层：最高层（目标层）、中间层（准则层）和最底层（措施层或方案层），一般最底层为系统所有的脆性源。之后标明上一层元素与下一层元素之间的关系，并用结构图表示。

(2) 构成优先关系矩阵

以矩阵形式（如 $\boldsymbol{E}=[e_{ij}]_{m\times m}$）表达每一层次中各因素对上层某因素的相对重要性，其矩阵元素则可按下述方法确定：

如果因素 i 比因素 j 重要，则 $e_{ij}=1.0$；

如果因素 j 比因素 i 重要，则 $e_{ij}=0$；

如果因素 i 与因素 j 同样重要，则 $e_{ij}=0.5$。

(3) 构成模糊一致矩阵

具体的方法如下：

首先对模糊判断矩阵 $\boldsymbol{E}=[e_{ij}]_{m\times m}$ 按行求和，记为

$$r_i=\sum_{k=1}^{m}e_{ik},\quad i=1,2,\cdots,m \tag{10.20}$$

并施以如下数学变换：

$$r_{ij}=\frac{r_i-r_j}{2m}+0.5 \tag{10.21}$$

则由此建立的矩阵 $\boldsymbol{R}=[r_{ij}]_{m\times m}$ 是模糊一致的。

(4) 计算各层因素相对于上一层次某因素的相对重要度

我们的目的就是从模糊一致的判断矩阵去推算本层次各因素对上一层次的某个因素的重要性次序。这种次序是以相对数值大小来表示的，常用的方法为根法。即将矩阵 $\boldsymbol{R}$ 的各个列向量采用几何平均，然后归一化，得到的列向量就是权重向量。计算公式如下：

$$\boldsymbol{w}_s=\frac{\left(\prod_{j=1}^{n}r_{ij}\right)1/n}{\sum_{k=1}^{n}\left(\prod_{j=1}^{n}r_{kj}\right)1/n},\quad i=1,2,\cdots,n \tag{10.22}$$

其计算步骤如下：

第一步：R 的元素按行相乘得一新向量；

第二步：将新向量的每个分量开 n 次方；

第三步：将所得向量归一化即为权重向量。

(5) 计算各层因素对系统故障的相对重要度

计算各层因素对系统故障的相对重要度时，必须要自上而下进行。

假定已经算出第 $k-1$ 层上 n_{k-1} 个元素相对于系统故障的权重排序向量为

$$\boldsymbol{w}^{(k-1)}=\begin{bmatrix}w_1^{(k-1)} & w_2^{(k-1)} & \cdots & w_{n_{k-1}}^{(k-1)}\end{bmatrix}^{\mathrm{T}} \tag{10.23}$$

第 k 层上 n_k 个元素对第 $k-1$ 层上第 j 个元素为准则的排序权重向量设为

$$\boldsymbol{p}_j^{(k)}=\begin{bmatrix}p_{1j}^{(k)} & p_{2j}^{(k)} & \cdots & p_{n_k}^{(k)}\end{bmatrix}^{\mathrm{T}} \tag{10.24}$$

其中不受 j 支配的元素的权重为零。令

$$\boldsymbol{P}=\begin{bmatrix}p_1^{(k)} & p_2^{(k)} & \cdots & p_{n_{k-1}}^{(k)}\end{bmatrix} \tag{10.25}$$

这是 $n_k\times n_{k-1}$ 的矩阵，表示 k 层上元素对 $k-1$ 层上各元素的排序，那么第 k 层上元素对总目标的合成排序向量 $\boldsymbol{w}^{(k)}$ 由下式给出：

$$\boldsymbol{w}^{(k)}=\begin{bmatrix}w_1^{(k)} & w_2^{(k)} & \cdots & w_{n_k}^{(k)}\end{bmatrix}^{\mathrm{T}}=\boldsymbol{P}^{(k)}\boldsymbol{w}^{(k-1)} \tag{10.26}$$

或

$$w_i^{(k)}=\sum_{j=1}^{n_{k-1}}p_{ij}^{(k)}w_j^{(k-1)},\quad i=1,2,\cdots n \tag{10.27}$$

并且一般地有

$$\boldsymbol{w}^{(k)}=\boldsymbol{P}^{(k)}\boldsymbol{P}^{(k-1)}\cdots\boldsymbol{w}^{(2)} \tag{10.28}$$

这里 $\boldsymbol{w}^{(2)}$ 是第二层上元素对总目标的排序向量。

由模糊层次分析法我们知道，层次总排序实际上就给出了某一层的子系统（或元件）的相对于总目标的相对重要度排序。因此，层次总排序的结果可以求出系统中脆性源激发系统脆性的概率，概率大的脆性源就是危险脆性源。

10.2.2　电力变压器的脆性源评价的建立

电力变压器是电力系统的一个重要的部件。据统计，仅 2000 年和 2001 年两年期间，电力变压器发生故障的次数就为 102 起[15]，所以对电力变压器的脆性分析是十分必要的。

用模糊层次分析法对变压器[16]的脆性源进行评价的步骤如下：

1. 建立变压器故障的递阶层次结构图

建立变压器故障的递阶层次结构图如图 10.9 所示。图中 F_1 表示围屏放电；F_2 表示绕阻绝缘故障（匝间击穿或绕阻变形）；F_3 表示引线对地放电或发生闪络；F_4 表示悬浮电位体感应放电；F_5 表示油流带电；F_6 表示有载分接开关箱渗漏油；F_7 表示油中气泡引发的局部放电；F_8 表示进水受潮；F_9 表示分接开关接触不良；F_{10} 表示绕阻引线接触不良；F_{11} 表示过负荷或冷却不良引起的绕组过热；F_{12} 表示结构件及磁屏蔽中漏磁引起的过热；F_{13} 表示铁芯局部短路或多点接地。

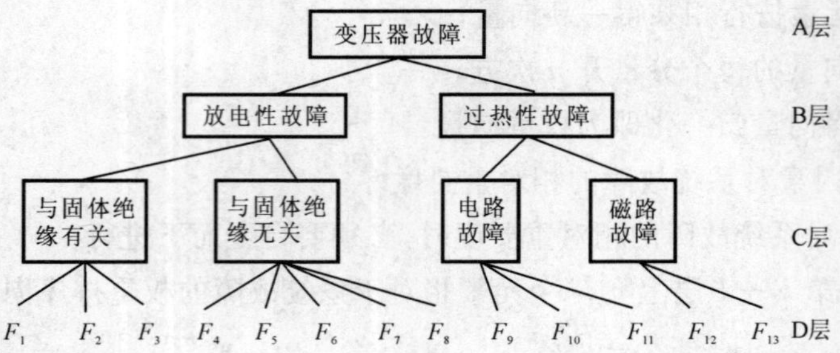

图 10.9 变压器故障的递阶层次结构图

2. 构成优先关系矩阵

为计算方便，定义记号如下：$\boldsymbol{A}$ 表示变压器故障；$\boldsymbol{B}_1$ 表示放电性故障；$\boldsymbol{B}_2$ 表示过热性故障；$\boldsymbol{C}_1$ 表示与固体绝缘有关；$\boldsymbol{C}_2$ 表示与固体绝缘无关；$\boldsymbol{C}_3$ 表示电路故障；$\boldsymbol{C}_4$ 表示磁路故障。

这里一共需要构造 7 个优先关系矩阵 $\boldsymbol{A}$—$\boldsymbol{B}$，$\boldsymbol{B}_1$—$\boldsymbol{C}$，$\boldsymbol{B}_2$—$\boldsymbol{C}$，$\boldsymbol{C}_1$—$\boldsymbol{F}$，$\boldsymbol{C}_2$—$\boldsymbol{F}$，$\boldsymbol{C}_3$—$\boldsymbol{F}$，$\boldsymbol{C}_4$—$\boldsymbol{F}$，其数值如下：

$$\boldsymbol{A}\text{—}\boldsymbol{B}=\begin{bmatrix}0.5 & 1\\ 0 & 0.5\end{bmatrix}$$

$$\boldsymbol{B}_1\text{—}\boldsymbol{C}(\boldsymbol{C}_1,\boldsymbol{C}_2)=\begin{bmatrix}0.5 & 1\\ 0 & 0.5\end{bmatrix}$$

$$\boldsymbol{B}_2\text{—}\boldsymbol{C}(\boldsymbol{C}_3,\boldsymbol{C}_4)=\begin{bmatrix}0.5 & 1\\ 0 & 0.5\end{bmatrix}$$

$$\boldsymbol{C}_1\text{—}\boldsymbol{F}(\boldsymbol{F}_1,\boldsymbol{F}_2,\boldsymbol{F}_3)=\begin{bmatrix}0.5 & 0 & 0\\ 1 & 0.5 & 0\\ 1 & 1 & 0.5\end{bmatrix}$$

$$\boldsymbol{C}_2\text{—}\boldsymbol{F}(\boldsymbol{F}_4,\boldsymbol{F}_5,\boldsymbol{F}_6,\boldsymbol{F}_7,\boldsymbol{F}_8)=\begin{bmatrix}0.5 & 0.5 & 0 & 1 & 0\\ 0.5 & 0.5 & 0 & 1 & 0\\ 1 & 1 & 0.5 & 1 & 0\\ 0 & 0 & 0 & 0.5 & 0.5\\ 1 & 1 & 1 & 0.5 & 0.5\end{bmatrix}$$

$$\boldsymbol{C}_3\text{—}\boldsymbol{F}(\boldsymbol{F}_9,\boldsymbol{F}_{10},\boldsymbol{F}_{11})=\begin{bmatrix}0.5 & 1 & 0\\ 0 & 0.5 & 0\\ 1 & 1 & 0.5\end{bmatrix}$$

$$\boldsymbol{C}_4\text{—}\boldsymbol{F}(\boldsymbol{F}_{12},\boldsymbol{F}_{13})=\begin{bmatrix}0.5 & 1\\ 0 & 0.5\end{bmatrix}$$

3. 将优先关系改造成模糊一致矩阵

结果如下：

$$\boldsymbol{A}\text{—}\boldsymbol{B}=\begin{bmatrix}0.5 & 0.75\\ 0.25 & 0.5\end{bmatrix}$$

$$\boldsymbol{B}_1-\boldsymbol{C}=\begin{bmatrix}0.5 & 0.75\\0.25 & 0.5\end{bmatrix}$$

$$\boldsymbol{B}_2-\boldsymbol{C}=\begin{bmatrix}0.5 & 0.75\\0.25 & 0.5\end{bmatrix}$$

$$\boldsymbol{C}_1-\boldsymbol{F}(\boldsymbol{F}_1,\boldsymbol{F}_2,\boldsymbol{F}_3)=\begin{bmatrix}0.5 & 0.33 & 0.17\\0.67 & 0.5 & 0.33\\0.83 & 0.67 & 0.5\end{bmatrix}$$

$$\boldsymbol{C}_2-\boldsymbol{F}(\boldsymbol{F}_4,\boldsymbol{F}_5,\boldsymbol{F}_6,\boldsymbol{F}_7,\boldsymbol{F}_8)=\begin{bmatrix}0.5 & 0.5 & 0.35 & 0.6 & 0.3\\0.5 & 0.5 & 0.35 & 0.6 & 0.3\\0.65 & 0.65 & 0.5 & 0.75 & 0.45\\0.4 & 0.4 & 0.25 & 0.5 & 0.2\\0.7 & 0.7 & 0.55 & 0.8 & 0.5\end{bmatrix}$$

$$\boldsymbol{C}_3-\boldsymbol{F}(\boldsymbol{F}_9,\boldsymbol{F}_{10},\boldsymbol{F}_{11})=\begin{bmatrix}0.5 & 0.67 & 0.33\\0.33 & 0.5 & 0.17\\0.67 & 0.83 & 0.5\end{bmatrix}$$

$$\boldsymbol{C}_4-\boldsymbol{F}(\boldsymbol{F}_{12},\boldsymbol{F}_{13})=\begin{bmatrix}0.5 & 0.75\\0.25 & 0.5\end{bmatrix}$$

4. 层次单排序

根据上述模糊一致矩阵，利用根法算出单排序结果如下：

A 层相对于 B 层：

$$\boldsymbol{w}_0=[0.634]^{\mathrm{T}}$$

C 层相对于 B 层中的 B_1：

$$\boldsymbol{w}_1=[0.634\quad 0.366\quad 0\quad 0]^{\mathrm{T}}$$

C 层相对于 B 层中的 B_2：

$$\boldsymbol{w}_2=[0\quad 0\quad 0.634\quad 0.366]^{\mathrm{T}}$$

F 层相对于 C 层中的 C_1：

$$\boldsymbol{w}_3=[0.212\quad 0.333\quad 0.455\quad 0\quad 0\quad 0\quad 0\quad 0\quad 0\quad 0\quad 0\quad 0]^{\mathrm{T}}$$

F 层相对于 C 层中的 C_2：

$$\boldsymbol{w}_4=[0\quad 0\quad 0\quad 0.073\quad 0.073\quad 0.332\quad 0.019\quad 0.503\quad 0\quad 0\quad 0\quad 0]^{\mathrm{T}}$$

F 层相对于 C 层中的 C_3：

$$\boldsymbol{w}_5=[0\quad 0\quad 0\quad 0\quad 0\quad 0\quad 0\quad 0\quad 0.266\quad 0.067\quad 0.667\quad 0\quad 0]^{\mathrm{T}}$$

F 层相对于 C 层中的 C_4：

$$\boldsymbol{w}_6=[0\quad 0\quad 0\quad 0\quad 0\quad 0\quad 0\quad 0\quad 0\quad 0\quad 0.634\quad 0.366]^{\mathrm{T}}$$

5. 层次总排序

根据前述层次单排序的结果，按下式计算总排序为

$$\boldsymbol{W}=[\boldsymbol{w}_1\quad \boldsymbol{w}_2\quad \boldsymbol{w}_3\quad \boldsymbol{w}_4\quad \boldsymbol{w}_5\quad \boldsymbol{w}_6]\boldsymbol{w}_0=$$

$$[0.085\quad 0.134\quad 0.183\quad 0.017\quad 0.017\quad 0.077\quad 0.004\quad 0.117\quad 0.062\quad 0.015$$

0.155 0.085 0.049]^T

6. 脆性分析

通过层次总排序的结果,可以看出,变压器中的危险脆性源为事件 2,3 和 11,即绕组绝缘故障(匝间击穿或绕阻变形),引线对地放电或发生闪络及过负荷或冷却不良引起的绕组过热是引起电力变压器脆性激发的高传播源。这个结果在对 1998—2002 年的 5 年的变压器故障统计结果中得到证实[17]。

本章小结

在这一章中,基于图论理论建立了系统的脆性模型,包括对于系统脆性相关的定义的提出,同时给出了基于图论对系统脆性建模的步骤。通过对一个 7 节点的电力系统进行脆性分析,给出了系统的分层脆性模型并求出了系统的脆性源,同时给出了系统脆性传播的模式。最后基于模糊层次分析法对系统脆性源进行了评价,求出了导致严重后果的危险脆性源。把这种方法应用于电力变压器的脆性源评价,求出了电力变压器的危险脆性源。

参考文献

[1] 汪应洛. 系统工程理论、方法与应用. 北京:高等教育出版社,1992.

[2] 戴一奇. 图论及其应用. 北京:水利电力出版社,1998.

[3] 兰家隆,刘军. 应用图论计算法. 北京:水利电力出版社,1995.

[4] 王朝瑞. 图论. 3 版. 北京:北京理工大学出版社,2005.

[5] 曹军海,张和明,熊光楞. 多 Agent 仿真中 Agent 行为的形式化描述方法. 系统仿真学报,2004,16(11):2398-2400.

[6] LIU Yanfei, Kevin M. Passino. Cohesive Behaviors of Multiagent Systems With Information Flow Constraints. IEEE Transactions on Automatic Control, 2006, 51 (11): 1734-1748.

[7] Eguchi T, Hirasawa K ,HU Jinglu, et al. A study of evolutionary multiagent models based on symbiosis. IEEE Trans. on Systems Man and Cybernetics, 2006, 31 (1): 179-193.

[8] XIAO Feng, WANG Long. Dynamic behavior of discrete—time multiagent systems with general communication structures. Physica A, 2006 (370): 364-380.

[9] 吴铁军,吕勇哉. 离散时间动态系统稳定性分析方法. 自动化学报,1990,15 (5):408-414.

[10] 刘秉正. 非线性动力学和混沌基础. 长春:东北师范大学出版社,1994.

[11] 李夏,戴汝为. 系统科学与复杂性. 自动化学报,1998,24(2):200-207.

[12] 姜璐. 系统的层次结构. 自然辩证法研究,1994,24(2):16-21.

[13] 王莲芬,许树柏. 层次分析引论. 北京:中国人民大学出版社,1990.

［14］ 姚敏.计算机模糊信息处理技术.上海:上海科学技术文献出版社,1999.
［15］ 郭永基.电力系统可靠性分析.北京:清华大学出版社,2003.
［16］ 杨莉,周跃峰,等.变压器故障诊断专家系统中的基于面向对象层次分类模型.高压电器,1999,3:15－18.
［17］ 王晓莺.变压器故障与监测.北京:机械工业出版社,2004.

第 11 章　复杂系统脆性理论在非典型性肺炎中的应用

在数理统计中,一类重要的问题就是假设检验问题。在总体的分布函数完全未知或只知其形式,但不知其参数的情况下,为了推断总体的某些性质,提出某些关于总体的假设。假设检验就是根据样本对所提出的假设作出判断:是接受,还是拒绝。这种提出假设然后作出否定或肯定的判断通常称为显著性检验。在假设检验中,通常若要否定原假设需要有显著性的事实,即小概率事件发生,否则就认为原假设成立。显著性水平越小,则以此显著性水平为概率的小概率事件就越难发生,一旦小概率事件发生了,这种否定就越有力,也就越能说明问题[1-2]。

假设检验也可分为参数检验和非参数检验,当总体分布形式已知,只对某些参数作出假设,而作出的检验为参数检验,对其他假设作出的检验为非参数检验。再要说明一点的是所谓"小概率事件"。在一个问题中,通常是指定一个正数 α,$0<\alpha<1$,认为概率不超过 α 的事件是在一次实验中不会发生的事件,这个 α 称为显著性水平。对于实际问题可根据不同的需要和侧重指定不同的显著性水平。

本章在进行突变检测之前,根据动态分维数来描述 2003 年春夏之交,发生在我国的非典型性肺炎疫情(Severe Acute Respiratory Syndrome,简称 SARS)的发展趋势。2003 年 4 月至 5 月 SARS 的蔓延,已经成为我国经济发展和社会生活中的一个障碍,成为必须严肃对待的一个问题。从最初疫情的发生和发展来看,它并不是缓慢的变化,而是在某个阶段有个突跳,造成了在患病人数方面大量的人口剧增。

本章采用突变理论中的尖点突变模型来对 SARS 进行直观的定性分析,为了使分析的结果具有合理性。以首都北京每天新增的确诊人员人数和医务人员患病的人数为例,采用双总体滑动 t 检验法对其进行了仿真。基于仿真结果,对其进行了扼要的脆性分析,描述了如果没有采取有效的控制措施,会增加民众的恐慌心理,不利于国家战略的可持续发展,通过分析为今后类似的危机事件提供一个可供借鉴的方法。

11.1　动态分维数法描述 SARS 发展过程

11.1.1　动态分维数法的原理

什么是维数?为了确定物体或几何图形中任意一点位置所需的独立坐标数,或说独立方向的数目,就是该物体或几何图形的维数,即欧氏维数,或称拓扑维数,也称为经典维数。根据该定义,因独立坐标数是整数,所以经典维数必须是整数。比如说,点是零维,直线是 1 维,平面是 2 维,长方体是 3 维,空间是 3 维,时间是 1 维。实质上,维数是客体在单位时间内由于自身之发展而填充(充满)空间之能力。因此,可在保留时空的经典维数即整数坐标的前提下,扩展运动客体的维数。虽然我们的世界是 3 维空间和 1 维时间,但在时空中运行的客体(物质、现象,几何图形等)的空间维数却不必受整数维的限制,它可以为一实数[3-9]。

分数维数就是豪斯道夫维数,下面给出豪斯道夫分维公式

$$D_f=\frac{\ln K}{\ln L} \tag{11.1}$$

式中,D_f 为豪斯道夫维数,它是一种"容量"维数。它的含义是:对于空间中任意一个运行的客体,如果沿此客体的每个独立方向都扩大 L 倍,而得到的新客体比原客体扩大了 K 倍,则该表达式就是客体的"容量"维数,即豪斯道夫维数,它可以是整数,也可以是分数。

豪斯道夫分维数是最基础的一种分维数。目前,所研究的维数包括整数维 d、豪斯道夫维数 D_f 以及其他维数,大都是静态维数,即在维数的种种计算公式中不考虑时间因素。以豪斯道夫维数 D_f 为基础,在豪斯道夫维数 D_f 中引入时间 t 这个因素,使 D_f 可以随时间而变化,故称为动态分维数,记为 D_{ft}。具体地说,动态分维数 D_{ft} 是专门计算函数(方程)和迭代函数(方程)的豪斯道夫维数 D_f。

本小节的目的是为了利用动态分维数 D_{ft} 来描述 SARS 的发展过程,通过给出一个直观的图形描述来了解 SARS 发展的总体趋势,从而为接下来的分析提供一个基准和依据。

11.1.2　仿真结果曲线

我们以北京为例来进行分析,根据国家卫生部 2003 年 4 月至 5 月发布的非典型性肺炎疫情的数据来进行仿真。研究的对象分别为:每天新增的确诊人数和医务人员患病人数。将每天新增的确诊人数(医务人员患病人数)假设成一个时间序列$\{X_1,\cdots,X_{t-1},X_t,X_{t+1},\cdots\}$,由于数据的数量原因,取其的迭代函数为

$$X_{t+3}=f(X_{t+2},X_{t+1}),\quad t=1,2,\cdots \tag{11.2}$$

令

$$\begin{cases}L=|X_{t+3}/X_{t+1}|+|X_{t+3}/X_{t+2}| \\ K=|X_{t+2}/X_{t+1}|+|X_{t+1}/X_t|\end{cases},\quad t=1,2,\cdots \tag{11.3}$$

则根据豪斯道夫维数,给出动态分维数的仿真公式形式,表示如下:

$$D_{ft}=\frac{\ln K}{\ln L} \tag{11.4}$$

根据式(11.3)和式(11.4)进行仿真,分两个时间段进行考虑,一个是 2003 年 4 月 21 日至 5 月 15 日(见图 11.1 和图 11.2);另一个是 2003 年 4 月 21 日至 5 月 25 日(见图 11.3 和图 11.4)。通过分别对北京每天新增的确诊人数和新增的医务人员患病人数进行数据仿真,可得仿真曲线如图 11.1 至图 11.4 所示。

下面给出北京每天新增确诊人数和医务人员患病人数的原始数据的变化曲线仿真结果,如图 11.5 和图 11.6 所示(图中考察的日期为 4 月 21 日至 5 月 25 日)。

在进行动态分维数 D_{ft} 的仿真时,将考察的日期分为 4 月 21 日至 5 月 15 日和 4 月 21 日至 5 月 25 日的原因是为后面章节做准备。

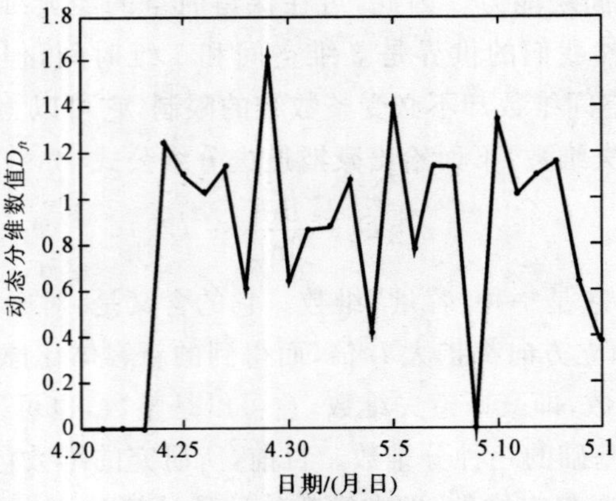

图 11.1 北京每天新增确诊人数的 D_{ft} 曲线

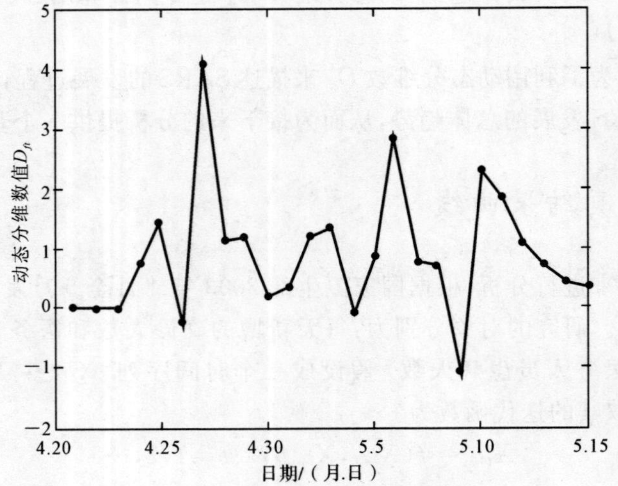

图 11.2 北京每天新增医务人员患病人数的 D_{ft} 曲线

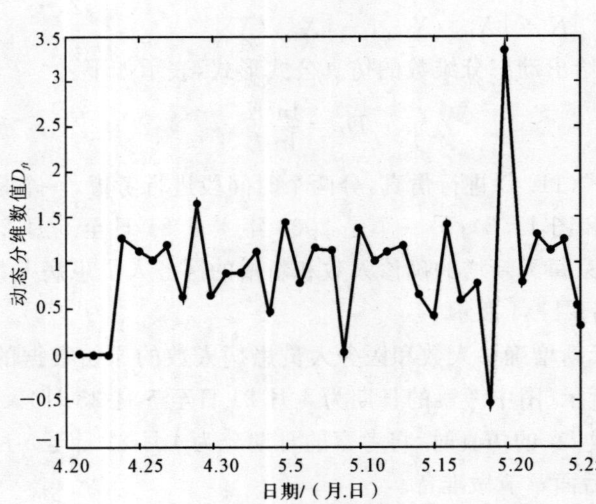

图 11.3 北京每天新增确诊人数的 D_{ft} 曲线

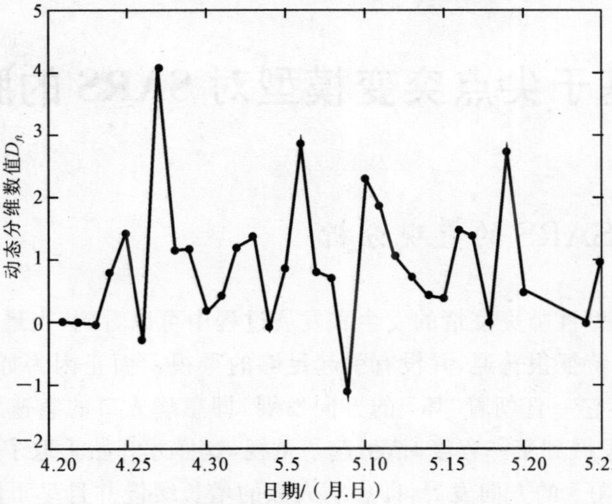

图 11.4　北京每天新增医务人员患病人数的 D_{ft} 曲线

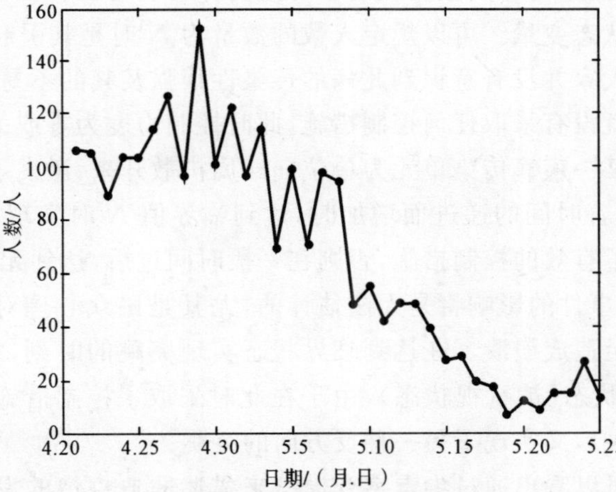

图 11.5　北京每天新增的确诊人数

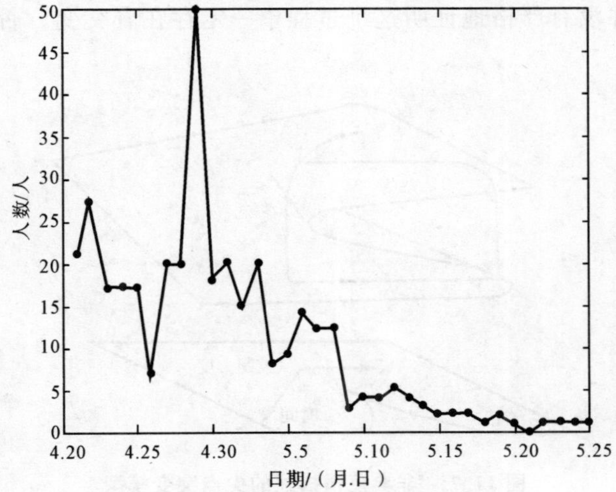

图 11.6　北京每天新增的医务人员患病人数

11.2 基于尖点突变模型对SARS的脆性分析

11.2.1 对SARS的直观分析

从2003年春非典型性肺炎疫情的发生和发展过程中可以看到，当最初只有少数病例的时候，由于其初始的发病特征很普通，并没有引起足够的重视。而正因为如此，人们就没有采取任何的防范措施，使得它一直朝着“坏”的方向发展，即患病人口的急速增长及由此带来的民众心理的恐慌。当它发展到某一程度时，引起了重视，这样才开始采取了有效的措施来控制它的蔓延。使得它朝着“好”的方向发展，即患病人数的增长缓慢并且呈下降趋势以及民众的恐慌情绪渐渐减轻，直至消失[10-17]。

现在以尖点突变模型来对非典型肺炎的事件进行分析。可以将控制力度和时间作为控制因素，将发病人数作为状态变量。可以规定人数的数量为 N 时是其引起重视的临界点。当初始发病的人数很少时，大家并没有意识到此病的传染性很强及其的不易治疗性，因此没有给以其足够的重视，自然也就没有采取任何控制措施，此时控制力度为零或为负值。由于这种对疾病的忽视态度，使其以某一疾病传染单元为单位向四周扩散开来，激发了患病人数剧增的这个状态的发生。当人数随着时间的递进而增加时，达到临界值 N 时实现了一个突跳。此时，引起了专家的重视，采取了有效的控制措施，否则在一段时间过后，达到无法控制的状态，使得由此事件所带来的对其他事件的影响将是无法估计的，尤其是民众心理对非典的恐慌情绪将会影响到社会的稳定，甚至造成崩溃。在达到临界状态实现突跳的时刻，它由一种状态（不被重视状态）突跳到另一种状态（被重视状态），由于在此时采取了控制措施，即控制力度加大，使得发病人数开始降低，最后又实现了另一种反方向的突跳。

通过上面的论述，可以看出通过尖点突变模型来描述非典疫情的发展状况是合理的也是可行的。如图11.7所示，其中上叶为不重视状态，下叶为重视状态。而上面的论述，只给了我们一个直观的认识，并没有严格地证明这个过程中一定存在着突变。否则，前面的论述就不成立。

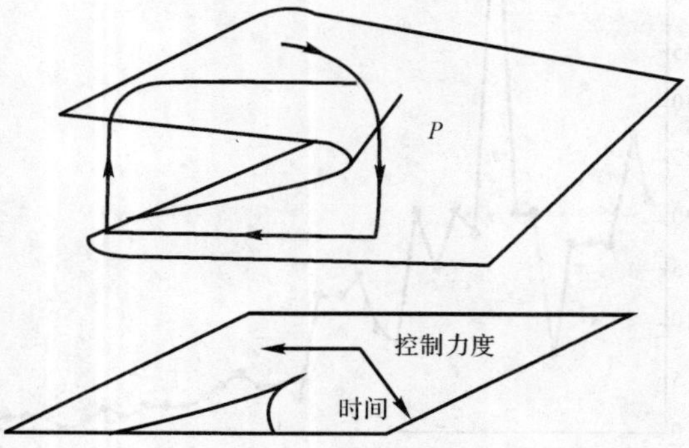

图11.7 非典疫情描述的尖点突变模型

11.2.2　根据滑动 t 检验法确定 SARS 危机事件突变点的有无

根据国家卫生部公布的 4 月和 5 月的非典疫情报告数字进行滑动 t 统计量，并作显著性即突变检验。根据式(6.94) 和式(6.95)，在计算过程中，不断变动子序列的长度，以提高计算的可靠性。

我们首先以北京每天新增的确诊病人为例进行分析，如图 11.8 所示(图中所示的日期是从 4 月 21 日至 5 月 15 日)。

图 11.8 中的滑动 t 检验曲线出现了 3 个峰值。其实，出现这 3 个峰值的主要原因是：即使采取了有效的控制措施，但是此病的潜伏期特性引发了实际中的数据发生波动，使其时而升高时而降低。另外也说明了这样一种情况，就是当 4 月 30 日和 5 月 1 日出现的高峰期，对后来的数据产生了主要的影响，所以尽管在 5 月上旬人数呈下降趋势的时候，会又出现一个高峰期。

取显著性水平 $\alpha=0.001$，则 $t_\alpha=3.922$，从图 11.8 中可以看出峰值点的滑动 t 统计量的值明显大于临界值 t_α，即证明了此过程中存在着显著性的突变。图 11.9 为北京的每天新增的医务人员患病人数的滑动 t 检验曲线。取与图 11.8 相同的显著性水平，可以看出医务人员患病人数的峰值点的滑动 t 统计量的值也明显大于临界值 t_α，即此过程也存在着显著性的突变。

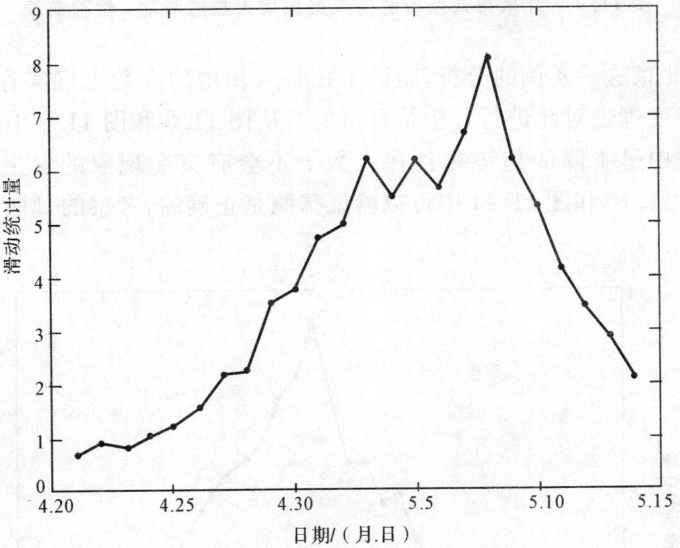

图 11.8　北京每天新增确诊人数的滑动 t 检验曲线

可以看出图 11.9 中医务人员患病人数的峰值出现在与图 11.8 第一个峰值相同的时间上，而且从这两幅图的滑动 t 检验曲线，可以看出它们的发展趋势基本一致，即在最初没有采取控制措施的时候，它们都呈上升的趋势，出现了峰值点过后，开始有不同程度的下降趋势。这些都说明了，每天新增的确诊患者人数与新增的医务人员患病人数之间存在着关联性。实际上，医务人员与患者的接触是最密切的，且此病是近距离飞沫传染的。因此，在未采取任何的防范措施之前，医务人员的危险性是最大的，自然他们患病的概率也很大，而这与仿真的结果是相吻合的。如果将每天新增的患者人数作为脆性源，将新增的医务人员患病人数作为脆性接收者，通过上面的分析，可以判断出在采取控制措施之前此脆性源为此脆性接收者的主脆性源；在采取控制措施之后为亚脆性源。在图 11.9 中所考察的日期是与图 11.8 相同的。

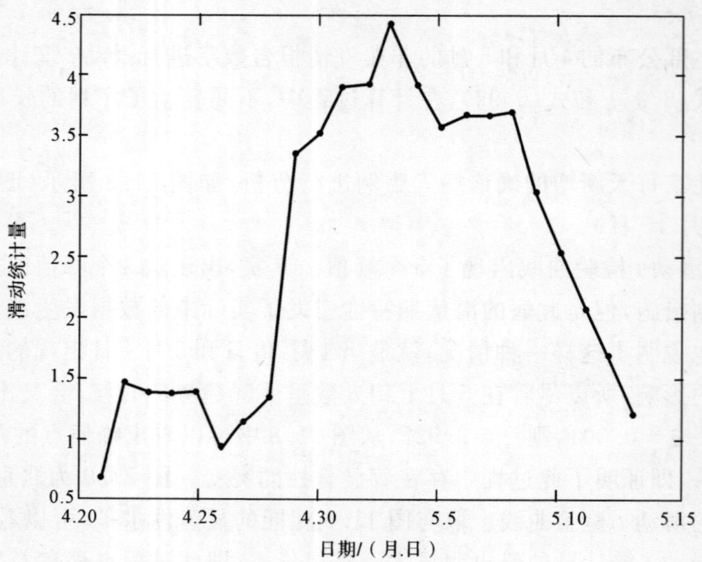

图 11.9　北京每天新增医务人员患病人数的滑动 t 检验曲线

至此，通过对北京这一实例的分析，验证了在每天新增的人数上确实存在着突变。因此，本书中所采用的突变理论对此进行分析是可行的。从图 11.8 和图 11.9 中可以估计非典疫情在今后的发展过程中呈下降的趋势并且在人数上不会有突变现象的发生，如图 11.10 和图 11.11 所示。从图 11.10 和图 11.11 中可以验证猜测是正确的，考察的日期为从 4 月 21 日至 5 月 25 日。

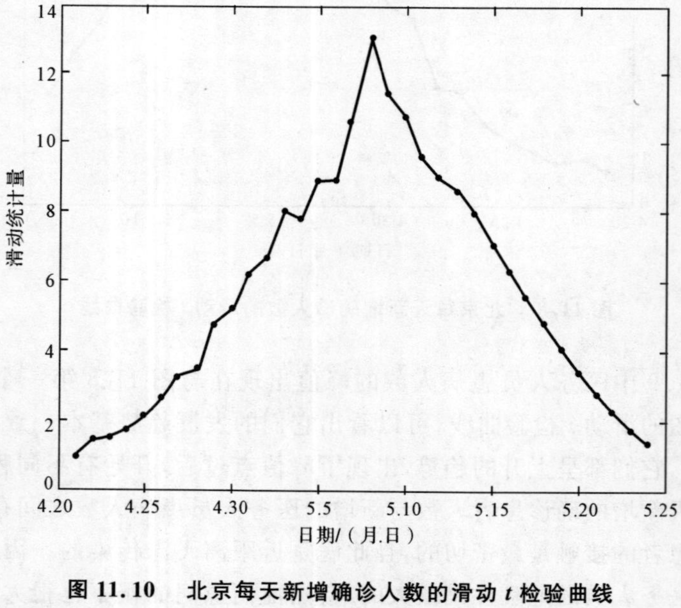

图 11.10　北京每天新增确诊人数的滑动 t 检验曲线

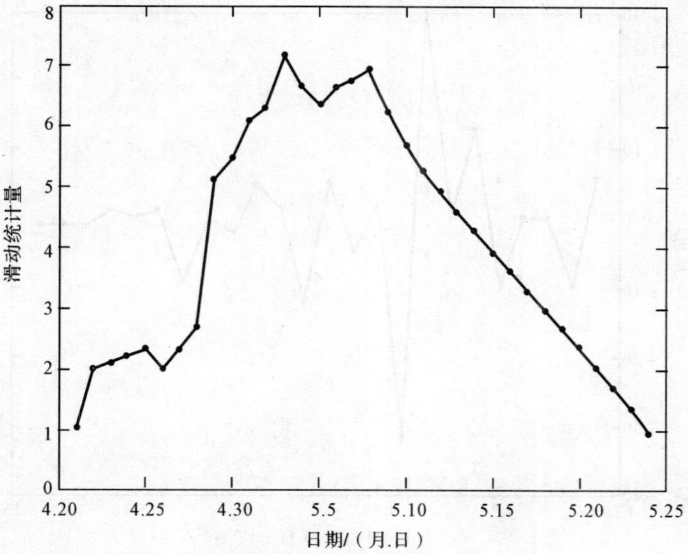

图 11.11　北京每天新增医务人员患病人数的滑动 t 检验曲线

11.2.3　新增人数的趋势变化

在 11.1.2 小节中，我们验证了每天新增的确诊人数与医务人员患病人数均有突变，并预测了患病人数在今后不会有突变现象发生且呈下降趋势。根据式(6.96)对北京从 4 月 21 日至 5 月 15 日每天新增的确诊人数与医务人员患病人数进行发展趋势仿真，以每两天数据为一组，仿真曲线如图 11.12 和图 11.13 所示。

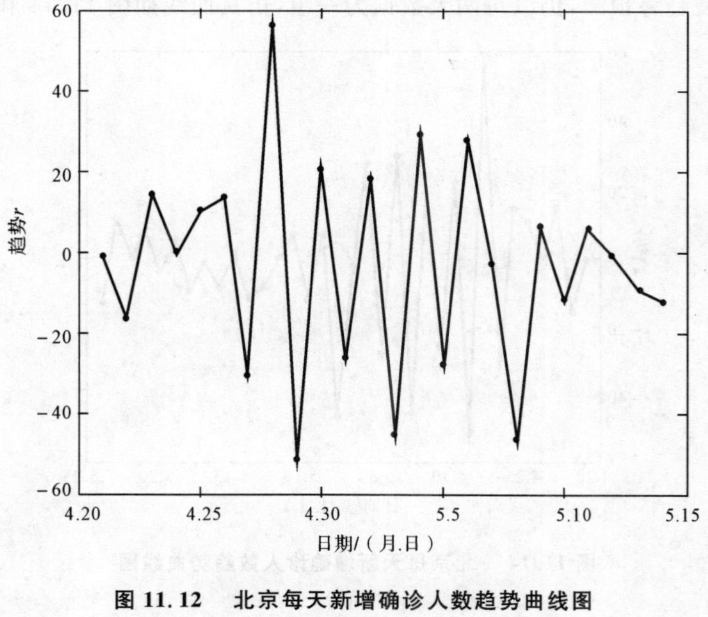

图 11.12　北京每天新增确诊人数趋势曲线图

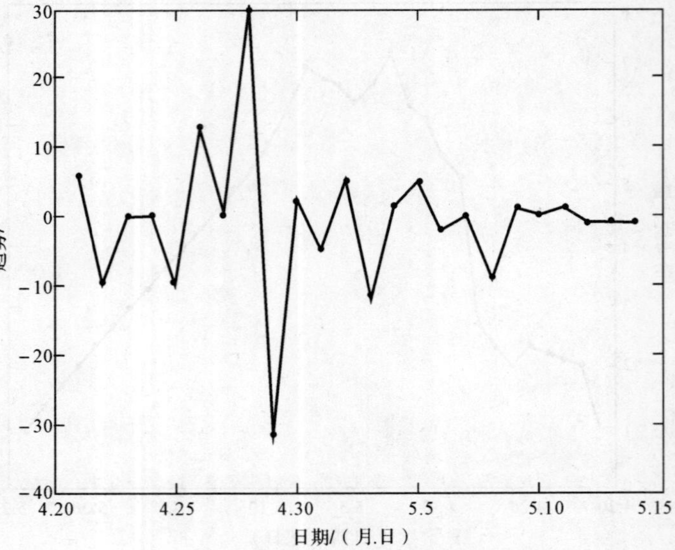

图 11.13　北京每天新增医务人员患病人数趋势曲线图

从图 11.12 和图 11.13 中我们可以看出，它们都在 4 月 28 日出现了一个峰值，在 4 月 29 日出现了一个波谷，也就是说明了 4 月 29 日这天新增的确诊人数最多，从 4 月 30 日这一天开始实现了人数增长的回落。而实际情况是，由于采取了有效的控制措施，所以抑制了人数的继续上涨。在以后的过程中，虽然采取了控制措施，但是由于此病的潜伏期特性，所以在峰值过后又出现了一些波动，但总的来说，增加的幅值并不大，总体趋势趋于下降，并且出现了负增长。预测以后即使会有增长，但幅值不会很大，会出现一些波动，但最终趋于平缓。

将 4 月 21 日至 5 月 25 日每天新增的确诊人数与医务人员患病人数进行发展趋势仿真来验证所进行的发展趋势预测，仍以每两天数据为一组，仿真曲线如图 11.14 和图 11.15 所示。

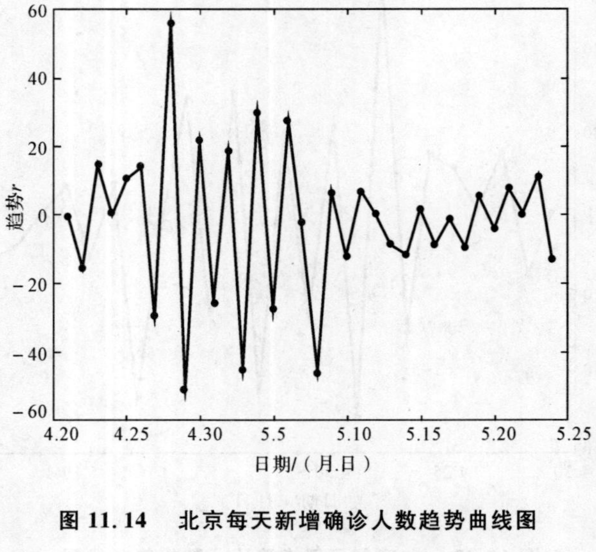

图 11.14　北京每天新增确诊人数趋势曲线图

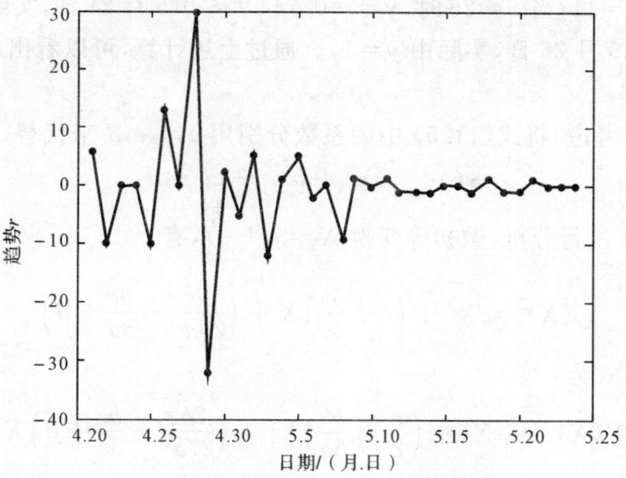

图 11.15　北京每天新增医务人员患病人数趋势曲线图

11.3　根据多项式的拟合结果对SARS的脆性分析

仍以北京为例，根据国家卫生部颁布的4月至5月的疫情报告，考虑北京每天新增的确诊人数和医务人员患病人数之间的关系。

首先进行客观的分析。非典型性肺炎疫情最初到来的时候，大家对此病并没有一个明确的认识。造成了当患者就医时，医务人员没有采取任何的防范措施，处于"暴露"的传染状态，因此成为易感染人群。随着人们对SRAS了解的加深和认识的深刻，采取了一系列的有效控制措施，医务人员自身也采取了一系列的防护措施，使得患病人数开始下降，医务人员的感染率也开始下降，最终疫情得到了控制。如果没有采取任何的控制措施，任事件自然发展下去，则所带来的后果不仅仅是人民生命的安全问题，还会影响国家的经济发展和社会的稳定等方面。最终导致的结果将是整个国家乃至全世界这个复杂巨系统的脆性被激发出来。

11.3.1　SARS数据的多项式拟合结果

接下来进行理论推导。根据6.5节中的方法，将每天新增的确诊人数作为一个系统A，每天新增的医务人员患病人数作为另一个系统B。为了建立系统A和B之间的函数演化关系，假设每天新增的确诊人数作为状态变量x，每天新增的医务人员患病人数作为新增确诊人数的映射y，根据国家卫生部发布的数据，考察的日期为4月21日至5月21日，进行多项式拟合。模型阶数通过χ^2确定，多项式系数运用最小二乘法估计。拟合结果如下：

$$y(x) = -0.0003x^3 + 0.0266x^2 - 0.7847x + 6.9487 \tag{11.5}$$

从图11.5和图11.6中可以知道5月22日至5月25日每天新增的确诊人数和医务人员患病人数，将每天新增确诊人数带入式(11.5)，有如下结果：当$x=15$时，$y=0.1521\approx 0$(5月22

日和 23 日，实际中 $y=1$)；当 $x=26$ 时，$y=-0.7447\approx 0$(5 月 24 日，实际中 $y=1$)；当 $x=13$ 时，$y=0.5839\approx 1$(5 月 25 日，实际中 $y=1$)。通过上述计算，可以看出此拟合结果是比较精确的。

为了不失一般性考虑，将式(11.5)中的系数分别用 a,b,c,d 来代替，结果如下：

$$y(x)=ax^3+bx^2+cx+d \tag{11.6}$$

现在对式(11.6)进行分析，做初等变换 $X=x+\frac{b}{3a}$，有

$$y(X)=aX^3+\left(c-\frac{b^2}{3a}\right)X+\left(\frac{2b^3}{27a^2}-\frac{bc}{3a}+d\right) \tag{11.7}$$

求得其脆性势函数形式为

$$Y(X)=\frac{a}{4}X^4+\left(\frac{c}{2}-\frac{b^2}{6a}\right)X^2+\left(\frac{2b^3}{27a^2}-\frac{bc}{3a}+d\right)X \tag{11.8}$$

将最高阶次项的系数变为 1，则式(11.8)可以写成

$$V(x)=x^4+\left(\frac{2c}{a}-\frac{2b^2}{3a^2}\right)x^2+\left(\frac{8b^3}{27a^3}-\frac{4bc}{3a^2}+\frac{4d}{a}\right)x \tag{11.9}$$

将式(11.9)与尖点突变的标准形式进行比较，得

$$u=\frac{2c}{a}-\frac{2b^2}{3a^2},\quad v=\frac{8b^3}{27a^3}-\frac{4bc}{3a^2}+\frac{4d}{a} \tag{11.10}$$

把式(6.17)中 x 和 x^2 的系数分别称为正则因子和分裂因子。这些名称反映了以下的事实：当 $u>0$ 时，v 的变化只引起 x 的光滑变化；但当把 u 减少到负值时，从而会出现对 x 的不连续性。或者也可以这样说，当 u 发展不太大(和 v 比较)，v 是起主导力量的，决定着系统的某种原有质态；当 u 继续发展，逐步成为主导力量时，一旦 u,v 达分歧集关系时，则发生质态突变。

当 $u>0$ 时，即

$$\frac{2c}{a}-\frac{2b^2}{3a^2}>0\Rightarrow 3ac>b^2 \tag{11.11}$$

式(11.11)说明了当 a,b,c 满足如上的关系时，系统 A 和系统 B 之间的变化关系是连续的，光滑的；反之，它们之间的关系将呈现不连续性，一旦当 a,b,c,d 之间的关系满足分岔点集的方程时，就会出现质的变化，发生质态突变，从而使得脆性的激发成为可能。

在式(11.11)中只考虑到了 a,b,c 三个系数之间的关系，那么系数 d 对这两个系统之间的关系的影响又如何呢？现在考虑系统的分岔点集，根据式(6.45)、式(11.10)有

$$8\left(\frac{2c}{a}-\frac{2b^2}{3a^2}\right)^3+27\left(\frac{8b^3}{27a^3}-\frac{4bc}{3a^2}+\frac{4d}{a}\right)^2=0 \tag{11.12}$$

化简后，得

$$a'd^2+b'd+c'=0 \tag{11.13}$$

式(11.13)中，a',b',c' 分别如下所示：

$$\left.\begin{aligned}a'&=243a^3\\ b'&=162a^2bc+36ab^3\\ c'&=36a^2c^3+15ab^2c^2-8b^4c\end{aligned}\right\} \tag{11.14}$$

由式(11.13)，假设 $a'\neq 0$，即 $a\neq 0$ 作如下变换，有

$$\left(d+\frac{b'}{2a'}\right)^2+\frac{c'}{a'}-\frac{b'^2}{4a'^2}=0 \tag{11.15}$$

由式(11.15)可以看出，此平衡曲面方程与平衡曲面形式为 $x^2+u=0$ 的折叠突变为一类。

奇点集为满足如下的方程

$$2\left(d+\frac{b'}{2a'}\right)=0 \tag{11.16}$$

的平衡曲面的子集，即一个点(0,0)。分歧点集 B 是奇点集在控制空间(即直线 $d+\frac{b'}{2a'}=0$)上的投影，因此

$$\frac{c'}{a'}-\frac{b'^2}{4a'^2}=0 \tag{11.17}$$

分岔点集将控制空间分成两个区域，即

$$\left.\begin{aligned}&\frac{c'}{a'}-\frac{b'^2}{4a'^2}>0\\&\frac{c'}{a'}-\frac{b'^2}{4a'^2}<0\end{aligned}\right\} \tag{11.18}$$

如果 $\frac{c'}{a'}-\frac{b'^2}{4a'^2}>0$，则式(11.15)无实数解，从而没有临界点。反之，则其有两个临界点——一个极小点和一个极大点，从而有两个平衡点——一个稳定平衡点和一个不稳定平衡点。在 $\frac{c'}{a'}-\frac{b'^2}{4a'^2}=0$ 上，它们合并为一个拐点。

由以上分析，当 $\frac{c'}{a'}-\frac{b'^2}{4a'^2}>0$ 时，系统就不能保持稳定，也可以这样描述，在这种情况下，仅有的可能状态是空状态。而且，我们也知道当 $\frac{c'}{a'}-\frac{b'^2}{4a'^2}=0$ 时，系统在此会有一个突跳。系统发生突变的条件为

$$\left.\begin{aligned}&d=-\frac{b'}{2a'}\\&c'=\frac{b'^2}{4a'}\end{aligned}\right\} \tag{11.19}$$

即

$$\left.\begin{aligned}&d=-\frac{9abc+2b^3}{27a^2}\\&9ac(3a^2c^2-b^4)=(3abc+b^3)^2\end{aligned}\right\} \tag{11.20}$$

以上是针对式(11.13)进行的分析，当 a,b,c 满足式(11.20)时，会引起 d 的突变。从而，a,b,c,d 之间的关系通过式(11.20)已经确定了。将其与式(11.11)和式(11.12)联合，对系统 A 和系统 B 之间的演化关系就可以确定了。

11.3.2　基于多项式拟合结果对 SARS 的脆性分析

在数学方面来说，系统 A 与系统 B 之间是映射的关系；但在脆性理论方面来说，则系统 A

是系统B的脆性源，系统B是系统A的脆性接收者。并且在脆性理论中，根据系统A和系统B之间的演化关系，如果系统A的崩溃必然导致系统B的崩溃，则称系统A为系统B的主脆性源；如果系统A的崩溃对系统B的崩溃没有影响，则称系统A为系统B的非脆性源；如果系统A的崩溃对系统B的崩溃的可能性有两种情况，且会发生这两种情况中的哪一个具有不确定性，则称系统A为系统B的亚脆性源。

式(11.5)给出的是最后的拟合结果，根据拟合结果，有

$$a=-0.0003,\quad b=0.0266,\quad c=-0.7847,\quad d=6.9487 \tag{11.21}$$

将式(11.21)代入式(11.10)中，得

$$u=-9.852,\quad v=10\,039.08 \tag{11.22}$$

此时，$u<0$，就会出现对x的不连续性。但是，此拟合结果得到的u，v并不符合分岔集方程，可以作出如下的解释：在疫情的发展过程中，由于传染范围的不断扩大，使得人们意识到了此病的危害性，及时地采取了控制措施。由此拟合结果也说明了每天新增的确诊人数对医务人员人数是有一定的影响力的，它们之间并不是毫无关系的。所施加的有效控制因素避免了由于每天新增的确诊人数引起医务人员人数的突变，使得非典型性肺炎疫情得以较快地控制住。从此分析中可以看出，每天新增的确诊人数是医务人员的亚脆性源。

由于北京患病人数的增多，如果没有及时采取控制措施的话，会增加民众的恐慌心理，达到民众所能承受的极限时，就会影响到人们生活的便利、安逸，甚至会引起社会的不稳定等重要后果。因此，本章对此的分析，是为了在今后遇到类似的危机事件时，提供一个可供借鉴的分析方法。

本章小结

本章主要是针对2003年春夏之交发生在我国的非典型性肺炎疫情进行分析，来源是根据国家卫生部发布的数据。

在介绍豪斯道夫维数的基础上，根据解决问题的需要，采用二元迭代函数关系，利用动态分维数来进行仿真，此仿真结果为后面的分析提供了一个依据和基础，并且给出了原始数据的仿真曲线，为下面的分析提供一个分析依据。

根据数理统计中的假设检验问题，本章基于双总体的滑动t检验法对存在于SARS中的突变点进行了突变检测分析，并作出了相应的脆性分析。最后，又根据多项式拟合结果，分析出了北京每天新增的确诊人数为医务人员人数的亚脆性源。

本章分析的目的所在，是希望在今后遇到类似的危机事件时，能够提供一个可供参考的分析方法。

参考文献

[1] 项静恬，史久恩. 非线性系统中数据处理的统计方法. 北京：科学出版社，1997.
[2] 吴翊，李永乐，胡庆军. 应用数理统计. 长沙：国防科技大学出版社，1995.
[3] 都兴富. 突变理论在经济领域中的应用(下册)股票分析多准则决策. 成都：电子科技大学

出版社,1994.

[4] 王晓原,隽志才,朴基男,等.局部比较的变点统计理论及其在交通流突变研究中的应用.公路交通科技,2002,19(6):112-115.

[5] 李琼,李正文,蒲勇.沉积盆地的突变特征及尖点突变模型的应用研究.成都理工学院学报,2001,28(1):64-69.

[6] 周辉,冯夏庭,谭云亮,等.矿震系统的胞映射——突变预测模型.中国有色金属学报,2002,12(1):155-160.

[7] 刘保县,鲜学福,姜德义.煤与瓦斯延期突出机理及其预测预报的研究.岩石力学与工程学报,2002,21(5):647-650.

[8] 刘泽亮,程凌,孟庆刚.基于突变理论的上市公司业绩评价.青岛大学学报,2002,17(2):16-19.

[9] 朱顺泉.基于突变级数法的上市公司绩效综合评价研究.系统工程理论与实践,2002(2):90-94.

[10] Chai L H. Shoji M. Boiling curves-bifurcation and catastrophe. International Journal of Heat and Mass Transfer, 2001(44): 4175-4179.

[11] András Lengyel, ZHONG You. Bifurcations of SDOF mechanisms using catastrophe theory. International Journal of Solids and Structures, 2004(41): 559-568.

[12] Yasufumi Kume, Nozomi Sato. Biomechanical study on the postures in manual lifting tasks using cusp surface analysis. Int. J. Production Economics, 1999 (60-61): 411-420.

[13] Anthony N. Kounadis. Dynamic buckling of simple two-bar frames using catastropye theory. International Journal of Non-Linear Mechanics, 2002(37): 1249-1259.

[14] Vaessen G E J, Stein H N. The Applicability of Catastrophe Theory to Emulsion Phase inversion. Journal of colloid and interface science, 1995(176): 378-387.

[15] Kei-ichi Tainaka. Uncertainty in ecological catastrophe. Ecological Modelling, 1996 (86): 125-128.

[16] Chai L H, Shoji M. Boiling curves-bifurcation and catastrophe. International Journal of Heat and Mass Transfer, 2001(44): 4175-4179.

[17] Schreiber F A, Baiguera M, Bortolotto G, et al. A study of the dynamic behaviour of some workload allocation algorithms by means of catastrophe theory. Journal of Systems Architecture, 1997(43): 605-624.

第 12 章 复杂系统脆性理论在舰船电力系统中的应用

12.1 舰船电力系统的脆性

12.1.1 舰船电力系统的脆性

舰船电力系统是通过主发电机发出电功率的,舰船吨位的不同,主推进器功率的不同,舰船电力设备配置的不同,电力系统的负载容量也不同。随着现代舰船技术的不断发展,舰船吨位的不断增加,舰船设备配置的不断扩充,电力系统的单机容量和电站容量越来越大,舰船电力系统的规模越来越大,网络结构越来越复杂、越来越密集。因此,大型舰船电力系统作为复杂系统,对其脆性行为的研究具有非常重要的现实意义[1-11]。舰船电力系统具有以下特点:

1)发电机是供电负载的唯一电源。

2)系统用电负载有多样性,且系统动态变化范围比较大,系统的动态过程变化频繁。

3)供配电系统连接比较近,系统各支路之间的关联作用比较强。

4)有很多的电子负载,对电力中断和电能质量非常敏感。

5)战斗损伤会在某一地方产生集中的故障。

因此,一个大型舰船电力系统具有复杂的层次结构,各个节点之间有强耦合作用,同时舰船电力系统的实际工作环境如温度、湿度、盐雾、霉菌等具有不确定性,且条件比较恶劣。因此,舰船电力系统在实际运行中存在连锁性的故障行为。

由于战斗破损或操作不当以及设备本身的问题,当系统的某一节点出现故障和崩溃,可能产生连锁反应导致其他节点崩溃,随着崩溃节点数量的增多,层次的扩大,最终可能导致整个系统崩溃,无法正常供电,影响战斗和航行安全。

也就是说,舰船电力系统作为一种特殊的电力系统同样具有复杂的层次结构,各个节点之间有强耦合作用,同时电力系统的实际工作环境如温度、湿度、操作情况等具有不确定性,且条件比较复杂,是一个比较典型的开放复杂系统。因此,舰船电力系统在实际运行中,存在脆性行为。由于设备本身缺陷的问题,舰船电力系统中至少存在一个节点 i 对外界扰动或攻击具有很高的灵敏性,当其出现故障和崩溃后,可能产生连锁反应导致其他节点崩溃,随着崩溃节点数量的增多,层次的扩大,最终可能导致整个系统崩溃,无法正常供电。因此,舰船电力系统具有脆性。

12.1.2 舰船电力负载的特点

在大型舰船上，其用电设备数以百计或千计，分布在全船的各个部位，为了计算各设备节点的负载，必须将全船用电设备按不同的用途和系统进行分类。一般分成下列几类：甲板机械，包括舵机、起货机、锚机和舷梯起吊机等；机舱辅机，包括主机、全船服务的辅机如滑油泵、空压机等；冷藏通风设备，包括冷藏货船、空调装置等；机修机械，包括机舱起重设备、车床和电焊机等；照明设备，包括机舱照明、工作灯等；弱电设备，包括导航设备、通信装备、自动控制装置和充电装置等；武器装备，包括舰上的各种武器，如火炮、鱼雷、导弹的发射操纵装置等。

计算设备的负载不仅要考虑到各设备的特点，还要考虑到各种舰船的不同运行工况，对于不同类型、不同用途的舰船，运行状态可能也是不同的。一般水面舰船的运行状态分为以下几类：

1)战斗状态：保证战斗活动的所有电气设备投入工作。

2)起锚防空状态：起锚完毕到主机启动的整个备航阶段，同时要使用防空武器进行防空。

3)巡航状态：以经济航速在海区正常航行。

4)备战备航状态：在编队航行中，进行经济航行而且处于备战状态。

5)停泊状态：指舰船停泊或靠岸时，包括停泊日常训练所需用电。

6)应急状态：火灾或舰船壳体穿漏时的状态。

考虑到以上几种状态，在舰船航行的状态下所需的电力负载包括主机辅助设备、导航设备、舵机、通风机、机修设备等。这类负载的大小常和推进主机的功率有关，它们在运行过程中的变化是不大的。

当舰船处于停泊状态时，各种设备包括甲板机械、起货装置和日常生活设备等工作所需的电力负载通常比较低，而且靠岸停泊时，会尽可能地使用岸电来提供电力。

当舰船处于进出港、离靠码头、备航等多变工况时，各种设备(包括空压机、主动舵、应急设备以及其他机动设备等)工作所需的电力负载比较大，而且工作具有很强的随机性。

当舰船执行战斗使命时，电子设备和武器特种设备工作所需的电力负载(包括导弹、火炮、鱼雷、导弹以及雷达、声呐、电子对抗、消磁设备等)往往构成舰船最大的电力负载工况，而且各种设备也都有其特殊的负载变化规律。

一些装置的负载，尤其是照明、通风、空调、冷藏等日常生活设备和季节、天气有密切关系。因此，通过对以上各种工况下所需负载的分析可以得到舰船电力负载的几个基本特点：

1)负载的大小与舰船所处的工况有密切关系。在各种工况下，由于使用设备的不同，负载大小也不相同。舰船的工况受到舰船的工作任务、海情、周围环境等很多因素的影响，是随机变化的。而且舰船工况的变化往往会引起舰船负载的大规模变化，如雷达或武器装置的开启都会使负载骤然增加。

2)舰船的各种设备尤其是电动机负载一般均低于或等于其在额定功率的状态下工作。这是因为设备选用标准电机时，总会留有适当的裕量。

3)不同类型的舰船，其电力负载的性质有很大的差别。这是因为承担不同使命的舰船，其配备的装备和运行工况也是不同的。

4)舰船电力负载的工作有很强的系统属性。所谓负载的系统属性，是指负载的变化情况与其所属的系统及其运行状态之间的依赖和约束关系。不属于同一系统的电气设备相互间一般没有运行的制约关系，而属于同一系统的电气设备就会因为系统协同动作的要求而相互间产生某种制约关系。

5)舰船电力负载具有随机性质。船上电力负载虽然种类很多，但大体上可以分为两种。一种是运行功率基本维持不变，它们的随机性质表现在工作或不工作两种状态的随机交替上，如一些恒流量的泵、恒输出机械的电力拖动装置等。另一种是运行功率大小有较大波动，它们的随机性不仅表现在工作状态的交替上，还表现在负载功率的随机变化，如绞盘机、起货机、武备装置等。

这些电力负载在舰船运行工况不断变化的条件下，运行功率、启动次数或工作持续时间都带有随机的性质。如图 12.1 所示是某舰船上某发电机的负荷变化曲线。

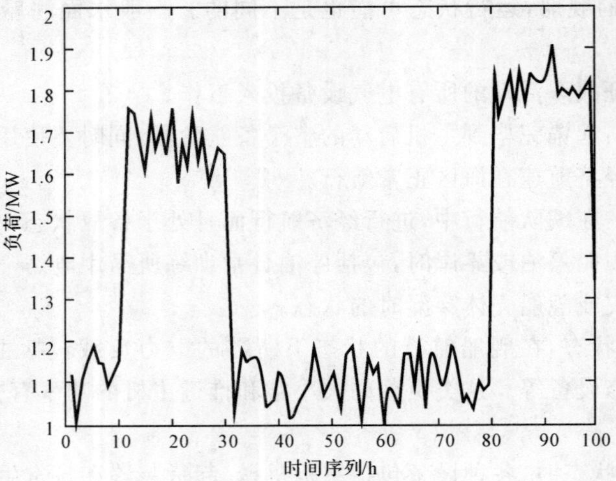

图 12.1 电力负荷变化曲线

综上所述，可以看出舰船的工况非常复杂和不确定，而舰船电力系统的负载与舰船工况有密切的联系，尤其是舰船处于备战或者战斗状态时，它的负载节点会突然增加，整个系统的负荷骤然增加且负载节点异常复杂，此时脆性行为非常容易发生。舰船电力系统中同属性的负载节点具有很强的耦合作用，往往某一节点的故障可能影响到同属性的节点，进而影响整个系统。舰船电力系统中的各节点的工作状态以及功率大小受到相当多的内外界因素的干扰，具有很大的随机性和不确定性。因此，舰船电力系统脆性行为极易发生，而且具有很大的隐蔽性和不确定性，对于舰船电力系统的脆性的研究是非常必要的，而且对它的脆性分析有一定的难度。

12.1.3 舰船电力系统的模型

舰船电力系统作为一类特殊的电力系统，因为舰船类型的多重多样，舰船电力系统的复杂类型已具备多样性。所以舰船电力系统采用的连接方式也是五花八门，但是基本类型有以下 5 种：

1. 馈线配电方式

如图 12.2(a) 所示，各个用电设备及配电箱由主配电板的单独馈线引出；如图 12.2(b) 所示，在具有两个电站时常采用以棋盘式顺序给各个用电设备供电。这种配电方式的所有用电设备均由主配电板供电。

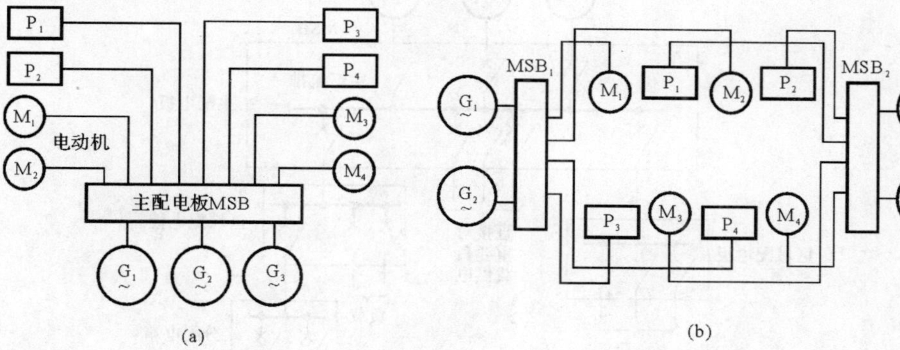

图 12.2　馈线配电方式
(a) 一般式；(b) 棋盘式

从形式上看，设备似乎能得到较高的供电可靠性，但是由于这种方式的馈线电缆太多，任何一路用电负载发生较大的变化或意外故障都会对主配电板产生很大的影响，从而降低电力系统实际的供电可靠性。这种方式用于用电设备较少的小型舰船。主配电板向其所在舱室的负载供电也可以局部采用这种方式。

2. 干线配电方式

如图 12.3 所示，由主配电板引出几根称为干线的电缆对分配电箱供电，用电设备再从分配电板上取得电源。

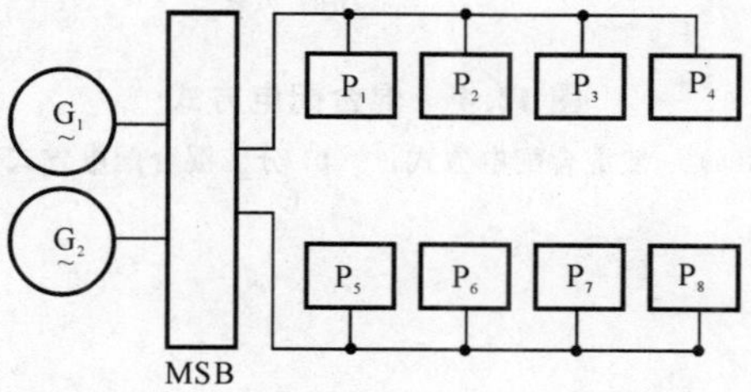

图 12.3　干线配电方式

这种配电方式的优点是电力系统结构简单，可以大大减少舰船干线电缆的数量。这对希望尽量减少穿过水密隔壁电缆数量的潜艇电力系统是很适合的。这种配电方式的缺点是供电可靠性较低，对电气装置不易进行集中控制。目前，单纯采用干线式供电的电力系统已属少见。

3. 混合配电方式

馈线式和干线式混合的配电方式，即一部分分配电箱或负载采用馈线配电方式，另一部分则采用干线配电方式。通常前者是功率较大或较重要的负载,后者是功率较小或较次要的负载,如图 12.4 所示。混合配电方式的优点是局部线路发生故障不致影响整个电力系统,只要合理配置,可以保证重要设备有较高的供电可靠性。因此,这是目前舰船上广泛使用的一种配电方式。

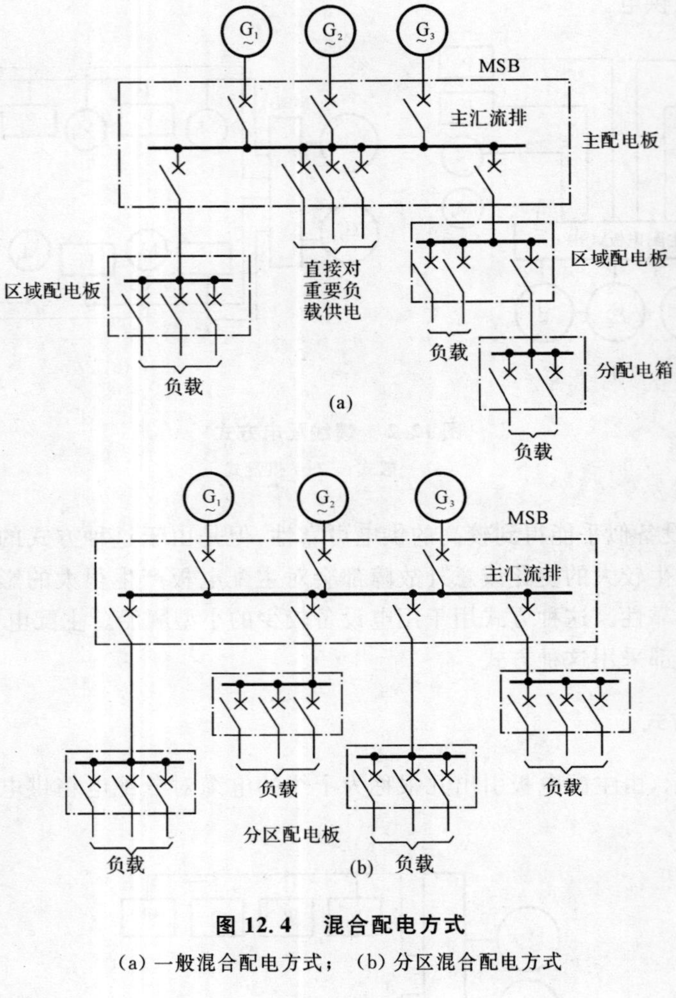

图 12.4 混合配电方式

(a) 一般混合配电方式; (b) 分区混合配电方式

4. 环形配电方式

这种方式是将主配电板和负载的分配电板串接在一起形成一个完整的环形,向用电设备供电。根据连接线形成的电力系统环情况,环形配电方式可以分为全闭环、电源环和负载环数种。如图 12.5 所示是一个全闭环。电源环和负载环则是分别在电源或部分连接形成局部环。在两个电站的主配电板之间加上两根跨界线就形成一个电源环,环形配电方式的优点是可以构成较多的电源到负载的通路,所以有较高的供电可靠性。但是这种方式在管理和保护上比较复杂,故对技术水平要求较高,这种环形供电的形式用得也很多。

在电力系统连接方式中,发电机与负载之间的连线称为纵向连线,而发电机之间或发动机之间的连线称为横向连线。由以上电力系统的基本类型可以看出,在某些情况下,横向连线有使负载电源通路数成倍增长的作用。如果纵横连线形成了闭合环，则可以显著地提高电力系统供电的生命力和可靠性，这就是电力系统设计中的环形原理。设计时应根据实际情况巧妙地加以运用。

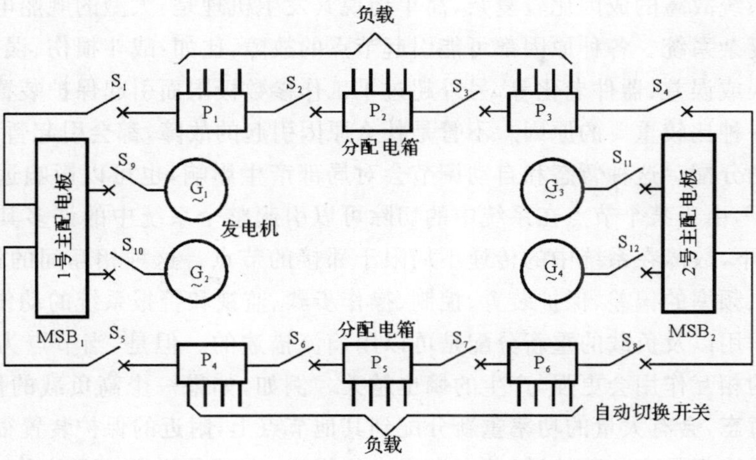

图 12.5　环形配电方式

5. 网形配电方式

如图 12.6 所示，它是在舰船发电机组合负载较多的情况下，由环形配电方式发展而成的一种配电形式。这种电力系统至少形成了两个以上组合的全闭环，与环形配电方式并没有本质上的区别，只是把环形配电方式推向更高一的层，因而网形配电方式成为电力系统连接发展的必然趋势。

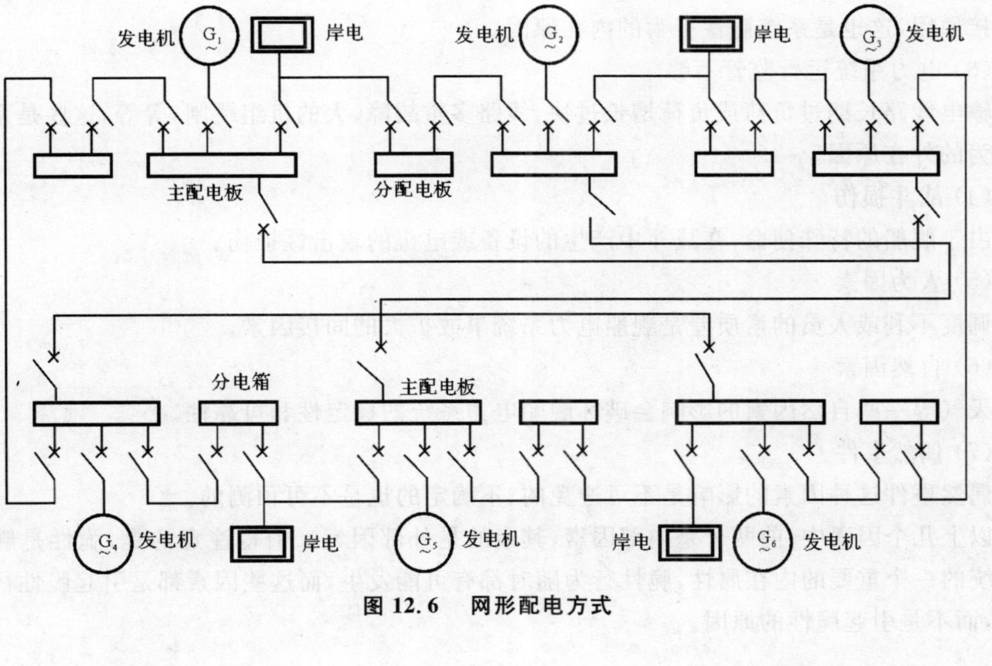

图 12.6　网形配电方式

12.1.4 舰船电力系统脆性行为发生的条件

舰船电力系统故障的成因比较复杂，简单地说其发生机理是：大型的舰船电力系统是由许多节点组成的复杂系统。各种原因都可能引起节点的故障，比如：战斗损伤、误操作、设计和操作时的参数错误或误差、器件老化等，另外超过了工作参数极限而引起保护装置的工作导致组件被切除也是一种比较重要的原因。不管是什么原因引起的故障，都会引起暂态，根据电路的定律电流会自动分配。这种暂态和自动调节会对局部产生影响，也可以影响远处的节点。所以在某一工况下，由于某个节点在系统中的切除可以引起整个系统中的许多其他节点负载的增加，一般情况下，故障在系统中的传递不局限于邻接的节点。这种相互间的作用是不同的，包括电压、电流、频率的偏差、保护装置、控制、操作步骤、监视和警报系统的动作与误操作等。那么这种相互作用以及负载的重新分配是可以用熵流描述的。但是，当节点为高负载时这种节点间的故障的相互作用会更强，产生的熵也越大。例如，如果一个高负载的传输线故障，会产生一个大的暂态，会有大量的功率重新分配到其他节点上，附近的保护装置很容易也出现故障。如果整个系统都是高负载的话，节点有很小的裕度，也就是说节点只容许有很小的增量，系统的非线性和动态关联增加，很容易引起连锁性的故障，从而导致整个舰船电力系统的全局崩溃。

综合以上分析，诱发舰船电力系统脆性行为发生的原因一般可以归结为以下几点：

(1) 系统结构原因

舰船电力系统设计上的原因或滞后于舰船电力设备市场的发展，使得系统的大部分线路长期处于超负荷状态，系统本身存在电磁环网等，这是系统脆性行为的内在原因。

(2) 机械设备或保护设备的可靠性不高

舰船电力系统的机械设备故障是事故的直接原因，保护设备的误动或拒动是使事故扩大的直接原因，这也是系统脆性行为的内在原因。

(3) 电力系统运行监管不够

输电线路长期过负荷或负荷增长过快，线路多重故障，大的机组跳闸，等等，这些是系统脆性行为的外在原因。

(4) 战斗损伤

由于舰船的特殊使命，在战斗中产生的设备或电机的攻击性损伤。

(5) 人为因素

调度不利或人员的素质差是舰船电力系统事故扩大的间接因素。

(6) 自然因素

天气等一些自然因素的影响会破坏舰船电力系统的稳定性和可靠性。

(7) 偶然事件

偶然事件这种因素的影响是不可避免的、不确定的也是不可预测的。

以上几个因素中，前两个是内部因素，其余的是外部因素。值得注意的是，脆性是舰船电力系统的一个重要的内在属性，脆性行为随时都有可能发生，而这些因素都是引起脆性行为的原因，而不是引起脆性的原因。

12.2　舰船电力系统的脆性行为

12.2.1　故障规模与频率的幂律关系

美国学者 Carreras 和 Newman 等人针对北美频繁发生的大规模停电事故，通过对北美电力系统 15 年的数据分析，发现在双对数坐标下，北美停电事故的发生概率与规模之间的概率分布服从一条直线，这就意味着其概率分布满足幂律。进一步拟合分析，幂指数的取值在 -2 和 -1 之间[12]。因此，设大停电的规模是离散量 Q，其发生概率（停电规模为 Q 的停电次数）为 $N(Q)$，则它们满足下面的幂律关系

$$\ln N(Q) = a - b\ln Q \tag{12.1}$$

式中，a，b 为常数。

电力系统大规模停电的整体动态行为可能是由表征系统处于自组织临界状态的不稳定结构产生的，然而识别动态系统的不稳定性是当前非线性科学领域的难题。即使将电力系统的大规模停电视为自组织临界现象，迄今也不能建立具体的表征电力系统大规模停电过程的非线性数学方程，但可通过观测电力系统的时间序列数据，用功率谱分析方法反演电力系统在发生大规模停电时的动力特征，探讨大规模停电的自组织临界性，从而为电力系统的脆性分析提供了宝贵的信息。当然这要依赖于大规模停电过程中观测时数据的数量和质量，大规模停电的发生在时间分布上是离散的和不均匀的，其规模、能量也是离散的和不均匀的，这种标度被称为自仿射性。为完备这种标度电力系统发生大规模停电时的行为特征，引入停电事故的特征向量的数学期望值。

设 Q 有分别以 $p_1, p_2, \cdots, p_n$ 为概率的样本值 $Q_1, Q_2, \cdots, Q_n$，由于 $\sum_{i=1}^{n} p_i = 1$，所以在给定时间内 Q 的数学期望为

$$E(Q) = \sum_{i=1}^{n} p_i Q_i \tag{12.2}$$

考虑到时间长度以 T(a) 为尺度，采样间隔为 Δt(d)，由式(12.2)分别求出两种时间标度下的数学期望 $F(Q)$ 和 $f(Q)$，并将前者和后者的比值定义为电力系统的大规模停电状态 $\eta(t)$，即

$$\eta(t) = f(Q)/F(Q) \tag{12.3}$$

由此得到一个序列 $\{\eta_1(t), \eta_2(t), \cdots, \eta_n(t)\}$，它们刻画了在每个时段内停电事故规模与能量的不均匀程度，这一过程称为归一化过程。

由式(12.1)可以进一步得到

$$N(Q) \propto Q^{-b} \tag{12.4}$$

经过一个时段 t 后，就可以记录到停电事故的时间序列 $\eta_i(t)$，若在该时段内发生的 $n(t)$ 次停电事故中最大规模的停电事故记作 $Q_{\max}$，则有

$$n(t)\int_{Q_{\max}}^{\infty} N(Q)\,\mathrm{d}Q = 1 \tag{12.5}$$

综合式(12.4)、式(12.5)可得

$$Q_{\max} \propto n(t)^{1/(b-1)} \tag{12.6}$$

于是,通过记载大规模停电事故发生的频率可推算出某一时段内大停电的最大规模。为此,定义 $\overline{Q}$ 为时段 t 内停电事故的平均规模,$q(t)$ 为单位时间内大停电的规模,则有

$$\overline{Q}(t) \propto \int_{Q_{\min}}^{Q_{\max}} QN(Q)\mathrm{d}Q \tag{12.7}$$

$$q(t) = \left[\frac{n(t)}{t}\right]\overline{Q}(t) \tag{12.8}$$

在较长的时间内,从平均角度看,单位时间内的大停电规模可认为是常量。由式(12.6)、式(12.7)、式(12.8)可得

$$Q_{\max} \propto t \tag{12.9}$$

所以大停电的规模与发生此规模大停电的时段成正比,也就是说规模与频率成反比,而且式(12.9)具有标度不变性,这体现了系统的 $1/f$ 噪声的时间特性。随着舰船电力系统规模的不断扩大,对于这种大电力系统的研究结果也适用于舰船电力系统的研究,因此,对舰船电力系统脆性的研究,将建立在这种幂律特性的基础上。

12.2.2 脆性行为的动态模型

通过对以上北美大停电的分析可以看出电力系统的大规模故障存在幂律特性,而大型舰船电力系统作为电力系统的一种,也存在这样的幂律特性。针对这一特性 Dobson 等人于 2002 年提出了一个电力系统由初始状态向自组织临界状态转化的模型,称为最优潮流法(OPA)模型[16,92]。该模型分别对电力系统状态演化过程中,用户负载的增加、电力系统容量的改变、故障的修复以及故障发生时电力系统对功率分配的控制等过程都进行了建模分析。OPA 模型按时间尺度可分为两个过程:一个慢动态过程,描述电力系统用户负载的缓慢增长及其相应的各种工程反应相互作用下,电力系统状态逐渐向自组织临界状态演化。这是一个漫长的过程,可能经过几年甚至十几年的演化,其时间单位是 d;另一个是快动态过程,描述线路故障的发生与传播,该过程一般只需要几个小时甚至几分钟,其时间单位是 min。从系统脆性的概念来说,快动态过程是系统脆性行为的过程,而慢动态过程是长期以来系统脆性的程度,也就是系统脆性行为发生的可能性。

考虑到舰船电力系统作为电力系统的一种,应用最优潮流法建立舰船电力系统脆性行为的动态模型。

1. 慢动态过程

假设一个舰船电力系统中有 N 个节点,并把这些节点分为两类:一类是负荷节点,包括推进节点和负载节点;另一类是发电机节点。定义负荷功率为负值,发电机功率为正值。令 $P_i(k)$ 为第 k 天节点 i 的功率,$\boldsymbol{P}(k)=[P_1(k),P_2(k),\cdots,P_N(k)]^{\mathrm{T}}$ 为第 k 天所有节点功率的向量。所有的顶点应该满足功率平衡,即 $\sum\limits_i P_i(k)=0$。设系统有 M 条输电线路,令第 k 天输电线路 j 上的承载功率为 $F_j(k)$,向量 $\boldsymbol{F}(k)=[F_1(k),F_2(k),\cdots,F_N(k)]^{\mathrm{T}}$ 表示第 k 天所有输电线路上的承载功率,输电线承载功率不能超过它的最大值,即

$$-F_j^{\max}(k) \leqslant F_j(k) \leqslant F_j^{\max}(k),\quad j=1,2,\cdots,M \tag{12.10}$$

我们假设所有的支路均被视为理想的电感，并且不考虑支路本身的功率损耗，所有的负荷均认为是直流负荷，则舰船电力系统中所有节点的功率和输电线路承载的功率之间满足方程

$$\boldsymbol{F}(k)=\boldsymbol{AP}(k) \tag{12.11}$$

式中，$\boldsymbol{A}$ 是一个和系统结构相关的常数矩阵。

设第 l 天与第$(l-1)$天的负载之比为 λ_l，那么

$$\boldsymbol{P}(k)=\boldsymbol{P}_0\prod_{l=1}^{k}\lambda_l \tag{12.12}$$

式中，$\boldsymbol{P}_0$ 为初始值，$\lambda_1,\lambda_2,\lambda_3,\cdots$ 是一组相互独立的，具有相同概率分布且平均值略大于1的参数。同样，线路负载也随着节点负载的增加而相应地增加，满足

$$\boldsymbol{F}(k)=\boldsymbol{AP}(k)=\boldsymbol{AP}_0\prod_{l=1}^{k}\lambda_l=\boldsymbol{F}_0\prod_{l=1}^{k}\lambda_l \tag{12.13}$$

如果一条配电板或线路出现故障，它在获得维修之后容量 $F_j^{\max}(k)$ 将被人为扩充，以保证这条线路或配电板有一定的安全余量，并防止相同的故障再次发生，即如果第 k 天输电线路 j 发生故障，那么

$$F_j^{\max}(k+1)=\mu_k F_j^{\max}(k) \tag{12.14}$$

式中，参数 $\mu_1,\mu_2,\mu_3,\cdots$ 是一组相互独立的、具有相同概率分布的变量，满足

$$1<\lambda_{\max}<\mu_{\min} \tag{12.15}$$

随着负载的增加，发电机节点的容量也必须有相应的增加，即

$$P_i^{\max}(k)=(\bar{\lambda})^{k+1}P_{i0}^{\max} \tag{12.16}$$

如果假定发电机节点不会出现故障，那么支路的故障或是负荷过载的工程反应是引领电力系统状态向自组织临界状态演变的一个不可或缺的动因。用电负载的增加和电力系统工程反应两者相互作用的结果，使得所有输电线路的承载功率 $F_j(k)$ 缓慢地逐渐趋近于 $F_j^{\max}(k)$。设系统的状态为

$$M_j(k)=\frac{F_j(k)}{F_j^{\max}(k)} \tag{12.17}$$

那么，所有系统的状态 $M_j(k)$ 都将趋近于1。

2. 快动态过程

设舰船电力系统在第 k 天发生故障，记 f_j 为故障时刻输电线路 j 的承载功率，向量 $\boldsymbol{f}$ 表示输电线路的功率，$\boldsymbol{f}=[f_1\quad f_2\quad \cdots\quad f_m]^{\mathrm{T}}$；$p_i$ 为故障时刻节点 i 的功率，向量 $\boldsymbol{p}$ 表示此时的所有节点功率，$\boldsymbol{p}=[p_1\quad p_2\quad \cdots\quad p_m]^{\mathrm{T}}$，并且初始化

$$\boldsymbol{f}=\boldsymbol{F}(k),\quad \boldsymbol{p}=\boldsymbol{P}(k) \tag{12.18}$$

输电线路可能有两种故障：一种是在没有过载条件下的随机故障，例如由战斗损伤、天气、误操作等原因所导致的故障，这时的故障概率是个很小的值，记为

$$P\{\text{line}\quad j\quad \text{outaged}\}=h_0(M_{ij}) \tag{12.19}$$

式中，h_0 是一个正的非减函数；另一种是发电机的故障或是负载突然增加引起的支路过载条件下的故障，这时的故障概率很高，记为

$$P\{\text{line}\quad j\quad \text{outaged}\}=h_1(M_{ij}) \tag{12.20}$$

式中，h_1 是一个正的非减函数，且 $h_1 \gg h_0$。

3. 功率分配控制

当出现发电机节点故障、支路过载或者功率超过最大限制等现象时，电力系统必须对节点功率进行重新调整，使得各个节点的功率能够满足系统限制。功率调整用线性规划算法实现最小化如下的代价函数

$$\sum_{\text{generators}} |p_i - P_i(k)| + \sum_{\text{loads}} 100(p_i - P_i(k)) \tag{12.21}$$

其中，发电机功率的变化系数是 1，而负载功率改变量的系数是 100。这样处理的目的是卸除过载节点的代价远大于提高发电机功率的代价，即在发电功率能满足的前提下，要尽可能减少对节点进行卸载处理，以免影响舰船的正常工作。在极小化目标函数的同时，还必须满足以下 4 个限制条件：

$$\sum_{i=1}^{n} (p_i - P_i(k)) = 0 \tag{12.22}$$

$$-F_j^{\max}(k) \leqslant f_j \leqslant F_j^{\max}(k), \quad j = 1, 2, \cdots, m \tag{12.23}$$

$$P_i(k) \leqslant p_i \leqslant 0 \tag{12.24}$$

$$0 \leqslant p_i \leqslant P_i^{\max}(k) \tag{12.25}$$

当然，这种简单的最优化模型只是应对各种故障和过载的一种近似模型，而在实际的电力系统操作中，操作者并不一定对每次故障都能够及时作出反应。

4. 故障传播算法

OPA 模型的连锁性故障传播算法流程如表 12.1 所示。

表 12.1 动态模型的算法

序号	算法内容
1	按式(12.18)初始化每个节点功率及输电线路的承载功率
2	由式(12.19)确定输电线路故障
3	按线性规划算法求解式(12.21)至式(12.25)，并重新调整电力系统功率分配
4	对 2 中的过载输电线路按照式(12.20)计算，如果 $P\{\text{line} \quad j \quad \text{outaged}\} \neq 0$ 返回 2；否则，结束循环。

5. 崩溃临界点

随着舰船电力系统中负载节点负荷的增加，当系统的需求功率达到一个阈值时，电力系统的伺服功率达到最大。在该值附近，电力系统故障规模大小的概率满足幂律分布。同时发生停电事故的风险会在达到该点以后突然迅速增加。这时电力系统的需求功率能够达到一个临界值。

舰船电力系统脆性行为的诱发可分为两种形式：一种是由于负载太大，超过了电力系统的供电功率，被迫对部分节点进行卸载处理；另一种则是由于发电机或重要节点的不可修复性故障。在模型中，上述两种故障形式分别对应不同的临界点，在电力系统中哪一种临界点起主导

作用取决于电力系统的条件和这两个临界值的距离[13]。在动态模型的用户平均负载的增长过程中,系统的动态过程有两个阈值,它们产生于系统的两种限制:发电功率限制和支路的容量限制。在阈值附近,故障大小的概率分布函数满足幂律分布,发生停电事故的风险会在接近阈值以后迅速增加。同时,如图 12.7 所示电力系统的切断功率比(被切断的节点功率和总功率的比值)会在阈值发生突变。又如图 12.8 所示,对于某舰(3 个发电机,70 个负载节点)的供电网络,以均匀的速率增加节点的负载,当负载增加到 3 380 kW(发电机的总功率)的时候,部分节点开始断电。如果负载节点的负载继续增加,断电节点会继续增加。当网络负载达到 4 975 kW 时,网络中的部分输电线路达到了其最大承载容量,输电线路故障开始出现,而且输电线路的故障导致更多的节点出现断电。

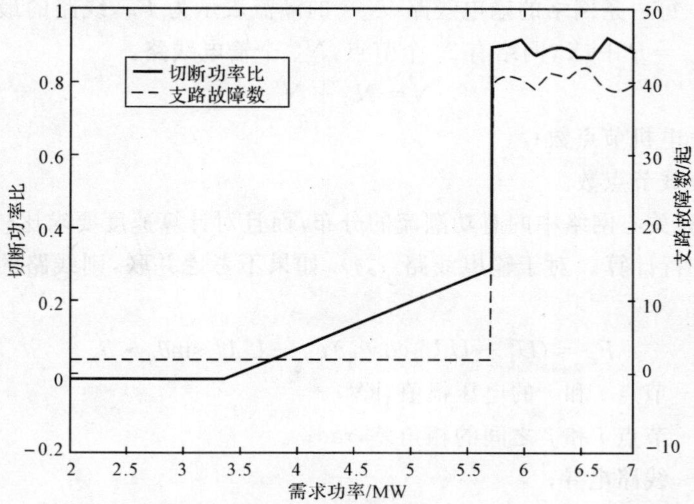

图 12.7　舰船电力系统的切断功率比和输电线故障数随需求功率变化图

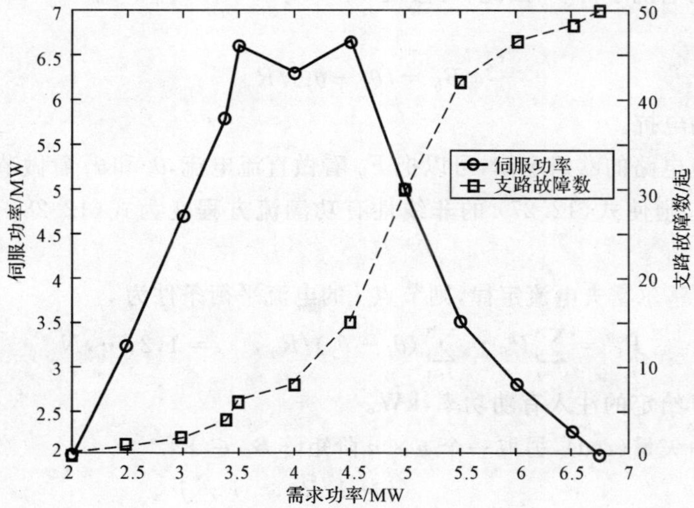

图 12.8　舰船电力系统的伺服功率和输电线故障数随需求功率变化图

12.3 舰船电力系统脆性的适应性 Agent 图分析

12.3.1 网络传输模型

假设发电机的最大负荷已经给出，各输电线路的负荷也已经给出。网络中节点 i 的输入功率为 P_i，对于发电机来说 $P_i > 0$，对于负载来说 $P_i < 0$，而且发电机可以为整个系统提供的最大功率为 $P_i^{\max}$。每一条网络的输电线路 $\langle i,j \rangle$ 的潮流表示为 F_{ij}，线路的最大潮流为 $F_{ij}^{\max}$。设线路的阻抗为 $z_{ij} = R + iX$，网络有 N 个节点，N_N 个输电线路。

$$N = N_G + N_L \tag{12.26}$$

式中 N_G—— 发电机节点数；

N_L—— 负载节点数。

在这里，由于只关心网络中的有功潮流的分布，而且对计算速度要求比较高，因此，可以选用直流潮流方程进行计算。对于输电线路 $\langle i,j \rangle$，如果不考虑并联，则线路的有功潮流方程可以写成

$$F_{ij} = (U_i^2 - U_i U_j \cos\theta_{ij}) g_{ij} - U_i U_j \sin\theta_{ij} \cdot b_{ij} \tag{12.27}$$

式中 U_i, U_j —— 节点 i 和 j 的电压幅值，kV；

θ_{ij} —— 节点 i 和 j 之间的相角差，rad；

g_{ij} —— 线路电导；

b_{ij} —— 线路电纳。

在电力系统中，如果节点电压运行在额定电压附近，输电线路两端相角差很小，超高压电力网络线路电阻比电抗小得多，因此，可假设 $U_i = U_j = 1$，$\sin\theta_{ij} = \theta_{ij}$，$\cos\theta_{ij} = 1$，$R_{ij} = 0$，代入式(12.27)，得到

$$F_{ij} = (\theta_i - \theta_j)/R_{ij} \tag{12.28}$$

式中，R_{ij} 为线路的电抗。

对照一段直流电路的欧姆定律，可以把 F_{ij} 看做直流电流，θ_i 和 θ_j 看做节点 i 和 j 的电压，R_{ij} 看做线路电阻，则使式(12.27) 的非线性有功潮流方程变为式(12.28) 的线性直流潮流方程。

对节点 i 应用基尔霍夫电流定律，则节点 i 的电流平衡条件为

$$P_i^{SP} = \sum_{j \neq i} P_{ij} = \sum_{j \neq i} (\theta_i - \theta_j)/R_{ij}, \quad i = 1, 2, \cdots, N \tag{12.29}$$

式中，P_i^{SP} 为节点 i 给定的注入有功功率，kW。

假设 $\boldsymbol{\theta}$ 为相角矢量(rad)，另取一个 $n \times n$ 阶矩阵 $\boldsymbol{B}_0 \in \mathrm{R}^{n \times n}$

$$\boldsymbol{B}_0(i,j) = \begin{cases} -1/R_{ij}, & i \neq j \\ \sum\limits_{j \neq i} 1/R_{ij}, & i = j \end{cases} \tag{12.30}$$

则式(12.29) 用矩阵表示为

$$\boldsymbol{P}^{SP}=\boldsymbol{B}_0\boldsymbol{\theta} \tag{12.31}$$

令平衡节点 n 的相角为参考相角，有 $\theta_n=0$，则给定 $\boldsymbol{P}^{SP}$ 和 $\boldsymbol{B}_0$ 后可以求得矢量 $\boldsymbol{\theta}$，代入式(12.28)可求得各输电线路的潮流 F_{ij}。

12.3.2　舰船电力系统脆性的适应性 Agent 图

设一个具有 N 个节点、M 个支路的舰船电力系统。首先，将舰船电力系统的脆性关系用一个图 $D=\langle D,A,R\rangle$ 表示出来，将每一个舰船电力系统节点 $i(i=1,2,\cdots,N)$ 看做一个顶点 v_i，如果节点 i 的崩溃能够使节点 j 崩溃，则存在 $\langle i,j\rangle\in A$；而且若存在 $\langle i,j\rangle\in A$，则在电力系统中必然存在支路 $\langle i,j\rangle$。考虑到适应性 Agent 图的几个基本概念，将上面的复杂系统脆性图升级为一个适应性 Agent 图[14-18]。

(1) 拓扑结构

在上一节介绍了舰船电力系统的 5 种接线形式，总结以上几种接线形式，舰船电力系统一般存在树状、棋盘状、环状、带状、网状 5 种拓扑结构。因此，在此基础上建立的舰船电力系统脆性图的拓扑结构也大致是这 5 种。设系统的节点分为电机节点 $v_i\in G$ 和负载节点 $v_j\in L$，其中负载包括推进电动机集合 M 和配电板集合 P，即 $V=G\cup L, L=M\cup P$。考虑到舰船电力系统的特殊性，则图 D 中每一个电机节点 $v_i\in G$ 有 $\deg v_i^+>\deg v_i^-$，每一个负载节点 $v_j\in L$ 有 $\deg v_i^->\deg v_i^+$。由于负载节点的崩溃对电机节点影响不大，所以假设不存在由负载节点指向电机节点的弧，也就是说，对任意的 $j\in L$ 及 $i\in G$，有 $j\notin\Pi_i^-$。

(2) 流

由于子系统之间的脆性关系是通过熵流的分配实现的，所以仍然用熵作为描述节点故障不确定性，即电力系统节点无序程度的物理量。考虑到一个舰船电力系统，假设一个节点 $i\in G\cup L$ 有可能出现 m 种故障类型，则 $p_{ij}(k)$ 表示在 k 时刻，若节点 i 出现故障，故障为 $j(j\in\{1,2,\cdots,m\})$ 的概率，于是有 $\sum_{j=1}^{m}p_{ij}(k)=1$。也就是说，假设节点 i 有 m 种可能崩溃的情况，且概率为 $p_{ij}(k)$，则适应性 Agent 图的顶点 i 的流定义为

$$f_i(k)=-\sum_{j=1}^{m}p_{ij}(k)\log p_{ij}(k) \tag{12.32}$$

令 $x_i(k)=\prod_{j=1}^{m}p_{ij}(k)$，得到

$$f_i(k)=-\log x_i(k) \tag{12.33}$$

式中，$x_i(k)$ 可以通过可靠性试验，应用蒙特卡洛法得到。依据最大熵原理，顶点的流有界，$\log(m)\geqslant f_i>0$，于是函数 F 的逆为

$$x_i=F^{-1}(f_i)=\mathrm{e}^{-f_i} \tag{12.34}$$

(3) 顶点之间的交互作用

对于复杂系统的脆性图，顶点之间的交互作用就是子系统通过熵交换所产生的崩溃传递行为，由各顶点之间熵流的交换与传递形式以及拓扑结构决定。对于一个舰船电力系统，节点崩溃后不仅会产生熵流，而且会产生过载负荷。如果 $i\in G$，那么 i 崩溃会引起负荷在传输线路上的重新分配；若过载节点 $i\in L$ 崩溃，则网络中的传输线路会产生故障。也就是说，节点

之间的故障以及崩溃行为的传递是通过传输线路实现的，因此，设适应性 Agent 图 D 的弧 $a=\langle i,j\rangle$ 的权值 w_{ij} 为

$$w_{ij}=\frac{F_{ij}+\Delta P_i-\Delta P_j}{F_{ij}^{\max}} \tag{12.35}$$

式中 F_{ij} —— 传输线路 $\langle i,j\rangle$ 上的负荷；

$F_{ij}^{\max}$ —— 传输线路可能承受的最大负荷；

$\Delta P_i,\Delta P_j$ —— 节点 i,j 的状态变化引起的负荷的增加。

其中，存在映射状态集合到负载集合的映射 $\eta:X\rightarrow P$，使得 $\Delta P_i=\eta(x_i)$。由于幂律特性，一般假设 ΔP_i 与状态 x_i 成正比。

(4) 顶点的记忆函数

顶点的记忆函数用来存储顶点的熵流和状态。例如，可以设一个存储状态的记忆函数 $I(x,t)$，有

$$I_{\text{state}}(k+1)=I_{\text{state}}(k)+x(k) \tag{12.36}$$

$$I_{\text{flow}}(k+1)=I_{\text{flow}}(k)+f(k) \tag{12.37}$$

(5) 顶点的演化规则

对于舰船电力系统脆性行为的演化规则，用一个离散的演化方程表示，即

$$f_i(k+1)=f_i(k)-\sum_{j\in\Pi^-}w_{ij}f_j(k)+\sum_{s\in\Pi^+}w_{si}f_s(k)+\Delta f_i(k) \tag{12.38}$$

式中，$\Delta f_i(k)$ 为 k 时刻，节点 i 由于随机干扰等因素产生的自身熵增。

考虑到适应性行为，建立 IF/THEN 准则，即

IF $f_i(k+1)\in S$ THEN $x_i(k+1)=\exp(-f_i(k))$

IF $f_i(k+1)\leqslant 0$ THEN $x_i(k+1)=1$

IF $f_i(k+1)\geqslant \log(m)$ THEN $x_i(k+1)=I_i(k-1)/I_i(k)$

另外，考虑到崩溃行为是一个不可逆的行为以及舰船电力系统的特殊性，假设若节点 i 崩溃，i 及其相关联的弧将从网络中去掉，则原网络的拓扑结构变为 $D'=D/\{i\}$。如果最后所剩的 D' 不是连通的，则整个舰船电力系统不能够正常工作，此时整个电力系统崩溃。

(6) 全局能量函数

定义舰船电力系统全局能量函数为

$$H(D)=-\int_S P(\sigma)\log P(\sigma)\mathrm{d}\sigma \tag{12.39}$$

式中，$\sigma\in S$ 是整个系统中所有节点崩溃按顺序排列的可能序列；S 是所有可能序列 σ 的集合，而且有

$$\int_{\sigma\in S}P(\sigma)\mathrm{d}\sigma=1 \tag{12.40}$$

如果舰船电力系统的节点数量相当庞大，则全局能量函数可以近似为

$$H(D)\approx\int_{\mu_{\min}}^{\mu_{\max}}x\log x\,\mathrm{d}x \tag{12.41}$$

式中，

$$\mu_{\min}=\frac{w_{\min}}{\sum\limits_{h\in H}w_h}\qquad \mu_{\max}=\frac{w_{\max}}{\sum\limits_{h\in H}w_h} \tag{12.42}$$

式中　$w_{\min}, w_{\max}$ —— 最小、最大崩溃路径权值；

h —— 系统的崩溃路径；

w_h —— 其权值；

H —— 系统所有崩溃路径的集合。

如果适应性 Agent 图是不连通的，则不存在崩溃路径，此时假设 $H(D)=\infty$。以上的全局能量函数反映了整个系统的无序程度，是整个系统崩溃的指标。

综合以上几点，得到一个舰船电力系统脆性行为的适应性 Agent 图模型。根据上面的模型，设终止条件为 $H(D)=\infty$，出现周期性行为或到达终止时刻 T_{end}，得到舰船电力系统的脆性行为算法，如表 12.2 所示。

表 12.2　脆性行为算法

序号	算法内容
1	初始化每个节点功率及输电线路的承载功率等
2	按式(12.38)和 IF/THEN 准则更新节点状态和熵流
3	按式(12.28)和式(12.35)更新图 D 的权值
4	应用蚁群算法求出最大、最小崩溃路径 $w_h^{\max}, w_h^{\min}$
5	应用式(12.39)或式(12.41)计算全局能量函数；若达到终止条件，结束循环；否则，返回 2

12.3.3　舰船电力系统脆性分析

设在某一初始时刻 $t=0$，舰船电力系统中的某一个节点 $i \in G$ 崩溃。由于它的崩溃将会造成整个电力系统负荷的重新分配，而这种分配带来的有序和无序程度的影响，可以用熵流的交换来描述。当节点 i 崩溃时，会向相邻的节点 $j \in \Pi_i^+$ 分配负荷，即吸收负熵流，邻居节点 j 的熵会增加，同理 j 也会向其邻居 Π_j^+ 吸收负熵流，依此类推，最后将导致整个电力系统崩溃。针对舰船电力系统的几种配电方式及其脆性过程，按照上一节的介绍建立它的脆性关系的适应性 Agent 图模型 D。设图 D 的邻接矩阵及矩阵表示为 $\boldsymbol{W}=(w_{ij})^{n\times n}$，其中，对同类型的节点假设脆性关系程度是相同的，也就是说，对任意的电机节点 $i_1, i_2 \in G$ 有 $w_{i_1 i_2}=w_{i_2 i_1}$；对任意的推进器节点 $j_1, j_2 \in M$ 有 $w_{j_1 j_2}=w_{j_2 j_1}$；对任意的配电节点 $h_1, h_2 \in P$ 有 $w_{h_1 h_2}=w_{h_2 h_1}$。又由于对任意的 $j \in L$、$i \in G$ 有 $j \notin \Pi_i^-$，则对任意的 $j \in L, i \in G$ 有 $w_{ji}=0$。因此，应用表 12.2 的算法进行仿真，针对每一种类型的配电网络方式，随机地选取 6 组功率初值，得到下面几组仿真曲线。

如图 12.9 和图 12.10 所示，无论是一般式还是棋盘式的馈线配电方式，它的全局熵都会在很短的时间内到达一个稳定值，而且一般式的震荡时间会更短一些。这说明，馈线配电方式的某一部分崩溃后，会很快地产生对整个网络的作用，而且过程比较快。也就是说，如果脆性源的崩溃能够产生脆性行为使整个系统崩溃，那么它的速度会非常快。同时由于结构简单，它的故障修复也会很快，所以这种配电方式的脆性行为是比较容易预测的，而且维修也很方便。

如图 12.11 所示的干线配电方式的熵变图，呈随机性的震荡行为，而且振幅的波动比较大也是随机的，因此，对于它的脆性行为很难预测。但是它的熵值并不大，所以干线配电方式并不容易产生崩溃，脆性行为表现不明显。而由图 12.12 可以看出，混合配电方式也呈现出同样的随机性行为而振幅也是不确定的，且熵值比较大，所以混合配电方式的脆性行为比较容易被激发，而且有一定的随机性，很难预测。

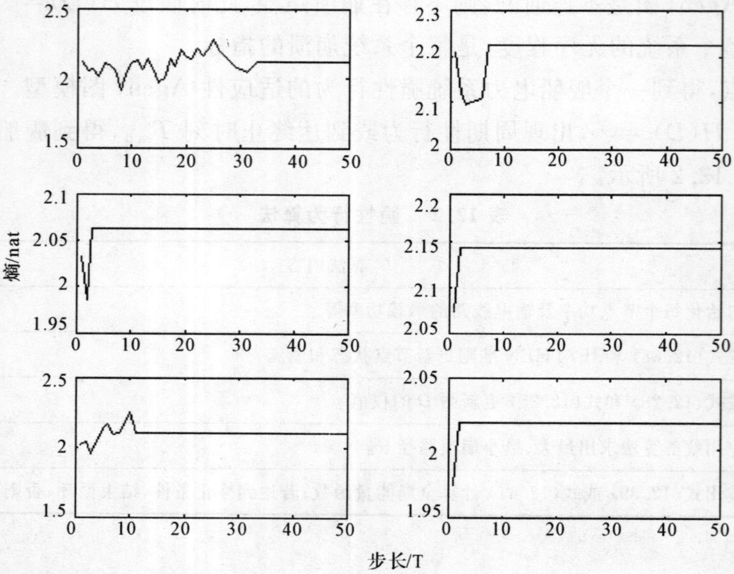

图 12.9　一般式馈线配电方式熵变曲线

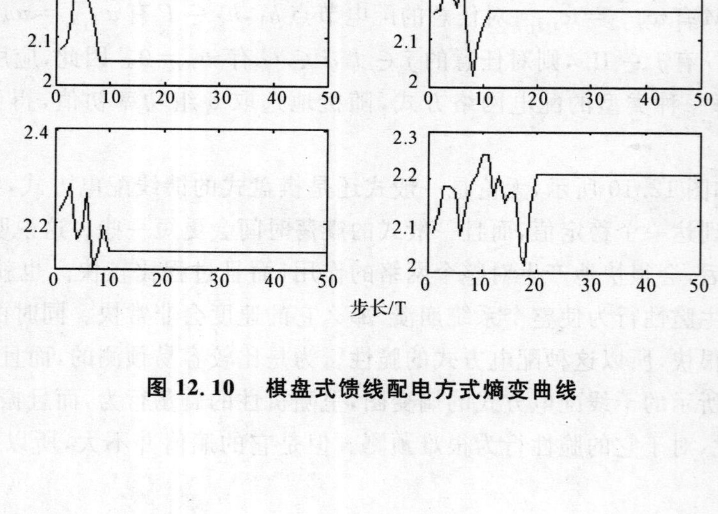

图 12.10　棋盘式馈线配电方式熵变曲线

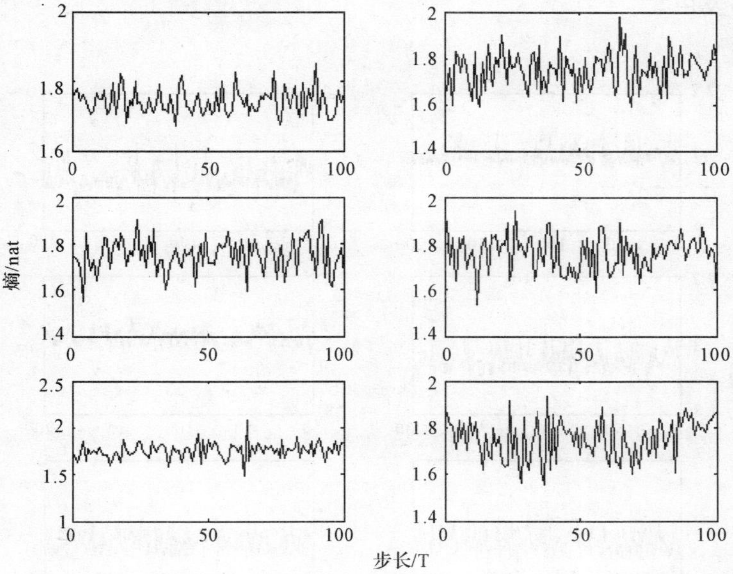

图 12.11　干线配电方式熵变曲线

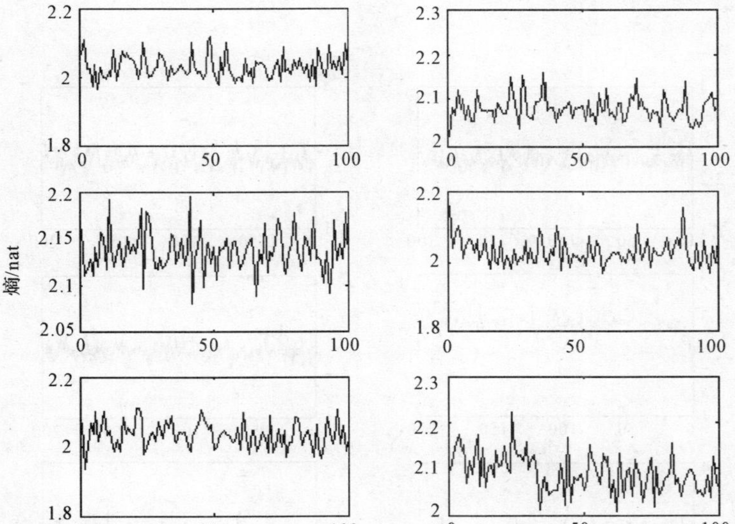

图 12.12　混合配电方式熵变曲线

再看一下比较复杂的配电方式，如图 12.13 所示的环形配电方式与混合配电方式的熵变曲线很相近，所以对于环形配电方式的脆性行为预测也是很难实现的。但是环形配电方式的震动幅值较小，因此，它的稳定性要明显好于干线配电方式和混合配电方式。如图 12.14 所示的网形配电方式是现在大型舰船采用最多的配电方式，可以看出它具有相当不错的稳定性。

但是它的全局熵也是随机性震荡的，而且熵值更大，离临界值最近，所以它的脆性行为是不确定的，而且最容易发生。

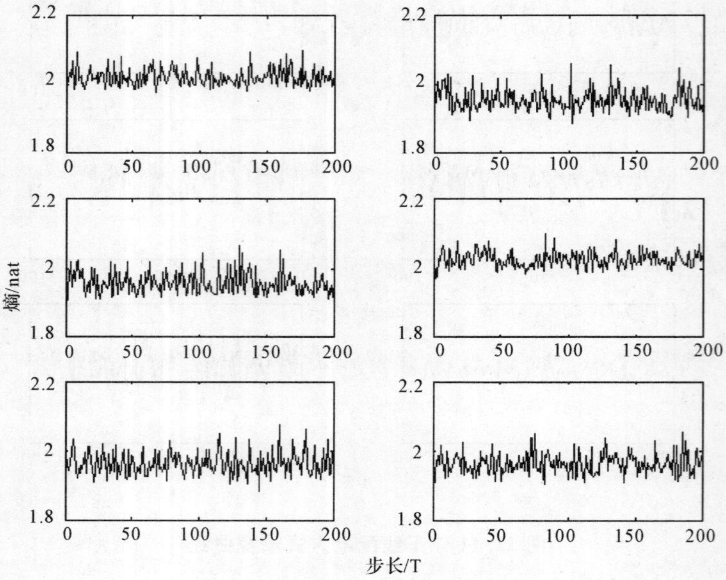

图 12.13　环形配电方式熵变曲线

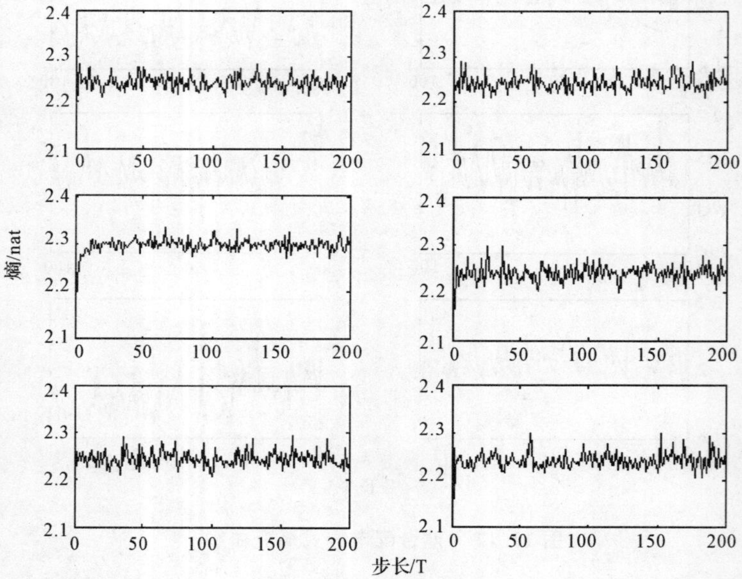

图 12.14　网形配电方式熵变曲线

通过对以上 5 种配电方式的分析我们可以看出，大多数的舰船电力系统的熵的变化是随机性的，局部崩溃行为对整个舰船电力系统的影响程度，也就是脆性行为的发生是非常不确定的，是难以预测的。而且配电网络的结构越复杂（如网状结构），它的全局熵会越大，脆性行为也就越有可能发生。

本章小结

在这一章里，以舰船电力系统为例进一步说明复杂系统脆性的 Agent 图模型。首先对舰船电力系统的连锁性故障进行了探讨，说明连锁性故障正是舰船电力系统脆性行为的一种表现形式，是脆性激发的一个重要原因。另外，我们应用电力系统停电事故的最优潮流法分析了舰船电力系统的脆性行为。考虑到电力系统中故障规模与故障频率的幂律特性，应用脆性理论建立起舰船电力系统的 Agent 模型分析方法。

舰船电力系统有馈线、干线、混合、环形和网形 5 种常见的配电方式，针对它的这 5 种拓扑结构，建立其 Agent 图的脆性仿真方法，并且对这 5 种形式的脆性行为分别进行了分析和比较。最后表明舰船电力系统的规模越大，负载节点越多，配电形式越复杂，就越容易发生脆性，而且舰船电力系统的脆性行为是不确定的、难以预测的。

参考文献

[1] Dobson I, Carreras B A, Newman D E. A probabilistic load-dependent model of cascading failure and possible implications. Proceeding of 35th Hawaii International Conference on System Sciences, USA:Hawaii, 2003: 1-10.

[2] Dobson I, Carreras B A, Newman D E. A loading-dependent model of probabilistic cascading failure. Probability in The Engineering and Informational Sciences, 2005, 19(1): 15-32.

[3] 郭永基. 电力系统可靠性分析. 北京:清华大学出版社,2003.

[4] YU Xingbin, Chanan Singh. A practical approach for integrated power system vulnerability analysis with protection failures. IEEE Trans. On Power Systems, 2004, 19(4): 1811-1820.

[5] 王焕文. 舰船电力系统及自动装置. 北京:科学出版社,2004.

[6] 杨秀霞,张晓峰,张毅,等. 基于启发式遗传算法的舰船电力系统网络重构研究. 中国电机工程学报,2003,23(10):42-46.

[7] 张毅,杨秀霞. 舰船电力系统网络重构研究综述. 电工技术学报,2005,20(8):1-6.

[8] WEI Qi, WEI Xinlao. Brittleness theory and its application on the self-healing reconfiguration for shipboard power systems. Proceedings of Annual Conference of the Society of Instrument and Control Engineers, Japan:Okayama, 2005:669-674.

[9] 李红江,鲁宗相,王淼,等. 基于可靠性模型的舰船电力系统拓扑结构对比分析. 电工技术学报,2006,21(11):47-53.

[10] 刘柏,唐龙利. 舰船安全性分析技术研究. 可靠性工程管理,2006,24(5):51-54.

[11] Poroseva S, Woodruff S, Hassaini M Y. Topology of the generator bus in a warship

integrated power system. Proceedings of 2005 IEEE Electric Ship Technologies Symposium，2005：141－148.

［12］ Carreras B A，Newman D E，Dolrou I，et al. Initial evidence for self-organized criticality in electric power system blackouts. Proceeding of 33th Hawaii International Conference on System Sciences，USA:Hawaii，2001：1－6.

［13］ Carreras B A，Lynch V E，Dobson I，et al. Critical points and transitions in an electric power transmission model for cascading failure blackouts. Chaos，2002，12（4）：985－994.

［14］ 王朝瑞. 图论. 3 版. 北京：北京理工大学出版社，2005.

［15］ 曹军海，张和明，熊光楞. 多 Agent 仿真中 Agent 行为的形式化描述方法. 系统仿真学报，2004，16(11)：2398－2400.

［16］ LIU Yanfei，Kevin M. Passino. Cohesive behaviors of multiagent systems with information flow constraints. IEEE Transactions on Automatic Control，2006，51(11)：1734－1748.

［17］ Eguchi T，Hirasawa K，HU Jinglu，et al. A study of evolutionary multiagent models based on symbiosis. IEEE Trans. on Systems Man and Cybernetics，2006，31(1)：179－193.

［18］ XIAO Feng，WANG Long. Dynamic behavior of discrete-time multiagent systems with general communication structures. Physica A，2006（370）：364－380.

第13章 复杂系统脆性理论在煤矿系统中的应用

煤矿事故的发生是内因与外因共同作用的结果,本章对于内因及外因分别进行分析,建立煤矿事故系统的内部脆性模型以及外部脆性模型,分别对应了煤矿事故原因中的内部原因以及外部原因。

内部原因主要从管理、人为、技术、设备4个方面进行考虑,并考虑影响这些因素的各个因素,得到内部脆性度。根据这些具体因素的演化模式,对内部脆性度进行仿真。

外部原因主要是考虑外部环境对煤矿事故系统的影响,主要从煤炭市场、国家政策、当地经济以及与煤炭相关产业的发展情况4个方面进行考虑,并考虑这些因素与外部脆性度之间的关系,建立外部模型,对外部脆性度进行仿真。

由于煤矿事故系统脆性被激发是内部脆性与外部脆性共同作用的结果,所以单靠内部脆性或者外部脆性不能够表征整个系统的脆性。只有通过外部模型以及内部模型的建立,考虑煤矿事故系统的脆性度情况,分析内部脆性度与外部脆性度的作用方式,得到系统脆性与内部脆性度及外部脆性度的关系,从而很好地利用外部脆性度和内部脆性度表征整个系统的脆性。

13.1 煤矿事故系统的内部系统

对于现今煤矿事故频发,究其原因都是在煤炭价格上涨的巨额利润刺激下,矿主无视安全生产的重要性,在没有合格设备与技术条件下进行大规模的超能力生产。与事故发生有联系的系统内部因素主要有:管理、人为、设备、技术这4个方面。通过对近年来事故的分析表明:事故的发生不仅取决于人的不安全行为、物的不安全状态以及技术的相对落后,而且还主要取决于制约着这3种因素的管理原因[1]。

根据图8.5的事故模型,运用布尔代数原理得到

$$T=X_1(X_2+X_3+X_4)=X_1X_2+X_1X_3+X_1X_4 \tag{13.1}$$

式中 T —— 死亡事故;

X_1 —— 管理原因;

X_2 —— 人为原因;

X_3 —— 设备原因;

X_4 —— 技术原因。

事故发生的机理就是由管理、人为、设备和环境4大原因构成。应该指出的是管理原因随时随地制约着其他3种原因;管理原因或管理原因与任何一种原因结合,都会引起事故的发生。

根据以往的脆性度定义[2]:表征子系统是否发生崩溃的特征量。如果子系统发生崩溃,则此子系统的脆性度为1,否则为0。脆性度为1,意味着此子系统将会对与之联系紧密的子系统

有影响,即脆性有可能被激发。而脆性度为0,则意味着此子系统不会对与之有联系的子系统产生影响,即脆性不可能被激发。在参考文献[2]中定义脆性度

$$S=\begin{cases}1, & \text{系统崩溃}\\0, & \text{脆性不被激发}\end{cases} \tag{13.2}$$

本章结合图8.5及式(13.1)对事故机理的分析将脆性度的定义扩展到整个[0,1]。根据第3章中所描述的复杂系统脆性度的定义,定义为系统的内部脆性度 S_1。内部脆性度虽然没有明确地表征整个复杂系统崩溃的概率,它所描述的是内部各个隐患的严重程度,但它与复杂系统崩溃的概率是有着一定关系的。隐患越大,崩溃的概率就越大;反之隐患越小,崩溃的概率也就越小。所以内部脆性度在一定程度上能够表征复杂系统崩溃的概率。具体表示为

$$S_1=f(x_1,x_2,x_3,x_4)=(1-x_1)(r_2(1-x_2)+r_3(1-x_3)+r_4(1-x_4))=$$
$$1-x_1-r_2x_2-r_3x_3-r_4x_4+r_2x_1x_2+r_3x_1x_3+r_4x_1x_4 \tag{13.3}$$

式中 $S_1\in[0,1]$, $x_i=1-X_i$,且 $x_i\in[0,1]$, $i=1,2,3,4$;

x_1——管理程度;

x_2——人员素质的量化值;

x_3——设备;

x_4——技术的具体情况;

r_j——人员、设备、技术在系统内部脆性度中的权值, $j=2,3,4$,且 $r_2+r_3+r_4=1$。

13.1.1 管理者的层次水平

安全管理主要存在的问题如下:

1) 企业领导对安全的重视程度不够,安全投入少,安全装备不完善,隐患处理落实不力。某些煤矿企业的领导习惯性地认为,煤矿企业不出事故是不可能的,把煤矿事故习惯化、正常化,对必须投入的安全设施装备尽可能地减少到最低限度,甚至用于安全的资金也被挪作他用。在生产任务紧的情况下,为了生产忽视安全或者有意放任"三违"的现象时常发生。

2) 在安全宣传方面,只重形式,忽视效果。许多煤矿,特别是国有重点煤矿,经常结合时势,开展安全牌板展、安全知识竞赛、参观等一系列安全教育活动,并行文制定了许多安全管理规章制度和考核办法,虽然这些宣传一时也起到了一定的教育和警示作用,但并没有真正起到触及人们心灵深处的根本作用。宣传是管理者的事,干活是工人的事,安全意识落实到工作中的较少,习惯性违章仍然屡禁不止,工伤事故常有发生,即使身边刚刚发生了血的教训,仍不能对那些习惯性违章者起到警示作用。

3) 安全管理考核奖惩办法及规定,针对生产单位和责任人的较多,对管理者的较少,而且考核力度也较小。尤其是安全监督检查力度不够,隐患排查落实不到位,安全技术措施编制审批有漏洞等一些重大责任事故,在事后的追查处理过程中,负有不可推卸责任的管理部门和管理人员的责任没有凸显出来,处理结果也与其应当承担的责任不符。另外,有时对事故责任单位主要领导的处理也因人而异,没有按有关规定和统一标准进行处理,伸缩性较大,不能真正体现事故处理应有的效果。

4) 反"三违"力度不够,习惯性"三违"屡禁不止。煤矿常年反"三违",可"三违"现象时时处处存在于煤矿生产过程中。反"三违"是安检人员铁定的责任和义务,有些单位为此还下达

了抓“三违”指标。可是，查到的“三违”与生产过程中存在的“三违”数量相比微乎其微。主要原因是对“三违”人员处罚不当，一个“三违”人员各项直接和间接的处罚加在一起，相当于一个月的工资，“三违”人员承受不了。有些“好心”的安检人员不愿得罪人，“三违”人员为了减免处罚，总是直接或间接找人说情，从表面上看“三违”现象少了，实际情况却恰恰相反。

5) 安全技术措施制定、检查、落实不力。许多单位对安全技术措施的重要性认识不到位，把安全技术措施作为推卸责任的依据，或者因技术管理人员素质差，安全技术措施编制和审批有漏洞，造成在实际生产过程中，操作规程成了挂在墙上应付检查的摆设，作业规程和特殊的施工措施成了开工条，不执行或不严格执行措施成为很普遍的现象，施工人员往往凭经验和主观意识施工。又由于有的安检人员对作业规程和操作规程不太熟悉，措施的贯彻执行情况检查不到位，在安全监督检查上存在盲区，成为安全生产的一个较大隐患。

6) 现场作业人员安全意识淡薄。每发生一起事故，受教育较深刻的是事故中的受害者和事故责任者，其他人员总认为事故离自己很远，不能从别人的事故伤害中吸取教训，总凭着经验或感觉去干活，习惯性违章甚至连自己也意识不到。有的为了省时省力，赶进度，干活时走捷径，视各项措施和规定于不顾，盲目蛮干。

私人业主办矿，首先追求的是效益，其次考虑的才是安全问题。高效、节约是每一个投资者的办矿宗旨。沿用国有大矿的管理模式，将所有机构健全，配齐所有人员，对地方煤矿来说是做不到的，也是不现实的。现在煤矿的很多机构和很多管理制度还很粗放，是为了检查的需要，流于形式，不是为增强企业管理实现安全生产。严格说来，现在的地方煤矿很多都不能算是一个企业，还处于一个转型时期。行业管理难度大：一是行业管理部门缺乏一批专业性强，技术水平精的队伍。煤炭行业管理部门多年来对煤矿的管理以行业管理为主，许多人员没有接触过煤矿，煤矿现在还不能依靠自身完善管理制度，解决和处理生产中存在的问题。要实现安全生产，必然需要各级各部门给予更多的指导、服务和监督，以便煤矿尽快依靠自身实现安全生产。这就需要管理部门要从单纯的行政管理向技术型管理转变。二是安全管理难度大，地方煤矿完全是个人的投资，国家不拿一分钱，督促煤矿增大安全投入，如果煤矿没有资金，政府也拿不出钱来给予支持，要实施关闭，没有达到关闭条件，只能责令煤矿停产整顿，时间越长，隐患也越多。三是安全职责重大，管理部门特别是煤炭管理部门同企业之间是监督与被监管的关系。对企业的管理是行业管理和安全监督管理，不是上下级关系，管理部门不是企业的顶头上司，不能干预企业，但煤矿发生事故，就要追究管理部门责任。依据目前地方煤矿的现状、行业特点，不发生事故是偶然的，发生事故是必然的。

研究管理者因素，必须得考虑管理者在管理层中所占据的位置及发挥的作用。所以我们将管理分为三个层面进行考虑，最高管理层：生产矿长和安全矿长；最低管理层：班组长；其他则属于中层管理人员。而具体到各管理者的素质问题，我们主要考虑管理者对矿山的了解程度、学历水平、身体状况、心理状况、责任心、性格[3-4]，见 8.4.1 小节。根据本章研究的需要，将式(8.11) 中 j 的取值范围由 $j=5,6,7$ 改为 $j=1,2,3$。其他的也进行相应的更改。

13.1.2　人才结构

煤炭行业的企业(煤矿) 全员文化技术素质在所有主要工业行业里是最低的[5]。从吕梁煤矿安全监察办事处辖区内的煤矿就能看出这一问题是多么严重：辖区内有国有重点矿井

14 对，市营矿井 5 对，乡镇矿井 500 余对。在人员素质状况相对较好的国有重点煤矿和市营煤矿，采掘生产第一线工人中多数是初中及以下文化程度，特别是其中占很大比例的农民协议工文化程度更低。同时煤矿专业技术人才面临严重的青黄不接。这些煤矿在 20 世纪 90 年代后期以来的近 10 年间基本上没有进过 1 名采掘、通风、机电等煤炭专业的大学生。据国家煤矿安全监察局研究中心调查，目前，国有煤矿大专以上文化程度的技术人员仅占职工总数的 3%，而发达国家为 60% 以上。在近 40 个年产 500 万吨以上的大中型煤炭企业中，工程技术人员不足 2 000 人。由于煤炭行业困难，煤炭院校中地矿类专业学生在全校学生中所占比例，由以前的 40% 下降到目前的 5% 以下。据 9 所原煤炭院校的不完全统计，1999—2002 年共有毕业生 3.973 1 万人，到煤炭行业的只有 3 528 人，占 9.3%。某煤矿集团 10 年流失人才 900 多人，其中技术人才 270 人。10 年内未进 1 名大学生。国有煤矿的员工素质状况尚且如此，在众多的乡镇、民营小煤矿就更可想而知了。吕梁辖区内 500 余座乡镇煤矿中，近一半的煤矿连 1 名煤炭专业学校毕业的中专人才都没有，有 40% 左右的煤矿仅有 1～2 名煤炭专业人才，且很不稳定，仅有 10% 左右的煤矿煤炭专业人才情况相对较好；而这些乡镇煤矿，全体从业人员文化素质更是低得难以想象。首先，绝大部分矿主、矿长的文化程度不高，更非煤炭专业人才，而且他们真正放在煤矿安全、矿工健康及矿井长远发展方面的精力很难保证，甚至不顾矿工安危违章指挥、违法生产；其次，在中层管理人员中，煤炭人才是空白或极少，而且普遍文化素质不高，大部分是矿主亲戚、亲信或社会关系；第三，采掘一线工人大部分用的是四川、陕西以及湖北等地的民工，初中及以下文化程度占大多数而且很多就是文盲。每个乡镇煤矿的产值普遍在千万元至数千万元，国有煤矿则在上亿元至几亿元，经济效益相当可观，但这些产值效益就是在全员文化技术素质极低而且相当一部分人员近乎文盲的情况下创造的，这在任何其他行业都是不可想象的。在煤矿这种深入地下数百至上千米的井下，且地质条件极为复杂、环境极为恶劣的行业里由这些文化技术素质极低、安全意识技能极差的员工去生产作业，安全焉有保证，生命健康焉有保障！处于产煤大省山西的吕梁辖区内，煤矿的煤炭专业技术人员和全员文化技术素质现状就是全国大部分煤矿的缩影，而且处于中西部地区的煤矿情况更差。据统计，全国现有的 2.8 万处煤矿中，乡镇小煤矿有 2.5 万多处，占煤矿总数的 90%。这些小煤矿生产方式落后，安全设施简陋，抵御自然灾害能力差，大部分不具备基本的安全生产条件，这些年煤矿发生的特大事故 70% 是在小煤矿。而造成如此落后状况的根本因素是煤矿全员的素质问题，包括文化知识、技术技能、安全意识、思想观念、思维方式等等。图 13.1[6] 与表 13.1 给出了 2004 年部分企业采掘工人文化程度与安全生产状况之间的关系。

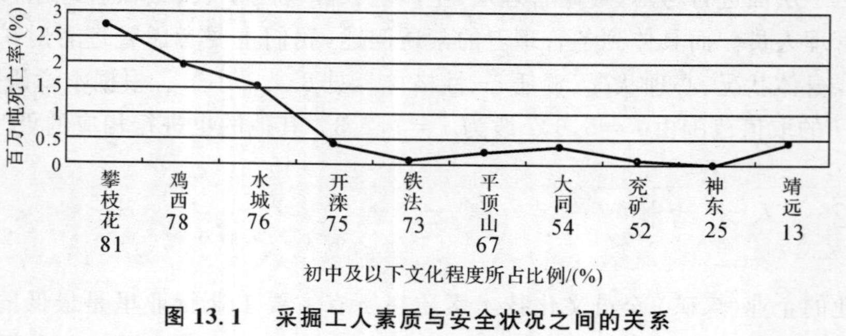

图 13.1 采掘工人素质与安全状况之间的关系

表 13.1　2004 年部分企业采掘工人文化程度与安全生产状况

单　位	初中及以下文化程度所占比例 /(%)	原煤生产效率 /(吨·工$^{-1}$)	采煤机械化程度 /(%)	百万吨死亡率 /(%)
攀枝花	81	1.9	27.58	2.73
鸡西	78	1.4	98.27	2
水城	76	1.9	72.32	1.58
靖远	13	4.3	94.08	0.41
开滦	75	6.7	93.16	0.38
大同	54	4.8	98.02	0.35
平顶山	67	3.4	80.98	0.23
铁法	73	9.6	97.87	0.14
兖矿	52	14.5	97.67	0.12
神东	25	104.7	100	0.01

其中煤矿工人分为[7]:技术人员、采掘工人、特种作业工人、其他人员。对于不同类型的工人素质要求方面也是不一样的，详见 8.4.1 小节。根据本章研究的需要，将式(8.5) 中 j 的取值范围由 $j=1,2,3,4$ 改为 $j=4,5,6,7$。其他参数也进行相应的更改。

13.1.3　设备结构

由于煤矿设备结构涉及方面比较广而且涉及的知识比较专业化，这里我们只是对于不同煤矿类型中的设备结构进行大概的说明，国有重点煤矿中的设备应居于国内领先地位，但是终究无法和英、美这样的国家相比，没有达到世界的领先水平，但是较以前古老的采煤设备还是有很大的进步。然而重点煤矿的事故率与以前相比却呈增加的趋势，这说明在近期所发生的事故中设备的因素并不是很大。国有地方煤矿中的设备水平次于重点煤矿，而且这些煤矿地质等自然条件比较恶劣，设备的落后以及自然条件的恶劣都给煤矿的事故造成了一定的发生条件。而由于乡镇煤矿大部分都属于私企，在一定程度上以赢利为目标，对于成本是能减则减，所以一般来说这样的企业设备水平不会很高，而且有些必要的设备也不一定都有，因此，事故发生在这样的企业里在一定程度上可以说是必然的。小煤窑这种类型的煤矿就如我们所见的都是由一些农民企业家自主经营，就连最高的管理者都没有一定的安全常识，大多数更是以赢利为最终的目的。据有些资料显示，有的小煤窑吨煤出价达到 200 多元，但是成本费也就只有 5 元，从这样的数字中我们可以看出对于这些简陋的煤窑可以说并没有什么安全设备，也就是所谓的挖个坑就可以产煤，事故会在这些煤窑中频发也是不可避免的。

设备性能的表示见式(8.14)。

13.1.4 技术水平

而对于各个不同类型煤矿的技术水平与设备水平的说明应该是大致相同的，对于其各自具体的技术水平这里不再说明，通过一些地方煤矿的说明，可以对照了解其他煤矿的技术水平。地方煤矿资源条件和技术装备水平参差不齐，多数矿井采用非正规采煤方法和简易采掘设备(甚至非防爆设备)，机械化程度低，采煤方法落后，资源回收率低下，安全技术投入欠缺，安全生产无保证。特别是沿用落后的仓房、巷柱采煤方法，不仅生产水平低，资源浪费严重，而且存在安全隐患。大多数地方国有煤矿采掘队(组) 数量多，普遍采用钻爆法进行采掘作业，作业地点分散，点多面广，生产能力低下，部分矿井采用畜力车运输，通风运输管理难度大，安全隐患较多，急需对其进行技术改造。

技术水平的表示见式(8.17)。

13.2 因素演化

在不考虑外界因素的条件下，随着时间的推移，管理者的各项素质都会发生一定的变化，设演化指数为 β_{1i}，具体关系可以表示为

$$y_{1i}^{j}(t)=\mathrm{e}^{\beta_{1i}t}y_{1i0}^{j} \tag{13.4}$$

式中，y_{1i0}^{j} 为 y_{1i}^{j} 的初始值($j=1,2,3;i=1,2,3,4,5,6$)。根据 β_{1i} 的实际物理意义，$\beta_{11}>0,\beta_{12}>0$，$\beta_{13}<0$，而 β_{14} 与环境有关，根据煤矿的生产环境越来越恶劣，初步认为 $\beta_{14}<0,\beta_{15}=0,\beta_{16}=0$。

令 $\boldsymbol{c}_i=[y_{1i}^{1}\quad y_{1i}^{2}\quad y_{1i}^{3}]^{\mathrm{T}}$，$\boldsymbol{x}_1=[\boldsymbol{c}_1\ \ \boldsymbol{c}_2\ \ \boldsymbol{c}_3\ \ \boldsymbol{c}_4\ \ \boldsymbol{c}_5\ \ \boldsymbol{c}_6]^{\mathrm{T}}$，$\boldsymbol{\beta}_1=[\beta_{11}\ \ \beta_{12}\ \ \beta_{13}\ \ \beta_{14}\ \ \beta_{15}\ \ \beta_{16}]$，$\boldsymbol{d}_i=[\beta_{1i}r_{11}r_{1i}^{1}\quad \beta_{1i}r_{12}r_{1i}^{2}\quad \beta_{1i}r_{13}r_{1i}^{3}]$，$\boldsymbol{z}_1=[\boldsymbol{d}_1\quad \boldsymbol{d}_2\quad \boldsymbol{d}_3\quad \boldsymbol{d}_4\quad \boldsymbol{d}_5\quad \boldsymbol{d}_6]$。

将式(8.11)、式(13.4) 代入式(8.12)，将两边对时间求导

$$\dot{\boldsymbol{x}}_1=\boldsymbol{z}_1\boldsymbol{x}_1 \tag{13.5}$$

而人员因素和管理者素质方面存在着一些相同的因素，这些相同因素的演化系数这里可以认为是相同的，则 $\beta_{1i}=\beta_{2i}(i=2,3,4,5,6)$，而 $\beta_{21}>0$。具体关系可以表示为

$$y_{1i}^{j}(t)=\mathrm{e}^{\beta_{1i}t}y_{1i0}^{j} \tag{13.6}$$

式中，y_{1i0}^{j} 为 y_{1i}^{j} 的初始值($j=4,5,6,7;i=1,2,3,4,5,6$)。

假设

$\boldsymbol{a}_i=[y_{2i}^{4}\quad y_{2i}^{5}\quad y_{2i}^{6}\quad y_{2i}^{7}]^{\mathrm{T}}$，$\boldsymbol{x}_2=[\boldsymbol{a}_1\quad \boldsymbol{a}_2\quad \boldsymbol{a}_3\quad \boldsymbol{a}_4\quad \boldsymbol{a}_5\quad \boldsymbol{a}_6]^{\mathrm{T}}$，

$\boldsymbol{b}_i=[\beta_{2i}r_{24}r_{2i}^{4}\quad \beta_{2i}r_{25}r_{2i}^{5}\quad \beta_{2i}r_{26}r_{2i}^{6}\quad \beta_{2i}r_{27}r_{2i}^{7}]$，$\boldsymbol{z}_2=[\boldsymbol{b}_1\quad \boldsymbol{b}_2\quad \boldsymbol{b}_3\quad \boldsymbol{b}_4\quad \boldsymbol{b}_5\quad \boldsymbol{b}_6]$。

将式(8.5)、式(13.6) 代入式(8.6)，将两边对时间求导

$$\dot{\boldsymbol{x}}_2=\boldsymbol{z}_2\boldsymbol{x}_2 \tag{13.7}$$

设备的演化：随着时间的推移，设备存在着自身老化问题，这里设老化系数为 β_3，且 $\beta_3<0$，则有

$$\dot{\boldsymbol{x}}_3=\beta_3\boldsymbol{x}_3 \tag{13.8}$$

技术的自身演化：随着时间的推移，设技术的先进性的演化系数为 β_{41}，且 $\beta_{41}<0$；而技术

被人掌握程度的演化系数为 β_{42}，且 $\beta_{42}>0$；技术的实用性演化系数为 β_{43}，且 $\beta_{43}<0$，假设

$$\boldsymbol{\beta}_4=[\beta_{41}\quad \beta_{42}\quad \beta_{43}],\quad \boldsymbol{x}_4=[y_{41}\quad y_{42}\quad y_{43}]^{\mathrm{T}},\quad \boldsymbol{z}_4=[r_{41}\beta_{41}\quad r_{42}\beta_{42}\quad r_{43}\beta_{43}]$$

则有

$$\dot{\boldsymbol{x}}_4=\boldsymbol{z}_4\boldsymbol{x}_4 \tag{13.9}$$

根据上面的分析可以得到在不考虑外界因素的条件下的状态方程：

$$\dot{\boldsymbol{x}}=\boldsymbol{A}\boldsymbol{x}=\begin{bmatrix}\boldsymbol{z}_1 & 0 & 0 & 0\\ 0 & \boldsymbol{z}_2 & 0 & 0\\ 0 & 0 & \boldsymbol{z}_3 & 0\\ 0 & 0 & 0 & \boldsymbol{z}_4\end{bmatrix}\boldsymbol{x} \tag{13.10}$$

如果考虑外界的干扰因素以及政府调控，则式(13.10)为

$$\dot{\boldsymbol{x}}=\boldsymbol{A}\boldsymbol{x}+\boldsymbol{\varepsilon}+\boldsymbol{Z} \tag{13.11}$$

式中　$\boldsymbol{\varepsilon}$—— 外界的随机干扰；

$\boldsymbol{Z}$—— 政府的调控作用。

13.3　煤矿事故系统的内部脆性模型

以现今煤矿的情况为初始值，根据因素的自身演化以及外界干扰的作用得出系统内部脆性度的情况。

在实际情况中，管理者素质 x_1 在一定程度上会影响人才的选用(也就是人才素质 x_2)、设备的引进(设备水平 x_3)、先进技术的采用(技术的先进性 x_4)，而人才素质的高低也决定了对设备水平要求高低以及所采用技术的先进程度，设备也同样与技术之间有着一定的影响关系。为了简化问题，在此不考虑这些因素之间的影响，所以有 $\dot{\boldsymbol{x}}_1=\boldsymbol{z}_1\boldsymbol{x}_1$，$\dot{\boldsymbol{x}}_2=\boldsymbol{z}_2\boldsymbol{x}_2$，$\dot{\boldsymbol{x}}_3=\boldsymbol{z}_3\boldsymbol{x}_3$，$\dot{\boldsymbol{x}}_4=\boldsymbol{z}_4\boldsymbol{x}_4$。

根据上面的定义，可以得到在不考虑外界因素条件下的状态方程

$$\dot{\boldsymbol{x}}=\boldsymbol{A}\boldsymbol{x}=\begin{bmatrix}\boldsymbol{z}_1 & 0 & 0 & 0\\ 0 & \boldsymbol{z}_2 & 0 & 0\\ 0 & 0 & \boldsymbol{z}_3 & 0\\ 0 & 0 & 0 & \boldsymbol{z}_4\end{bmatrix}\boldsymbol{x} \tag{13.12}$$

式中，$\boldsymbol{x}=\begin{bmatrix}\boldsymbol{x}_1\\ \boldsymbol{x}_2\\ \boldsymbol{x}_3\\ \boldsymbol{x}_4\end{bmatrix}$，$\boldsymbol{x}_1=\begin{bmatrix}\boldsymbol{c}_1\\ \boldsymbol{c}_2\\ \boldsymbol{c}_3\\ \boldsymbol{c}_4\\ \boldsymbol{c}_5\\ \boldsymbol{c}_6\end{bmatrix}$，$\boldsymbol{x}_2=\begin{bmatrix}\boldsymbol{a}_1\\ \boldsymbol{a}_2\\ \boldsymbol{a}_3\\ \boldsymbol{a}_4\\ \boldsymbol{a}_5\\ \boldsymbol{a}_6\end{bmatrix}$，$\boldsymbol{x}_4=\begin{bmatrix}y_{41}\\ y_{42}\\ y_{43}\end{bmatrix}$，$\boldsymbol{z}_1=[\boldsymbol{d}_1\quad \boldsymbol{d}_2\quad \boldsymbol{d}_3\quad \boldsymbol{d}_4\quad \boldsymbol{d}_5\quad \boldsymbol{d}_6]$，$\boldsymbol{z}_2=$ $[\boldsymbol{b}_1\quad \boldsymbol{b}_2\quad \boldsymbol{b}_3\quad \boldsymbol{b}_4\quad \boldsymbol{b}_5\quad \boldsymbol{b}_6]$，$\boldsymbol{z}_3=\boldsymbol{\beta}_3$，$\boldsymbol{z}_4=[r_{41}\beta_{41}\quad r_{42}\beta_{42}\quad r_{43}\beta_{43}]$，$\boldsymbol{c}_i=\begin{bmatrix}y_{1i}^5\\ y_{1i}^6\\ y_{1i}^7\end{bmatrix}$，$\boldsymbol{a}_i=\begin{bmatrix}y_{2i}^1\\ y_{2i}^2\\ y_{2i}^3\\ y_{2i}^4\end{bmatrix}$，$\boldsymbol{d}_i=$

$[\beta_{1i}r_5r_{1i}^5 \quad \beta_{1i}r_6r_{1i}^6 \quad \beta_{1i}r_7r_{1i}^7]$，$\boldsymbol{b}_i=[\beta_{2i}r_1r_{2i}^1 \quad \beta_{2i}r_2r_{2i}^2 \quad \beta_{2i}r_3r_{2i}^3 \quad \beta_{2i}r_4r_{2i}^4]$。

不考虑政府的调控作用，系统内部状态方程为

$$\left.\begin{aligned}&\dot{\boldsymbol{x}}=\boldsymbol{A}\boldsymbol{x}\\&\boldsymbol{y}=\boldsymbol{S}_1=1-\boldsymbol{x}_1-r_2\boldsymbol{x}_2-r_3\boldsymbol{x}_3-r_4\boldsymbol{x}_4+r_2\boldsymbol{x}_1\boldsymbol{x}_2+r_3\boldsymbol{x}_1\boldsymbol{x}_3+r_4\boldsymbol{x}_1\boldsymbol{x}_4\end{aligned}\right\} \tag{13.13}$$

对于仿真中各个相关量进行说明：初始值设为国内乡镇煤矿的现状，对于各个因素根据模糊理论对其进行设定；权值的选取主要是应用层次分析法来确定各个因素所占的权值，根据以往发生事故原因中各个因素所占比例的大小来决定它们影响的重要程度，建立判断矩阵，求出其特征向量，并对其进行归一化处理[8]，即为所求得的权值；书中所提到的演化形式以及演化系数以设备为例进行说明。

假定设备的固定资产原值为 V_0，修理费用为 V_x，不需要修理部分的资产值为 V_b，则

$$V_0=V_x(t)+V_b(t)$$

定义 t 时刻设备的磨损率为 $m(t)=\dfrac{V_x(t)}{V_0}$，则设备的完好率为

$$H(t)=1-m(t)=1-\frac{V_x(t)}{V_0}$$

完好率是随时间逐渐变化的，则有

$$\frac{\mathrm{d}H(t)}{\mathrm{d}t}=-\frac{1}{V_0}\frac{\mathrm{d}V_x(t)}{\mathrm{d}t}$$

将任一时刻设备的平均维修费用与不需要修理部分的资产值之比，定义为固定资产原值的转移率，即

$$\beta(t)=\frac{1}{V_b(t)}\frac{\mathrm{d}V_x(t)}{\mathrm{d}t}=-\frac{1}{H(t)}\frac{\mathrm{d}H(t)}{\mathrm{d}t}$$

假设 $\beta(t)$ 为常数，上式两边对时间 t 积分可有 $H(t)=\mathrm{e}^{-\beta t}$，这也就是上文所提到的因素演化形式[9]。对于演化系数我们根据各个因素自身的情况对其进行了一些设定，设备主要是参考煤矿设备的平均寿命，将设备的初始值设为 1，并要求所设定的演化系数能够使初始值在达到平均寿命时其演化结果趋近于 0；人为因素以及管理因素主要是参考人在煤矿工作的最大年限；技术则是参考国内煤矿生产初期煤矿的技术水平。而对于不同煤矿，各个因素可根据具体情况对其进行适当的调整。这样可以得到系统内部脆性度，如图 13.2 所示。

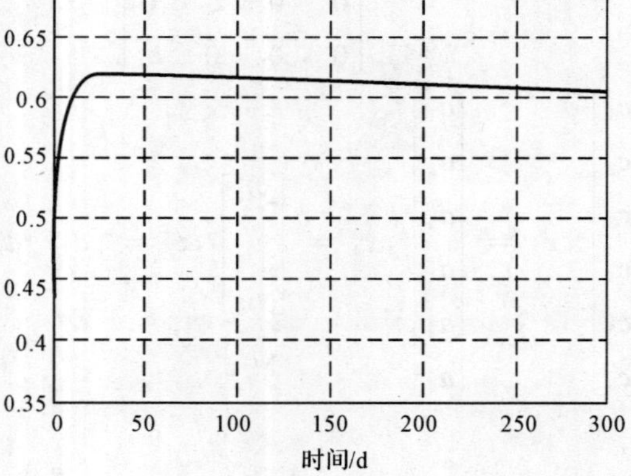

图 13.2　乡镇煤矿的内部脆性度

改变初始值，以现今国内国有煤矿的现状[10] 为初始值，可以得到图 13.3。

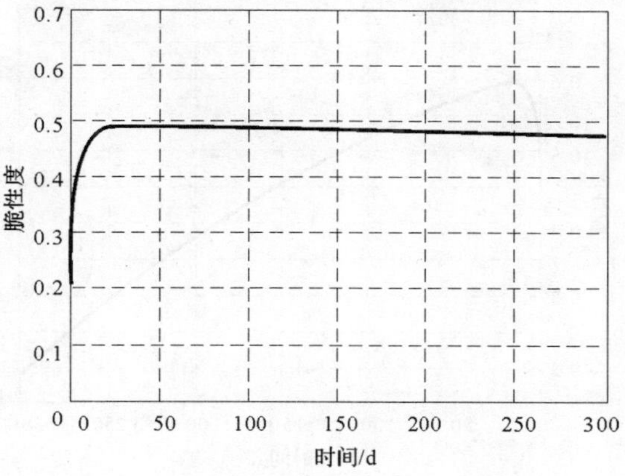

图 13.3　国有煤矿的内部脆性度

考虑政府控制的情况下，对于政府的控制行为是以输入的形式作用于系统，且其主要作用是促使因素往好的方向发展，所以采用与因素演化相同的形式。这里取 $Z=e^{\beta t}$，其中 β 的取值与政府的控制力度及控制方向有关。若政策是减缓一些因素往不好的方向发展，则 $\beta<0$；若是促使某些因素往好的方向发展则 $\beta>0$，而 β 的大小跟控制力度有关。

考虑在政府控制下乡镇煤矿脆性度的变化情况，分 4 种情况进行考虑，① 对于各个因素都进行控制，如图 13.4 所示；② 只对管理因素进行控制，如图 13.5 所示；③ 只对人为因素进行控制，如图 13.6 所示；④ 只对设备技术因素进行控制，如图 13.7 所示。

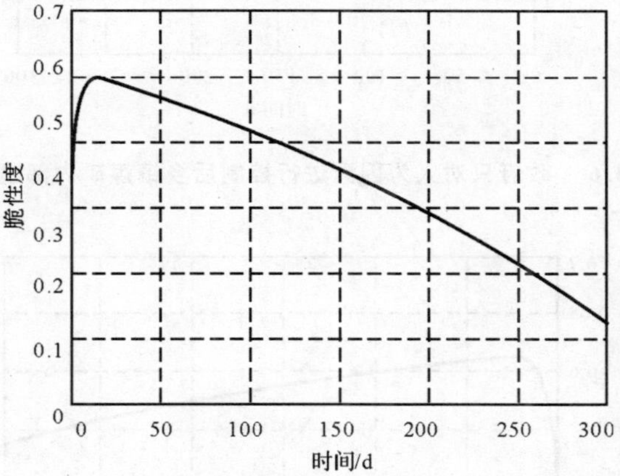

图 13.4　政府对各个因素都进行控制后乡镇煤矿内部脆性度

当然政府对于煤矿也存在不利的影响，对于不利影响的考虑也是同政府控制具有相同的形式，只是参数 β 的选择与政府控制中参数的选择是相反的方向。而不利影响这里主要考虑官员在煤矿中参股，国内对于煤矿立法存在的不足等因素，这些因素都会影响煤矿的正常运行，加大煤矿内部脆性度。仍以乡镇煤矿为例。

从图 13.8 可以看出煤矿系统内部的脆性度呈上涨趋势，这也在一定程度上验证了现今煤矿事故频发的现象。而只有加大政府的控制力度，完善煤矿方面的法制，才能从一定程度上抑制这种增长。

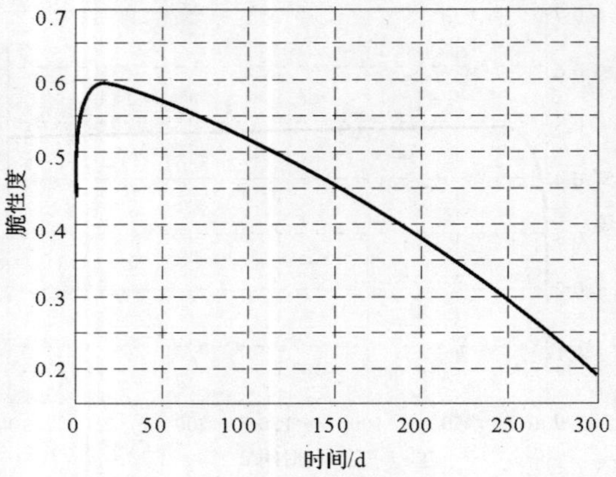

图 13.5 政府只对管理因素进行控制后乡镇煤矿内部脆性度

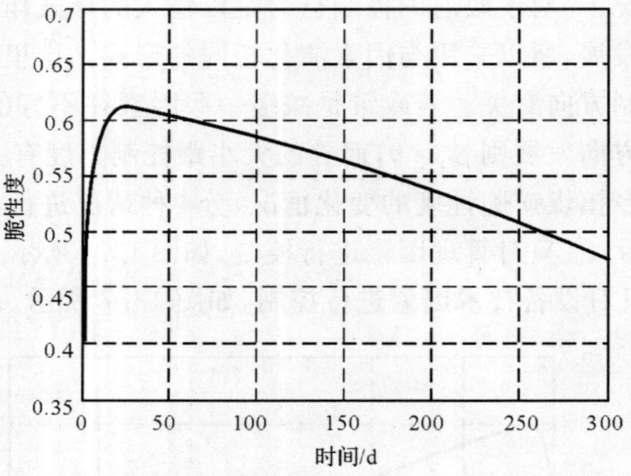

图 13.6 政府只对人为因素进行控制后乡镇煤矿内部脆性度

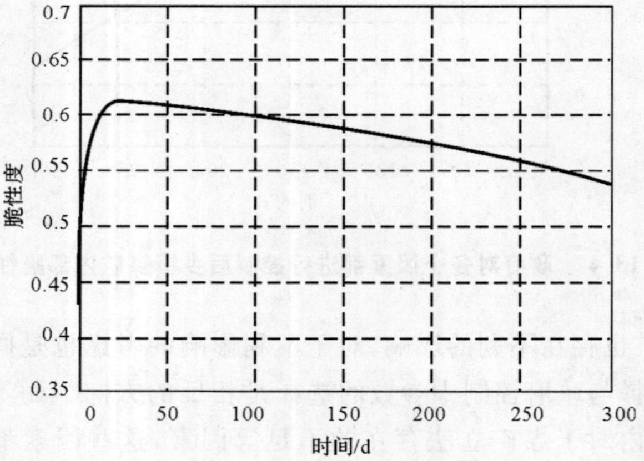

图 13.7 政府只对设备技术因素进行控制后乡镇煤矿内部脆性度

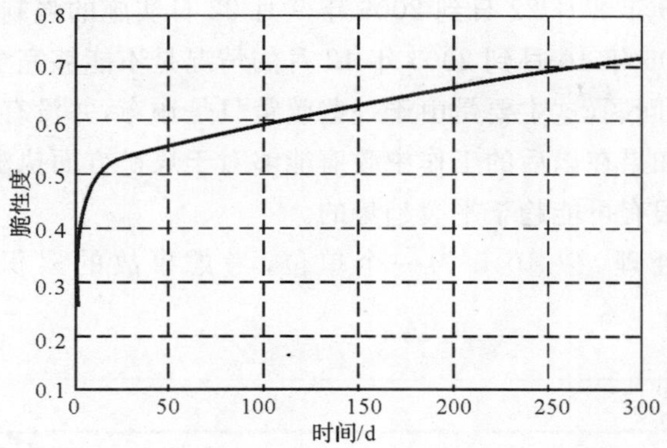

图 13.8　政府对乡镇煤矿的不利影响

本章对内蒙古在 2004 年 1 月到 2005 年 12 月的煤矿事故进行了统计分析。在这段时间内共发生了 108 起死亡事故,造成了 188 人的死亡,这些都是造成了死亡的事故,对于那些没有引起死亡的事故这里没有提及。在网上对于这些事故的原因也没有详细的说明,比如说顶板冒顶、瓦斯爆炸,只是简单地说明了一下,并没有给出这些顶板冒顶、瓦斯爆炸的具体原因。而在给出原因的事故中大多都是由于人的失误、违规操作、设备出现问题,经过统计共有 38 起事故是由于这些原因造成的,死亡人数 45 人,也就是说这 45 人的死亡是完全可以避免的,而且由这 38 起事故所造成的损失也是可以弥补的。而对于那些没有说明原因的顶板冒顶、瓦斯爆炸在一定程度上也是可以避免或者减少的。事故主要组成如表 13.2 与图 13.9 所示。

表 13.2　内蒙古 2004—2005 年煤矿事故分析

类别	与瓦斯有关事故	顶板	设备及失误	其他	总计
事故起数 / 起	17	39	38	14	108
死亡人数 / 人	67	52	45	24	188

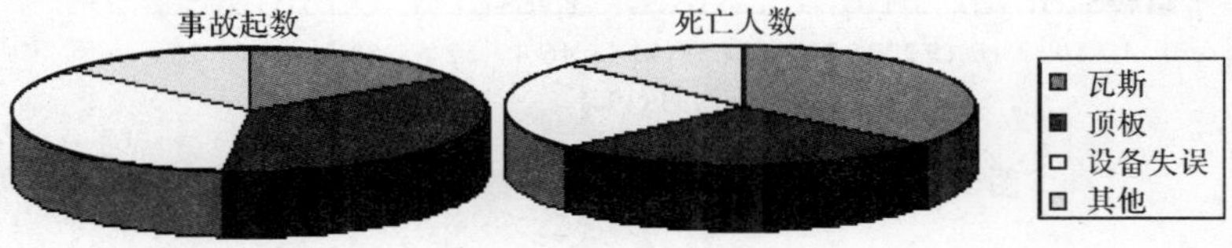

图 13.9　内蒙古 2004—2005 年煤矿事故分析

从图 13.10 中的曲线趋势我们可以看出,事故的增长趋势在 2005 年的 10 月到 12 月的两个月中有了一些缓和,但是总体趋势还在增加,这是由于现在的煤矿系统已经处于脆性度饱和的时期(脆性度已经达到使事故频发的时期),而在这样的时期如果外界不对其输入负熵流(政府的控制、社会的压力等),其增长的趋势是不会缓和的。在 2005 年期间,事故的频发受到政府以及社会的注意,在一定程度上给煤矿系统输入了负熵流,缓和了事故发生起数的增长趋势。而对于政府在 2005 年 8 月 22 日到 2005 年 9 月 22 日实施的强制官员从煤矿撤资这项政策,其控制的效果用 2005 年 10 月到 2005 年 12 月的情况是不能够完全说明的,因为这段时期毕竟还太短不足以说明问题(这主要是由于一些政策只是颁布,并没有完全执行),但是这也应该说是一个好的开始,如果在以后的工作中政府能够对于煤矿方面执法严厉,从根本上杜绝非法违规的现象,曲线是很有可能趋于平缓趋势的。

对这些数据进行处理,以 10 d 为一个单位,考虑事故的累积起数的变化趋势如图 13.10 所示。

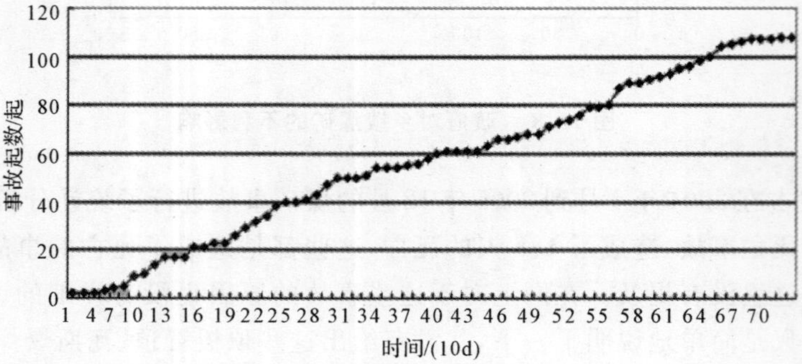

图 13.10 2004—2005 年的煤矿事故起数变化趋势

再来比较一下 2004 年 1 月到 2004 年 12 月与 2005 年 1 月到 2005 年 12 月这两个时间段的事故情况,如图 13.11 所示,依旧以 10 d 为单位。

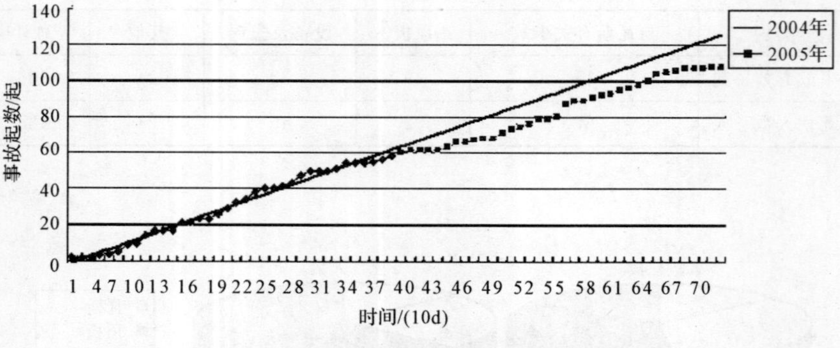

图 13.11 2004 年与 2005 年事故发生趋势比较

图 13.11 中,从 1 到 36 个时间单位为 2004 年 1 月到 2004 年 12 月发生的事故起数累积,而 37～72 个时间单位为 2005 年 1 月到 2005 年 12 月发生事故起数累积,黑色直线为 2004 年 1 月到 2004 年 12 月事故起数的趋势线,从图 13.11 可以明显地看出 2005 年的事故趋势位于 2004 年事故起数趋势线的下方,趋势明显缓于 2004 年的事故趋势,主要原因可以归结为以下几点:

1) 在 2004 年事故的曝光率比较小,没有来自社会的压力,政府对于煤矿事故并没有给予足够的重视;而在 2005 年 2 月 14 日孙家湾的一起特大瓦斯爆炸事故,造成 214 人死亡,这起事故在 2005 年刚开始就给人们展现了煤矿事故的严重性,也引起了政府的重视,而政府的重视必然会对一些煤矿产生一定的影响,这也从一个方面影响了 2005 年的事故趋势。

2)2005 年接连几起重大事故,也同样起到了孙家湾煤矿的作用,政府相继建立了一些针对煤矿事故的法制法规，这也从一个方面遏制了事故发展趋势。

而这些法制法规虽然说在一定程度上起到了作用但却并不令人满意，主要原因在于政府在制定法规上是强硬的，但在执法时却没有采取同样的态度，执法力度弱直接削弱了政府法制法规所应该起到的作用，所以为了从根本上制止事故频发的趋势，政府部门必须把制定法律与执行法律两方面都抓起来，这样才能达到预期的效果。

下面再看一下这两年事故所造成的死亡人数之间的关系，依旧将时间单位设为 10 d，考虑死亡人数累积的趋势如图 13.12 所示。

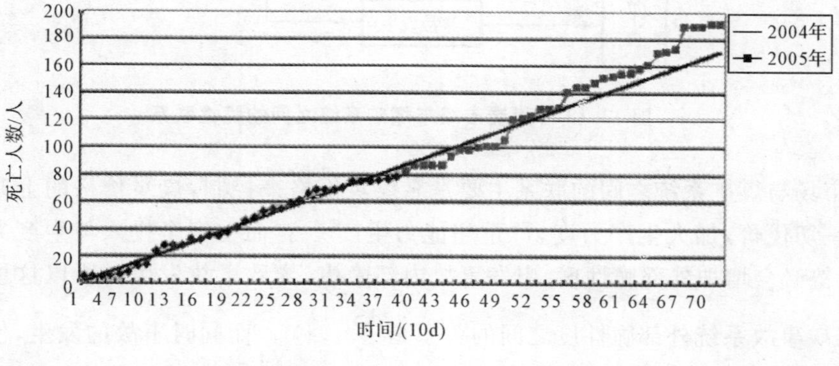

图 13.12　2004 年与 2005 年死亡人数趋势比较

图 13.12 与图 13.11 类似，将其分为 2004 年与 2005 年两部分，其中前面的 36 个时间单位为 2004 年累积死亡人数，后 36 个时间单位为 2005 年累积死亡人数，图中的黑色直线为 2004 年死亡人数的趋势曲线，从图中可以明显地看出虽然在图 13.10 中 2005 年的事故起数趋势缓于 2004，但死亡人数的趋势却没有明显的变化。这主要是因为系统内部的脆性度已经达到一定程度上的累积，在外界的干扰下会造成更大程度上的危害，同时也进一步说明了政府政策只是在一定程度上控制了事故的发生，却没有减小事故所造成的危害，这也说明在以后的工作中我们应该加强这一方面的控制，进一步地保护人民的生命财产不受到损失。

13.4　煤矿事故系统的外部系统

分析煤矿事故发生的原因，与煤矿事故系统有着外在联系的系统主要有：煤炭市场、国家政策、当地经济以及煤炭相关产业。

13.4.1　煤炭市场与煤矿事故系统的脆性联系

近年来，由于对于煤炭需求量的增加，使得煤价一度飙升，而这高额的利润无形地刺激了一些煤矿在忽视了安全的情况下疯狂地生产，导致了近来煤矿事故的层出不穷。煤价上升的同时给煤矿企业带来了巨额的利润；但是同时也增加了煤矿事故的发生，而煤矿事故的发生又导致了煤矿系统的崩溃，煤矿系统的崩溃会使得市场上的煤炭供不应求，使得煤炭的价格再度飙升。对于一些购买不起昂贵煤炭的人来说，也许会采取极端做法，砍伐树木、非法自主开设煤矿等,对于社会造成更大的影响,所以政府应该加大一些对于煤炭市场以及煤矿事故的控制,防止这种恶性循环的愈演愈烈。

在对矿山事故的研究方面,主要考虑煤炭市场对于矿山系统的影响,从对于一些煤矿事故的分析可以看出,煤炭价格对于煤矿系统的影响主要是通过超能力生产来实现的。

煤炭市场与煤矿系统的具体的脆性联系如图 13.13 所示。

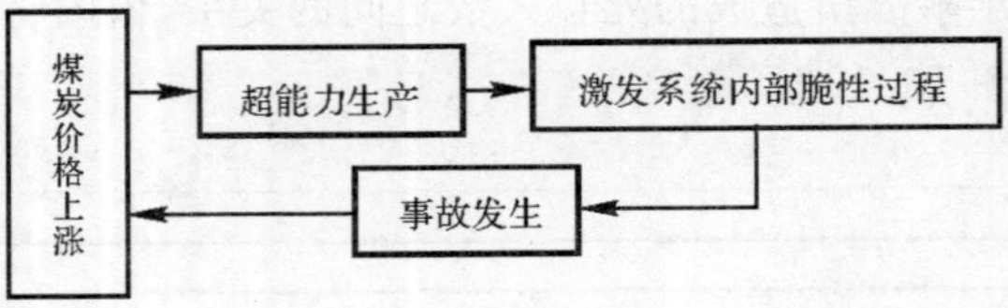

图 13.13 煤炭市场与煤矿系统之间的脆性联系

煤炭市场与煤矿系统之间的联系主要是靠煤炭价格来控制,煤炭价格的上升导致了矿主为钱不惜一切代价,加大生产力度,严重超能力生产[11]。而在安全投入与生产力度相差很远的情况下,势必会增加外部脆性度,引发事故内部隐患,导致事故发生。所以这里认为煤炭价格 x_1 与煤矿事故系统外部脆性度之间的关系是$\frac{dS_2}{dx_1} \geqslant 0$。而同时事故的发生,使得煤矿本身停产,导致的直接后果就是市场上煤炭供应不足,供不应求的现象会加剧煤炭价格的上涨。这样的恶性循环必然会导致事故的频发,整个煤矿系统崩溃,脆性被激发。

考虑影响煤炭价格的因素,假设在煤炭需求一定的情况下,煤炭价格受煤炭供应的影响,煤炭都是由煤矿来供应,当国家在进行煤矿整顿的同时势必会影响煤炭的产量。关闭一些非法煤矿,也会减少煤炭的供应,使得煤炭价格会在一定程度上上涨,所以关闭非法煤矿所创造的煤炭产量 y'_{11} 与 x'_1 之间的关系是$\frac{dx'_1}{y'_{11}} \geqslant 0$;另一方面,为了减小煤炭供应的压力,国家在关闭非法煤矿的同时,还会增加一些合法煤矿的开发,而这些新开煤矿所创造的煤炭产量 y'_{12} 会在一定程度上缓解煤炭价格的增长,它们之间的关系是$\frac{dx'_1}{y'_{12}} \leqslant 0$。

对这些量进行归一化处理:假设在没有关闭非法煤矿和新开合法煤矿时,煤炭的供需是平衡的,此时所有非法煤矿所创造的煤炭产量是 $\max y'_{11}$,则令 $y_{11} = \frac{y'_{11}}{\max y'_{11}}$,$y_{12} = \frac{y'_{12}}{\max y'_{11}}$。根据上面的分析,令

$$x_1 = r_{11} y_{11} + r_{12}(1 - y_{12}) \tag{13.14}$$

根据归一化处理结果,有 $y_{11} \in [0,1]$,$y_{12} \in [0,1]$,而根据式(13.14)有 $x_1 \in [0,1]$。r_{11} 为关闭的非法煤矿所创造的煤炭产量对煤炭价格的影响系数,且 $r_{11} \in [0,1]$;r_{12} 为新开煤矿所创造的煤炭产量对煤炭价格的影响系数,且 $r_{12} \in [0,1]$,$r_{11} + r_{12} = 1$。

13.4.2 国家政策与煤矿事故系统的脆性联系

矿山系统与政府政策的联系:由现在发生的事故我们可以看出,大多数都是由于矿山系统的生产能力与其本身所具有的安全投入之间不能达到一致,也就是说安全投入不能满足大部

分矿山的超能力生产，在这样的情况下，就给事故的发生埋下了隐患。情况的恶化、事故的频发引起了社会的普遍关注，政府加大了对矿山系统的控制能力，其控制的方式主要有两个：强制性地令矿山加大其保证性安全成本的投入；加大事故发生所造成的损失性安全成本，使矿主没有足够的资金赔偿。

国家政策与煤矿系统之间的脆性联系如图 13.14 所示。

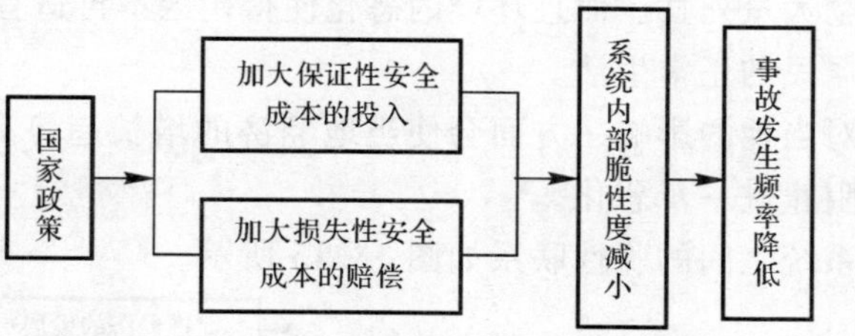

图 13.14　国家政策与煤矿系统之间的脆性联系

国家政策与煤矿事故系统之间的脆性联系主要由事故发生频率来决定，事故频发，死亡事故一件接着一件，血的教训使政府不得不加大控制力度，实行一些严格的法制。政府控制主要从两个方面进行，一是强迫矿主加大安全投入，主要就是严格管理合法煤矿，狠抓非法煤矿；二是 加大损失性安全成本，这主要就是，加大每死亡 1 人煤矿的赔偿金额，以及煤矿在进行正常生产之前须交纳一定的保证金。保证金是保证其在合法的条件下进行生产[12]。政府的控制在一定程度上减小了外部脆性度，所以政府政策的力度 x_2 与煤矿事故系统外部脆性度之间的关系是$\frac{dS_2}{dx_2} \leqslant 0$。

而政府实施政策的力度与被曝光的煤矿事故有着一定的联系，事故曝光的越彻底，越能引起民众以及政府的关注，为了稳定社会，政府会加大控制力度，所以被曝光的煤矿事故数 y_{21} 与政府实施政策的力度之间的关系是$\frac{dx'_2}{dy'_{21}} \leqslant 0$。

进行归一化处理，假设煤矿发生事故总共 $\max\ y'_{21}$起，煤矿事故曝光率定义为 $y_{21} = \frac{y'_{21}}{\max\ y'_{21}}$，则有

$$x_2 = r_{21} y_{21} \tag{13.15}$$

根据归一化处理结果有 $y_{21} \in [0,1]$，而根据式(13.15)有 $x_2 \in [0,1]$。r_{21} 为煤矿事故曝光率对政府政策的影响系数，且 $r_{21} \in [0,1]$。

13.4.3　当地经济与煤矿事故系统的脆性联系

煤矿要正常地生产必须与当地的村民达成一定的协议，才有可能投入生产，如若不然，煤矿所在村的村民一旦强烈反对，矿主的生意就会受到影响。俗话说“强龙不压地头蛇”，矿主在承包煤矿的时候，一般都会和村主任达成某种默契：煤矿提供给村民一定的“福利”，村里则承诺不惹煤矿麻烦。但不是所有的“交易”都那么顺利，一旦某个环节出错，村民和矿主间的矛盾就会白热化。矿主需要挖煤赚钱，村民需要从挖煤中获取好处。其实在很大程度上，二者是相互依附的，最好的解决方法就是达成某种平衡，既让村民满意，矿主又能赚到钱。这只是矿山系统对当地经济的正面影响，事物都是具有两面性的，下面分析矿山系统对当地的负面

影响。

煤矿区是以煤炭开采为主要生产活动的区域，在其生产过程中将会产生大量的废气、废水及固体废物。据统计，我国煤矿每年排出约 $22\times10^9\,m^3$ 矿井水，$1\times10^9\,m^3$ 选煤水，$2\times10^9\,t$ 煤矸石和 $1\times10^{10}\,m^3$ 的甲烷，每年因煤矿开采而塌陷的土地约 $2\times10^4\,m^2$。再加之长期以来我国环境政策不完善，社会环保意识薄弱，矿区自然环境遭到了严重破坏，大气污染、水污染、地表塌陷、水土流失，动植物大量死亡。而且环境的恶化使得矿区不再适宜人类居住、生存，这会在很大程度上影响当地居民的正常生活。

矿山系统崩溃后对当地的影响一方面会使当地经济的增长趋势有所下降，但是另外一方面对于当地的环境会阻止进一步恶化。

当地经济与煤矿系统之间的脆性联系如图 13.15 所示。

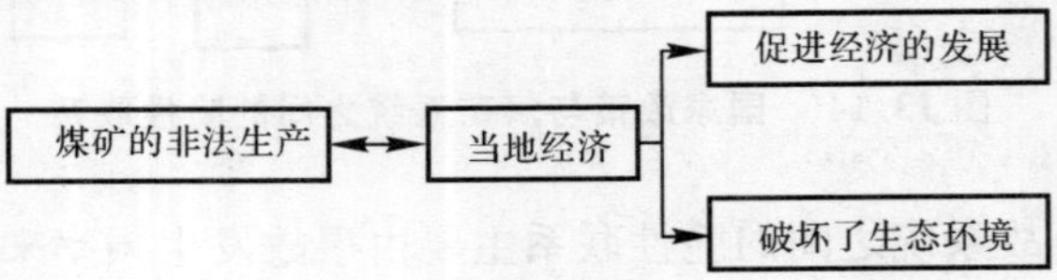

图 13.15　当地经济与煤矿系统之间的脆性联系

煤矿所在地经济发展比较好，人们的平均素质比较高，在一定程度上影响了煤矿工人的平均素质，并且当地非法开采的情况也会比较少，所以这里认为当地经济发展好会在一定程度上遏制事故的发生，也就是说减小了煤矿事故系统的外部脆性度，则当地经济 x'_3 与外部脆性度之间的关系是 $\frac{dS_2}{dx'_3}\leqslant 0$；而反过来由于煤矿的开采会给当地居民带来一定的额外收入，在经济比较落后的地区，当地居民为了维护自己从煤矿所得到的利润，对于煤矿的非法生产起到一定的保护作用，对国家正常的执法产生了阻碍[13,18]。

考虑对当地经济的影响因素，一般来说，地区偏远、道路不发达会在一定程度上遏制经济的发展，则地区偏远程度 y'_{31} 与当地经济之间的关系是 $\frac{dx'_3}{dy'_{31}}\leqslant 0$；同样人均收入也表征了当地经济的发展情况，人均收入越多，当地经济发展得越好，当地人均收入 y'_{32} 与当地经济的关系是 $\frac{dx'_3}{dy'_{32}}\geqslant 0$。

$$\text{归一化处理，地区偏远程度 } y_{31}=\begin{cases}1, & \text{贫穷农村地区}\\ 0.8, & \text{较偏僻城镇}\\ 0.6, & \text{一般城镇和欠发达县城}\\ 0.4, & \text{县城和一般中等城市}\\ 0.2, & \text{较发达城市}\\ 0, & \text{经济发达城市和大城市}\end{cases}$$

而设经济发达城市和大城市人均收入为 $\max y'_{32}$，则当地人均收入归一化为 $y_{32}=\frac{y'_{32}}{\max y_{32}}$，则有

$$x_3=r_{31}(1-y_{31})+r_{32}y_{32} \tag{13.16}$$

根据归一化处理结果，有 $y_{31}\in[0,1]$，$y_{32}\in[0,1]$，由式(13.16)可知 $x_3\in[0,1]$，r_{3i} 分别表示地区偏远程度、人均收入对当地经济的影响系数，且 $i=1,2$，$r_{3i}\in[0,1]$，$r_{31}+r_{32}=1$。

考虑到当地经济对煤矿系统的影响，同样要考虑煤矿的发展也破坏了当地的环境。

13.4.4　煤炭相关产业与煤矿事故系统的脆性联系

与煤炭相关的行业与煤矿之间的脆性联系，这里我们以煤电作为例子，其具体的脆性联系如图 13.16 所示。

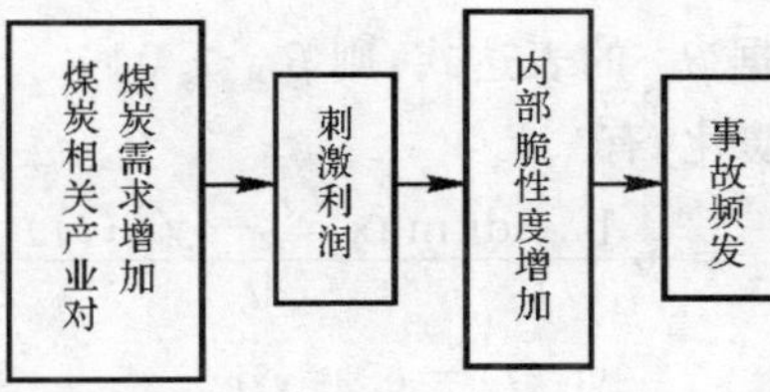

图 13.16　煤矿相关产业与煤矿系统之间的脆性联系

由于我国经济飞速发展，许多与国计民生有关的行业都与煤炭行业相关，这些行业对煤炭的需求一直在增加，而这些增加的利润，会直接刺激煤矿主对高额利润的追求，使他们肆无忌惮地进行非法生产，因此增加了系统的外部脆性度，刺激了内部隐患，造成事故发生。所以与煤炭相关产业对煤炭需求的增加加剧了外部脆性度的增加，则与煤炭相关产业对煤炭的需求 x'_4 与煤矿事故系统外部脆性度的关系是 $\frac{\mathrm{d}S_2}{\mathrm{d}x'_4}\geqslant 0$。

考虑影响产业对煤炭的需求量的因素，国家对于其他能源的开发会在一定程度上缓解一些产业对煤炭的需求。这些开发能源能够代替一些煤炭的消耗，所以国家对其他能源的开采程度 y'_{41} 与产业对煤炭的需求之间的关系是 $\frac{\mathrm{d}x'_4}{\mathrm{d}y'_{41}}\leqslant 0$；另一方面，这些产业发展得越迅速，对煤炭的需求就会越多，所以产业的发展速度 y'_{42} 与产业对煤炭的需求之间的关系是 $\frac{\mathrm{d}x'_4}{\mathrm{d}y'_{42}}\geqslant 0$。

对这些量进行归一化处理，设产业对煤炭的需求总量转化为对其他能源的需求量为 $\max y'_{41}$，则国家对其他能源的开采程度归一化为 $y_{41}=\frac{y'_{41}}{\max y'_{41}}$；设产业发展到最大规模时对煤炭的需求量为 $\max y'_{42}$，则产业对煤炭的需求程度可以归一化为 $y_{42}=\frac{y'_{42}}{\max y'_{42}}$，则有

$$x_4=r_{41}(1-y_{41})+r_{42}y_{42} \tag{13.17}$$

根据归一化处理结果有 $y_{41}\in[0,1]$，$y_{42}\in[0,1]$，由式(13.17)可有 $x_4\in[0,1]$。r_{4i} 分别表示国家对其他能源的开发程度，与煤炭相关产业的发展程度对相关产业对煤炭需求的影响系数，且 $i=1,2$，$r_{4i}\in[0,1]$，$r_{41}+r_{42}=1$。

13.5　各个量的演化情况

举例进行说明：讨论 y_{11} 的演化情况，设 $X=X_1+X_2$，其中 $X=\max y'_{11}(t)$，$X_1=y'_{11}(t)$，$X_2=X-y'_{11}(t)$。设 $m(t)=\frac{X_2(t)}{X}$，$H(t)=1-m(t)=1-\frac{X_2(t)}{X}$，则 $\frac{\mathrm{d}H(t)}{\mathrm{d}t}=-\frac{1}{X_0}\frac{\mathrm{d}X_2(t)}{\mathrm{d}t}$，

令 $\beta(t)=-\dfrac{1}{H(t)}\dfrac{\mathrm{d}H(t)}{\mathrm{d}t}=\dfrac{1}{X_1(t)}\dfrac{\mathrm{d}X_2(t)}{\mathrm{d}t}$，假设 $\beta(t)$ 为常数，上式两边对 t 积分可有 $H(t)=\mathrm{e}^{-\beta t}H_0$。其中 $H(t)=\dfrac{X_1}{X}=y_{11}(t)$，$H_0$ 即为 $y_{11}(t)$ 的初始值[9]，则有

$$y_{11}(t)=\mathrm{e}^{-\beta_{11}t}y_{110} \tag{13.18}$$

式中，y_{110} 为 y_{11} 的初始值；$\beta_{11}=\dfrac{1}{y'_{11}(t)}\dfrac{\mathrm{d}(\max y'_{11}-y'_{11}(t))}{\mathrm{d}t}$ 为 y_{11} 的演化系数。假设 y_{11} 越大，即 X_1 就越大，则 X_2 会越小，根据 β_{11} 的表达式，则 $\beta_{11}\leqslant 0$。

同理，我们可以得到 y_{12} 的演化，有

$$\beta_{12}=\frac{1}{y'_{12}(t)}\frac{\mathrm{d}(\max y'_{12}-y'_{12}(t))}{\mathrm{d}t}$$

且

$$y_{12}(t)=\mathrm{e}^{-\beta_{12}t}y_{120} \tag{13.19}$$

式中，y_{120} 为 y_{12} 的初始值；β_{12} 为 y_{12} 的演化系数，若假设 y_{12} 越来越大，同样根据 β_{12} 的表达式，有 $\beta_{12}\leqslant 0$。

将式(13.18)，式(13.19)代入式(13.14)，并两边对时间 t 求导，则有

$$\dot{x}_1=\boldsymbol{z}_1\boldsymbol{c}_1 \tag{13.20}$$

式中，$\boldsymbol{z}_1=[-r_{11}\beta_{11}\quad r_{12}\beta_{12}]$，$\boldsymbol{c}_1=[y_{11}\quad y_{12}]^{\mathrm{T}}$。

讨论 y_{21} 的演化，有 $\beta_{21}(t)=\dfrac{1}{y'_{21}(t)}\dfrac{\mathrm{d}(\max y'_{21}-y'_{21}(t))}{\mathrm{d}t}$，且

$$y_{21}(t)=\mathrm{e}^{-\beta_{21}t}y_{210} \tag{13.21}$$

式中，y_{210} 为 y_{21} 的初始值；β_{21} 为 y_{21} 的演化系数，若假设 y'_{21} 越来越大，同样根据 β_{21} 的表达式，有 $\beta_{21}\leqslant 0$。

将式(13.21)带入式(13.15)，且两边对时间 t 求导，则有

$$\dot{x}_2=z_2c_2 \tag{13.22}$$

式中，$z_2=-r_{21}\beta_{21}$，$c_2=y_{21}$。

讨论 y_{31}，y_{32} 的演化，有 $\beta_{31}(t)=\dfrac{1}{y'_{31}(t)}\dfrac{\mathrm{d}(\max y'_{31}-y'_{31}(t))}{\mathrm{d}t}$，$\beta_{32}(t)=\dfrac{1}{y'_{32}(t)}\dfrac{\mathrm{d}(\max y'_{32}-y'_{32}(t))}{\mathrm{d}t}$，且

$$y_{31}(t)=\mathrm{e}^{-\beta_{31}t}y_{310},\ y_{32}(t)=\mathrm{e}^{-\beta_{32}t}y_{320} \tag{13.23}$$

式中，y_{310}，y_{320} 分别为 y_{31} 和 y_{32} 的初始值；β_{31}，β_{32} 分别为 y_{31} 和 y_{32} 的演化系数。由于一个地区的偏远程度在一定时间内是不变的，所以演化系数 $\beta_{31}=0$，而这里假设人均收入随着时间是增长的趋势，则根据 β_{32} 的表达式有 $\beta_{32}\leqslant 0$。

将式(13.23)带入式(13.16)，并两边对时间 t 求导，则有

$$\dot{x}_3=\boldsymbol{z}_3\boldsymbol{c}_3 \tag{13.24}$$

式中，$\boldsymbol{z}_3=[0\quad -r_{32}\beta_{32}]$，$\boldsymbol{c}_3=[y_{31}\quad y_{32}]^{\mathrm{T}}$。

讨论 y_{41}，y_{42} 的演化，有 $\beta_{41}(t)=\dfrac{1}{y'_{41}(t)}\dfrac{\mathrm{d}(\max y'_{41}-y'_{41}(t))}{\mathrm{d}t}$，$\beta_{42}(t)=\dfrac{1}{y'_{42}(t)}\dfrac{\mathrm{d}(\max y'_{42}-y'_{42}(t))}{\mathrm{d}t}$，且

$$y_{41}(t)=\mathrm{e}^{-\beta_{41}t}y_{410},\ y_{42}(t)=\mathrm{e}^{-\beta_{42}t}y_{420} \tag{13.25}$$

式中，y_{410}，y_{420} 分别为 y_{41} 和 y_{42} 的初始值；β_{41}，β_{42} 分别为 y_{41} 和 y_{42} 的演化系数。假设 y'_{41} 越来越大，y'_{42} 也越来越大，则根据 β_{41}，β_{42} 的表达式，有 $\beta_{41} \leqslant 0$，$\beta_{42} \leqslant 0$。

将式(13.25) 带入式(13.17)，并两边对时间 t 求导，则有

$$\dot{x}_4 = \boldsymbol{z}_4 \boldsymbol{c}_4 \tag{13.26}$$

式中，$\boldsymbol{z}_4 = [r_{41}\beta_{41} \quad -r_{42}\beta_{42}]$，$\boldsymbol{c}_4 = [y_{41} \quad y_{42}]^{\mathrm{T}}$。

根据以上的分析，得到外部脆性度函数为

$$S_2 = r_1 x_1 + r_2(1 - x_2) + r_3(1 - x_3) + r_4 x_4 \tag{13.27}$$

式中，$r_i \geqslant 0(i = 1,2,3,4)$，$r_1 + r_2 + r_3 + r_4 = 1$。
且有

$$\dot{\boldsymbol{x}} = \boldsymbol{A}\boldsymbol{c} = \begin{bmatrix} \boldsymbol{z}_1 & 0 & 0 & 0 \\ 0 & \boldsymbol{z}_2 & 0 & 0 \\ 0 & 0 & \boldsymbol{z}_3 & 0 \\ 0 & 0 & 0 & \boldsymbol{z}_4 \end{bmatrix} \boldsymbol{c} \tag{13.28}$$

式中，$\boldsymbol{x} = [x_1 \quad x_2 \quad x_3 \quad x_4]^{\mathrm{T}}$，$\boldsymbol{c} = [\boldsymbol{c}_1 \quad \boldsymbol{c}_2 \quad \boldsymbol{c}_3 \quad \boldsymbol{c}_4]^{\mathrm{T}}$。

13.6　煤矿事故系统的外部脆性模型

将式(13.14)，式(13.15)，式(13.16)，式(13.17) 带入式(13.27)，有

$$\begin{aligned} S_2 = {} & r_1 r_{11} y_{11} - r_1 r_{12} y_{12} + r_1 r_{12} - r_2 r_{21} y_{21} + r_2 + r_3 r_{31} y_{31} - \\ & r_3 r_{32} y_{32} - r_3 r_{31} + r_3 - r_4 r_{41} y_{41} + r_4 r_{42} y_{42} + r_4 r_{41} \end{aligned} \tag{13.29}$$

令 $k_{ij} = r_i r_{ij}(i = 1,2,3,4; j = 1,2)$。$k = r_1 r_{12} + r_2 - r_3 r_{31} + r_3 + r_4 r_{41}$，整理得

$$S_2 = k_{11} y_{11} - k_{12} y_{12} - k_{21} y_{21} + k_{31} y_{31} - k_{32} y_{32} - k_{41} y_{41} + k_{42} y_{42} + k \tag{13.30}$$

则式(13.28) 和式(13.30) 组成煤矿事故系统的外部脆性度状态方程。

对系统外部脆性度变化过程进行仿真。初始值的选定，假设煤炭价格，国家对其他能源的开发以及与煤炭相关产业的发展情况对于所有的煤矿都是一样的。以 2005 年初的情况为初始值，根据文中定义给出具体的量值；权值的选取我们主要是应用层次分析法来确定各个因素所占的权值，根据各个因素对事故影响的重要程度，建立判断矩阵，求出其特征向量，并对其进行归一化处理，即为所求得的权值。而对于演化系数的确定在文中已经给出。

以国有煤矿为初始值，仿真结果如图 13.17 所示；以乡镇煤矿为例，仿真结果如图 13.18 所示；以小煤窑为初始值，则仿真结果如图 13.19 所示。

从图 13.17 及图 13.18 可以看出，国有煤矿和乡镇煤矿在外部脆性度达到峰值后会有一定程度的减小，而这主要是因为国家政策对煤矿事故有一定的作为；而这种减小的程度是有限的，可以说并没有从根本上消除事故的隐患，说明国家政策具有一定的局限性。这主要是因为国家政策没有从根本上解决问题，事故发生的主要原因在于高额的利润，若是国家能从根本上解决这种利润问题，也就是能够平衡煤炭的供应与需求，让煤矿没有办法获得这么高的利润。这主要取决于两个方面，一是加大对其他能源的开发，缓解对煤炭的急需；二是强行要求煤矿加大保证性安全成本的投入以及加大损失性安全成本的赔偿。而从图 13.19 可以看出，由于国家政策在一些偏远地区，经济比较落后的地方实施起来并没有达到预期的效果，所以在以后

的煤矿事故控制方面尤其应该加大对于这些小煤窑的治理。

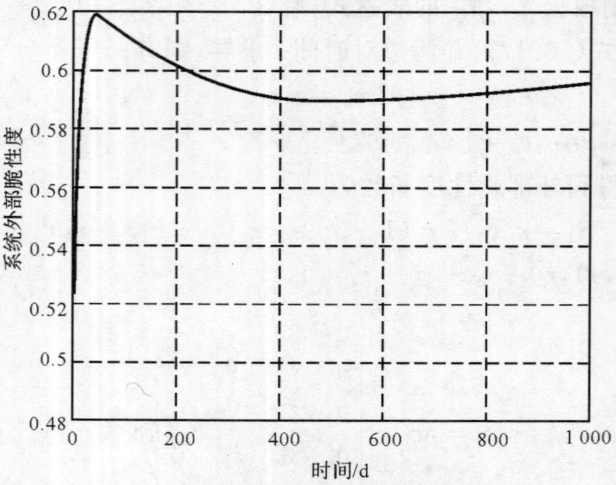

图 13.17　国有煤矿外部脆性度

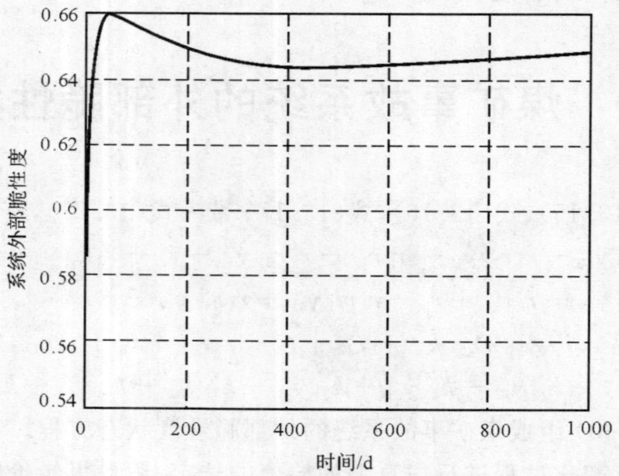

图 13.18　乡镇煤矿外部脆性度

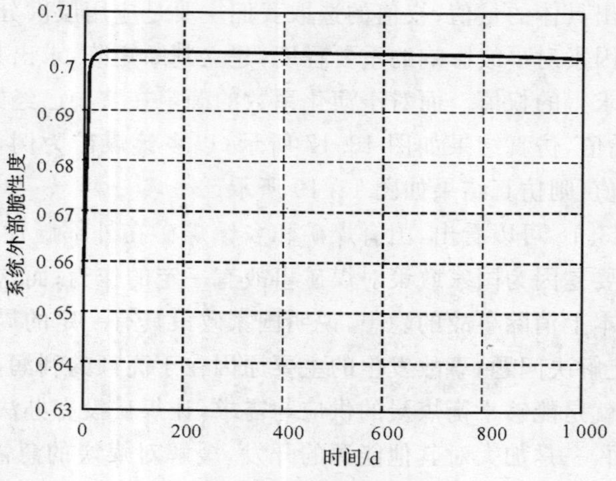

图 13.19　小煤窑外部脆性度

13.7　煤矿事故系统的脆性模型

对于一个复杂系统，其崩溃可以归结为、内外部两方面的作用结果，这在煤矿事故系统中已经说明，但是整个复杂系统的脆性度量与内、外部之间又是怎样的关系呢？我们分几种情况进行说明。首先我们先看一点概念上的说明。由于对于不同的系统量化标准的不同，得到的脆性度值在一定程度上没有什么可比性，而在这里说明整个复杂系统脆性度，也只是简单地以脆性度的大、小来说明。

内部脆性度大：表示内部问题很多，导火线很容易被点燃，也就是说，外部一个小小的问题也能够由于内部问题而被夸大，从而引起整个复杂系统的崩溃。

内部脆性度小：表示内部问题很少，内部脆性激发的可能性小。但若外部环境问题比较大，在长时间受到外部干扰的情况下，内部问题也很有可能在很大程度上被夸大，所以虽然内部问题很少，但是也很有可能引起整个复杂系统的崩溃。

外部脆性度大：表示外部问题很多，很容易干扰内部系统，夸大内部问题，导致内、外部脆性被激发，从而整个复杂系统崩溃。

外部脆性度小：表示外部问题很少，对内部的干扰比较小。但若内部问题比较多，在一些小的干扰下，也能够引发内部脆性，也就是在一定程度上夸大了外部干扰，从而引发了整个复杂系统的崩溃，脆性被激发。

从上面的分析可以看出，复杂系统脆性度的大小可以由内、外部脆性度来表征，即设复杂系统脆性度为 S，则有

$$S=\langle S_1, S_2\rangle$$

且它们之间的具体关系如表 13.3 所示。

表 13.3　脆性度等级

$S=\langle S_1,S_2\rangle$	S_1	S_2	$S=\langle S_1,S_2\rangle$ 等级
大	大	大	1
	小	大	2
	大	小	
小	小	小	3

若当外部脆性度大时，$S_2=1$；当外部脆性度小时，$S_2=0$。则当$\left.\begin{matrix} S_1=1 \text{ 且 } S_2=1 \\ S_1=1 \text{ 且 } S_2=0 \\ S_1=0 \text{ 且 } S_2=1 \end{matrix}\right\}$时，$S=1$；当 $S_1=0$ 且 $S_2=0$ 时，$S=0$。且 S 的大小顺序为：当 $S_1=1$ 且 $S_2=1$ 时，S 的大小大于等于当$\left.\begin{matrix} S_1=1 \text{ 且 } S_2=0 \\ S_1=0 \text{ 且 } S_2=1 \end{matrix}\right\}$时 S 的大小，大于等于当 $S_1=0$ 且 $S_2=0$ 时 S 的大小。

从而可以得知，只要存在 $S_1=1$ 或者 $S_2=1$ 的情况，整个复杂系统脆性被激发的可能性都比较大，虽然在程度上不一样，所以我们必须考虑这 3 种情况。也就是说只要内部系统或者外

部系统出现问题，就要及时进行控制，不能够等着内、外部系统的脆性都已经被激发时，才对其进行控制。而我们也得知，只有在内部与外部系统都处于良好状态时，整个复杂系统才是安全的。

本章小结

在这一章中，首先将煤矿事故系统分为内部系统及外部系统，并分别建立内部模型和外部模型。内部主要考虑了影响事故发生的内部因素：人为、管理、设备、技术4个方面，根据它们各自的演化方程建立内部脆性模型，并分别对乡镇煤矿、国有煤矿以及政府对各个因素的控制情况进行仿真。根据仿真结果可以看出，不管初值怎么变化，系统内部都会存在一定的隐患，而初值只是决定了脆性度变化趋势以及最终达到的程度大小，所以在控制系统事故发生时，应该着重从内部的脆性度初值以及内部演化情况考虑，在最大程度上缓和脆性度的变化。从政府控制的情况可以知道政府的政策侧重于管理因素的控制效果比较明显，所以在以后的控制事故发生方面应该着重从管理方面入手。对于外部系统也就是影响煤矿事故系统的外部环境的分析主要是从煤炭市场、国家针对煤矿方面的政策、当地经济、与煤炭相关产业的发展情况4个方面进行考虑，并且建立了外部脆性模型，对其影响情况进行仿真。从仿真结果可以看出国家政策的实施在一定时间内还没有达到预期的效果，或者说国家应该加大对煤矿的控制力度，从根本上解决煤矿事故频发的问题。最后根据内部脆性度以及外部脆性度决定煤矿事故系统脆性度的变化。

参考文献

[1] 于殿宝. 我国煤矿重大特大伤亡事故发生机理与控制对策. 安全生产，2002，3：23－26.

[2] 阎丽梅，金鸿章，付光杰，等. 复杂系统崩溃机理初探. 大庆石油学院学报，2004，28(5)：68－70.

[3] 姜初炎. 基于人为因素的煤矿安全管理研究. 安徽理工大学学报，2005，7(1)：11－15.

[4] 林红涛. 对辽宁乡镇煤矿安全生产人的分析. 煤矿安全，2004，35(7)：54－56.

[5] 王毓文. 试论大力培养煤炭专业技术人才和提高煤矿全员文化素质的重要性. 煤矿安全，2005，7(36)：44－47.

[6] 国有重点煤矿采掘工状况调查 http://www.chinasdo.cn/ReadNews.asp? NewsID=40362K.[2006－01－02].

[7] 林红涛. 对辽宁乡镇煤矿安全生产人的分析. 煤矿安全，2004，7(35)：54－56.

[8] 司荣军，姜福兴. 顶煤可放性影响因素权值的确定. 中国煤炭，2005，31(4)：39－40.

[9] 王治中，李智杰. 小水电设备老化程度评价指标初探. 陕西水力发电，1995，11(3)：43－46.

[10] 徐志斌，马尚权，刘伟. 国有重点煤矿企业安全科技人才现状研究. 中国安全科学学报，2005，15(6)：35－39.

[11] 汤淳. 煤炭市场形势变化对安全生产的影响. 安全生产，2002，12：17.

[12] 刘穷志.煤矿安全事故博弈分析与政府管制政策选择.经济评论,2006(5):59-63.
[13] 杨德应.非法开采的小煤矿屡禁不止的原因及对策.云南煤炭,2002(3):22-24.
[14] 秦文贵.如何进行中小煤矿安全现状评价.矿业安全与环保,2005,32(3):24-27.
[15] 施式亮.矿井安全非线性动力学评价模型及应用研究.长沙:中南大学,2000.
[16] 罗东澜.煤矿爆炸安全分级评价及其在煤矿工伤保险中的应用.重庆:重庆大学,2004.
[17] 陈全君.煤矿系统危险与有害因素辨识及其控制方法.煤矿安全,2006,2:65-68.
[18] 陈红,祈慧,谭慧.中国煤矿重大瓦斯爆炸事故规律分析.中国矿业,2005,14(3):64-68.

第 14 章　复杂系统脆性理论在通信系统中的应用

14.1　通信系统脆性风险模型的研究

一般认为，通信系统具有非线性、开放性、层次性等特点。但通过研究发现，通信系统在某种干扰作用下常常会突然发生崩溃，而且随着系统规模越来越大，子系统之间关系越来越复杂，这种性质就越来越突出，定义通信系统的这种特性为脆性。

系统的脆性被激发即系统崩溃一定存在内部或外部的某种诱因，称这种诱因为系统的脆性因素。脆性事件是由一个或多个脆性因素构成的，在某一时刻作用于系统上导致系统可能发生崩溃的事件，在某一时刻上全部脆性事件构成该时刻系统的脆性事件空间，即系统的脆性环境。脆性事件作用在系统上将导致脆性结果，即系统以一定的概率发生崩溃。通信系统的脆性由脆性因素、脆性事件、脆性结果三要素组成，是指在一定时间内，以相应的脆性因素为必要条件，以相应的脆性事件为充分条件，有关领域承受相应脆性结果的可能性。脆性具有不确定性、普遍性、客观性、可变性、隐藏性、突发性等特点，其中不确定性、可变性是其主要属性，通信系统的脆性的结构模型是建立在可变性和不确定性作为主要特性的基础上的。

14.1.1　通信系统脆性风险模型

脆性基元模型仅仅给出了子系统之间相互关联的状态，并未深入解析系统的脆性的状态与过程。

通信系统的脆性结构的要素有脆性风险(系统崩溃风险)、系统结构、脆性事件、脆性因素。其中脆性因素可以进一步分解为基本的脆性因子。对此，本书提出通信系统的脆性结构模型是由脆性风险值(系统崩溃风险)、系统结构、脆性事件、脆性因子组成的四层结构。各个脆性因子(它们中某些可能具有某种关联)组成了系统的脆性事件(它们中某些也可能具有某种耦合关系)，脆性事件以某种概率作用于系统上，通过系统内部各个子系统的相互脆性关联，使系统脆性得以放大或减小，最后系统以一定的概率发生崩溃。其中，上层结构包括了系统的脆性风险和系统的自身结构，就系统的脆性被激发的过程而言，外在表现为系统自身的突然崩溃；下层结构中包括了直接导致系统崩溃的脆性事件和包含于这些脆性事件中的脆性因子，它们是系统崩溃的深层次原因。

通信系统脆性结构模型如图 14.1 所示。

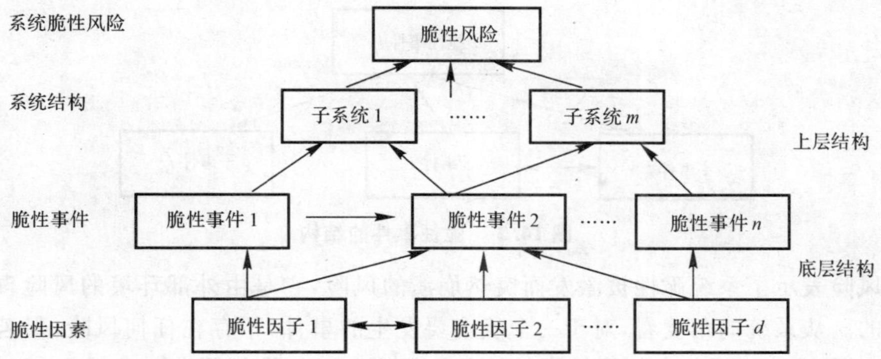

图 14.1　通信系统脆性结构模型

14.1.2　通信系统脆性风险熵

在通信系统的脆性结构模型中，下层结构模型是由系统的脆性事件和脆性因子组成的。脆性因子是根据系统内外条件而辨析出来的导致系统脆性被激发的根本因素。脆性因子与脆性因子之间可能具有不同形式的相互关联。对于通信系统的脆性因子，我们可以根据相关历史数据，如果数据很大，可以采用各种统计方法，如随机取样法（random sampling）、分层取样法（stratified sampling）、拉丁超立方取样法（latin hypercube sampling）等进行取样，然后采取不同分析方法建立模型，如幕景分析方法（scenarios analysis）、德尔菲方法（delphi method）、蒙特卡洛方法（monte-carlo method）等，将脆性因子从中辨识出来。脆性因子中又可以分为主要脆性因子和次要脆性因子，主要脆性因子是指那些出现概率较大的、与其他因子关联较紧密的、危害程度较高的因子；次要脆性因子是指那些出现概率较小的、与其他因子关联较松散的、危害程度较低的因子。脆性因子具有相对的稳定性，一个因子可以包含于多个不同的脆性事件中。脆性事件中包含一个以上的脆性因子，是脆性因子作用于系统的媒介，构成系统的外部脆性环境，不同的脆性事件之间可能存在复杂的耦合关联。脆性事件具有多变性、不稳定性、可重复性、相互关联性等特性。在上层结构模型中，由系统的自身结构和系统的脆性风险共同构成，系统的自身结构不仅包括系统内部的各个子系统这一硬部，还包括各个子系统之间的各种结构关联这一软部。各个子系统之间存在各种复杂的关联结构。根据试验和计算结果，我们可以改变其中某些子系统的结构以及其中的某些关联结构，从而有效降低系统的脆性风险。顶层的脆性风险是最为关注的，它表现为通信系统整体在某种条件下的崩溃风险。

在通信系统的脆性结构模型中，四层结构都具有可分解性。比如，对于某个脆性事件 I_j 可以分解为 g 个子事件 $I_{j1}, I_{j2}, \cdots, I_{jg}$，其相应的概率分布 p_j 可以分解为 $p_{j1}, p_{j2}, \cdots, p_{jg}$，分解后的子事件之间可能存在各种关联，其概率分布之间可能也存在各种相关性，并且分解后的子事件还可以进一步分解（关于脆性事件的分解，后面还有进一步的讨论）。对于其他层的情况，同样可以对其进行树性结构的多次分解。对于初次分解后的脆性事件（脆性因子，各层子系统，脆性风险以及后面将要定义的脆性风险熵等），还可以进一步分解，这种分解将有利于更好地把握通信系统的脆性致因。

脆性事件分解如图 14.2 所示。

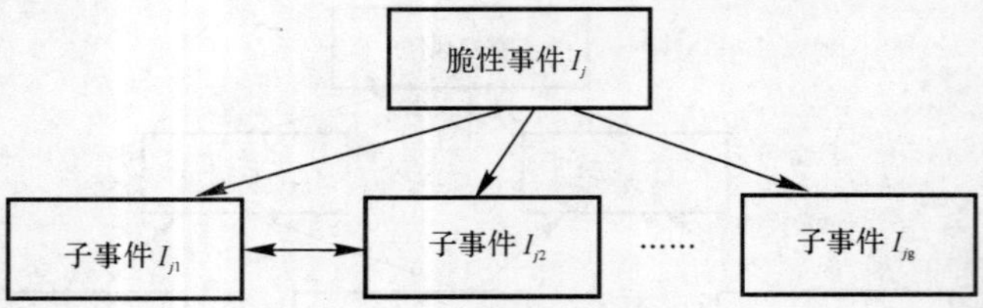

图 14.2　脆性事件的结构

脆性风险表示了系统脆性被激发而突然崩溃的风险，它是由外部环境的风险事件的不确定性引起的。从系统的角度看，对于一个确定要发生的事件，不存在任何风险，但若是脆性事件空间 $I=\{I_1,I_2,\cdots,I_n\}$ 中的脆性事件 $I_j(j=1,2,\cdots,n)$ 是以概率 $p_j(j=1,2,\cdots,n)$（其中 $0\leqslant p_j\leqslant 1,\sum_{j=1}^{n}p_j=1$）出现的随机事件，便会使人们对系统的崩溃与否感到有一定的风险。究其原因，是脆性事件 $I_j(j=1,2,\cdots,n)$ 存在一定的不确定性。因此，可以认为系统脆性风险的根本来源是系统的脆性事件的不确定性。

根据申农的理论，假设在样本空间上系统 G 有 n 个脆性事件 $I=\{I_1,I_2,\cdots,I_n\}$，脆性事件 I_j 发生的概率为 $p_j(j=1,2,\cdots,n)$，存在基本关系 $0\leqslant p_j\leqslant 1,\sum_{j=1}^{n}p_j=1$。则事件 I_j 存在不确定性，其不确定程度由函数

$$G(p_j)=-p_j\log p_j \tag{14.1}$$

度量。其总体不确定程度由测度函数

$$G(p_1,\cdots,p_n\mid S_i)=-\sum_{j=1}^{n}p_j\log p_j(i=1,2,\cdots,m;j=1,2,\cdots,n) \tag{14.2}$$

度量。作为度量脆性事件集 $I=\{I_1,I_2,\cdots,I_n\}$ 的概率分布空间 $p=\{p_1,p_2,\cdots,p_n\}$ 的总体平均的测度函数。从总体意义上来说，脆性事件空间的每一个脆性事件都有一定的概率风险。因为熵 $G(p_1,\cdots,p_n\mid S_i)$ 的量值由脆性事件集的概率分布空间 $p=\{p_1,p_2,\cdots,p_n\}$ 的总体结构唯一决定，所以把熵 $G(p_1,\cdots,p_n\mid S_i)$ 度量的平均风险称为子系统 $S_i(i=1,2,\cdots,m)$ 的平均概率风险。

在以上的分析中，把系统 t 时刻的脆性事件等同地看做通信中的信息源，但在实际情况下，我们对系统脆性风险的把握除了与脆性事件的分布信息有关外，还与脆性事件的结果分布有关。例如，子系统 S_i 条件下两个具有同样分布的脆性事件，可能对其产生的脆性影响会有所不同。这表明，虽然系统的脆性风险来源于脆性事件的不确定性，但又不完全取决于脆性事件的分布，它还和脆性事件所带来的结果价值有关。

假设在脆性事件 I_j（概率分布为 $p_j,\sum_{i=1}^{n}p_j=1$）作用下系统 S_i 崩溃的概率为 $P_j,0\leqslant P_j\leqslant 1$，则把 P_j 定义为脆性事件 I_j 对系统 S_i 的崩溃系数。把脆性事件的崩溃系数和其概率分布的归一化值，定义为脆性事件 I_j 的效用系数

$$q_j=\frac{P_jp_j}{\sum_{j=1}^{n}P_jp_j},\quad j=1,2,\cdots,n \tag{14.3}$$

$$0\leqslant q_j\leqslant 1,\quad \sum_{j=1}^{n}q_j=1,\quad j=1,2,\cdots,n \tag{14.4}$$

把脆性事件空间中脆性事件的风险函数在效用系数空间的平均值，定义为系统的脆性风险熵

$$H(S)=H(P,p)=-\sum_{j=1}^{n}q_j\log p_j=-\sum_{j=1}^{n}\left[\frac{P_jp_j}{\sum P_jp_j}\right]\log p_j,\quad j=1,2,\cdots,n \tag{14.5}$$

脆性风险熵是通信系统脆性风险的一个统计平均值，它取决于系统脆性事件的概率分布空间和其价值结果，即崩溃系数空间的总体结构，它符合总体测度函数的基本条件。脆性风险熵既体现了脆性的根本来源是脆性事件的不确定性，又反映了其结果价值，即崩溃系数的影响有效地融合了这两方面对系统脆性风险的影响。它是衡量通信系统在某一时刻的脆性风险，即崩溃可能的不确定性的测度，反映了对系统脆性风险总体预测和把握的能力。值得注意的是，通信系统的脆性风险熵和通信系统脆性风险是两个既有关联又有区别的概念，脆性风险熵由系统的脆性风险函数构成，但系统脆性风险熵的大小并不能用于衡量系统所面临的脆性风险的大小，即系统崩溃可能性的大小，而是衡量系统脆性风险的总体不确定性，即系统崩溃可能性的不确定性，衡量我们对系统崩溃总体上的把握能力。

14.1.3　脆性风险熵的性质

脆性风险熵作为系统脆性风险不确定性的总测度函数，是研究系统脆性风险的重要工具。通过分析研究，可以进一步推导和证明它具有如下一些基本数学特性。这些基本性质对分析系统的脆性风险问题很重要，它们进一步证明了脆性风险熵作为通信系统脆性风险的总体不确定性，即对通信系统脆性风险的总体预测和把握能力的评价函数的合理性。

(1) 非负性

根据 $0\leqslant q_j\leqslant 1$ 及 $\sum_{j=1}^{n}p_j=1,p_j\geqslant 0$，有 $R(p_i,P_i)=-q_j\log p_j\geqslant 0$，所以

$$H(p_i,\cdots,p_n;P_1,\cdots P_n)\geqslant 0 \tag{14.6}$$

脆性风险熵的非负性表明，只要环境的脆性因子存在作用，系统就有一定的脆性风险。

(2) 确定性

假设脆性事件空间 $I=\{I_1,I_2,\cdots I_n\}$ 中某个事件 I_i 以概率 $p_i=1$ 出现，即为确定事件。这时，根据关系 $\sum_{j=1}^{n}p_j=1$ 可知其他脆性事件全为概率为零的不可能事件，根据关系 $q_j=\frac{P_jp_j}{\sum_{j=1}^{n}P_jp_j}$ 知 $q_i=1$(当且仅当 $i=j$ 时)，$q_i=0$(当 $i\neq j$ 时)。这时系统的脆性风险熵为零。

$$H(S)=H(P,p)=-\sum_{j=1}^{n}q_j\log p_j=-\left(\sum_{j\neq i}^{n}0\log 0+1\log 1\right)=0 \tag{14.7}$$

这表明，当系统的脆性事件空间为确定事件空间时，系统的脆性风险熵为零，即系统的脆性风险具有确定性。

(3) 对称性

根据脆性风险熵的表达式(14.6) 可知它具有完全加和的形式，因此，根据加法交换律的对称性可知脆性风险熵具有对称性。这表明，脆性风险熵是从总体上来度量系统脆性风险的，它只取决于脆性事件概率空间 $p=\{p_1,p_2,\cdots p_n\}$ 和其结果的脆性系数空间 $P=\{P_1,P_2,\cdots P_n\}$

的总体结构,而与其具体变量的先后次序无关。

(4) 凹凸性

对于一组给定的 $P=\{P_1,P_2,\cdots P_n\}$,脆性风险熵关于 p 是凹的。

证明 任取两组脆性事件的概率分布 $\{p_i\}$ 和 $\{p'_i\}$,令

$$p''_i=\lambda p_i+(1-\lambda)p'_i,\quad 0<\lambda<1 \tag{14.8}$$

脆性风险熵 H 关于 p_i 是凹的,只要满足

$$\Delta=H[P,p'']-\lambda H[P,p]-(1-\lambda)H[P,p']>0 \tag{14.9}$$

$$\Delta=\sum_{j=1}^{n}\left\{\lambda\frac{P_jp_j\log p_j}{\sum P_jp_j}+(1-\lambda)\frac{P_jp'_j\log p'_j}{\sum P_jp'_j}-\frac{P_j[\lambda p_j+(1-\lambda)p'_j]\log[\lambda p_j+(1-\lambda)p'_j]}{\sum P_j[\lambda p_j+(1-\lambda)p'_j]}\right\} \tag{14.10}$$

因为 $S(x)=\dfrac{1}{x}$,$S(x)=-x\log px$ 是关于 x 的凹函数,根据凹函数性质容易得知式(14.10)中 $\Delta\geqslant 0$。所以在 $P=\{P_1,P_2,\cdots,P_n\}$ 给定的情况下,脆性风险熵关于变量 $p=\{p_1,p_2,\cdots,p_n\}$ 是凹的。

(5) 价值跟随性

假设脆性事件空间 $I=\{I_1,I_2,\cdots,I_n\}$ 中各个事件出现的概率 $p_j(j=1,2,\cdots,n)$ 相等,即 $p_j=\dfrac{1}{n}$,则称脆性事件空间为等概率事件空间,这时,有

$$q_j=\frac{P_jp_j}{\sum\limits_{j=1}^{n}P_jp_j}=\frac{P_j}{\sum\limits_{j=1}^{n}P_j},\quad j=1,2,\cdots,n \tag{14.11}$$

系统的脆性风险熵为

$$H(S)=H(P,p)=-\sum_{j=1}^{n}q_j\log p_j=-\sum_{j=1}^{n}\left(\frac{P_j}{\sum P_j}\right)\log\frac{1}{n}=\sum_{j=1}^{n}\frac{P_j}{\sum P_j}\log n=\log n \tag{14.12}$$

这表明,当脆性事件空间为等概率事件空间时,系统的脆性风险熵与脆性事件的崩溃系数无关,而只与脆性事件集的元素量有关,脆性事件集的元素越多,系统的脆性风险熵越大;脆性事件集的元素越少,系统的脆性风险熵越小。在这种情况下,系统的脆性风险熵对脆性事件集的元素有跟随性。

(6) 概率跟随性

假设脆性事件空间 $I=\{I_1,I_2,\cdots,I_n\}$ 中各个事件的崩溃系数 $P_j(j=1,2,\cdots,n)$ 相等,令 $P_1=P_2=\cdots=P_n=P$,称这时的脆性事件集为等重脆性事件集。此时

$$q_j=\frac{P_jp_j}{\sum\limits_{j=1}^{n}P_jp_j}=p_j,\quad j=1,2,\cdots,n \tag{14.13}$$

系统的脆性风险熵为

$$H(q_1,q_2,\cdots,q_n;p_1,p_2,\cdots,p_n)=-\sum_{j=1}^{n}q_j\log p_j=-\sum_{j=1}^{n}p_j\log p_j=H(p_1,p_2,\cdots,p_n) \tag{14.14}$$

这表明，当系统脆性事件的崩溃系数相等时，系统的脆性风险熵由系统脆性事件的概率分布唯一决定。这是因为，当脆性事件的崩溃系数相等时，脆性风险中的不确定性将只来源于系统的脆性事件分布。

(7) 均值最大性

在 $P=\{P_1,P_2,\cdots,P_n\}$ 给定的情况下，脆性风险熵是关于 p 的凹函数，根据凹函数的性质

$$f\left(\frac{1}{n}\sum_{i=1}^{n}x_i\right)\geqslant\frac{1}{n}\sum_{i=1}^{n}f(x_i) \tag{14.15}$$

将其应用到脆性风险函数中，得

$$R\left(P_j,\frac{1}{n}\sum_{j=1}^{n}p_j\right)=R\left(P_j,\frac{1}{n}\right)\geqslant\frac{1}{n}\sum_{j=1}^{n}R(P_j,p_j) \tag{14.16}$$

带入到脆性风险熵表达式中，有

$$H\left(P_j,\left\{p_j=\frac{1}{n}\right\}\right)=nR\left(P_j,\frac{1}{n}\right)\geqslant H[P,p]\equiv\sum_{j=1}^{n}R(P_j,p_j) \tag{14.17}$$

这表明，在任意一组给定的系统崩溃系数 $P=\{P_1,P_2,\cdots,P_n\}$ 的条件下，系统脆性风险熵将在脆性事件空间最均匀分布，即 $p=\left\{p_1=p_2=\cdots=p_n=\frac{1}{n}\right\}$ 达到最大值 $H_{\max}$。

(8) 稳定性

在 $P=\{P_1,P_2,\cdots,P_n\}$ 给定的情况下，定义条件 P 下概率 p 的距离 $d[p,p']$ 为

$$d_\alpha[p,p']=\left[\sum_{j=1}^{n}|p_j-p'_j|^\alpha\right]^{\frac{1}{\alpha}},\quad \alpha\geqslant 1 \tag{14.18}$$

在本书中，取 $\alpha=1$（这并不失一般性，对于其他 α 值可以类似证明）。

定义函数

$$Y=\frac{H(p)-H(p')}{H_{\max}} \tag{14.19}$$

$H_{\max}$ 是在条件 P 下系统脆性风险熵的最大值（已经证明其存在并必定大于零）。

如果存在 $\delta_\varepsilon>0$，对于任意 $\varepsilon>0$，满足

$$d[p,p']\leqslant\delta_\varepsilon\Rightarrow|Y|<\varepsilon \tag{14.20}$$

则称此时脆性风险熵 H 是稳定的，即对于脆性事件的概率 p 小扰动，脆性风险熵是稳定的。下边进行证明：

$$H(p)=H_{\max}+\sum_{j=1}^{n}\frac{\partial R}{\partial p_j}\bigg|_{p_j=p_j}(p_j-p_j^{(0)})+\cdots \tag{14.21}$$

$p_j^{(0)}$ 表示在 P 给定的情况下，使脆性风险熵取得最大值的脆性事件的概率。

再取另一可能事件概率集 $\{p_j\}$（在同一取定的 P 下），

$$H(p')=H_{\max}+\sum_{j=1}^{n}\frac{\partial R}{\partial p'_j}\bigg|_{p'_j=p'_j}(p'_j-j^{(0)})+\cdots \tag{14.22}$$

已知

$$\frac{\partial R}{\partial p_j}\bigg|_{p_j=p_j^{(0)}}=\frac{\partial R}{\partial p'_j}\bigg|_{p'_j=j^{(0)}}\equiv\frac{\partial R}{\partial p}\bigg|_{p=p^{(0)}} \tag{14.23}$$

式(14.21)与式(14.22)两式相减，得

$$H(p)-H(p')=\frac{\partial R}{\partial p}\bigg|_{p=p^{(0)}}\sum_{j=1}^{n}(p_j-p'_j) \tag{14.24}$$

带入式(14.19),得

$$|Y|=\left\{\left|\frac{1}{H_{\max}}\left(\frac{\partial R}{\partial p}\right)_{p=p^{(0)}}\right|\right\}\left|\sum_{j=1}^{n}(p_j-p'_j)\right| \tag{14.25}$$

由于$\left|\sum_{i=1}^{n}x_i\right|\leqslant\sum_{i=1}^{n}|x_i|$,有

$$|H|\leqslant\left\{\left|\frac{1}{H_{\max}}\left(\frac{\partial R}{\partial p}\right)_{p=p^{(0)}}\right|\right\}\sum_{j=1}^{n}|p_j-p'_j|=\left\{\left|\frac{1}{H_{\max}}\left(\frac{\partial R}{\partial p}\right)_{p=p^{(0)}}\right|\right\}d[p,p'] \tag{14.26}$$

这满足式(14.20)的要求,所以脆性风险熵是稳定的熵(对$\{P_i\}$)。这表明,对于脆性事件发生的概率小扰动,系统的脆性风险熵是有条件稳定的。

可以继续把脆性风险熵的这种性质推广到分解后的情况(关于脆性风险熵的分解,后边另有说明)。分解后系统的脆性风险熵为$\sum H$,对两组脆性风险熵 $H=H(q;p)$,$H'=H(q;p')$分解后有$\sum H$和$\sum H'$,脆性风险熵最大值的存在性已经给予证明,那么将分解后的脆性风险熵族在它们的最大值处展开,则有

$$\sum H=\sum H_{\max}+\left.\frac{\partial\sum H}{\partial H}\right|_{H=H_{\max}}(H-H_{\max})+\cdots \tag{14.27}$$

$$\sum H'=\sum H'_{\max}+\left.\frac{\partial\sum H'}{\partial H'}\right|_{H'=H_{\max}}(H'-H_{\max})+\cdots \tag{14.28}$$

因为对于两组脆性风险熵$H=H(q;p)$,$H'=H(q;p')$,分解后的$\sum H$和$\sum H'$在函数形式上是一致的,而且在最大值处的值一致,所以

$$\left.\frac{\partial\sum H}{\partial H}\right|_{H=H_{\max}}=\left.\frac{\partial\sum H}{\partial H'}\right|_{H'=H_{\max}} \tag{14.29}$$

定义两个脆性风险熵族的相对差为

$$Y'=\frac{\sum H-\sum H'}{\sum H_{\max}} \tag{14.30}$$

根据式(14.27)、式(14.28),得到

$$Y'=\frac{\sum H-\sum H'}{\sum H_{\max}}=\frac{H_{\max}}{\sum H_{\max}}\left.\frac{\partial\sum H}{\partial H}\right|_{H=H_{\max}}\frac{H-H'}{H_{\max}} \tag{14.31}$$

根据定义式(14.31),有

$$Y'=\frac{H_{\max}}{\sum H_{\max}}\left(\frac{\partial\sum H}{\partial H}\right)_{H=H_{\max}}Y \tag{14.32}$$

从上边的推导我们可以看出,对于系统的脆性风险熵而言,它自身对于脆性事件分布的小概率扰动是稳定的,并且如果我们对于脆性事件进行若干分解后,分解后的系统脆性风险熵族对仍然具有稳定性。

(9) 不可兼容性

设有3个集合A,B和C。若在集合A中,存在脆性事件I_l出现的概率为零而其崩溃系数不为零[1],即有关系

$$p_l=0\text{ ,且 }P_l\neq 0,\quad I_l\in A \tag{14.33}$$

在集合 B 中，脆性事件 I_w 的崩溃系数为零，而分布概率不为零，即有关系

$$p_w \neq 0, \text{且 } P_w = 0, \quad I_w \in B \tag{14.34}$$

在集合 C 中，脆性事件 I_e 的崩溃系数不为零，其分布概率不为零，即有关系

$$p_e \neq 0, \text{且 } P_e \neq 0, \quad I_e \in C \tag{14.35}$$

可得集合 A,B 和 C 中的脆性事件的效用系数分别为

$$q_l = \frac{P_l p_l}{\sum_{j=1}^{n} P_j p_j} = \frac{P_l p_l}{\sum_{I_l \in A} P_l p_l + \sum_{I_w \in B} P_w p_w + \sum_{I_e \in C} P_e p_e} = 0, \quad I_l \in A \tag{14.36}$$

$$q_w = \frac{P_w p_w}{\sum_{j=1}^{n} P_j p_j} = \frac{P_w p_w}{\sum_{I_l \in A} P_l p_l + \sum_{I_w \in B} P_w p_w + \sum_{I_e \in C} P_e p_e} = 0, \quad I_w \in B \tag{14.37}$$

$$q_e = \frac{P_e p_e}{\sum_{j=1}^{n} P_j p_j} = \frac{P_e p_e}{\sum_{I_l \in A} P_l p_l + \sum_{I_w \in B} P_w p_w + \sum_{I_e \in C} P_e p_e} = \frac{P_e p_e}{\sum_{I_e \in C} P_e p_e}, \quad I_e \in C \tag{14.38}$$

从上边式(14.11)可以看出，效用系数 q_j 对系统的脆性事件的概率分布 p_j 具有跟随性；从式(14.14)可以看出，效用系数 q_j 对系统的脆性事件的崩溃系数 P_j 具有跟随性。因此，系统的效用系数对系统的脆性事件的概率分布 p_j 和其崩溃系数 P_j 具有双重跟随性。根据效用系数的这一特性，可以证明系统的脆性风险熵具有不可兼容性。

证明　系统的脆性风险熵

$$\begin{aligned} H(S) = & -\sum_{j=1}^{n} q_j \log p_j = \\ & -\Big\{\sum_{I_l \in A} q_l \log p_l + \sum_{I_w \in B} q_w \log p_w + \sum_{I_e \in C} q_e \log p_e\Big\} = -\sum_{I_e \in C} q_e \log p_e \end{aligned} \tag{14.39}$$

从上边可以看出，脆性事件集中，只有满足 $p_e \neq 0$ 且 $P_e \neq 0$ 的事件才能给系统带来脆性风险的不确定性，即只有那些既有可能发生，又能带来一定的脆性风险的事件才能在系统的脆性风险熵中有所贡献，而那些 $p_l = 0$ 但 $P_l \neq 0$，即有可能出现但没有任何脆性风险；或那些 $p_w \neq 0$ 但 $P_w = 0$，即有一定的脆性风险但根本不可能出现的事件，它们都不对系统的脆性风险熵起任何作用。

(10) 可分解性

假设系统的脆性事件空间为 $I = \{I_1, I_2, \cdots I_n\}$，其概率分布空间为 $p = \{p_1, p_2, \cdots p_n\}$，效用系数空间 $q = \{q_1, q_2, \cdots q_n\}$。若脆性事件空间中某一事件 I_j 可以分解为两个子事件 I_{j1}, I_{j2}，其相应的概率分布 p_j 可以分解为 p_{j1}, p_{j2}，效用系数 q_j 分解为 q_{j1}, q_{j2}，其中，$p_{j1} + p_{j2} = p_j, q_{j1} + q_{j2} = q_j$

这样，根据脆性风险熵的可加性

$$\begin{aligned} & H(q_1, q_2, \cdots, q_j, \cdots q_n; p_1, p_2, \cdots, p_j, \cdots, p_n) = \\ & \quad H(q_1, q_2, \cdots, q_{j-1}, q_{j1}, q_{j2}, q_{j+1}, \cdots q_n; p_1, p_2, \cdots, p_{j-1}, p_{j1}, p_{j2}, \cdots, p_n) = \\ & \quad -\sum_{j=1}^{n} q_j \log p_j + q_j \log p_j - q_{j1} \log p_{j1} - q_{j2} \log p_{j2} = \\ & \quad H(q_1, q_2, \cdots, q_n; p_1, p_2, \cdots, p_n) + q_j \left[-\frac{q_{j1}}{q_j} \log \frac{p_{j1}}{p_j} - \frac{q_{j2}}{q_j} \log \frac{p_{j2}}{p_j}\right] = \end{aligned}$$

$$H(q_1,q_2,\cdots,q_n;p_1,p_2,\cdots,p_n)+q_jH(\frac{q_{j1}}{q_j},\frac{q_{j2}}{q_j};\frac{p_{j1}}{p_j},\frac{p_{j2}}{p_j})\geqslant$$

$$H(q_1,q_2,\cdots,q_j,\cdots q_n;p_1,p_2,\cdots,p_j,\cdots p_n)$$

从上边的推导可以看出，若对系统的脆性事件集中某个脆性事件分解为两个子脆性事件，则分解后的系统脆性风险熵大于分解前的脆性风险熵。进一步对系统的脆性风险熵进行分解如下：

令 $q'_2=q_2+q_3+\cdots+q_n,\quad p'_2=p_2+p_3+\cdots+p_n$

$q'_3=q_3+q_4+\cdots+q_n,\quad p'_3=p_3+p_4+\cdots+p_n$

$\vdots \qquad \vdots$

$q'_{n-1}=q_{n-1}+q_n,\quad p'_{n-1}=p_{n-1}+p_n$

则可以将上边的推导过程递推下去，最后可得

$$H'(q_1,q_2,\cdots,q_n;p_1,p_2,\cdots,p_n)=H(q_1,q'_2;p_1,p'_2)+$$

$$q'_2H\left(\frac{q_2}{q'_2},\frac{q'_3}{q'_2};\frac{p_2}{p'_2},\frac{p'_3}{p'_2}\right)+q'_3H\left(\frac{q_3}{q'_3},\frac{q'_4}{q'_3};\frac{p_3}{p'_3},\frac{p'_4}{p'_3}\right)+\cdots+$$

$$q'_{n-1}H\left(\frac{q_{n-1}}{q'_{n-1}},\frac{q_n}{q'_{n-1}};\frac{p_{n-1}}{p'_{n-1}},\frac{p_n}{p'_{n-1}}\right)\geqslant$$

$$H(q_1,q_2,\cdots,q_n;p_1,p_2,\cdots p_n)$$

这表明，系统的脆性风险熵可以进行分解，具有可分解性，但分解后系统的脆性风险熵将放大，这是因为当对系统的脆性事件进行若干分解后，脆性事件数量将扩大，这将给系统的脆性风险提供了不确定性增大的可能。

特别的，当脆性事件空间中各个脆性事件是等概率分布时，或各个脆性事件的崩溃函数是等概率分布时，上式的等号成立；反之，若上式中的等号成立，则一定存在脆性事件空间。其中各个脆性事件是等概率分布，或各个脆性事件的崩溃函数是等概率分布的，因为只有在这种情况下，系统的脆性风险才不会得以增加。

14.2 通信系统内部的脆性关联结构模型

在这一节中，首先对系统脆性模型进行分层分析研究。根据 14.1 节中通信系统脆性模型，可以将其上层结构分离出来，如图 14.3 所示。

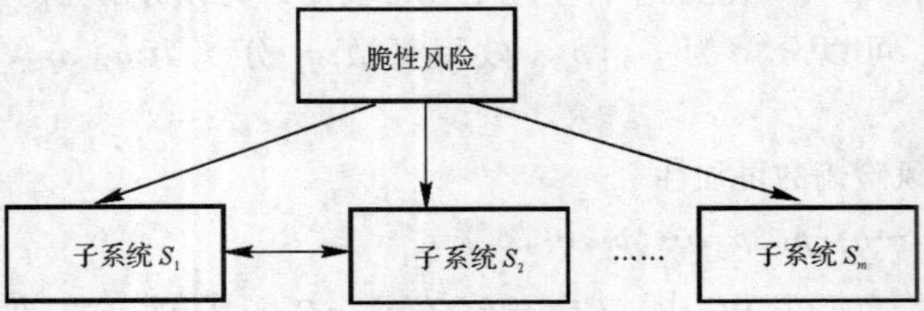

图 14.3 通信系统脆性模型上层结构

在通信系统脆性模型的上层结构中，可以看出，它实际上是由脆性输入、系统结构和脆性风险 3 个基本面组成的，如图 14.4 所示。

图 14.4　通信系统上层脆性结构

系统的脆性结构包含两方面的内容，一是各个子系统的脆性状态，假设通信系统 S 包含了 m 个子系统，即可以写成 $S=\{S_1,S_2,\cdots,S_m\}$，其中令 $S'_i(i=1,2,\cdots,m)$ 表示相应子系统 S_i $(i=1,2,\cdots,m)$ 的脆性状态，则 S'_i 可以写成 $S'_i=\{a_1^i,a_2^i,\cdots,a_r^i\}(i=1,2,\cdots,m)$，$\{a_1^i,a_2^i,\cdots,a_r^i\}$ 是描述子系统 S_i 脆性的状态变量，把这若干子系统的脆性状态定义为系统脆性结构的硬部；二是各个子系统的脆性联系方式，包含子系统之间的脆性关系以及脆性在系统内部的扩散方式，这是系统脆性结构的软部。

子系统间的脆性关系 $R_{ij}(t)$ 是指在 t 时刻，当表征一个子系统 $S_i(t)$ 脆性状态的特征变量 $S'_i(t)$ 发生变化时，另一关联子系统 $S_j(t)$ 的脆性状态特征量 $S'_j(t)$ 也发生变化。这时，我们定义子系统 $S_i(t)$ 为脆性源，子系统 $S_j(t)$ 为脆性接收者。系统内所有的脆性关系 $R_{ij}(t)$ 构成了系统的内部脆性关系 $R(t)=\{R_{ij}(t),i,j=1,2,\cdots,m\}$，脆性源 $S_i(t)$ 和脆性接收者 $S_j(t)$ 的关系如图 14.5 所示。

脆性关联 $R_{ij}(t)$

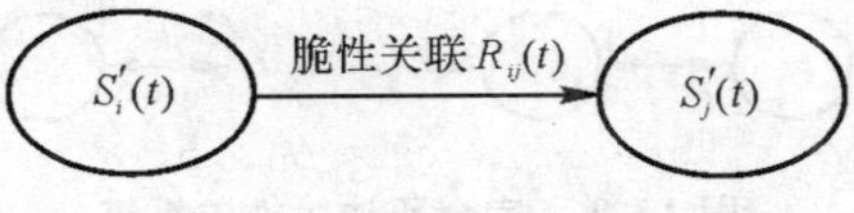

图 14.5　单边脆性联系

子系统间的脆性关系具有传递性，即若子系统 $S_i(t)$ 对子系统 $S_j(t)$ 具有脆性作用，而子系统 $S_j(t)$ 对子系统 $S_u(t)$ 具有脆性作用，那么子系统 $S_i(t)$ 对子系统 $S_u(t)$ 具有脆性作用；自反性，即子系统对自身具有脆性作用。但值得注意的是，脆性关系一般不具有对称性，即子系统 $S_i(t)$ 对子系统 $S_j(t)$ 具有脆性作用，并不能表示子系统 $S_j(t)$ 对子系统 $S_i(t)$ 有同样的作用。我们把相互具有脆性作用的系统的脆性关系定义为双边脆性关系，如图 14.6 所示。

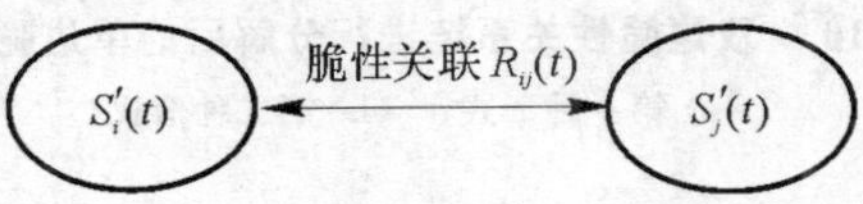

图 14.6　双边脆性关系

定义 14.1　对于两个具有脆性关系的系统，存在如下关系方程

$$F_1(S'_i(t),R_{ij}(t),S'_j(t))=0 \tag{14.40}$$

式中，$S'_i(t)$ 和 $S'_j(t)$ 分别表示 t 时刻子系统 $S(i)$ 和子系统 $S(j)$ 的脆性状态。

单边脆性联系和双边脆性联系是两种最基本的脆性联系方式，通信系统内部各种各样的脆性关联结构都可以看成是若干单边和双边脆性结构的组合，它们是构成通信系统内部脆性关系和脆性传递最基本的连接方式。在很多情况下，多个子系统之间通过单边或双边脆性结构联系在一起，构成了系统内部的脆性链或脆性环，这种连接方式在通信系统内广泛存在[2]。

1) 单边脆性关系链：多个系统之间只由单边脆性关联结构联系起来，并且脆性作用方向一致而形成脆性链条的,称之为单边脆性关系链,如图 14.7 所示。

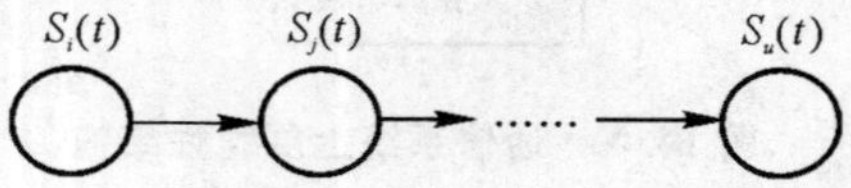

图 14.7 单边脆性关系链

2) 双边脆性关系链:在由多个系统组成的脆性关系链中,至少包含一个双边脆性关联结构的,我们称之为双边脆性关系链,如图 14.8 所示。

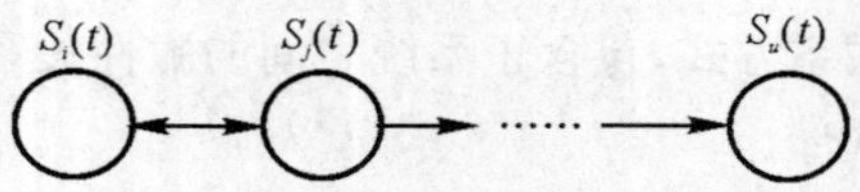

图 14.8 双边脆性关系链(含双边脆性关系)

3) 完全双边脆性关系链:若在由多个系统组成的脆性关系链中,所有脆性关联结构都是双边联系的,称之为完全双边脆性关系链。这是双边脆性关系链的一种特殊情况,如图 14.9 所示。

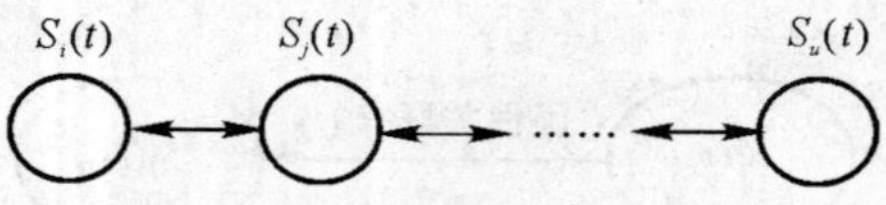

图 14.9 完全双边脆性关系链

其中双边脆性关系链又可以分解成若干单边脆性关系链的组合,在如图 14.6 所示的双边脆性链中,可以分解为如下两种单边脆性联系形式,如图 14.10 所示。

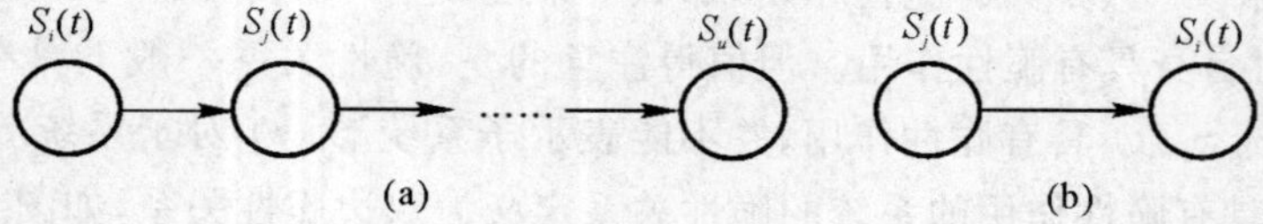

图 14.10 双边脆性关系链进行分解后的单边脆性关系

(a) 第一种形式; (b) 第二种形式

相应的脆性环的联系结构方式可以表示为以下几种:

1) 单边脆性关系环:多个系统之间只由单边脆性关联结构联系起来并且脆性作用方向一致而形成脆性环状结构的,我们称之为单边脆性关系环,如图 14.11 所示。

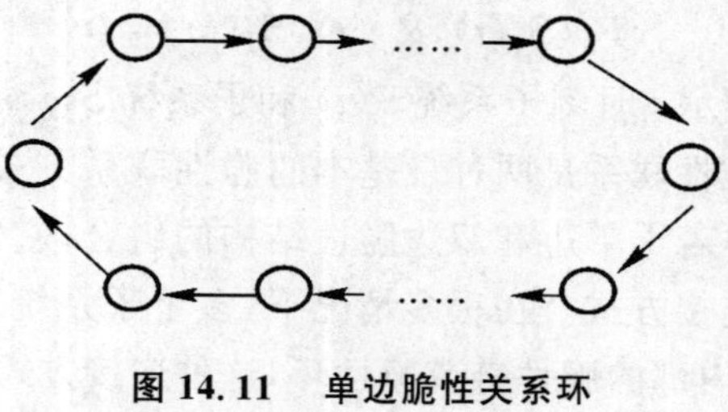

图 14.11 单边脆性关系环

2）双边脆性关系环：在由多个系统组成的脆性关系环中，至少包含一个双边脆性关联结构的，称之为双边脆性关系环，如图 14.12 所示。

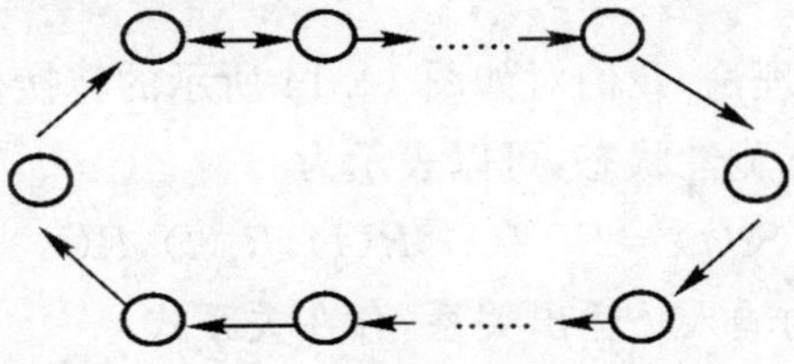

图 14.12　双边脆性关系环

3）完全双边脆性关系环：若在由多个系统组成的脆性关系环中，所有脆性关联结构都是双边联系的，称之为完全双边脆性关系环，这是双边脆性关系环的一种特殊情况，我们称之为完全双边脆性关系环，如图 14.13 所示。

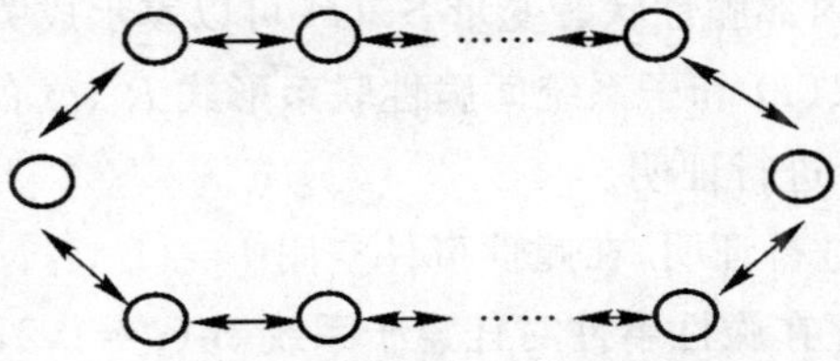

图 14.13　完全双边脆性关系环

同双边脆性关系链一样，双边脆性关系环也可以分解为若干单边脆性关系环和单边脆性关系链的组合。完全双边脆性关系环可以分解为两个反向的单边脆性关系环的组合。

14.3　通信系统脆性关联结构的若干性质

在通信系统脆性风险模型上层结构的基础上，根据经典控制理论中关于系统输入／输出和传递函数的关系形式及相关定义，可以把系统脆性风险模型中的上层结构进一步转换为如图 14.14 所示的形式[3]。

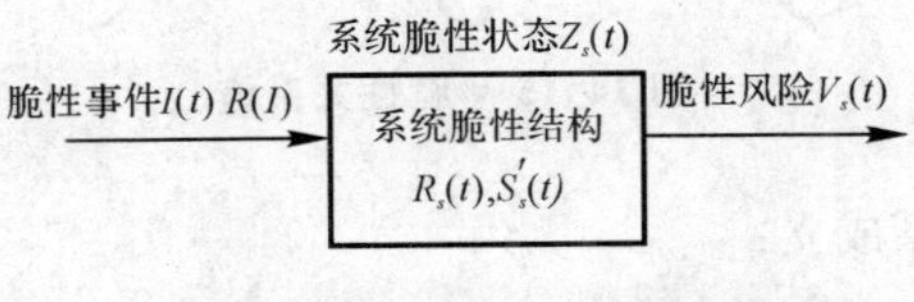

图 14.14　脆性风险模型上层结构的转换形式

$R(I)$ 是表示脆性事件 $I(t)$ 作用于系统 S 的形式。系统的整体脆性状态 $Z_s(t)$ 是指从整体上表征系统 S 脆性特征的状态变量。脆性风险 $V_s(t)$ 是表示系统整体崩溃的风险函数。系统的脆性结构包含两方面的内容：一是系统内部脆性联系 $R_s(t)$，指系统 S 内部各个子系统相互之间的脆性关联方式，$R_s(t)=\{R_{ij}(t), i,j=1,2,\cdots,m\}$，这是系统脆性结构的“软部”；二是系统内部脆性状态 $S_s'(t)$，指表征系统内部各个子系统脆性特征的状态变量，它和系统的整体脆

性状态 $Z_s(t)$ 既有联系又有区别，$S'_s(t)=\{S'_1(t),S'_2(t),\cdots,S'_m(t)\}$，其中 $S'_i(t)=\{a_1^i,a_2^i,\cdots,a_r^i\}(i=1,2,\cdots,m)$，$\{a_1^i,a_2^i,\cdots,a_r^i\}$ 是描述子系统 S_i 脆性的状态变量，它是系统脆性结构的“硬部”。

结合控制理论中的相关理论，我们对如图 14.14 所示的转换模型给出相关定义。

定义 14.2　系统的整体脆性状态，可以表示为

$$S_s(t)=F_3(I(t),R(I),R_s(t),R(t)) \tag{14.41}$$

定义 14.3　根据系统的输入 / 输出关系，存在关系式

$$F_4(I(t),R(I),S_z(t))=0 \tag{14.42}$$

定义 14.4　根据系统的输入 / 输出关系，存在关系式

$$V_s(t)=F_5(I(t),R(I),S_z(t)) \tag{14.43}$$

根据转换模型和相关定义，我们可以得出以下结论：

定理 14.1　通信系统内非脆性孤子的子系统是一定有脆性源存在的。

定理 14.2　通信系统内部脆性状态变量 $S'_s(t)$ 可以表示成关于脆性事件 $I(t)$、脆性事件对通信系统 S 的作用形式 $R(I)$ 和子系统间脆性联系形式 $R_s(t)$ 的函数关系。

以下对定理 1 和定理 2 进行证明。

证明　首先对定理 1 进行证明，在脆性事件空间 $I=\{I_1,I_2,\cdots,I_n\}$ 条件下通信系统表示为 $S=\{S_1,S_2,\cdots,S_m\}$，若存在脆性事件对任意子系统 $S_i(i=1,2,\cdots,m)$ 有脆性关联，则定理显然成立。现假设系统内部有 k 个子系统和外部脆性事件没有关联，不失一般性，令其为 S_1，S_2，$\cdots$，S_k，则对于其中任意子系统 $S_i(i=1,2,\cdots,k)$（S_i 是非脆性孤子的子系统，对于脆性孤子可以忽略不计），则至少存在另一子系统 $S_j(j=k+1,k+2,\cdots,m)$，$S_i\neq S_j$，S_i 与之存在脆性关系链。若不存在脆性关系链，从系统脆性结构模型可知，系统崩溃的根本来源是外部脆性事件的干扰，而 S_i 是非脆性孤子的子系统，则可知 $S_i\notin S$，与假设矛盾。这证明，通信系统内非脆性孤子的子系统是一定有脆性源的。

现在对定理 2 进行证明。首先对脆性链上的子系统进行标号，将 S_i 标为 1 号，记为 $S_{i(1)}$，相邻的子系统标为 2 号，记为 $S_{i(2)}$。依此下去，至少存在另一子系统 S_j，存在脆性关系链如图 14.15 所示。

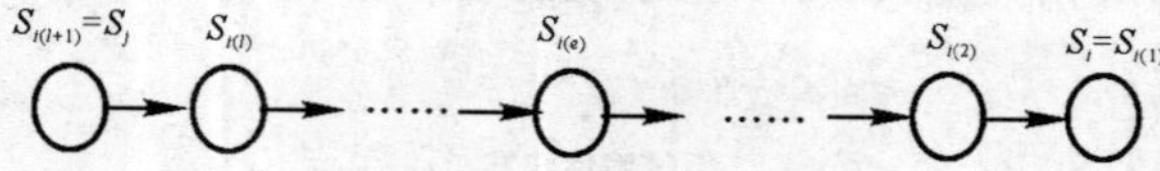

图 14.15　脆性关系链

根据定义 1，有如下关系成立：

$$\begin{gathered} F_l(S'_j,R_{i(l+1),i(l)},S'_{i(l)})=0 \\ F_{l-1}(S'_{i(l)},R_{i(l),i(l-1)},S'_{i(l-1)})=0 \\ \vdots \\ F_e(S'_{i(e+1)},R_{i(e+1),i(e)},S'_{i(e)})=0 \\ \vdots \\ F_1(S'_{i(2)},R_{i(1),i(2)},S'_{i(1)})=0 \end{gathered} \tag{14.44}$$

根据以上各式，可以知道存在关系式，使得

$$S'_i = \varphi_i(R_{i(e+1),i(e)}, S'_j)$$

式中，$R_{i(e+1),\ i(e)} \in R_s (e=1,2,\cdots,l)$，即

$$S'_i = \varphi_i(R_s, S'_j), \quad i=1,2,\cdots,k; j>k \tag{14.45}$$

对于另一种情况，即脆性环境和子系统 S_i 发生联系，存在脆性关联。这时用同样的方法，对脆性链上的子系统标号，将与脆性事件直接发生作用的子系统 S_i 编为 1 号，记为 $S_{i(1)}$，相邻子系统编为 2 号……，存在脆性关系链如图 14.16 所示。

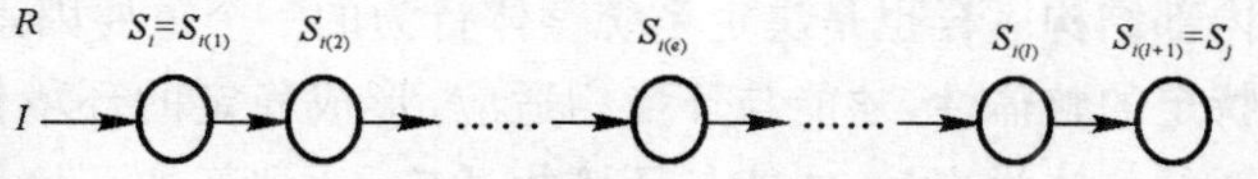

图 14.16　脆性关系链

此时有这样的方程表达式：

$$\begin{aligned} &F_1(I, R(I), S'_{i(1)}) = 0 \\ &F_2(S'_{i(1)}, R_{i(1),j(2)}, S'_{i(2)}) = 0 \\ &\cdots \\ &F_e(S'_{i(e-1)}, R_{i(e-1),j(e)}, S'_{j(e)}) = 0 \\ &\cdots \\ &F_l(S'_{i(l-1)}, R_{i(l-1),i(l)}, S'_j) = 0 \end{aligned} \tag{14.46}$$

由以上方程表达式可得到关系：

$$S'_j = \varphi_j(I, R(I), (R_{j(e-1),j(e)} \mid e=1,2,\cdots,l)) \tag{14.47}$$

式中，

$$\{R_{i(e-1),i(e)} \mid e=1,2,\cdots,l\} \in R_s$$

即

$$S'_j = \varphi_j(I, R(I), R_s), \quad j=k+1,\cdots,m \tag{14.48}$$

总结这两种情况，综合有

$$S'_i = \varphi_i(I, R(I), R_s), \quad i=1,2,\cdots,m \tag{14.49}$$

$$S' = \varphi(I, R(I), R_s) \tag{14.50}$$

证毕。

从以上的证明中可以看出，通信系统内部脆性状态是关于系统的脆性事件 I、脆性事件对系统的作用形式 R 和子系统之间的脆性关联 R_s 的函数。这表明，表征系统内部各个子脆性状态的变量是由其作用于系统上的脆性事件、脆性事件和系统的作用形式以及这个子系统与其他关联子系统的脆性关联形式等因素共同决定的。通信系统脆性模型中的上层结构和下层结构并不是孤立的，而是通过系统的脆性事件及其作用形式联系在一起的，系统的脆性模型中的各要素也并不是孤立的，而是相互联系、相互制约的，它们之间存在一定的函数关系。

14.4 通信系统的脆性底层模型

任何系统都是在一定的环境中产生出来,又在一定的环境中运行、延续、演化的,不存在绝对没有环境的系统。系统的结构、状态、属性、行为等或多或少都与环境有关,这称为系统对环境的依赖性。环境与系统之间的相互关系是系统的外部规定性。同样的元素在不同的环境中须按照不同方式整合,形成不同的结构,甚至元素的性质也随着环境的变化而有所变化。一般而言,环境同系统的内部结构一样也是决定系统整体行为的一个重要因素,在一定的环境条件下,系统只有涌现出特定的整体性,才能与环境相适应,形成稳定的环境依存关系。随着环境的改变,系统须产生新的整体涌现性,才能与环境相适应,达到新的环境依存关系。环境复杂性是造成系统复杂性的重要根源。因此,研究系统必须研究它的环境以及它与环境的关系。

按照系统与环境的关系,可以把系统分成两类,与环境有物质、能量、信息交换的是开放系统;与环境基本没有任何交换的是封闭系统。实际中所有系统或多或少都和环境存在交换关系,因而都是开放系统。但有些系统与环境的交换关系比较微弱,我们常常把它们之间的交换忽略不计,当做封闭系统处理。

系统有多种不同的行为表现,如维生行为、学习行为、适应行为、演化行为、自组织行为、脆性行为等等,相应地系统也有多种不同的环境影响。从研究系统脆性的角度出发,把系统的环境中所有作用于系统上的,并有可能激发系统的脆性,造成系统突然崩溃的因素和事件称为系统的脆性环境,而系统环境中其他因素和事件不包含在系统脆性环境中。今后统称系统的脆性环境为系统环境。

同样地,按照系统与脆性环境之间的关系,可以把系统分为开放的脆性系统和封闭的脆性系统。在开放的脆性系统中,系统和脆性环境存在较多的物质、能量、信息等的交流,因而这类系统的脆性环境对系统的不确定性影响较大,系统的脆性因子较多,脆性风险也相应较大;在封闭的脆性系统中,系统与脆性环境中存在较少的交流关系,脆性环境对系统的影响较小,系统的脆性因子较少,脆性风险也相应较低。这并不是说系统对环境开放越低越好,因为系统的发展进化需要从外部环境中引入物质、信息和能量。

一般认为,开放的通信系统具有非线性、开放性、层次性等特点。但研究发现,通信系统在某种干扰作用下常会突然崩溃,而且随着系统规模越来越大,子系统之间的关系越来越复杂,这种性质就越来越突出,定义通信系统的这种特性为脆性。称系统运行过程中这种突然崩溃的风险为脆性风险。用适当的方法对现代通信网络系统进行脆性风险管理,而系统脆性风险分析是可靠、有效的脆性风险管理的必要前提。通信系统脆性风险研究是一个新的研究领域,本章针对通信网络系统的脆性问题,通过引入模糊综合评估的方法,结合层次分析法,建立一个基于脆性风险熵的系统脆性风险分析模型,希望能从定性和定量相结合的角度给出通信网络系统脆性的风险评估模型。

在前几节中,分别对系统脆性模型总体结构和上层结构进行了分析。在本章中,承接前面的工作,对系统脆性模型的下层结构进行分析,如图 14.17 所示。

系统脆性模型的下层结构分析实际上就是对系统的脆性环境的分析,具体包括两个方面:一是系统的脆性事件;二是系统的脆性因子。脆性事件是直接作用于系统上的、并可能导致系统崩溃的具体事件，所有的脆性事件直接构成了系统的脆性环境，脆性事件具有重复性、多变性、难以预测性等特性；脆性因子包含在具体脆性事件中，相对脆性事件脆性因子具有隐藏性、稳定性、可预测性等，因此，在本章中主要从脆性因子来分析系统的脆性环境。

图 14.17　系统脆性的输入／输出结构

对复杂系统的脆性问题从整体上建立了分析模型，并构建了脆性风险熵的相关概念，对复杂系统脆性模型的上层结构进行分析。在这一节中，接着对复杂系统脆性模型的下层结构进行分析研究。首先将上层结构从系统脆性模型中分离出来，如图 14.18 所示。

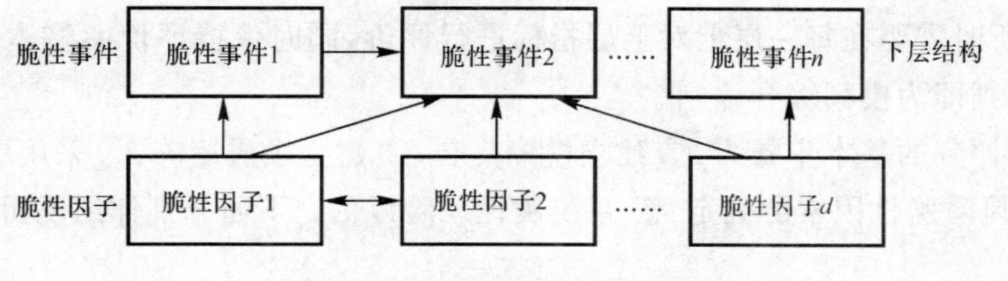

图 14.18　通信系统脆性结构模型

从图 14.18 可以看出，下层结构的基础是系统的脆性因子，脆性因子是根据系统内外条件而辨析出来的导致系统脆性被激发的根本因素。脆性因子与脆性因子之间可能具有不同形式的相互关联。脆性事件是指直接作用于系统上的、以某种可能性导致系统崩溃的具体事件，一个具体的脆性事件中可以包含多个脆性因子，是脆性因子作用于系统的媒介，构成系统的外部脆性环境，不同的脆性事件之间可能存在复杂的耦合关联，脆性事件具有不稳定性、可重复性、复杂性、关联性、突发性、表现形式多样性等特性。脆性因子中又可以分为主脆性因子和次脆性因子，主脆性因子是指那些出现概率较大的、与其他因子关联较紧密的、危害程度较高的那些因子；次脆性因子是指那些出现概率较小的、与其他因子关联较松散的、危害程度较低的那些因子。相对于脆性事件，脆性因子具有相对稳定性，相对容易进行计算和预测。

从系统的脆性结构模型中我们可以看出，下层模型是由系统的脆性事件集和脆性因子共同构成的。系统的脆性事件是某一时间段内外部环境中所有可能导致系统崩溃的事件集。假设在样本空间上系统 G 有 n 个脆性事件 $I=\{I_1,I_2,\cdots,I_n\}$，脆性事件 I_i 发生的概率为 P_i，$P_i\geqslant 0$，在脆性事件 I_i 作用下系统崩溃的概率为 p_i，$0\leqslant p_i\leqslant 1$。系统在脆性事件 I_i 作用下崩溃的期望为 $E[RI_i]=P_ip_i(i=1,2,\cdots,n)$，则系统的脆性风险为

$$E[\sum RI_i]=E[RI_1]+\cdots+E[RI_n] \tag{14.51}$$

线性叠加的成立由各个脆性事件的无关性来保证。但在实践中，脆性事件总是存在各种各样的联系，而且其作用形式千变万化，因而要对具体脆性事件进行分析和预测几乎是不可能的，而且脆性事件间的耦合关系常常复杂多变，难以定量地进行定量解耦分析处理。所以在实践中，一般应先对系统脆性事件进行分析，把其中的基本脆性因子辨识出来。根据不同因子的危害性，得出影响通信系统崩溃的作用程度，结合脆性风险熵，得到通信系统脆性风险评价模型。

14.5 通信系统的模糊综合评判方法

在通信系统的脆性风险分析中，由于系统风险的复杂性，存在着诸多不确定的影响因素，而且这些影响因素相互可能发生关联，同时这些影响因素对损失的贡献是非线性和动态变化的，使得既不能通过有效的数据累计确定风险事件发生的概率，也无法直接准确地判断其发生后的严重程度。模糊综合评判就是在对多种因素影响的事物或现象进行总的评价过程中涉及到模糊因素或模糊概念的一种评价方式。通过运用模糊集合中隶属度和隶属度函数的理论，对系统众多因素的制约关系进行数学抽象，建立一个反映其本质特征的和动态过程的理想化的数学的评价模式。对于通信系统的风险分析，由于存在诸多的不确定因素，因素间还分属不同的层次，分析时需要在每一层上对上层指标进行评价，同时保持评价的整体性与一致性，而这样的模糊评判即为模糊综合评判[4-5]。

模糊综合评判的基本步骤为：① 建立模糊集合；② 建立隶属矩阵；③ 采用层次分析法确定权重集；④ 各风险脆性因素的确定；⑤ 系统脆性风险评估。下面分别详细说明具体步骤：

14.5.1 建立模糊集合

根据通信网络系统的特点，构造脆性因素集。根据脆弱性的暴露程度和利用脆弱性的难易程度，采用德尔菲(Delphi) 法对系统脆性因子进行分类，辨识出高级别的脆性因子，选取脆性等级高的脆性因子，得到简化的系统脆性指标体系。这可能是一个反复的过程。因素集是以影响评价对象的各种因素所组成的一个集合，令$\boldsymbol{U}=[u_1 \quad u_2 \quad \cdots \quad u_n]$，其中$u_i(i=1,2,\cdots,n)$分别代表各个脆性因素。

德尔菲法是美国著名咨询机构兰德公司于 20 世纪 50 年代初发明的。当时空军委托该公司研究一个典型的风险辨识问题：如果两国开展核攻击，其袭击的目标会选在什么地方？后果会有多大的毁灭性？这种课题很难用数学模型进行描述或进行数值计算，因此兰德公司想出了采用专家估计方法。后来该方法被广泛推广用于风险决策研究。脆性因子具有复杂性和隐藏性，要对其逐一采用计算分类的方法几乎是不可能的，而德尔菲法恰好能有效利用专家的智慧经验来处理这类难以建模计算的问题。

可以将德尔菲法引入通信系统的脆性研究中。首先根据系统各个脆性因子的作用对其进行分类。脆性因子对系统的作用主要表现在具有使系统突然崩溃的能力上，影响脆性因子作用能力的因素主要有两个：一是系统对脆性因子的作用具有敏感性；二是系统对脆性因子的作用具有回复能力。系统对脆性因子作用越敏感，对脆性因子作用回复力越差，则因子对系统的脆性作用越大；反之则相反。根据系统对脆性因子的敏感性和回复力的强、中、弱层次关系，可以把脆性因子分为 5 级，如表 14.1 所示。

表 14.1　脆弱度等级与敏感性和回复力的组合关系

脆弱度等级	敏感性与回复力的组合关系	脆弱度
1 级 —— 微度脆弱	弱敏感性和强回复力	$c=1$
2 级 —— 轻度脆弱	弱敏感性和中级回复力； 中级敏感性和强回复力	$c=2$
3 级 —— 中度脆弱	弱敏感性和弱回复力； 中级敏感性和中级回复力； 强敏感性和强回复力	$c=3$
4 级 —— 深度脆弱	中级敏感性和弱回复力； 强敏感性和中级回复力	$c=4$
5 级 —— 极度脆弱	强敏感性和弱回复力	$c=5$

下面用德尔菲法对系统的脆性因子进行分类和预测[6]。

对系统 S 的某个脆性因子 g_i，请不同方面各具代表性的 11 位专家根据系统对其敏感性和回复力的组合关系对它在时间 t 内的脆性能力进行评判。在第一轮中，专家对 g_i 的分类意见如下：

$$A_1=\{a_1=3,a_2=3,a_3=3,a_4=2,a_5=2,a_6=2,a_7=4,a_8=3,a_9=5,a_{10}=3,a_{11}=3,\}$$

在拿到第一轮反馈意见后，对其进行排序，具体方法是：先把意见最集中的类型数取出排成一行，然后在集合剩余数中取最大的类型数值放在最右边，再取一个最小的类型数值放在最左边，循环下去，直到取尽所有类型数。经过几次排列，我们得到

```
        下四分点          中位数           上四分点
           ↓                ↓                 ↓
2      2      3      3      3      3      3      3      3      4      5
```

求出其下四分点、中位数、上四分点如下：

下四分点：$\alpha_1=2.6$；　中位数：3；　上四分点：$\beta_1=3.6$

式中，下分点均值为 $\alpha_1=2.6$；整体均值为 $\lambda_1=3$；上分点均值为 $\beta_1=3.6$；根方差为 $\sigma_1=0.8$，表明专家意见的分散程度；变异系数为 $V=0.27$，表示群体评价的协调性；峰度为 $S=1.2$，表示群体评价的一致性；偏度为 $E=1.9$，表示专家意见对加权均值的对称性。将相关信息以一定规则反馈给所有专家，进行下一轮咨询，求出 $\alpha_2,\lambda_2,\beta_2$。循环下去，直到组织者满意为止。最后可以分别画出 α,λ,β 趋势曲线，得到其收敛值，这就是最终的脆性因子的类型数。对上述的脆性因子 g_i，经过两轮咨询就可以得到其最终脆性等级为 1。然后再对其他脆性因子逐一采用同样的方法，最终得到所有脆性因子的脆性等级。脆性因子的德尔菲法的具体流程如图 14.19 所示。

从上边的方法可以看出，上下四分点以外的专家意见对中位数没有影响，如果需要，可以采取算术平均值和方差来作为统计的特征数据，为提高集中度，也可将最大、最小扣除后取平均。

对于专家群体，可以采用如下指标对其意见集成结构进行描述：

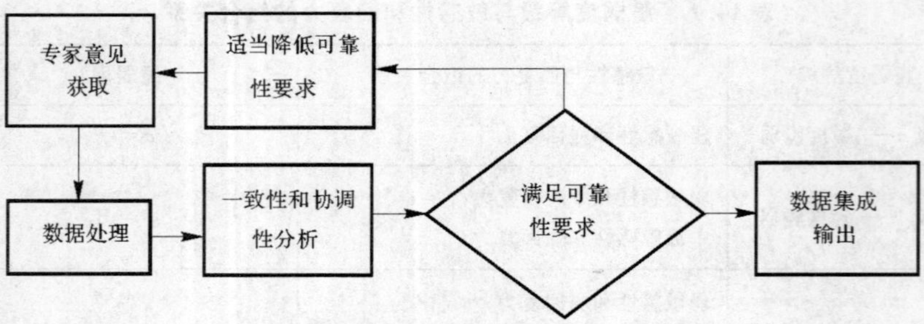

图 14.19 脆性因子德尔菲分类法流程图

1) 加权均值 $u(x)=\sum p_i x_i$。

式中,p_i 为第 i 个专家的权重,x_i 为第 i 个专家对该脆性因子所划分类,其中 $0\leqslant p_i\leqslant 1$,$0\leqslant x_i\leqslant 5$。

2) 根方差 $\sigma(x)=\sqrt{D(x)}$。式中,$D(x)=\sum (x_i-u(x))^2 p_i$,这个指标表明专家意见的分散程度。

3) 专家群意见的变异系数 $v=\dfrac{\sigma(x)}{u(x)}$。这个指标代表专家群体评价的协调性。

4) 偏度 $B=\dfrac{u_3(x)}{[\sigma(x)]^3}$。式中,$u_3(x)=\sum (x_i-u(x))^3 p_i$ 为三阶中心距,表示专家意见关于加权均值的对称性。

5) 峰度 $K=\dfrac{u_4(x)}{[\sigma(x)]^4}-3$。式中,$u_4(x)=\sum (x_i-u(x))^4 p_i$ 为四阶中心距,表示专家意见的一致性。

用德尔菲法对脆性因子进行分类及预测,一般情况具有比其他应用场合更好的收敛性,这主要是由于人们对系统脆性因子的敏感性和认识的一致性,特别随着脆性因子等级的提升,以上各个指标性能更好。因此,用德尔菲法对系统脆性因子进行辨识处理是有效的,特别对于其主要作用的高级别脆性因子部分[7-10]。

14.5.2 建立隶属度矩阵

在由模糊集合得出脆性因素集合的前提下,构造评判集,评价既包含所有可能出现的对评价对象的评语,设为 $\boldsymbol{V}=[v_1\quad v_2\quad \cdots\quad v_m]$,其中 $v_1,v_2,\cdots,v_m$ 分别为风险事件的发生对系统影响等级。专家参照评判集 $\boldsymbol{V}$ 对因素集 $\boldsymbol{U}$ 中的各因素进行评价,给出各因素的评语,构造模糊映射:$f:\boldsymbol{U}\rightarrow F(\boldsymbol{V})$,$F(\boldsymbol{V})$ 是 $\boldsymbol{V}$ 上的模糊集全体,$u_i\rightarrow f(u_i)=(r_{i1},r_{i2},\cdots,r_{im})\in F(\boldsymbol{V})$,映射 f 表示风险因素 u_i 对评判集中各评语的支持程度。令风险因素 u_i 对评判集 $\boldsymbol{V}$ 的隶属向量 $\boldsymbol{R}_i=[r_{i1}\quad r_{i2}\quad \cdots\quad r_{im}]$ $(i=1,2,\cdots,n)$。于是得到隶属矩阵

$$\boldsymbol{R}=\begin{bmatrix} r_{11} & r_{12} & \cdots & r_{1m} \\ r_{21} & r_{22} & \cdots & r_{2m} \\ \vdots & \vdots & & \vdots \\ r_{n1} & r_{n2} & \cdots & r_{nm} \end{bmatrix} \tag{14.52}$$

14.5.3　采用层次分析法建立权重集

求解系统的风险是一个由众多的因素构成并且因素之间相互影响的决策性问题。就系统的脆弱性而言，就有硬件、软件、网络和通信协议等 4 个方面，而对于破坏事件发生后对系统可能造成的影响也有有形和无形的区别，对于系统的威胁性则存在更多的相互制约的因素。就不同区域和不同时段的风险来说，对系统造成的风险是不一样的，对它的重视程度也是各有不同，如何确定它们的权重系数对于风险评估来说是一个比较难于解决的问题[11-15]。

关于权重系数的确定方法，目前主要分为主观赋权法和客观赋权法两类。主观赋权法是根据各指标的决策者主观重视程度进行赋权的一类方法，如专家调查、二项系数法、环比评分等；而客观赋权法是各个指标根据一定的规则进行自动赋权的一类方法，主要有主成分分析法、熵技术法、均方差以及目标规划等。主观赋权法反映了决策者的意志，决策或评估结果具有很大的主观随意性；客观赋权法确定各指标间的权重系数，决策或评价结果具有较强的数学理论依据，但没有考虑决策者的意向。因此主、客观赋权法都具有一定的局限性。在这里，我们运用一种称为层次分析法的方法，它既体现了决策者的意向又具有合理的逻辑推理性。

由于不同的风险因素对所评价指标的影响程度不一样，不同的决策者对同一风险的认识和评价也是各不相同的，即存在风险偏好的不同，因而对于通信系统的风险的评估应反映各种风险因素对系统的影响程度，并缩小评估人员之间主观影响的差别。对各风险因素的影响程度及其重要性赋以相应的权重，定义权重集为 $\boldsymbol{A}=[a_1 \quad a_2 \quad \cdots \quad a_m]$，实际应用中要求 a_i 满足非负性和归一性，即 $0 \leqslant a_i \leqslant 1(i=1,2,\cdots,m)$，$\sum\limits_{i=1}^{m} a_i = 1$。

对于权重集的确定采用层次分析法，它是定性和定量相结合的确定专家权重系数的分析方法。利用层次分析法 AHP 构造两两比较判断矩阵，计算其主特征值和主特征向量，并构造一个满足一致性检验的判断矩阵 $\boldsymbol{A}'$，则 $\boldsymbol{A}'$ 的最大特征值所对应的特征向量就是各个脆性因子在脆性崩溃系数空间中的权重向量。它既体现了决策者的意向又具有合理的逻辑推理性，在具体应用层次分析法决定系统权重系数之前，简要地介绍一下层次分析法的原理和方法。

1. 层次分析法

层次分析法（Analytic Hierarchy Process，简称 AHP）是在 20 世纪 70 年代初由 T. L. Saaty 等人提出的一种简便、实用的多准则决策方法。人们在处理决策问题时，往往需要考虑多种因素，在决策前，需要从各种可行的方案中选出一个最佳方案，这就需要对这些因素进行比较。而这些因素的重要性往往难以准确地量化，故一般的数学方法难以解决这类决策问题。层次分析法为这类问题的决策提供了一种定性与定量相结合的新的简便、实用的方法。

为了说明层次分析法的原理，我们简单定性说明如下：

假定有 n 个物体，它们的比重分别为 $b_1, b_2, \cdots, b_n$，并假定它们的比重和为单位 l。比较它们之间的比重，很容易得到它们之间逐对比较的判断矩阵

$$
C=\begin{bmatrix}\frac{b_1}{b_1} & \frac{b_1}{b_2} & \cdots & \frac{b_1}{b_n}\\ \frac{b_2}{b_1} & \frac{b_2}{b_2} & \cdots & \frac{b_2}{b_n}\\ \vdots & \vdots & & \vdots\\ \frac{b_n}{b_1} & \frac{b_n}{b_2} & \cdots & \frac{b_n}{b_n}\end{bmatrix}=(c_{ij})_{n\times n} \tag{14.53}
$$

显然，$c_{ij}=1/c_{ji}, c_{ii}=1, c_{ij}=c_{ik}/c_{jk}(i,j,k=1,2,\cdots,n)$。

用比重向量 $\boldsymbol{B}=[b_1 \quad b_2 \quad \cdots \quad b_n]^{\mathrm{T}}$ 右乘矩阵 $\boldsymbol{C}$，其结果为

$$
\boldsymbol{CB}=\begin{bmatrix}\frac{b_1}{b_1} & \frac{b_1}{b_2} & \cdots & \frac{b_1}{b_n}\\ \frac{b_2}{b_1} & \frac{b_2}{b_2} & \cdots & \frac{b_2}{b}\\ \vdots & \vdots & & \vdots\\ \frac{b_n}{b_1} & \frac{b_n}{b_2} & \cdots & \frac{b_n}{b_n}\end{bmatrix}\begin{bmatrix}b_1\\ b_2\\ \vdots\\ b_4\end{bmatrix}=\begin{bmatrix}nb_1\\ nb_2\\ \vdots\\ nb_n\end{bmatrix}=n\boldsymbol{B} \tag{14.54}
$$

从式(14.54)不难看出，以 n 个物体比重为分量的向量 $\boldsymbol{B}$ 是判断矩阵 $\boldsymbol{C}$ 的对应于 n 的特征向量。由于判断矩阵的秩为1，由矩阵的迹定理，此矩阵的最大特征根为 n，0为其 $n-1$ 重特征根，而 $\boldsymbol{B}$ 为 n 对应的特征向量。

这就提示如果通过逐对比较因素构造判断矩阵，并通过求解判断矩阵的最大特征根和它所对应的特征向量，就可以计算出各个因素相对于上层因素的权重系数。

2. 建立层次结构

应用层次分析法处理决策问题时，首先要把影响决策的各种因素层次化并构造出一个有层次的结构模型。层次结构的基本形式是由一个节点连接几个节点的树，如图14.20所示。

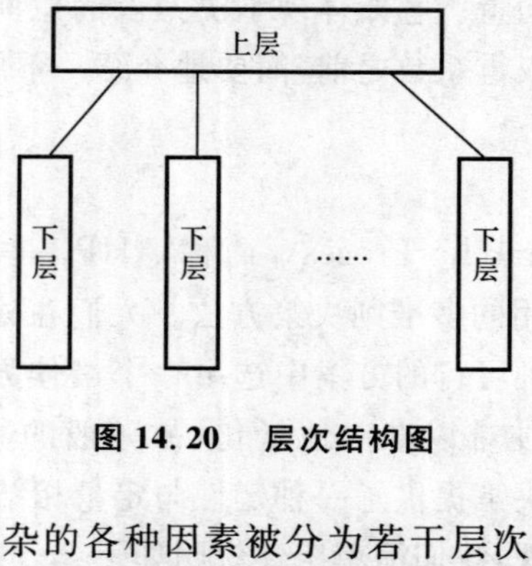

图 14.20　层次结构图

在这个层次结构模型下，复杂的各种因素被分为若干层次。上一层的每个元素由下一层用线段所连接的各个因素所决定。这些层次一般可分为3类：

1）最高层，又称目标层。这一层只有一个元素，一般它就是决策的目标。

2）中间层，又称准则层。这一层包括实现目标所需要考虑的各种因素，如果一些因素又可由其他一些因素所决定，则中间层可以由若干层组成。

3）底层，又称方案层。这一层包括决策时可供选择的各种方案。

3. 构造评判矩阵

建立起层次结构模型之后，可以清楚地看到上层的元素是由下层的元素所决定的。设上层的一个元素为 a，影响它的下层元素为 $b_1, b_2, \cdots, b_n$。当下层元素 $b_1, b_2, \cdots, b_n$ 对上层元素 a 的影响可以直接量化时，每一个 b_1 对 a 的影响力（权重）可以直接确定。但在大多数决策问题中，下层因素对上层因素的权重不容易定量化测定，层次分析法中采用一种相对标度来加以衡量，即 1－9 标度法，如表 14.2 所示。

表 14.2　1－9 标度法

标　度	含　义
1	表示两个因素相比，具有同样的重要性
3	表示两个因素相比，一个因素比另一个因素稍微重要
5	表示两个因素相比，一个因素比另一个因素明显重要
7	表示两个因素相比，一个因素比另一个因素强烈重要
9	表示两个因素相比，一个因素比另一个因素极端重要
2,4,6,8,	上述两相邻判断的中值
倒数	因素 i 与 j 比较得判断 c_{ij}，则因素 j 与 i 比较的判断 $c_{ji}=1/c_{ij}$

之所以选用 1－9 标度法是基于下述的一些事实和科学依据。

1）在实际中，当被比较的事物在我们所考虑的属性方面具有同一个数量级或很接近时，定性的区别才有意义，也才有一定的精度。

2）注意到，在估计事物质的区别性时，可以用 5 种判断很好地表示：即相等、较强、强、很强、绝对强。当需要更高精度时，还可以在相邻判断之间作出比较，这样，总共有 9 个数值，它们有连贯性，因此在实践中可以应用。

3）注意到，在同时比较中，7±2 个项目为心理学极限。如果取 7±2 个元素进行逐对比较，它们之间的差别可以用 9 个数字表示出来。

4）社会调查也说明，在一般情况下，人们至多需要 7 个标度点来区分事物之间质的差别或重要性程度的不同。

5）如果需要用比标度 1～9 更大的数，可用层次分析法将因素进一步分解聚类，在比较这些因素之前，先比较这些类，这样就可使所比较的因素间质的差别落在 1～9 标度范围内。

4. 权重系数的计算

在构造形成了判断矩阵后，如果 $b_i(i=1,2,\cdots,n)$ 对 a 的影响不容易定量测定，从图 14.3 所示的实例知道，通过计算判断矩阵 $\boldsymbol{C}$ 的最大特征值和它的特征向量，即可计算出某层次因素相对于上一层次中某一因素的相对重要性权值（权重系数）。如果 $b_i(i=1,2,\cdots,n)$ 对 a 的影响可以直接量化，不妨记为 b_i，则 b_i 对 a 影响的权重系数为 $b_i/\sum_{i=1}^{n} b_i$。这时构成判断矩阵的元素 $c_{ij}=b_i/b_j$，此矩阵的各行成比例，故矩阵的秩为 1，最大特征根为 n 的矩阵的任意一行向量都是最大特征根 n，所对应的特征向量，此时 b_i 对 a 的权重系数也就是归一化的矩阵行向量，即归一化的最大特征根所对应的特征向量。

5. 判断矩阵的一致性检验

如果判断矩阵 $\boldsymbol{C}$ 具有如下关系：

$$c_{ij}=\frac{c_{ik}}{c_{jk}};\quad i,j,k,=1,2,\cdots,n \tag{14.55}$$

就称判断矩阵 $\boldsymbol{C}$ 满足一致性。

若判断矩阵具有完全一致性时，矩阵除最大特征根 $\lambda_{\max}$ 以外，其余特征根全为零。这样基于层次分析法得出的结论才合理。但是，由于客观事物的复杂性和人们认识上的多样性，以及可能产生的片面性，要求每一个判断都有完全的一致性显然是不可能的，特别是因素多、规模大的问题更是如此。因此，为了保证应用层次分析法得到的结论合理，还需要对构造的判断矩阵进行一致性检验。怎样衡量矩阵的非一致程度呢？可以用矩阵的最大特征根 $\lambda_{\max}$ 与一致矩阵的最大特征根 n 之间的差别来衡量。定义如下的一致性指标：

$$\boldsymbol{CI}=\frac{\lambda_{\max}-n}{n-1} \tag{14.56}$$

当 $\boldsymbol{CI}=0$，即 $\lambda_{\max}=n$ 时，可以证明矩阵是一致矩阵。

同时，为了确定矩阵非一致性容许的范围，再引入一个随机一致性指标 $\boldsymbol{RI}$，$\boldsymbol{RI}$ 的取值如表 14.3 所示。

表 14.3 一致性检验对照表

n	1	2	3	4	5	6	7	8	9	10
$\boldsymbol{RI}$	0	0	0.58	0.9	1.12	1.24	1.32	1.41	1.45	1.49

在这里，对于 1,2 阶判断矩阵，$\boldsymbol{RI}$ 只是形式上的，因为 1,2 阶判断矩阵总具有完全一致性。当阶数大于2时，判断矩阵的一致性指标 $\boldsymbol{CI}$ 与同阶平均随机一致性指标 $\boldsymbol{RI}$ 之比称为随机一致性比率，记为 $\boldsymbol{CR}$。当满足

$$\boldsymbol{CR}=\frac{\boldsymbol{CI}}{\boldsymbol{RI}}<0.1 \tag{14.57}$$

即认为判断矩阵具有满意的一致性，否则就需要调整判断矩阵，并使之具有满意的一致性。本节对层次分析法的基本步骤做一个概括性的小结。

层次分析法大体分为 3 个步骤：

(1) 建立层次结构模型

在深入分析所面临的问题之后，将问题中所包含的因素划分为不同层次，用框图形式说明层次的递阶结构与因素的从属关系。

(2) 构造判断矩阵

采用1-9标度方法构造判断矩阵，当相互比较因素的重要性能够量化时，则判断矩阵相应元素的值就由这些量化值取代。

(3) 判断矩阵的一致性检验

为了进行一致性检验，需要计算一致性指标 $\boldsymbol{CI}=\frac{\lambda_{\max}-1}{n-1}$，当 $\boldsymbol{CR}=\frac{\boldsymbol{CI}}{\boldsymbol{RI}}<0.1$ 时认为层次分析法的判断矩阵满足一致性，否则需要调整判断矩阵的元素取值，并确定各风险因素崩溃

系数。

14.5.4　各风险因素崩溃系数的确定

模糊评判是按每个因素的各个等级进行评价，得出反映系统脆性风险的崩溃系数空间，记为脆性事件的崩溃系数集。在计算风险事件后果的影响时，各因素相应的权向量为 $\boldsymbol{A}=[a_1 \quad a_2 \quad \cdots \quad a_m]$，对评判集 V，各指标赋予相应的权重，得到风险因素崩溃系数向量 $\boldsymbol{B}^{\mathrm{T}}=[b_1 \quad b_2 \quad \cdots \quad b_n]$。

$$\boldsymbol{B}^{\mathrm{T}}=\boldsymbol{R}\boldsymbol{A}^{\mathrm{T}}=\begin{bmatrix} r_{11} & r_{12} & \cdots & r_{1m} \\ r_{21} & r_{22} & \cdots & r_{2m} \\ \vdots & \vdots & & \vdots \\ r_{n1} & r_{n2} & \cdots & r_{nm} \end{bmatrix}\begin{bmatrix} a_1 \\ a_2 \\ \vdots \\ a_m \end{bmatrix}=[b_1 \quad b_2 \quad \cdots \quad b_n]^{\mathrm{T}} \tag{14.58}$$

把风险因素崩溃系数向量 $\boldsymbol{B}$ 归一化处理得到 $\boldsymbol{C}$，就可以确定脆性事件可能发生崩溃的崩溃系数空间 $\{q_1, q_2, \cdots, q_n\}$。

14.5.5　系统脆性风险评估

对系统脆性风险的把握除了与脆性事件的分布信息有关外，还与脆性事件的结果分布有关。虽然系统的脆性风险来源于脆性事件的不确定性，但又不完全取决于脆性事件的分布，它还和脆性事件所带来的结果价值有关。

对风险因素崩溃系数空间进行加权平均，综合脆性事件的分布信息，从而得到通信网络系统在某一个方面的脆性特性的风险熵。

$$H(q, p/S)=-\sum_{j=1}^{n} q_j \log p_j \tag{14.59}$$

这表明熵值越大，风险因素对系统风险评估的不确定性就越大；反之，熵值越小，说明该因素在综合评价中不起作用。对于通信系统这样复杂的巨系统，并不只存在单一的风险点，在不同的风险域可能有不同的风险点存在。进一步还可得到其他风险域的风险度量值 $H_i(i=1, 2, \cdots n)$。运用模糊综合评判的理论和方法，对整个通信系统的脆性风险进行评价，最终得到系统的综合评价值

$$\boldsymbol{H}(s_1, s_2, \cdots s_n)=f(\boldsymbol{w}, \boldsymbol{H}) \tag{14.60}$$

式中，$f(\cdot, \cdot)$ 为待定的脆性综合评价函数；$\boldsymbol{w}=[w_1 \quad w_2 \quad \cdots \quad w_n]^{\mathrm{T}}$ 为权重向量；$\boldsymbol{H}=[h_1 \quad h_2 \quad \cdots \quad h_n]^{\mathrm{T}}$ 为系统风险向量。

14.6　通信系统脆性风险评价实例

在计算机网络系统脆性风险的层次模型中，要达到的目的就是对具体的计算机网络系统脆性风险进行评价，目标层是计算机网络系统脆性风险的效果。在开放互联网络环境下，通信系统的脆性因子对应通信网络系统资源的机密性、完整性、可用性和可靠性的风险[16-19]。

14.6.1 通信系统脆性风险层次结构

某一个具体通信网络系统的脆性风险一般考虑以下原则：

1）保密性原则，只防止系统内信息的非法漏泄。

2）完整性原则，就是在信息传输和存取过程中，不被他人非法删改和破坏。

3）可靠性原则，指信息的可信度，包括信息的准确性和身份认证。

4）可用性原则，（又称有效性原则），指系统信息和系统资源可以持续有效，而且授权用户可以随时随地以其所喜欢的格式存取资源。

方案层在这里为需要评估的各项指标，指标体系的提出可以从通信链路、通信连接、数据、软件和硬件系统几个方面进行。

1）通信链路：阻塞的带宽。

2）通信连接：窃取内容通信连接、伪造内容通信连接、中断内容通信连接。

3）数据：窃取的数据信息量、篡改或增加的数据信息、删除的数据信息量。

4）软件系统：软件运行状态改变程度、恶意代码运行程度、软件系统性能下降程度。

5）硬件系统：硬件系统性能下降程度、硬件破坏程度。

根据上面的描述，可以得到这个通信网络系统脆性风险层次结构，如图 14.21 所示。

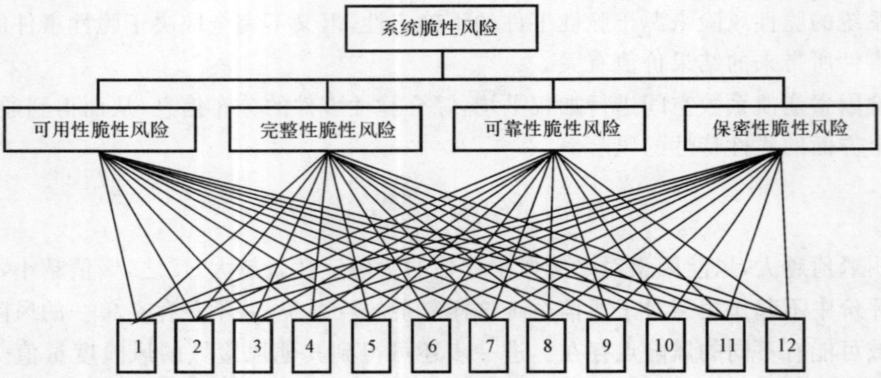

图 14.21 系统脆性风险的层次结构图

1）通信资源的破坏。

2）窃取内容通信连接。

3）中断内容通信连接。

4）篡改的数据信息量。

5）删除的数据信息量。

6）衔接数量。

7）阻塞的带宽。

8）拒绝访问信息。

9）信道利用率。

10）硬件缺陷。

11）软件漏洞。

12）信息恢复。

层次结构确定以后，接下来由专家进行评分。采用九级分制对各个判断矩阵中的元素进行赋值，对判断矩阵要进行相容性检验，如果不符合要求则要重新打分，重新计算。步骤如图 14.22 所示。

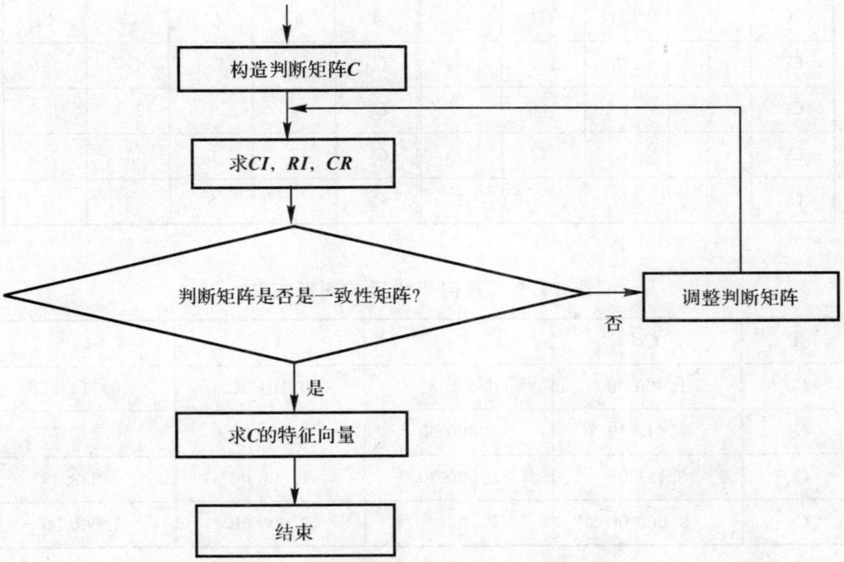

图 14.22　步骤流程图

求出不同的判断矩阵 **C** 的特征向量以后，根据层次复合原理算出方案层各指标对目标层效果评估的加权值。设准则层对目标层的判断矩阵的特征向量为 $\boldsymbol{w}^{(1)} = [w_1^1 \quad w_1^2 \quad w_1^3 \quad w_1^4]^{\mathrm{T}}$。方案层 12 个指标对准则层上第 i 个准则的判断矩阵的特征向量为 $\boldsymbol{w}_i^{(2)} = [w_{i1}^{(2)} \quad w_{i2}^{(2)} \quad w_{i3}^{(2)} \quad \cdots \quad w_{i12}^{(2)}]^{\mathrm{T}}$，令

$$\boldsymbol{w}^{(2)} = \begin{bmatrix} w_1^{(2)} \\ w_2^{(2)} \\ w_3^{(2)} \\ w_4^{(2)} \end{bmatrix}^{\mathrm{T}} = \begin{bmatrix} w_{11}^{(2)} \\ w_{21}^{(2)} \\ w_{31}^{(2)} \\ w_{41}^{(2)} \end{bmatrix}^{\mathrm{T}}$$

则 $\boldsymbol{w} = \boldsymbol{w}^{(2)} \boldsymbol{w}^{(1)}$ 为组合权系数向量。

构建了模型的层次框架后，接下来就需要利用1-9标度方法构造判断矩阵。限于篇幅，只给出其中 4 位专家对目标层 —— 准则层判断矩阵的评分（见表 14.4），$\boldsymbol{C}_1$ 对应保密性原则，$\boldsymbol{C}_2$ 对应完整性原则，$\boldsymbol{C}_3$ 对应可靠性原则，$\boldsymbol{C}_4$ 对应可用性原则。

为了统一意见，采用几何平均法计算判断矩阵元素，即 $a_{ij} = \sum_{k=1}^{m} a_{ij}^{(k)} \Big/ m$ ，这里 m 为参与评分的专家数，本例中 $m=4$，$a_{ij}^{(k)}$ 为第 k 名专家对判断矩阵中元素 i 对元素 j 相对重要性的评分。可以证明几何平均的判断矩阵仍为正逆称，如表 14.5 所示。

表 14.4　4 位专家对准则层判断矩阵的评分

A	C_1	C_2	C_3	C_4	**A**	C_1	C_2	C_3	C_4
C_1	1	1/3	1/6	1/9	C_1	1	1	1/5	1/9
C_2	3	1	1/5	1/7	C_2	1	1	1/5	1/7
C_3	6	5	1	1/3	C_3	5	5	1	1/3
C_4	9	7	3	1	C_4	9	7	3	1
A	C_1	C_2	C_3	C_4	**A**	C_1	C_2	C_3	C_4
C_1	1	1/3	1/7	1/9	C_1	1	1/4	1/7	1/9
C_2	3	1	1/5	1/7	C_2	4	1	1/5	1/8
C_3	7	5	1	1/3	C_3	7	5	1	1/3
C_4	9	7	3	1	C_4	9	8	3	1

表 14.5　几何平均后的判断矩阵

A	C_1	C_2	C_3	C_4
C_1	1.000 00	0.408 25	0.161 50	0.111 11
C_2	2.449 49	1.000 00	0.200 00	0.129 75
C_3	6.191 98	5.000 00	1.000 00	0.333 33
C_4	9.000 00	7.706 94	3.000 00	1.000 00

可以计算出目标层——准则层判断矩阵的特征向量：

$$\boldsymbol{w}^{(1)} = [0.0475 \quad 0.0826 \quad 0.2819 \quad 0.5880]^{\mathrm{T}}$$

由 $\boldsymbol{CR} = 0.046\,7 < 0.10$ 知判断矩阵具有满意的一致性。

从上面结果可以看出，在计算机网络脆性风险评估中，4 个准则中可用性的加权最大，重要程度最高，可靠性次之，完整性再次，保密性加权最小，重要程度最低，这与实际情况是相符的。

针对具体的风险，准则层和方案各个元素之间的重要性各不相同，为了适当减少评估工作量，提高评估实施的可行性，减少评估人员的抵触心理，有必要对参与评估的元素进行简化。从上面的计算可以看出，可用性原则和可靠性原则相比完整性原则和保密性原则的重要性多得多，因此，评估中的准则层只保留可用性原则和可靠性原则。

14.6.2　基于可用性的系统脆性风险评价

针对这个具体通信网络系统可用性的脆性风险，按照多级模糊评判法首先用 Delphi 法辨识出影响系统脆性风险的脆性因素，辨识出高级别的脆性因子，选取脆性等级高的脆性因子，得到简化的指标体系。针对具体情况如表 14.6 所示，选取评估指标体系中脆性等级大于 3 的脆性因子，窃取内容通信连接、将衔接数量、拒绝访问信息、信道利用率作为本次评估的方案层指标。

表 14.6　某通信网络基于可用性的风险因素

脆性风险因子		风险级别					分布形式
		1	2	3	4	5	
针对可用性的脆性风险	通信资源的破坏			*			
	窃取内容通信连接	*					
	中断内容通信连接	*					
	篡改的数据信息量		*				
	删除的数据信息量			*			
	衔接数量				*		对数正态分布
	阻塞的带宽						
	拒绝访问信息					*	P－Ⅲ型分布
	信道利用率						泊松分布
	硬件缺陷						
	软件漏洞						
	信息恢复	*					

由此构造模糊集合 $U=\{u_1,u_2,u_3,u_4\}$，其中 u_1,u_2,u_3,u_4 分别为风险因素“窃取内容通信连接”“衔接数量”“拒绝访问信息”和“信道利用率”。

其次对于风险影响来说，风险因素集 U 的评判集 $V=\{v_1,v_2,v_3,v_4\}$，其中 v_1,v_2,v_3,v_4 分别为风险事件的发生对通信系统的影响——微小、一般、严重和关键。专家参照评判集对风险因素 U 进行风险评定，得到隶属矩阵 $\boldsymbol{R}$ 如表 14.7 所示。

表 14.7　隶属矩阵 $\boldsymbol{R}$

影响	v_1	v_2	v_3	v_4
u_1	0	0.3	0.4	0.4
u_2	0.2	0.1	0.3	0.4
u_3	0.2	0.2	0.3	0.3
u_4	0.2	0.3	0.3	0.2

然后运用层次分析法经专家打分，计算在可用性准则下准则层——方案层判断矩阵的特征向量为

$$\boldsymbol{w}_1=[0.154\,4\quad 0.390\,0\quad 0.273\,7\quad 0.181\,9]^{\mathrm{T}}$$

有 $\boldsymbol{CR}_1=0.033\,2<0.10$ 满足一致性。

这样就得到了 4 个指标在计算机网络系统基于可用性的脆性风评估中的权重 $\boldsymbol{A}_1=[0.154\,4\quad 0.390\,0\quad 0.273\,7\quad 0.181\,9]^{\mathrm{T}}$，由式(14.9)可以计算出风险因素崩溃向量为

$$\boldsymbol{B}^{\mathrm{T}}=\boldsymbol{R}\boldsymbol{A}^{\mathrm{T}}=\begin{bmatrix}0 & 0.3 & 0.4 & 0.4\\ 0.2 & 0.1 & 0.3 & 0.4\\ 0.2 & 0.2 & 0.3 & 0.3\\ 0.2 & 0.3 & 0.3 & 0.2\end{bmatrix}\begin{bmatrix}0.154\,4\\ 0.390\,0\\ 0.273\,7\\ 0.181\,9\end{bmatrix}=$$

$$[0.299\,2\quad 0.224\,8\quad 0.245\,6\quad 0.266\,4]^{\mathrm{T}}$$

最后，根据这个通信网络随机提取任意一天的相关脆性因素数据对通信网络系统进行脆

性风险评估，脆性因子基本情况如表 14.8 所示。

表 14.8　脆性因子概率分布及基本情况

风险因素	u_1/次	u_2/百台	u_3/次	u_4/百条
最大值	0.20	18.60	0.07	10.080
最小值	0.06	5.60	0.01	1.800
平均值	0.13	11.10	0.04	5.940
最可能值	0.13	11.10	0.04	5.940
分布形式	对数正态分布	对数正态分布	P－Ⅲ型分布	泊松分布

由式(14.59)，根据系统辨识出来的脆性因子的概率分布情况，经归一化处理得出脆性事件在子系统中的崩溃系数为{0.31，0.19，0.26，0.24}，结合风险崩溃向量算出某一个子系统的脆性风险熵为

$$H_1(q,p/S_1)=-\sum_{j=1}^{n}q_j\log p_j=0.447$$

根据熵值的大小可以找出影响通信系统脆性风险的主脆性因子，对其加以控制，以便及时预防系统崩溃。同样运用模糊综合评判法还可以得到基于可靠性的系统脆性风险。

14.6.3　基于可靠性的系统脆性风险评价

基于通信系统可靠性的脆性风险，同样先用 Delphi 法辨识出影响系统脆性风险的脆性因素，构造模糊集合 $U=\{u_1,u_2,u_3,u_4\}$，其中 u_1,u_2,u_3,u_4 分别为风险因素"窃取内容通信连接""衔接数量""篡改的数据信息量"及"阻塞的带宽"，如表 14.9 所示。

表 14.9　某通信网络基于可靠性的风险因素

脆性风险因子		风险级别 1	2	3	4	5	分布形式
针对可靠性的脆性风险	通信资源的破坏			*			
	窃取内容通信连接					*	对数正态分布
	中断内容通信连接		*				
	篡改的数据信息量				*		P－Ⅲ型分布
	删除的数据信息量		*				
	衔接数量	*				*	对数正态分布
	阻塞的带宽			*			
	拒绝访问信息		*				泊松分布
	信道利用率			*			
	硬件缺陷			*			
	软件漏洞			*			
	信息恢复						

其次构造评判集，对于风险影响来说，风险因素集 U 的评判集 $V=\{v_1,v_2,\cdots,v_4\}$，其中 $v_1,v_2,\cdots,v_4$ 分别为风险事件的发生对通信系统的影响 —— 微小、一般、严重和关键。专家参照评判集对风险因素 U 进行风险评定，得到隶属矩阵 $\boldsymbol{R}$ 如表 14.10 所示。

表 14.10　隶属矩阵 R

影响	v_1	v_2	v_3	v_4
u_1	0.2	0.1	0.3	0.4
u_2	0.3	0.1	0.4	0.2
u_3	0.2	0.3	0.3	0.2
u_4	0.2	0.4	0.3	0.1

再运用层次分析法经专家打分，计算在可靠性准则下准则层 —— 方案层判断矩阵的特征向量为

$$\boldsymbol{w}_2=[0.190\,2\quad 0.456\,7\quad 0.174\,2\quad 0.178\,9]^{\mathrm{T}}$$

有 $\boldsymbol{CR}_2=0.016\,54<0.10$ 满足一致性。

然后确定可靠性准则下准则层 —— 方案层各个脆性因子在脆性崩溃系数空间中的权重向量，由式(14.58) 可以计算出风险因素崩溃向量为

$$\boldsymbol{B}^{\mathrm{T}}=\boldsymbol{R}\boldsymbol{A}^{\mathrm{T}}=\begin{bmatrix}0.2 & 0.1 & 0.3 & 0.4\\0.3 & 0.1 & 0.4 & 0.2\\0.2 & 0.3 & 0.3 & 0.2\\0.2 & 0.4 & 0.3 & 0.1\end{bmatrix}\begin{bmatrix}0.190\,2\\0.456\,7\\0.174\,2\\0.178\,9\end{bmatrix}=$$

$$[0.207\,5\quad 0.208\,2\quad 0.263\,1\quad 0.290\,9]^{\mathrm{T}}$$

最后对通信网络系统可靠性的脆性风险评估，对这个通信网络随机提取任意一天的相关脆性因子数据如表 14.11 所示。

表 14.11　脆性因子概率分布及基本情况

同险因素	u_1/ 次	u_2/ 百台	u_3/ 次	u_4/cm
最大值	0.26	28.60	0.08	6.080
最小值	0.10	5.60	0.02	2.800
平均值	0.18	17.10	0.05	4.440
最可能值	0.18	17.10	0.05	4.440
分布形式	对数正态分布	对数正态分布	P－Ⅲ 型分布	泊松分布

由式(14.59)，根据系统辨识出来的脆性因子的概率分布情况，经归一化处理得出脆性事件在子系统中的崩溃系数{0.19，0.23，0.21，0.27}，结合风险崩溃向量算出某一个子系统的脆性风险熵为

$$H_2(q,p/S_1)=-\sum_{j=1}^{n}q_j\log p_j=0.358$$

同时，运用层次分析法还可以计算出通信网络系统针对可用性的脆性风险熵和针对可靠性的脆性风险熵的熵权大小，由方案层判断矩阵的特征向量 $\boldsymbol{w}_1,\boldsymbol{w}_2$ 可知，准则层 —— 方案层

的权系数为

$$\boldsymbol{w}^{(2)} = [\boldsymbol{w}_1 \quad \boldsymbol{w}_2] = \begin{bmatrix} 0.1544 & 0.3900 & 0.2737 & 0.1819 \\ 0.1902 & 0.4567 & 0.1742 & 0.1789 \end{bmatrix}^{\mathrm{T}}$$

而由于只使用了两个准则，所以要重新计算 $\boldsymbol{w}^{(1)}$，判断矩阵中只留下原来专家评分中可用性和可靠性的相对重要性评分值为一个2阶方阵，计算得 $\boldsymbol{w}^{(1)} = [0.25 \quad 0.75]^{\mathrm{T}}$。由于阶数小于3，满足一致性。

最后对整个通信系统的脆性风险进行评价，最终得到这个通信网络系统脆性风险的综合评价。

$$H(s_1) = f(\boldsymbol{w}, \boldsymbol{H}) = 0.308$$

根据熵值的大小可以和最大熵比较，衡量系统脆性风险的总体不确定性，找出影响系统崩溃的主脆性因子并加以控制。用同样的方法可以评价其他系统，进行对比，找出性能较优越，脆性风险低的网络通信系统。

值得注意的是，通信系统的脆性风险熵和通信系统的脆性风险是两个既有关联又有区别的概念，脆性风险熵由系统的脆性风险函数构成，但系统脆性风险熵的大小并不能用于衡量系统所面临的脆性风险的大小，即系统崩溃可能性的大小，而是衡量系统脆性风险的总体不确定性，即系统崩溃的可能性的不确定性，衡量对系统崩溃的总体上的把握能力。

本章小结

本章所做的工作有以下几个方面：

1)分析了系统脆性环境对系统脆性的作用，将系统脆性环境分解成系统的包含脆性事件和脆性因子的两层结构，对脆性事件和脆性因子分别进行分析，提出脆性因子是系统脆性环境的根本要素，是影响系统脆性的本质原因。

2)脆性因子的特性，提出用德菲尔法对其进行辨识以及分类，德菲尔法不是一种精确的计算方法，但是对于像对脆性因子这种问题的计算和预测，用传统的方法是很困难的，而德菲尔法却能很好地解决这类问题，在实践中已被证明是一种很有效的方法。

3)脆性因子定性分类后，本章基于脆性风险熵，运用多级模糊综合评判的方法，结合层次分析法，有效地对系统的脆性进行评估。

4)根据以上的理论对一个具体网络通信系统进行分析说明，结果显示这套对系统脆性模型下层结构的分析方法是有效的。

5)通过这种方法，不仅可以量化系统的风险，而且可 以将其运用到系统的风险评估上，找出影响通信系统崩溃的主脆性因子，加以控制，以实现系统脆性风险的有效控制。

本章重点是如何找出影响通信系统的脆性风险因子，难点是合理辨析出系统相关的脆性因子及其分布形式等相关信息，可以进行实时操作，这是脆性理论中值得深入研究的内容。

参考文献

[1] Rennaker P R, Richardson S. New Approach to Uulnerability Assessment. Journal of

the American Helicoper Society，1999，44(1)：38－41.
[2] 宋如顺.信息系统安全风险综合分析方法.计算机工程，2000(12)：45－48.
[3] 赵冬梅，赵玉清，马建峰.熵权系数法应用于网络安全的模糊风险评估.计算机工程，2004，30(18)：21－23.
[4] 刘进，王永杰，张义荣，等.层次分析法在网络攻击效果评估中的应用.计算机应用研究，2005(3)：113－115.
[5] 张连明，陈志刚，邓晓衡.一种基于信息熵的 Internet 宏观行为模型研究.计算机工程与应用，2004(19)：33－37.
[6] WEI Qi，JIN Hongzhang，GUO Jian. Study on complex System Based on the Brittleness. 2003 IEEE International Conference on Systems，Man and Cybernetics (SMC2003)，October 5－8，Hyatt Regency，Washington D.C.，USA. 2003.
[7] 高辉，李慧民.模糊综合评判方法在工程质量风险分析中的应用.西安科技学院学报，2002(22)：15－18.
[8] 张铁男，李晶蕾.对多级模糊综合评价方法的应用研究.哈尔滨工程大学学报，2002(3)：67－72.
[9] 陈耀辉，孙春燕.模糊评价法中的最大隶属原则有效度.重庆师范学院学报：自然科学版，2002(1)：50－54.
[10] 宋志平，李应红.模糊故障图的代数基础及应用分析.航空动力学报，2002(1)：127－132.
[11] 张小刚，章兢，陈华.模糊时间序列挖掘在复杂系统模糊建模中的应用.控制理论与应用，2002，19(6)：872－878.
[12] 陈守煜，伏广涛，等.含水层脆弱性模糊分析评价模型与方法.水利学报，2002(7)：23－30.
[13] 王文庆，佟明安.基于模糊逻辑的复杂控制系统自适应鲁棒控制器设计.西北工业大学学报，2003，21(1)：6－9.
[14] 徐建军，阎丽梅，刘小斌.模糊层次分析法在变压器脆性分析中的应用.电工技术学报，2005，20(2)：94－98.
[15] 姚敏.计算机模糊信息处理技术.上海：上海科学技术文献出版社，1999.
[16] 覃爱明，符生寅，谭惠民.无线网络中的攻击检测技术研究.计算机工程，2002，28(8)：50－52.
[17] 鲁晨光.广义信息论.北京：中国科学技术大学出版社，1993.
[18] 姜丹.信息论与编码.北京：中国科学技术大学出版社，2004.
[19] 杨心强，邵军力.数据通信与计算机网络.北京：电子工业出版社，1998.

第 15 章　复杂系统脆性理论在电力系统中的应用

15.1　概　　述

15.1.1　电力系统的脆性

近几十年来，随着电力系统发展规模的不断扩大和电力系统复杂性的逐步增加，使得电力系统各元件间的关联越来越密切。由于某一个元件崩溃而导致连锁性崩溃，甚至导致大停电的例子屡见不鲜。比如国外发生的美加大停电[1-5]、意大利全国大停电[6-7]、澳大利亚悉尼停电事件[8]、伦敦市中心大停电事件[8-9]、旧金山市大面积停电事件[10]等。国内在浙江、湖北、安徽、贵州、广东、新疆、海南和宁夏等地都发生了规模不等的大停电。

总结这些事故发生、发展的过程，可以看出这些事故的起因均为某一局部故障，但由于控制措施采取不当或不及时、电力系统结构的不合理、继电保护装置的误动或拒动等等因素的单个或多重作用，最终导致了系统的连锁性故障以至于大面积停电[11]。

电力系统发生大停电的主要原因是电力系统的连锁性故障[12]。连锁性故障的表现为由于干扰或其他原因使电力系统的一部分电力传输线路或一部分供电电源自动与线路断开，这将会使其他的线路或电源承受它所带来的冲击，导致其他的线路或电源的连锁反应跳闸，使系统发生电压崩溃、频率崩溃和解列，最终使整个电力系统出现不可避免的大停电事故。

电力系统大停电现象虽然发生的频率不高，但是世界范围内的大停电的发生却逐渐引起了人们的重视。在过去的 30 年，平均每 13 天就会发生一次停电事故[13]。对于电力系统的这种大停电现象，我们一般都从起因、电力系统的结构、人的原因、保护设备的误动作等各种因素来总结大停电的教训。但是却忽略了电力系统作为一个系统，在发生大停电时复杂的全局动态。也就是说我们换一个全局的角度或许可以了解到这种大停电发生的内部的本质问题。

电力系统连锁故障的成因比较复杂，简单地说其发生机理是[14-17]大的电力系统是由许多相互作用的组件组成的复杂网络。由各种原因可引起组件的故障，比如天气、误操作、设计和操作的参数不正确、老化等。由于超过了工作参数的极限而引起保护装置的动作造成组件被切除也是一种比较重要的原因。不管是什么原因引起的故障，都会引起一个暂态，根据电路的定律电流会自动分配。这种暂态和自动调节会在局部产生影响，也可以影响远处的组件，所以由于某个组件在系统中被切除可以引起整个网络中许多其他的组件负载的增加。一般的情况下，故障在网络中的传播不局限于邻接的组件。这种相互间的作用是不同的，包括电压、电流、频率的偏差和保护装置，控制、操作步骤，监视和报警系统的动作与误操作。但是，当组件为高负载时这种组件间的故障的相互作用会更强。例如，如果一个高负载的传输线故障，会产生一个大的暂态，会有大量的功率重新分配到其他的组件上，附近的保护装置很容易也出现故障。而且，如果整个系统都高负载的话，组件有很小的裕度，也就是说组件只容许有很小的增量，系统的非线性和动态关联增加，很容易引起连锁性的故障，从而导致整个电力系统的崩溃，出现大停电现象。

脆性激发的一个本质的特征就是连锁性崩溃的形成。对电力系统的大停电现象研究发现：电力系统发生大停电的主要原因是由于电力系统的连锁性故障所引起的。连锁性故障表现为由于干扰或其他的原因使电力系统的一部分电力传输线路或一部分供电电源自动与线路断开，这将会使其他的线路或电源承受它所带来的冲击，导致其他的线路或电源的连锁反应跳闸，使系统发生电压崩溃、频率崩溃和解列，最终使整个电力系统出现不可避免的大停电事故。电力系统的这种连锁性故障行为实际上就是系统的脆性传播过程。引起故障传播的断开的线路或元件实际上就是电力系统的脆性源。电力系统发生大停电的现象就是电力系统脆性被激发的结果。所以进行电力系统的脆性分析是解决目前电力系统大停电的一种良好的措施。

系统的脆性理论是分析系统连锁性故障起因、发生和发展过程的一种全新的方法，所以用脆性理论分析电力系统的连锁性故障是十分适合的。电力系统的连锁性故障实际上是包括在系统的脆性分析中的，所以对电力系统的连锁性故障的分析也就是对电力系统进行脆性分析。

15.1.2　电力系统脆性激发的触发条件

总结近几十年来发生的数十起大的停电事故，导致脆性发生的原因如下：

(1)电力系统结构的原因

电力系统设计上的原因或滞后于电力市场的发展，使得电力系统的大部分线路长期处于超负荷状态。电力系统本身存在电磁环网等。

(2)机械设备和保护设备的可靠性不高

电力系统的机械设备的故障是事故的直接原因。保护设备的误动或拒动是使事故扩大的直接原因。

(3)电力系统运行方面监管不够

输电线路长期过负荷或负荷增长过快，线路多重故障，大的机组的跳闸，等等。

(4)人为因素

调度不利或人员的素质差是电力系统事故扩大的间接因素。

(5)自然因素

天气因素的影响会破坏电力系统的稳定。

(6)偶然因素

偶然因素的影响不可避免也无法预测。

15.2　电力系统脆性的自组织临界性证明及解释

如果一个系统处于自组织临界态，那么由于外界条件的触发必然会导致各种规模事故的发生，脆性的激发也不可避免。电力系统大停电就是系统处于自组织临界状态时，在微小的扰动下触发连锁反应并导致灾变的过程现象。一个明显的例子就是频繁发生大停电的北美电力系统,美国学者 B. A. Carreras 和 D. E. Newman 等人通过对北美电力系统 15 年的数据的分析,在双对数坐标下,北美大停电事故的发生概率与规模之间的概率分布服从一条直线,这就意味着其概率分布满足幂律。进一步的拟合分析,幂指数的取值约在 -1 和 -2 之间。这就说明频繁发生大停电的北美电力系统处于自组织临界态,即北美电力系统具有自组织临界性[18-20]。这就为我们理解电力系统的大停电的现象提供了一个全新的理解空间。

设大停电的规模为 Q,其发生频率(停电规模为 Q 的停电次数)为 $N(Q)$,则它们满足如下幂律关系:

$$\ln N(Q) = a - b\ln Q \tag{15.1}$$

式中 a—— 常数;

b—— 常数。

按照以上观点,复杂电力系统(包括许多其他系统)的行为特性可分为亚临界、临界和超临界 3 种状态。在正常情况下,这些系统都自然地朝着临界状态进化,然而一旦运行条件发生变化,系统就可能进入超临界状态并持续爆发大规模的"雪崩",即发生规模不同的停电事故,这与表述自组织临界性的沙堆模型具有相同的机理。因此,大停电前的电力系统既不处于稳定前的亚临界状态也不经常处于混乱的超临界状态,而是处于二者之间的一种自组织临界状态,即混沌的边缘状态。其实这种状态就是普里戈金所说的远离非平衡状态[11]。

15.2.1 电力系统大停电规模与频率的幂律关系

电力系统大停电的整体动态行为可能是由表征系统处于自组织临界状态的不稳定结构产生的,然而识别动态系统的不稳定性是当前非线性科学领域的难题。即使将电力系统大停电视为自组织临界现象,迄今也不能建立具体地表征电力系统大停电过程的非线性数学方程,但可通过观测电力系统大停电的时间序列数据,用功率谱分析方法反演电力系统在发生大停电时的动力特征,探讨大停电的自组织临界性,从而为预测各种规模的停电事故提供宝贵的信息。当然这要依赖于大停电过程中观测数据的数量和质量,大停电的发生在时间分布上是离散和不均匀的,其规模、能量也是离散和不均匀的,这种标度被称为自仿射性。为完备标度电力系统发生大停电时的行为特征,须引入大停电事故的特征量的数学期望值[11]。

设大停电的规模是离散变量值 Q(取损失负荷量),Q 有分别以 p_1, p_2, $\cdots$, p_n 为概率的可能值 $Q_1, Q_2, \cdots, Q_n$,由于 $\sum_{i=1}^{n} p_i = 1$,所以在给定时间内可求出 Q 的数学期望值为

$$E(Q) = \sum_{i=1}^{n} p_i Q_i \tag{15.2}$$

为进一步研究大停电的自组织临界状态,设整个考虑时间长度以 T(年)为尺度,采样间隔为 Δt(天),由公式(15.2) 分别求出两种时间标度下的数学期望 $f(Q)$ 和 $F(Q)$,并将前者与后者的比值定义为大停电状态 $\eta(t)$,即

$$\eta(t) = f(Q)/F(Q) \tag{15.3}$$

因此,可以得到一系列的 $\eta_i(t)$,它们刻画了在每个时段内停电事故规模与能量的不均匀程度,这一过程称为归一化过程。

由公式(15.1)可以进一步得到

$$N(Q) \propto Q^{-b} \tag{15.4}$$

经过一时段 t 后，就可记录到停电事故的时间序列 η_i，若将在该时段内发生的 $n(t)$ 次停电事故中最大的一次停电事故规模记作 Q_{max}，则有

$$n(t)\int_{Q_{\max}}^{\infty} N(Q)\mathrm{d}Q = 1 \tag{15.5}$$

结合式(15.4)及式(15.5)，可得

$$Q_{\max} \propto n(t)/(b-1) \tag{15.6}$$

即通过记载大停电事故发生的频率可推算出某一时段内大停电事故的最大规模。为此，定义 $\bar{Q}$ 为时段 t 内停电事故的平均规模，$q(t)$ 为单位时间内大停电的规模，则有

$$\bar{Q}(t) \propto \int_{Q_{\min}}^{Q_{\max}} Q \times N(Q)\mathrm{d}Q \tag{15.7}$$

$$q(t) = [n(t)/t] \times \bar{Q}(t) \tag{15.8}$$

在较长的时段内，从平均角度看，单位时间内的大停电规模可认为是常量。由式(15.6)至式(15.8)可得

$$Q_{\max} \propto t \tag{15.9}$$

式(15.9)表明，大停电的规模与发生此等规模大停电的时段成正比，即规模与频率成反比。式(15.9)具有标度不变性，这正体现了系统的 $1/f$ 噪声的时间特征，即自组织临界性。

15.2.2　电力系统大停电规模分布的分形分维特征

分形理论是美国数学家B. B. Mandelbrot于1977年首次提出的，所谓分形(fractal)是指系统组成部分以某种方式与整体相似的几何形态，或指在很宽的尺度范围内没有特征长度但具有自相似性或自仿射性的图形和现象[21-22]。自然界的许多事物和现象均表现出极为复杂的形态，但其内部却有规律可循，具有统计意义上的自相似性。在分形集中若某一子集关于标度 r 具有自相似性，且在标度 r 度量下的子集个数为 $N(r)$，则按照分形的定义有

$$N(r) = r^{-D} \tag{15.10}$$

式中　D—— 分形维值。

对电力系统大停电规模分布而言，其分形建立在一种统计分布上，即一定规模的停电事故数目与按幂次增加的尺度成正比，这个幂指数就是分维，其分形维值可用盒维数法计算，也可用粒度分析法来计算[11]。设 $N(r>Q)$ 表示停电规模大于 Q 的停电次数，则有

$$N(r > Q) = KQ^{-D} \tag{15.11}$$

式中　K—— 经验常数；

D—— 大停电规模分布的分形维值，其计算公式为

$$D = \lim_{Q\to 0}\frac{\ln N(r>Q)}{\ln(1/Q)} \tag{15.12}$$

在研究实际问题时，分形维值的计算不一定按照式(15.12)求极限，$Q\to 0$ 只是表示 Q 的变化方向，不一定非要趋于0。若要判断分布是否具有分形结构，只须以 $x=\ln Q$ 为横坐标、以

$y = \ln N(r > Q)$ 为纵坐标做散点图,并判断是否存在无标度区(其中线性相关度较高的区段就是无标度区)。若存在无标度区,则说明该分布(在无标度区上)具有分形特征。分形维值 D 就是 $X-Y$ 坐标系上拟合直线的斜率的相反数。

对 1984—1999 年间的美国电力系统大停电事故的数据进行分析计算,得到相应的分形维值,如表 15.1 所示[18]。

表 15.1 1984—1999 年的美国电力系统大停电规模分布的分形维值与 Hurst 指数

项　目	失负荷序列		影响用户数序列	
	WSCC	Eastern US	WSCC	Eastern US
分形维值	1.07	0.97	0.75	0.71

注:WSCC 表示美国西部电力系统,Eastern US 表示美国东部电力系统。

由表 15.1 可见,东部电力系统和西部电力系统的停电事故均具有分形特征,而且它们的分形维值基本相同。

15.2.3 检测时间序列的长时间相关性

如果一个时间序列的自相关函数逐渐以幂律的形式下降,那么这个时间序列被称作长程相关。这类相关确定十分困难,尤其对电力系统这样十分复杂的系统来说,更是困难。因为噪声在长时间范围内比信号更有优势。在过去的 10 年间,许多的技术被发展用来解决这个问题。按时间顺序来说,第一个技术是 Rescaled Range Statistis(简称 R/S 统计),由 Mandelbrot 和 Wallis 提出;另外一个技术是 Scaled Window Variance Technique(简称 SWV)。

R/S 统计法或 SWV 技术考虑在完整的时间序列上的 m 个连续点,测量随着 m 增大,范围和标准偏差增长得多快。例如在 SWV 技术中,我们考虑时间序列 $X \equiv \{X_t : t=1,2,\cdots,n\}$,构建一个布朗运动序列为 $Y \equiv \{Y_t : t=1,2,\cdots,n\}$,其中 $Y_t = \sum_0^t X_t$,对于每一个 $m=1,2,\cdots,n$,形成一个新的序列 $Y^{(m)} = \{Y_u^{(m)} : u=1,2,\cdots,n/m\}$,其中,$Y_u^{(m)} = \{Y_{um-m+1},\cdots,Y_{um}\}$,求这个序列的偏差 $\sigma_m^{(i)}$,平均偏差为 $\sigma_m = (m/n)\sum_{i=1}^{n/m}\sigma_m^{(i)}$。这样 X 为一个自相关序列,$\sigma_m \propto m^H$,这里 H 为 Hurst 指数。Hurst 指数表示的是停电规模时间序列的长程时空关联性,当 $1 > H > 0.5$ 时,说明大停电规模分布存在长程时空关联性;当其等于 0.5 时,说明大停电规模分布不存在长程时空关联性,而呈时空独立性,不存在可预测性。当 $0.5 > H > 0$ 时,序列为长程反相关。

在 15 年间,北美电力网共发生 427 次停电,平均每年 28.5 次。从北美电力安全委员会(NERC)的网站上提供的 1984 年 1 月到 1998 年 7 月的大停电的数据,共有 5 477 d。建立了 4 个时间序列,分别为停电的数量,不能供应的能量(MWh),功率损失(MW),受影响的客户数。其中不能供应的能量为功率损失乘以恢复时间。用 R/S 统计和 SWV 技术两种方法计算 Hurst 指数,得到了近似的答案。4 个时间序列的 hurst 指数如表 15.2[18]。

表 15.2　4 个时间序列的 Hurst 指数

时间序列	Hurst 指数(R/S)	Hurst 指数(SWV)
停电的数量	0.62	0.62
不能供应的能量 /MWh	0.59	0.60
功率损失 /MW	0.57	0.78
受影响的客户数	0.53	0.71

从以上数据可以看出,所有的序列均为长程相关。

通过对 4 个时间序列的概率分布函数的分析,可以看出,随着停电规模的扩大,概率逐渐以幂律的形式减小,所以任何规模的大停电都是可能的。

15.2.4　电力系统自组织临界现象的解释

电力传输系统由许许多多多的组件所组成,包括电机、传输线、变压器和变电站。每一个组件都承受一定的负荷,组件负荷的模式由电力系统工作规则和用户的要求确定。工作规则必须以满足用户的要求为基准,用户的要求每日或每个季节循环变化,并且有一个长期增长的过程。

组件的故障是由于组件负载达到了最大的极限或者组件的负载为零所产生的。事件发生的概率取决于组件的负载情况。当事件发生时,引起了电流在网络中的重新分配,因此,引起了其他相关组件中电流的增加,由此引起了连锁崩溃事故。连锁崩溃事故导致停电通常发生几分钟到几小时不等。

自组织临界性是一种动态的平衡态,可以发生各种规模的雪崩,并且各种雪崩之间长时间相关。

电力系统的崩溃和沙堆的崩塌极为相似[18-19]。如表 15.3 所示。

表 15.3　电力系统和沙堆模型的相似点

相似点	电力系统	沙堆
系统状态	负载模式	侧面梯度
驱动力	客户需求	沙子的增加
缓解力	停电反应	重力
事件	电流极限或跳闸	沙堆崩塌

为了确定电力系统具有自组织临界性,用电力系统的统计数据同自组织临界的沙堆模型的数据相对比,如果具有相同性,则可以断定电力系统的自组织临界性。

选择一个一维理想的沙堆模型作为自组织临界系统的原型模型。用如下的方法创建一个雪崩规模的时间序列。每一次雪崩作为一天来衡量,只须研究受到每次雪崩影响的数量和雪崩发生的步数。在沙堆模型中设置参数 p_0,它代表了在某个位置上沙粒被增加的概率。选择这个参数就是为了使雪崩的平均频率与停电的平均频率相同[18]。

图 15.1 和 15.2 中,分别用 R/S 统计和 SWV 技术对于沙堆模型的雪崩规模和功率损失进

行相对比的研究，结果发现两个曲线惊人地相似。

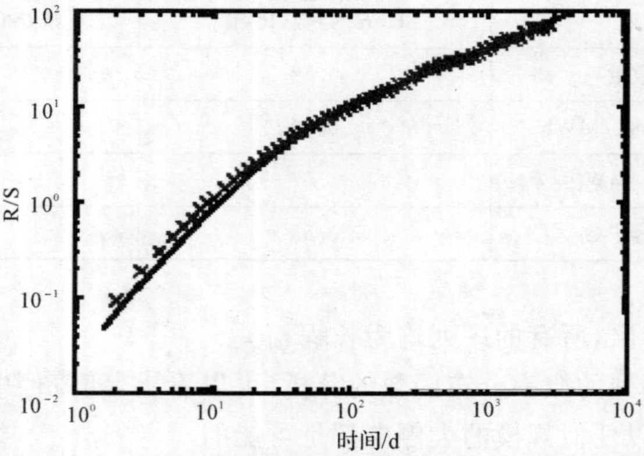

图 15.1 R/S 统计对沙堆模型和功率损失相对比的模拟

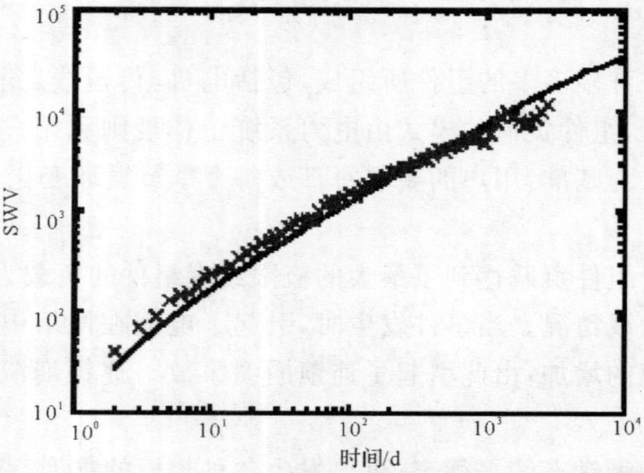

图 15.2 SWV 技术对于沙堆模型和功率损失相对比的模拟

在图 15.3 中，把沙堆的雪崩规模的概率分布函数与变换后的能量损失的概率分布函数相对比，又是惊人地相似。变换的公式为 $P(X)=\lambda F(X/\lambda)$，式中，$X$ 为变量，$P(X)$ 为对应的概率分布函数，λ 是变换的参数。这个变换是必需的，因为沙堆和停电规模都有不同的单位。

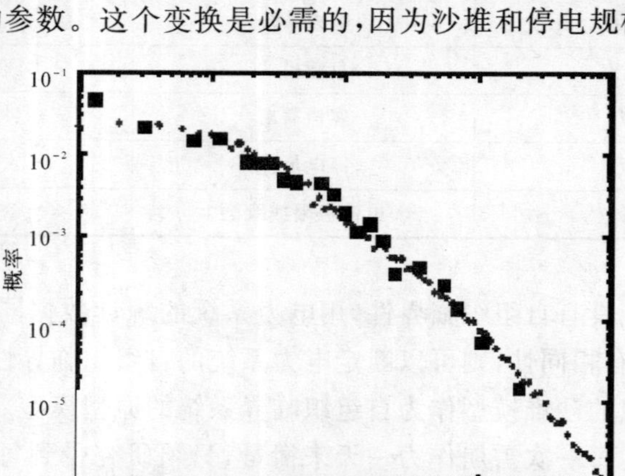

图 15.3 沙堆与能量损失的概率分布函数对比

15.3　电力系统自组织临界性形成的模拟

电力系统的自组织临界态的形成过程可按如下方式进行解释：负荷的增长会使系统运行裕度减小，发生大停电事故的风险增加；相应地，人们会进行电力系统改造，投建新电厂、新输电线路，从而增加电力系统的载荷能力，降低事故风险。这两种相反方向的作用力都受到整个社会经济体系的制约，最终达到一种平衡，即临界状态。这种相变过程，目前还只能给出概念性的描述。

为了证明这种解释的合理性，用快动态和慢动态模型来模拟负荷的增长与自组织临界性的形成情况[19]。以天来描述的慢动态是表示随着负载的增加而最终出现停电事故。以分钟来描述的快动态是表示由于连续事件最终引发停电事故。慢动态是根据天数呈幂律变化的，所以对负载增加和停电的反应即使改变得很小也是每天都更新的。

快动态是一些连锁事故。这些连锁事故是在传输线路达到线路损耗或电流限制的最大值时发生的。当电力系统达到最大负荷时，连锁事故就能够发生，而且在极限值附近时发生的概率就越大，范围就越广。为了简化，我们把每天的极值负载作为这天的额定负载，并且在这个极值负载的基础上计算连锁事故发生的可能性[19]。每天都有连锁事故发生的可能性。连锁事故中的线路都被描述，但事件延续的时间往往被忽略。

15.3.1　慢动态

1. 电力系统模型[19]

共有 n 条总线而且每条总线都带有一个负载或电机。令 P_{ik} 为在第 k 天第 i 条总线实际注入的功率。令 $\boldsymbol{P}_k$ 是在第 k 天的实际注入功率的矢量，则有

$$\boldsymbol{P}_k=[P_{1k}\quad P_{2k}\quad P_{3k}\quad \cdots\quad P_{nk}]^{\mathrm{T}} \tag{15.13}$$

注入功率必须满足功率平衡，即

$$\sum_i P_{ik}=0 \tag{15.14}$$

存在 m 条传输线路。令 F_{jk} 为在第 k 天第 j 条传输线路上的实际潮流。$\boldsymbol{F}_k$ 是在第 k 天第 m 条线路上的潮流矢量，则有

$$\boldsymbol{F}_k=[F_{1k}\quad F_{2k}\quad F_{3k}\quad \cdots\quad F_{mk}]^{\mathrm{T}} \tag{15.15}$$

潮流必须满足：

$$-F_{jk}^{\max}\leqslant F_{jk}\leqslant F_{jk}^{\max}\quad j=1,2,\cdots,m \tag{15.16}$$

式中，$F_{jk}^{\max}$ 为在第 k 天第 j 条线路上的热量或其他类型的限制。

每条传输线路都作为感应器来模拟，这其中包括线路中的任意电器设备的感应，例如变压器。电器设备故障的模拟和线路故障的模拟是一样。

用直流潮流模型模拟。第 k 天在注入功率和潮流之间遵循一个线性关系

$$\boldsymbol{F}_k=\boldsymbol{A}\boldsymbol{P}_k \tag{15.17}$$

式中，$\boldsymbol{A}$ 为网络的关联矩阵。

模拟的初始条件：

在第 0 天的注入功率为 $\boldsymbol{P}_0$ 和 $\boldsymbol{F}_0$，满足 $\boldsymbol{F}_0=\boldsymbol{A}\boldsymbol{P}_0$ 和 $-F_{j0}^{\max}\leqslant F_{j0}\leqslant F_{j0}^{\max}(j=1,2,\cdots,m)$。

2. 负载缓慢增加[19]

负载缓慢增加被模拟为

$$\boldsymbol{P}_k=\boldsymbol{P}_0\prod_{l=1}^{k}\lambda_l \tag{15.18}$$

式中，λ_l 为增加系数。

设 $\lambda_l(l=1,2,\cdots,k)$ 相互独立，在第 k 天的初始计算潮流为

$$\boldsymbol{F}_k=\boldsymbol{A}\boldsymbol{P}_k=\boldsymbol{A}\boldsymbol{P}_0\prod_{l=1}^{k}\lambda_l=\boldsymbol{F}_0\prod_{l=1}^{k}\lambda_l \tag{15.19}$$

3. 线路过载[19]

线路过载参数为 M_{jk}，则在第 k 天第 j 条线路上的过载参数为

$$M_{jk}=F_{jk}/F_{jk}^{\max} \tag{15.20}$$

如果线路的过载参数 $M_{jk}<1$，说明此线路还有裕度；当 $M_{jk}>1$ 时，线路就过载。过载参数的矢量为

$$\boldsymbol{M}_k=[M_{1k}\quad M_{2k}\quad M_{3k}\quad\cdots\quad M_{mk}]^{\mathrm{T}} \tag{15.21}$$

它描述了在第 k 天网络负载的初始情况，它是慢动态的静态矢量的一部分。

在第 k 天的快动态是以负载参数 $\boldsymbol{M}_k$ 的最初状况为基础的。尤其重载线路更容易引起连锁事故，从而导致停电事故的发生。停电被定义为负载断电或因为线路不稳定而引起的网络问题。一些连锁事故可能在网络中重新分配潮流，在某些天里是没有停电事故的，在第 k 天快动态的结果是一系列的线路过载或那一天的连锁事故，或者没有停电。

4. 线路的改善[19]

线路的改善指的是提高传输线路容量，这个容量包括停电线路容量。在快动态完成以后，就可以获得第二天的潮流限制。如果没有停电事故发生，潮流限制就不用改变。如果有停电事故发生，则过载的或发生连锁事故的线路就应该提高潮流限制，具体形式为

$$F_{j(k+1)}^{\max}=\begin{cases}\mu_k F_{jk}^{\max}; & \text{在第 } k \text{ 天线路 } j \text{ 过载且停电}\\ F_{jk}^{\max}; & \text{其他情况}\end{cases} \tag{15.22}$$

式中，μ_k 为线路潮流增长参数。

当 $\mu_0,\mu_1,\mu_2,\cdots$ 相互独立，它们的均值 $\bar{\mu}$ 在$[\mu_{\min},\mu_{\max}]$之间。这个值用来控制线路潮流限制的平均增长幅度。更一般地说，$\bar{\mu}$ 是控制改善传输系统容量的平均率。假定每日潮流的增加为

$$1<\lambda_{\max}<\mu_{\min} \tag{15.23}$$

则

$$M_{j(k+1)}=\begin{cases}\mu_k^{-1}\lambda_k M_{jk}; & \text{在第 } k \text{ 天线路过载且停电}\\ \lambda_k M_{jk}; & \text{其他情况}\end{cases} \tag{15.24}$$

发电机的最大功率限制为

$$P_{jk}^{\max} = (\bar{\lambda})^{k+1} P_{i0}^{\max} \quad (15.25)$$

15.3.2　连锁事故的快动态

在第 k 天中连锁事故的快动态为[19]

$$\boldsymbol{f} = [f_1 \quad f_2 \quad f_3 \quad \cdots \quad f_j]^{\mathrm{T}} \quad (15.26)$$

式中，f_j 为在第 k 天的连续事件中的第 j 条线路上的潮流。

$$\boldsymbol{p} = [p_1 \quad p_2 \quad p_3 \quad \cdots \quad p_i] \quad (15.27)$$

式中，p_i 为在第 k 天的连续事件中第 i 条总线上的注入功率。

快动态为第 k 天时的初始潮流和注入功率：

$$\boldsymbol{f} = F_k \quad (15.28)$$

$$\boldsymbol{p} = P_k \quad (15.29)$$

1. 初始任意线路的断电[19]

停电经常是由线路的断电引起的，而线路的断电是由于天气、操作者的失误、设备的非法操作或故障引起的。这类引发事件被作为一条或多条线路故障来模拟，它是以每一条线路故障发生的概率相互独立的原理为基础来实现的。即

$$\text{概率}\{\text{线路}\ j\ \text{损坏}\} = h^0(M_{jk}) \quad (15.30)$$

式中，h^0 为正的或非负的函数。

2. 任意过载线路的损坏[19]

根据线路故障的概率相互独立来模拟过载线路的损坏。即

$$\text{概率}\{\text{过载线路}\ j\ \text{的损坏}\} = h^1(M_{jk}) \quad (15.31)$$

式中，h^1 为正的或非减的函数。

3. 功率的重新调度[19]

重新调度作为一个理想状况，通过用简便的方法把电机和负载的切除对系统限制的影响减少到最小。最优化下面的函数

$$\sum_G | p_i - p_{ik} | + \sum_L 100(p_i - p_{ik}) \quad (15.32)$$

式中，G 为发电机；L 为负载。

总功率平衡为

$$\sum_{i=1}^{n} (p_i - p_{ik}) = 0 \quad (15.33)$$

线路潮流限制为

$$-F_{jk}^{\max} \leqslant f_i \leqslant F_{jk}^{\max} \quad (15.34)$$

式中，

$$\boldsymbol{f} = \boldsymbol{A}\boldsymbol{p} \quad (15.35)$$

切除线路的限制为

$$P_{ik} \leqslant p_i \leqslant 0 \tag{15.36}$$

电机的限制为

$$0 \leqslant p_i \leqslant P_{ik}^{\max} \tag{15.37}$$

4. 步骤

连锁事故的步骤如下[19]：

1）根据式(15.28)和式(15.29)给出潮流和功率的初值。

2）根据式(15.30)确定初始线路故障(可以是任意的)。

3）如果不满足任何限制或在前一阶段线路已经断电,最优化重新分配注入功率。如果最优化不稳定,就停止重复。在最优化过程中减少一系列过载的线路。

4）对于在第3）步中的每一条过载线路,根据式(15.31)确定它是否已经损坏。

5）如果在第4）步中的线路已经损坏,则再返回第3）步。如果没有线路损坏,就停止重复。

5. 仿真结果

经过长时间的模拟,系统的动态演变将产生一系列的连锁停电事件[19]。图15.4显示了与时间函数有关的每次停电的线路停电情况。停电规模就是每次停电的损耗功率。随着部分线路过载的发生,系统重新开始动态演变,在一段长时间内达到动态平衡。动态平衡指的是系统发生了所有不同规模的事件。

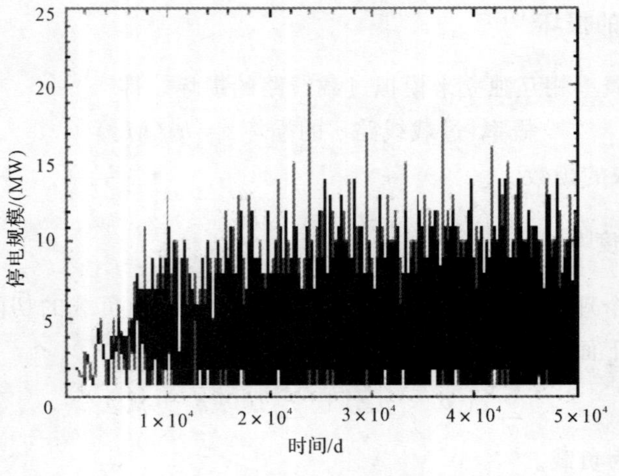

图15.4 一段时间内的停电规模

应该着重指出的是在每次停电之后,线路的参数都会随之改善。这是因为当某一条线路停电后,为了避免同一原因停电事件的再次发生,系统调节了这条线路的参数,使之在同样的条件下可以避免再次发生停电事件。图15.5给出了连续停电的影响,从图15.5可以看出,系统在100 d内的停电事件是很少的。

由电力系统停电规模的长时间相关和概率分布函数的计算,可以看出与具有自组织临界性的沙堆的雪崩规模的长程相关和概率分布密度是一致的。即从这些统计数据上看,停电规模时间序列和雪崩规模时间序列是没有区别的。这种相似性使我们意识到自组织临界性在电力系统的全局复杂动态中具有重要的作用。

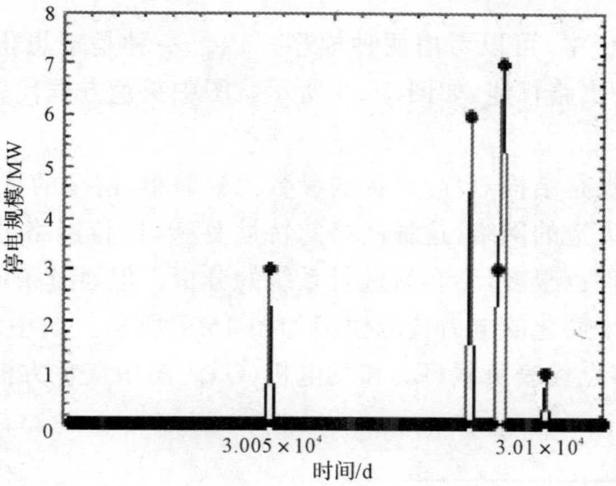

图 15.5　100 d 内的停电规模

如果电力系统具有自组织临界性，那么大停电的事故发生的概率随着事故规模的增大将会减小。即事故发生的概率和事故的规模符合幂律分布。这也就说明了大停电现象发生的频率不高的原因。同时说明大停电现象是不可避免的。如果人为地避免了小规模的大停电现象将会导致大规模的大停电现象发生的频率增高。

15.4　电力系统自组织临界态的临界点

当一个电力系统处于自组织临界态时，电力系统就会发生连锁崩溃的现象，甚至使系统脆性激发，导致整个系统崩溃，因而应该尽量使系统避免自组织临界态。自组织临界态是系统无须外界参数的调解下，自发形成的一种临界态。这种临界态在演变的过程中就会有一个或几个突变过程。突变过程的某些特殊点是系统状态发生大改变的时刻，这些特殊点就是临界点。对电力系统临界点的分析，有助于了解电力系统在临界点时的一些特性，更为有利的是知道了电力系统的临界点后，将会对控制和预防电力系统自组织临界态的形成和演变过程打下牢固的理论基础。

对一个电力系统来说，随着负荷功率需求的不断增加，达到某一个状态，系统的临界点就随着产生了。这主要表现在两个方面：发电机功率有一定的限制和系统的传输容量有一定的限制。因此，在电力系统自组织临界态演变的过程中将会出现两个大的临界点：随着负荷功率需求的不断增加，为了满足系统的功率平衡，发电机就会不断增大功率，满足不断增长的负荷功率需求。当发电机功率增大到能提供功率的上限时，这时如果负荷的功率仍然继续增大的话，发电机不能再承担更高的负荷，这时系统就会切除一部分负荷，第一临界点产生了。随着负荷功率的持续上升，到一定时刻，某些系统输电线路的传输容量达到了极限，这时就会发生输电线路退出运行的现象，产生了第二临界点。

为了对电力系统自组织临界态的临界点进行分析，首先就要建立电力系统的分析模型。

15.4.1 电力系统传输模型

在对电力系统的分析中，可以考虑两种模型[23-24]。一种是理想化模型，这种模型是一种树型，每个节点都与3条支路相连，如图15.6所示。图中灰色方框代表发电机，黑色方框代表负载。

这种网络模型的优点是结构对称，可控的参数比较简单，网络的特性易于研究。

另一种是现实中的人造的网络，这种网络的特性复杂，进行网络分析时考虑的因素很多，不确定的外在影响的条件也很多，不容易进行系统的分析。但通过条件的简化，还是可以对系统进行有效的分析。一个简化的电力传输模型如图15.7所示。图中网络是由一系列的传输线连接的节点，网络的节点代表负载(L)和发电机(G)。图中灰色方框代表发电机，黑色方框代表负载。

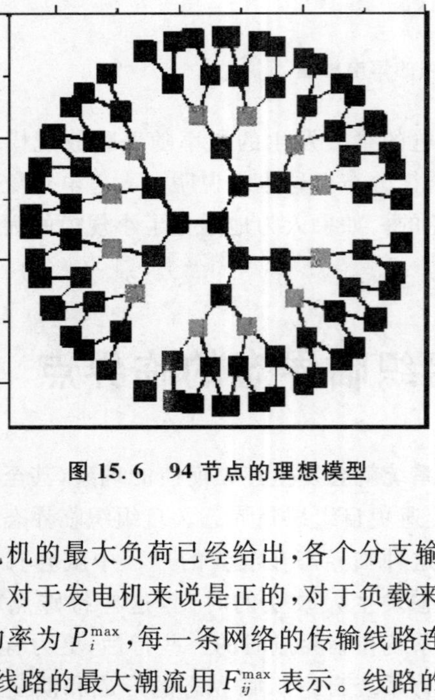

图 15.6 94节点的理想模型

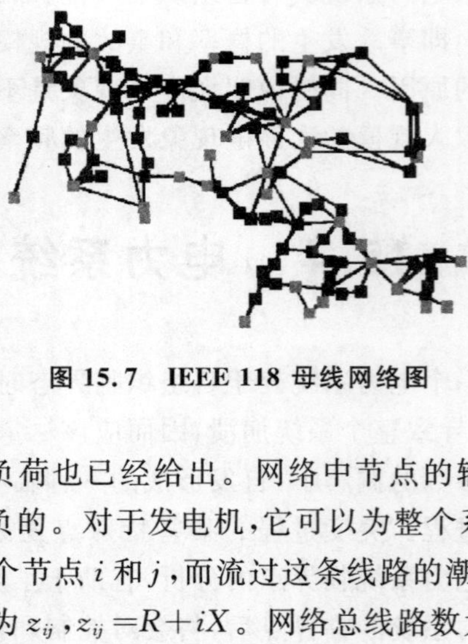

图 15.7 IEEE 118 母线网络图

发电机的最大负荷已经给出，各个分支输出的负荷也已经给出。网络中节点的输入功率为 P_i，P_i 对于发电机来说是正的，对于负载来说是负的。对于发电机，它可以为整个系统提供的最大功率为 $P_i^{\max}$，每一条网络的传输线路连接两个节点 i 和 j，而流过这条线路的潮流用 F_{ij} 来表示，线路的最大潮流用 $F_{ij}^{\max}$ 表示。线路的阻抗为 z_{ij}，$z_{ij}=R+iX$。网络总线路数为 N_1，网络总节点数为 N_{N}，发电机总节点数为 N_{G}，负荷的总节点数为 N_{L}。因此有

$$N_{\mathrm{N}}=N_{\mathrm{G}}+N_{\mathrm{L}} \tag{15.38}$$

在这里，由于只关心电力系统中有功潮流的分布，而且对计算速度要求较高。因此，选用直流潮流方程进行计算。

对于支路(i,j)，如果忽略其并联支路，例如忽略线路充电电容或非标准变比变压器支路的等值并联支路，则支路的有功潮流方程可写成下式[25]，

$$F_{ij}=(U_i^2-U_iU_j\cos\theta_{ij})G_{ij}-U_iU_j\sin\theta_{ij}B_{ij} \tag{15.39}$$

式中 U_i —— 节点 i 的电压幅值，kV；

U_j —— 节点 j 的电压幅值，kV；

θ_{ij} —— 节点 i 和节点 j 间的相角差，rad；

G_{ij} —— 支路电导,S;

B_{ij} —— 支路电纳,S。

在电力系统中,如果节点电压运行在额定电压附近,支路两端相角差很小,超高压电力网线路电阻比电抗小得多,因此可假设$U_i=U_j=1$,$\sin\theta_{ij}=\theta_{ij}$,$\cos\theta_{ij}=1$,$R_{ij}=0$,代入式(15.39),得到

$$F_{ij}=-B'_{ij}(\theta_i-\theta_j)=(\theta_i-\theta_j)/X_{ij} \tag{15.40}$$

式中　B'_{ij}——$B'_{ij}=-1/X_{ij}$;

X_{ij}—— 支路电抗,Ω。

对照一段直流电路的欧姆定律,可以把 F_{ij} 看做直流电流,θ_i 和θ_j 看做节点 i 和 j 的电压,x_{ij} 看做支路电阻,则式(15.39)的非线性的有功潮流方程变成了式(15.40)的线性直流潮流方程。

对节点 i 应用基尔霍夫电流定律,则节点 i 的电流平衡条件为

$$\boldsymbol{P}_i^{\mathrm{SP}}=\sum_{\substack{j\in i\\ j\neq i}}P_{ij}=\sum_{\substack{j\in i\\ j\neq i}}(\theta_i-\theta_j)\Big/X_{ij},\quad i=1,2,\cdots,N \tag{15.41}$$

式中　$\boldsymbol{P}_i^{\mathrm{SP}}$ —— 节点 i 给定的注入有功功率,kW。

用矩阵表示为

$$\boldsymbol{P}^{\mathrm{SP}}=\boldsymbol{B}_0\boldsymbol{\theta} \tag{15.42}$$

式中　$\boldsymbol{B}_0$ ——$n\times n$ 阶矩阵,其元素是

$$\begin{cases}\boldsymbol{B}_0(i,i)=\sum\limits_{\substack{j\in i\\ j\neq i}}1/X_{ij}\\ \boldsymbol{B}_0(i,j)=-1/X_{ij}\end{cases} \tag{15.43}$$

$\boldsymbol{\theta}$—— 相角矢量,rad。

令平衡节点 N 的相角为参考相角,有 $\theta_N=0$,则给定 $\boldsymbol{P}^{\mathrm{SP}}$ 和 $\boldsymbol{B}_0$ 后可求得矢量 $\boldsymbol{\theta}$。代入式(15.40)可求得各支路中流过的潮流 F_{ij}。

要想求得最优潮流解,就要使用线性规划的方法。在多种方法中,选择系统损耗最小的方法,即使下式达到最小

$$\sum_{i\in G}P_i(t)-W\sum_{j\in L}P_j(t)=\mathrm{const} \tag{15.44}$$

式中,G 为发电机节点集合;L 为负荷节点集合。

同时必须满足如下的条件:

1) 发电机的功率范围为:$0\leqslant P_i\leqslant P_i^{\max}$;

2) 负载必须足够大且不能发出功率,即 $P_j\leqslant 0$;

3) 流过线路的功率不能超出其最大的限制范围,即$|F_{ij}|\leqslant F_{ij}^{\max}$;

4) 产生的能量和消耗的能量是平衡的:产生的能量和消耗的能量是相等的,即

$$\sum_{i\in G\cup L}P_i=0$$

15.4.2　电力系统临界点的分析

在电力系统临界点分析前,首先定义过载参数 M_{ij} 为[24]

$$M_{ij} = \frac{F_{ij}}{F_{ij}^{\max}} \tag{15.45}$$

当 $M_{ij} < 1$ 时，此支路 (i,j) 仍旧可以有充足的传输裕度；当 M_{ij} 超过其最大值 $F_{ij}^{\max}$ 的 1% 时，此线路超过了最大的传输容量，此时线路过载。线路进行过载监测的阈值为 $M_{ij}=1$。当线路被检测出过载时，设此线路开断的概率为 p_1。如果此线路开断，则对潮流方程进行如下处理：此线路的阻抗乘以一个无穷大的数 κ_1，此线路的最大值 $F_{ij}^{\max}$ 除以一个无穷大的数 κ_2。这样处理的目的是在开断线路后避免矩阵出现奇异性。同时模拟了线路开断后潮流为 0 的情况。

开断某一条或一些线路后，对矩阵作相应的处理，重新对潮流方程求最优解，然后再判断是否有线路开断，直到某次求得的结果完全在极限值以内为止。

令发电机能够提供的系统总功率为 P_C，即

$$P_C = \sum_{j \in G} P_j^{\max} \tag{15.46}$$

令负载的总需求值为 P_D，则比值 P_D/P_C 可以作为衡量系统所处状态的一个重要的指标。当 $P_D/P_C \ll 1$ 时，则系统还存在相当大的供电裕度，而当 P_D/P_C 很大且接近 1 时，表示系统达到了供电的极限，这时就是系统的第一临界点。而当 P_D/P_C 大于 1 时，在达到某个值后，系统的线路达到了传输容量的极限，这时系统的第二临界点出现了。线路以概率 p_1 开断。

对于理想网络进行模拟，得到 $P_D/P_C=0.3$ 的结果，如图 15.8 所示。

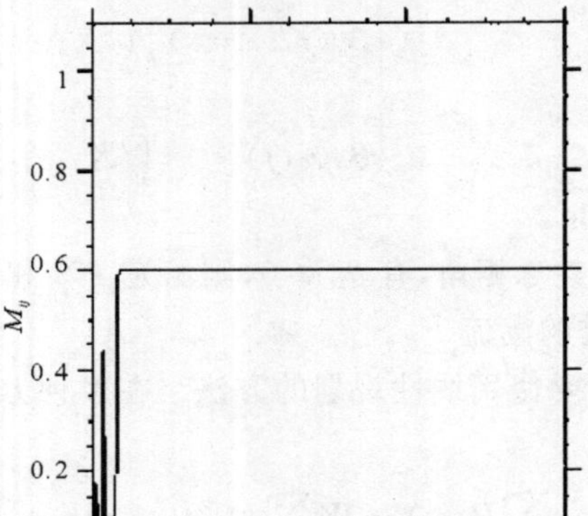

图 15.8　$P_D/P_C = 0.3$ 的 382 节点电力系统的线路过载参数

从图 15.8 可以看出，当 $P_D/P_C=0.3$ 时，整个系统线路的过载参数的值都在 0.6 以下。当 $P_D/P_C=1.04$ 时的结果如图 15.9 所示，这时负荷的总需求与发电机可供电的总功率大致相等，此为系统的第一临界点，线路的过载参数都在 0.8 以下，证明此时还没有线路过载的情况出现。当 $P_D/P_C=1.45$ 时的结果如图 15.10 所示，这时一部分线路已经达到了 $M_{ij}=1$，即出现部分线路因过载而以一定概率开断的情况，此为系统的第二临界点。

下面考虑一下系统切负荷的情况。

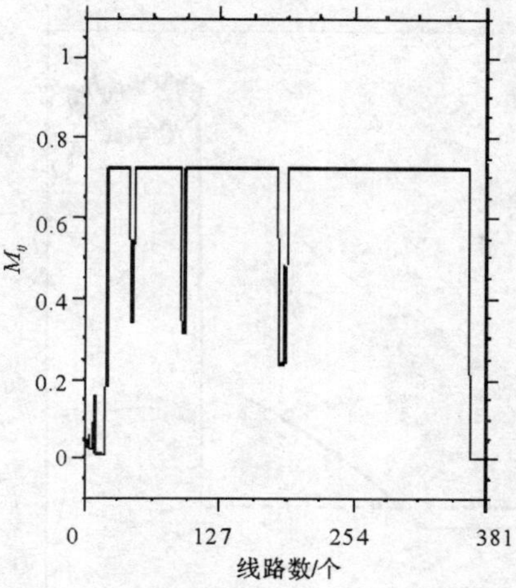

图 15.9　$P_D/P_C = 1.04$ 的 382 节点电力系统的线路过载参数

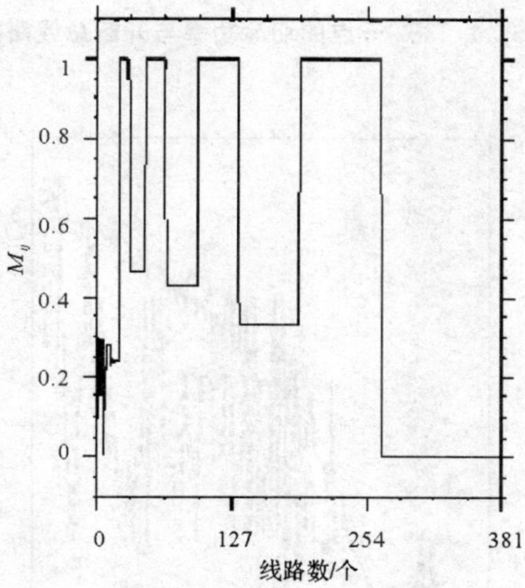

图 15.10　$P_D/P_C = 1.45$ 的 382 节点电力系统的线路过载参数

令系统被切除的总功率为 P_S，则 P_S/P_D 就可以用来衡量被切除的负荷功率占总的负荷需求功率的百分数。当 $P_D/P_C \leqslant 1$ 时，系统负荷的总需求功率小于或等于发电机总供给功率，这时 $P_S/P_D = 0$，不用切除负载的功率，即 $P_S = 0$。在 $P_D/P_C > 1$ 以后，系统负荷的总需求功率大于发电机总供给功率，这时为了满足总功率平衡，系统必须切除一部分负荷功率来满足发电机总供给功率，即 $P_S = P_D - P_C > 0$，这时 P_S/P_D 的值就会开始增加，但这时系统中的线路并没有达到其极限容量，所以在这一阶段并没有线路开断的情况发生。在 P_D/P_C 达到某一值后，这时系统中线路的一部分开始达到其极限容量，导致这些过载的线路以概率 p_1 开断，所以这时切除的功率值会有一个突增，因此，P_S/P_D 的值也会有个突增。

对理想的 382 节点的网络和现实的 IEEE 118 节点的电力系统的仿真结果如图 15.11 和图 15.12 所示。图中实线表示 P_S/P_D 的值，图中虚线代表开断总线路数。

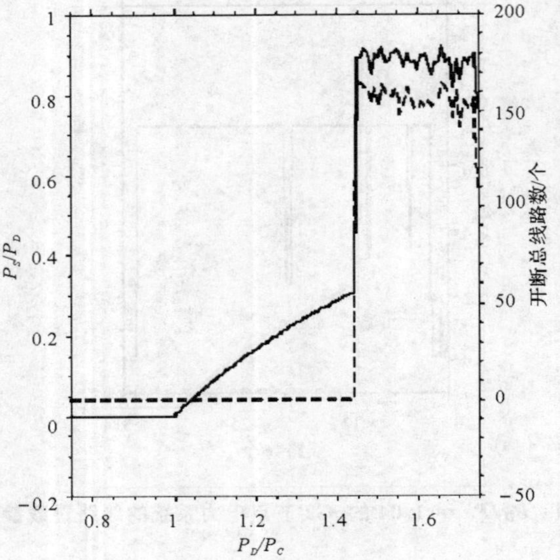

图 15.11 382 节点的切除功率与开断总线路数

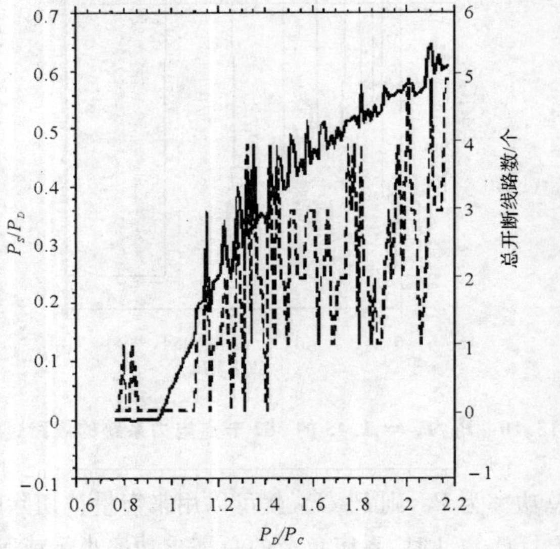

图 15.12 IEEE 118 节点的切除功率与开断总线路数

从图 15.11 中可以明显地看出，在系统的第一临界点 $P_D/P_C=1$ 和第二临界点 $P_D/P_C=1.45$ 处，系统的 P_S/P_D 的值发生了两次大的突变，而开断的总线路数在系统的第二临界点处发生了大的突变。

但是对实际的IEEE 118节点的系统进行仿真，如图 15.12 所示，和理想的382节点的系统稍微有一些变化。当 $P_D/P_C<1$ 时，系统也出现了少量的开断的过载线路，而当 $P_D/P_C=1.1$ 时，系统的第二临界点才开始出现，并且总开断线路数变化幅度比较大。这是因为实际系统中每条线路的容量极限值 $F_{ij}^{\max}$ 往往是不同的。而理想网络中假定每条线路的容量极限是相同

的。所以在第一临界点出现之前，就出现了第二临界点，是因为某条线路在负荷总需求还没有达到发电机供电功率极限时已经接近容量极限所致。这也从另一个方面说明，系统的第一和第二临界点并不总是顺序出现的，在有些情况下，很可能系统的第二临界点比第一临界点提前出现。

15.5　基于元胞自动机的电力系统脆性模型及仿真

15.5.1　基于元胞自动机的电力系统脆性模型

要想对电力系统的脆性进行分析，必须首先建立系统的脆性模型。由于元胞自动机是用来分析系统的一种强有力的方法，所以基于元胞自动机理论建立电力系统连锁性故障模型。首先对元胞自动机的元胞空间、元胞、邻居及规则四部分分别进行定义。

1. 元胞空间

考虑到电力系统的实际结构，为了能方便对其进行计算机模拟，把元胞空间定义为二维的四边形网格结构。设电力系统总节点个数为 M，则元胞空间可描述电力系统最多为 $M\times M$ 个元件。

2. 元胞

在元胞空间的四边形网格结构中，每一个网格就是一个元胞。每个元胞有唯一的 1 个坐标 (x,y)。既然元胞空间代表了一个电力系统，则每个元胞代表电力系统的一个元件，包括支路、发电机或负载。

由于电力系统的稀疏性，所以不一定每个元胞都会有电力系统中的元件。当坐标 (x,y) 有电力系统中的元件时，令邻接矩阵 $\boldsymbol{C}(x,y)=\boldsymbol{C}(y,x)=1$；反之，如果没有，令 $\boldsymbol{C}(x,y)=\boldsymbol{C}(y,x)=0$。

(1) 发电机

当元胞代表发电机时，其坐标的特征为 $x=y$。

对于一个发电机来说，它对电力系统提供功率。因此，对坐标为 (x,y) 的元胞，它的状态变量为发电机的注入功率，用 $\boldsymbol{P}(x,y)$ 表示，并且有 $\boldsymbol{P}(x,y)>0$。同时每台发电机都会有其注入功率的极限值，用 $\boldsymbol{P}^{\max}(x,y)$ 表示。

(2) 负载

当元胞代表负载时，其坐标的特征也为 $x=y$。但是对一个负载来说，它不能向电力系统提供功率，如果它的状态变量仍用 $\boldsymbol{P}(x,y)$ 表示，则有 $\boldsymbol{P}(x,y)<0$。对于负载来说，也有其功率的极限值，同样用 $\boldsymbol{P}^{\max}(x,y)$ 表示，只不过其值为负。

(3) 支路

当元胞代表支路时，其坐标的特征为 $x\neq y$。对支路来说，它的状态变量为电力系统中支路的有功功率，用 $\boldsymbol{P}(x,y)$ 表示。如果 $\boldsymbol{P}(x,y)>0$，则表示此元件从节点 (x,x) 到节点

(y,y) 的支路潮流为正；如果 $\boldsymbol{P}(x,y)<0$，则表示此元件从 x 到 y 的支路潮流为负。同样，每个支路都有其传输容量的极限，用 $\boldsymbol{P}^{\max}(x,y)$ 表示，且有 $\boldsymbol{P}^{\max}(x,y)=\boldsymbol{P}^{\max}(y,x)$。

3. 元胞的邻居

选用冯·诺依曼(Von Neumann) 型，即每个元胞具有上、下、左、右 4 个相邻的邻居元胞。

4. 规则

当某一元件受到一个扰动 D 时，其状态参数大于等于其最大极限值，该元胞代表的电力系统部件崩溃，不再参与电力系统运行，令 $\boldsymbol{C}(x,y)=\boldsymbol{C}(y,x)=0$。同时该元胞将向邻居元胞分配一个额外的负荷参数，此时原本正常运行的邻居元胞的运行状态参数发生变化，该邻居元胞不一定再正常运行。元件如果满足退出运行的条件，则为了保证电力系统的功率恒定不变，把此元件的功率分配到其相邻的元件中。具体的分配办法如下：如果此退出运行的元件为支路，则与此支路两个节点相连接的支路为相邻元件，计算其总数并把潮流分配到所有相邻支路；如果此退出运行的元件为发电机或负载，则其相邻的元件为与此元件相连的支路，计算其总数并将潮流分配到所有相邻支路。

把退出运行的元件的功率分配到其相邻元件的依据是事故相邻级理论[26]。所谓事故相邻级是指与事故发生点(开断支路两端节点或开断发电机所在的节点) 联系密切的局部系统。事故相邻级理论认为：任一事故支路的开断或事故发电机的停运，必将引起全部系统潮流的重新分布。实际上，事故造成的主要影响是局部性的，事故的发生对直接与事故源相连的第一级支路和节点影响最大，对第二级和第三级的影响依次减小。依据这一理论，第一级的系统将承担主要的功率差额，因此，在模型中主要把事故的影响定义为第一级，即由第一级承担全部的功率差额，其他级承担的功率差额忽略不计。则功率差额 $\Delta\boldsymbol{P}$ 可作如下分配：

$$\Delta\boldsymbol{P}=\sum_{i=1}^{n}W_i\Delta\boldsymbol{P}_i \tag{15.47}$$

式中　$\Delta\boldsymbol{P}_i$ —— 第一级里元件承担的功率差额，kW；

W_i —— 功率分配系数，满足 $\sum_{i=1}^{n}W_i=1$。

如果此时邻居元胞的状态参数大于等于最大极限值，该邻居元胞也崩溃，退出电力系统的运行，令 $\boldsymbol{C}(x,y)=\boldsymbol{C}(y,x)=0$。同时，邻居元胞向“邻居的邻居”提供一个额外的功率差额，这样就构成了电力系统连锁反应事故的传播。如果邻居元胞运行状态参数小于最大极限值，该邻居元胞仍参与电力系统运行，不向其邻居元胞分配额外的负荷参数，连锁反应事故传播停止。

这里有两点需要说明：① 所取的元胞空间不是无限大的，而是有边界的，这就需要考虑边界条件的问题。其实元胞空间的边界并不是电力系统的边界，因此，在模拟时不妨把边界元胞和对待其他元胞一样，不考虑其特殊性。② 当一个元胞，即一个电力系统部件，崩溃后，该部件与整个电力系统隔离，不再有联系，故该元胞不再参与模拟过程的运算，须对其加以标注，以便于和其他元胞相区分。

这里所建的元胞自动机模型与沙堆模型都具有自组织临界性，并且在刚开始时都不一定处于临界态，但在演化过程中却有很大不同，主要区别在于：沙堆随着系统模型的演化，逐步达到临界状态，继续演化，即继续添加沙粒，将会引起系统的局部崩溃，随后又达到一临界状态。而元胞自动机模型在一开始时并不存在向临界状态演化的情况，若系统未达到临界状态，则系统将停止继续演化。为了研究的需要，我们假定待研究的模型已处于临界状态。当演化进行时，系统模型也出现局部崩溃，但随后却并不一定又一次达到临界状态。根据能量守恒原理，在演化的过程中整个元胞自动机模型具有能量瞬时守恒的特性，崩溃元胞对“邻居”的影响其实就是电力系统发生故障的器件在崩溃后，将它的负荷分配到了附近的其他器件上，并不存在能量的消失。

下面给出基于元胞自动机的电力系统脆性模型具体的建模步骤：

步骤 1：给 M，$\boldsymbol{C}(x,y)$，$\boldsymbol{P}(x,y)$，$\boldsymbol{P}^{\max}(x,y)$ 赋初值。

步骤 2：随机选取某一元件，令其开断，则有 $\boldsymbol{C}(x,y)=\boldsymbol{C}(y,x)=0$，$\boldsymbol{P}(x,y)=\boldsymbol{P}(y,x)=0$，计算其相邻的支路数 n，则按照式(15.47) 计算其相邻元胞的分配功率。

此时每个相邻支路的潮流为

$$\boldsymbol{P}(x,y)=|\boldsymbol{P}(x,y)|+\Delta\boldsymbol{P} \tag{15.48}$$

式中，绝对值表示不区分潮流的方向。

步骤 3：检查所有相邻支路是否超过其允许的极限值，如果没有则结束。否则返回步骤 2。如果满足全部的 $\boldsymbol{C}(x,y)=0$，则结束。

15.5.2　电力系统脆性的仿真

选取 6 节点电力系统[27] 如图 15.13 所示。即 $M=6$，$N=0$。图中节点 ①、② 和 ③ 为负载节点；节点 ④、⑤ 和 ⑥ 为发电机节点。

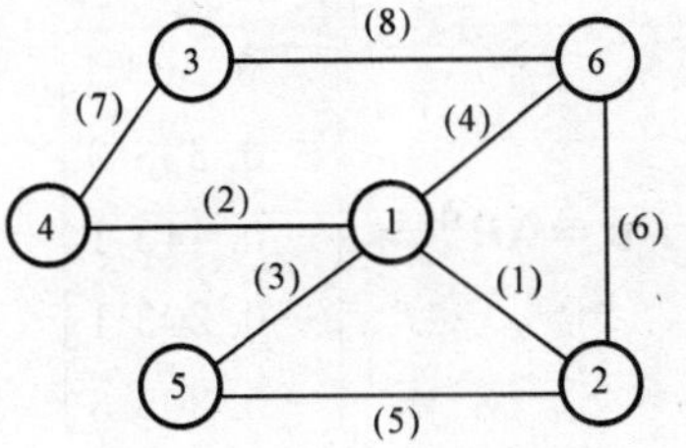

图 15.13　6 节点电力系统

此 6 节点电力系统的初始参数如表 15.4 所示。

表 15.4　6 节点电力系统支路电抗

支路	(1)	(2)	(3)	(4)	(5)	(6)	(7)	(8)
电抗	0.400	0.200	0.075	0.400	0.100	0.600	0.100	0.200

则此 6 节点系统的邻接矩阵为

$$
\boldsymbol{C}=\begin{bmatrix}1&1&0&1&1&1\\1&1&0&0&1&1\\0&0&1&1&0&1\\1&0&1&1&0&0\\1&1&0&0&1&0\\1&1&1&0&0&1\end{bmatrix}
$$

应用直流潮流法对系统中各支路的潮流进行求解。

选取节点⑥为参考节点，该节点电压相角为零，则

$$
\boldsymbol{B}_0=\begin{bmatrix}23.3&-2.5&0&-5&-13.3\\0&14.2&0&0&-10\\0&0&10&-10&0\\0&0&0&15&0\\0&0&0&0&23.3\end{bmatrix}
$$

$$
\boldsymbol{X}=\boldsymbol{B}_0^{-1}=\begin{bmatrix}0.26&0.21&0.26&0.26&0.24\\0.21&0.28&0.21&0.21&0.24\\026&0.21&0.56&0.46&0.24\\0.26&0.21&0.46&0.46&0.24\\0.24&0.24&0.24&0.24&0.29\end{bmatrix}
$$

$$
\boldsymbol{P}^{\mathrm{SP}}=\begin{bmatrix}-2.4\\-1.6\\-2.4\\3.2\\1.649\end{bmatrix}
$$

$$
\boldsymbol{\theta}=\boldsymbol{X}\boldsymbol{P}^{\mathrm{SP}}=\begin{bmatrix}-0.363\,1\\-0.393\,0\\-0.443\,1\\-0.203\,1\\-0.305\,6\end{bmatrix}
$$

各支路的有功功率的值为

$$P_{12}=\frac{\theta_1-\theta_2}{x_{12}}=0.074$$

$$P_{14}=\frac{\theta_1-\theta_4}{x_{14}}=-0.8$$

$$P_{15}=\frac{\theta_1-\theta_5}{x_{15}}=0.767$$

$$P_{16}=\frac{\theta_1-\theta_6}{x_{16}}=-0.908$$

$$P_{25}=\frac{\theta_2-\theta_5}{x_{25}}=-0.874$$

$$P_{26}=\frac{\theta_2-\theta_6}{x_{26}}=-0.655$$

$$P_{34}=\frac{\theta_3-\theta_4}{x_{34}}=-2.4$$

$$P_{36}=\frac{\theta_3-\theta_6}{x_{36}}=-2.215$$

所以求得的初始有功功率为

$$\boldsymbol{P}=\begin{bmatrix} -2.4 & 0.074 & 0 & -0.8 & -0.767 & -0.908 \\ -0.074 & -1.6 & 0 & 0 & -0.874 & -0.655 \\ 0 & 0 & -2.4 & -2.4 & 0 & -2.215 \\ 0.8 & 0 & 2.4 & 3.200 & 0 & 0 \\ 0.767 & 0.874 & 0 & 0 & 1.649 & 0 \\ 0.908 & 0.655 & 2.215 & 0 & 0 & 1.551 \end{bmatrix}$$

系统的功率最大值为

$$\boldsymbol{P}^{\max}=\begin{bmatrix} -4 & 1.00 & 0 & 3.00 & 3.00 & 1.60 \\ 1.00 & -6 & 0 & 0 & 1.50 & 0.95 \\ 0 & 0 & -4 & 3.00 & 0 & 2.50 \\ 3.00 & 0 & 3.00 & 5.000 & 0 & 0 \\ 3.00 & 1.50 & 0 & 0 & 7.500 & 0 \\ 1.60 & 0.95 & 2.50 & 0 & 0 & 7.500 \end{bmatrix}$$

选取节点 ④ 为开断点，则有

$$P_{44}=\Delta P=3.2$$

$$N=2\qquad W_{43}=\frac{z_{41}}{z_{43}+z_{41}}\qquad W_{41}=\frac{z_{43}}{z_{43}+z_{41}}$$

$$P_{43}=2.4+1.1=3.5>P_{43}^{\max}=3.0$$

$$P_{41}=0.8+2.1=2.9<P_{41}^{\max}=3.0$$

所以，节点 ④ 开断后，导致支路(7) 开断，而支路(2) 继续运行。

支路(7) 开断，则有

$$P_{43}=\Delta P=4.0$$

$$N=2\qquad W_{63}=\frac{z_{41}}{z_{63}+z_{41}}\qquad W_{41}=\frac{z_{63}}{z_{63}+z_{41}}$$

$$P_{63}=2.215+2.0=4.215>P_{63}^{\max}=2.5$$

$$P_{41}=2.4+2.0=4.4>P_{41}^{\max}=3.0$$

所以支路(7) 的开断引起了支路(8) 和支路(2) 开断。

如此算下去，得到最终结果如图 15.14 所示，图中以黑色表示开断的顺序。从图中可以看出，开断的顺序依次为

$$(④)\rightarrow(7)\rightarrow\left\{\begin{matrix}(8)\\(2)\end{matrix}\right.\rightarrow\left\{\begin{matrix}(4)\\(6)\\(3)\\(1)\end{matrix}\right.\rightarrow\left\{\begin{matrix}(⑥)\\(3)\\(5)\end{matrix}\right.\rightarrow\left\{\begin{matrix}(①)\\(⑤)\\(②)\end{matrix}\right.$$

以上的仿真只给出了节点 ④ 开断的结果，其他元件的开断情况与节点 ④ 类似，通过上面定义的 3 个步骤进行模拟。

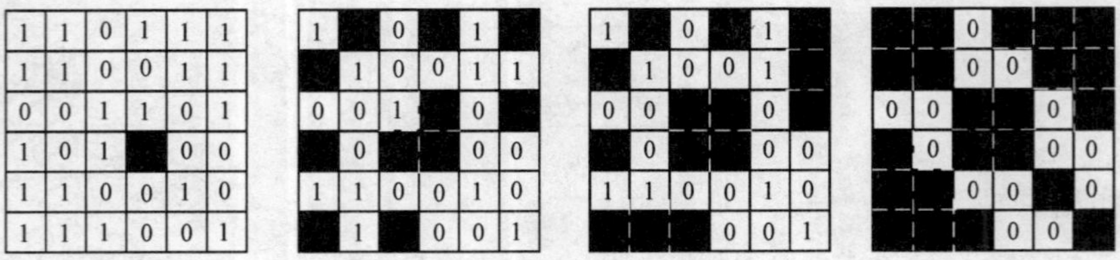

图 15.14　仿真结果

从仿真结果可以看出，电力系统脆性的发生有以下的特点：

1）脆性发生时大都具有从邻近线路向外蔓延的特点；

2）脆性发生时和电力线路的负载状况有关。原来电力线路的负载比较大，在承受多余的负载时，相对来说比较容易达到负载的最大值，使得发生脆性的概率就较大。

3）从仿真结果可以看出，并不是所有的元件都能导致脆性的激发，只有少部分元件才能激发系统的脆性。这也正是电力系统发生大停电的预兆不是很明显的原因。

电力系统的脆性分析是防止电力系统连锁性崩溃的重要方法。要防止电力系统脆性的激发要适当调节线路的负载，使整个系统的工作状态远离临界自组织状态；最重要的是要找出能引起连锁性崩溃的元件，从源头开始抑制电力系统脆性的激发。同时对连锁发生的轨迹要实时地求取，在连锁发生的同时尽早切断连锁线路，避免事故的扩大。

15.6　电力系统脆性源的辨识

电力系统中包含的元件众多，但并不是所有的元件都能引起电力系统的脆性，所以需要对电力系统中的脆性源进行辨识，找出能导致电力系统脆性激发的脆性源，对其进行重点监视，以减小电力系统脆性的激发概率。

电力系统脆性源的辨识方法就是建立电力系统的模型，然后对所有的元件进行故障模拟。如果此元件的开断引起电力系统其他元件的开断，并使得故障连锁性地传播，使得整个电力系统中的所有元件全部开断，就说明此元件为脆性源。如果某元件的开断对其他线路的影响较小，则此元件就不是脆性源。

由于电力系统的脆性源一旦激发，将会给系统造成灾难性的影响，因此希望在电力系统运行时，时时在线地求取电力系统中的脆性源，使得在脆性激发的初期就意识到脆性的严重后果，在脆性源受到外界的打击而退出运行断开后，立即采取快速有效的措施，避免脆性传播的扩大，因此，一般要求判断脆性源的快速性。

在电力系统中的元件开断后，一般都造成系统中的功率差额，常规的潮流计算的方法把功率差额用平衡节点来补偿，这种算法并不合理。这种功率差额应该在每个发电机和负荷中进行调解。因此，选用动态潮流法[25]进行功率分配是最适合的方法。

进行功率的动态分配之后就要进行支路的潮流计算。直流潮流法[25]可以快速求解系统中的各支路潮流，但却存在计算精度不高的缺点。一般情况下，计算出来的系统的直流潮流和交流潮流相比有一定的差别，但相差很少。因此，在误差允许的范围内，采用直流潮流法可以快速求出每个支路中的潮流。

直流潮流法和动态潮流法各有各的优点。本书开创性地把这两种方法结合起来求电力系统的脆性源，从而可以充分发挥两种方法的优点，求出使得结果既合理又快速。

15.6.1　潮流计算方法

1. 动态潮流法

设所有的功率缺额由发电机承担，负荷承担得很小，可忽略不计。

令 $i=1,2,\cdots,m$ 是负荷节点，$i=m+1,\cdots,n$ 是发电机节点，节点 s（第 N 个节点）是平衡节点，$N=n+1$。

设系统中某个元件 g 发生开断，失去有功功率为 P_g，系统中出现的功率差额是

$$\begin{aligned}\Delta P_\Sigma &= \sum_{i=1}^{N} P_{Gi} - \sum_{i=1}^{N} P_{Di} - P_g - P_{\text{Loss}}^g(U,\theta) = \\ &- P_g + P_{\text{Loss}}(U,\theta) - P_{\text{Loss}}^g(U,\theta) = \\ &- P_g - \Delta P_{\text{Loss}}(U,\theta)\end{aligned} \tag{15.49}$$

式中，$\Delta P_{\text{Loss}}(U,\theta)$ 为元件开断后引起系统网损的变化。

由于 ΔP_{Loss} 相对于 P_g 来说很小，可以忽略，所以有

$$\Delta P_\Sigma \approx -P_g \tag{15.50}$$

这一功率差额由所有发电机共同分担，令第 i 台发电机分担的份额是 β_i，满足

$$\sum_{i=1}^{N} \beta_i = 1 \tag{15.51}$$

若节点 i 没有接发电机，或该节点发电机输出功率不可调，则 $\beta_i=0$。

则动态分配后，第 i 台发电机有功输出功率应为

$$P'_{Gi} = P_{Gi} - \beta_i \Delta P_\Sigma = P_{Gi} + \beta_i P_g, \quad i=m+1,\cdots,N, i\neq g \tag{15.52}$$

$$P'_g = 0 \tag{15.53}$$

这时，满足

$$\begin{aligned}&\Delta P_i(U,\theta) = 0 \\ &\Delta P_i = \beta_i P \\ &\Delta P_g = -P_g\end{aligned} \tag{15.54}$$

β_i 的选择可借助于功频静特性系数 K_{Gi}，可令

$$\beta_i = \frac{K_{Gi}}{\sum\limits_{\substack{i\in G \\ i\neq g}} K_{Gi}} \tag{15.55}$$

2. 直流潮流法

直流潮流法的步骤如下：

步骤 1：把动态潮流法进行功率差额分配后的功率作为系统中各节点给定的注入有功功率 P_i^{SP}。

步骤 2：给出系统中节点 i 和 j 间各支路的标号 l 和电抗值 $x_{ij}=x_l$。

步骤 3:选定某一节点为参考节点,该节点电压相角为零,即 $\theta_n=0$。

步骤 4:建立去除参考节点的节点导纳矩阵 $\boldsymbol{B}_0$,它是 $(n-1)\times(n-1)$ 阶矩阵,其矩阵中的元素为

$$\left.\begin{aligned}\boldsymbol{B}_0(i,i)&=\sum_{\substack{j\in i\\ j\neq i}}1/x_{ij}\\ \boldsymbol{B}_0(i,j)&=-1/x_{ij}\end{aligned}\right\}\tag{15.56}$$

步骤 5:求 $\boldsymbol{X}=\boldsymbol{B}_0^{-1}$。

步骤 6:求各节点的电压相角矩阵 $\boldsymbol{\theta}=\boldsymbol{XP}^{\mathrm{SP}}$。

步骤 7:求各支路有功潮流:$P_{ij}=(\theta_i-\theta_j)/x_{ij}$。

3. 电力系统的脆性源辨识步骤

电力系统中的主要元件大体分为 3 类:网络元件(输电线或变压器)、发电机和负荷。因此,对电力系统的脆性源辨识也就是分别求出这 3 个方面的脆性源。

步骤如下:

1) 用系统中的给定的注入功率计算出每条支路上的初始潮流值。

2) 3 类元件中每个元件依次开断,开断后形成功率差额 ΔP_Σ,用动态潮流的方法求出动态分配后的发电机注入功率。

3) 判断每个发电机的功率是否超过约束条件的上限,如果超过,此发电机开断,形成新的功率差额,用动态潮流法计算出新的发电机注入功率,重新判断,直到所有发电机可以正常工作。

4) 把计算出的发电机注入功率和原来给定的负荷功率作为给定功率,用直流潮流法计算每个支路中的潮流分布。

5) 判断支路中的潮流是否超过约束条件的上限,如果超过,此支路开断,回到 1)。如果没有,则让下一个元件开断。

6) 如果某个元件使系统中的所有元件开断,则为脆性源。

15.6.2 三母线电力系统的脆性源辨识

以下面的三母线电力系统为例[25],求出此系统的脆性源。已知此系统的节点注入功率如图 15.15 所示,各支路的电抗为 $x_{32}=x_1=0.2$,$x_{21}=x_2=x_3=0.4$,$x_{31}=x_4=0.1$,其中支路(1,2)是双回输电线。设 $\beta_1=0.7$,$\beta_2=0.3$。设系统各参数工作于额定状态,各参数的上限值分别为额定参数的 1.2 倍。

1. 计算支路中的初始潮流值

选取节点 ③ 为参考节点,该节点电压相角为零。

则

$$\boldsymbol{B}_0=\begin{bmatrix}15 & -5\\ -5 & 10\end{bmatrix}$$

$$X = B_0^{-1} = \frac{1}{25}\begin{bmatrix} 2 & 1 \\ 1 & 3 \end{bmatrix}$$

$$P^{SP} = \begin{bmatrix} -2 \\ 0.5 \end{bmatrix}$$

$$\theta = XP^{SP} = \begin{bmatrix} -0.14 \\ -0.02 \end{bmatrix}$$

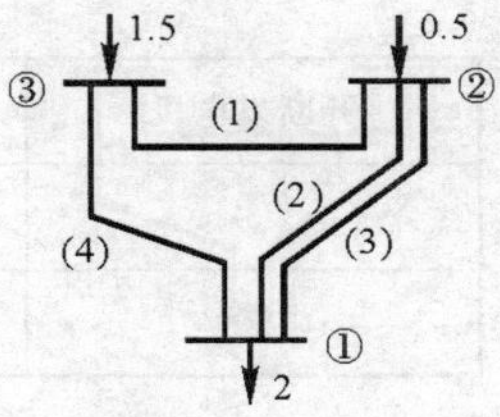

图 15.15　三母线电力系统

各支路的潮流为

$$P_{12} = \frac{\theta_1 - \theta_2}{x_{12}} = -0.6$$

由于 ①,② 节点间为双回母线,则每条线上的潮流为 -0.3。

$$P_{13} = \frac{\theta_1 - \theta_3}{x_{13}} = -1.4$$

$$P_{23} = \frac{\theta_2 - \theta_3}{x_{23}} = -0.1$$

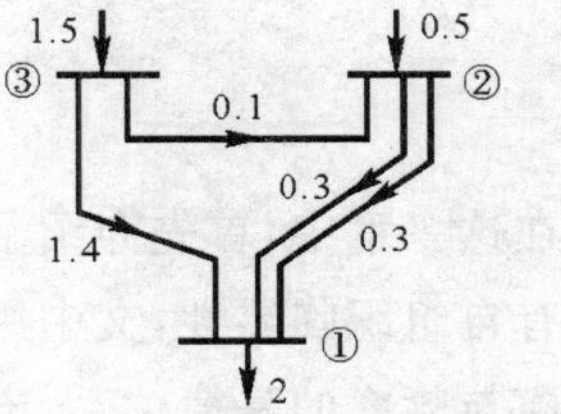

图 15.16　三母线电力系统的潮流分布

则各条支路上的潮流如图 15.16 所示。

2. 系统中 1 个负荷开断的情况

开断的顺序如表 15.5 所示。

表 15.5　负荷开断的情况

开断负荷	开断的顺序
①	①,③,②,(1),(2),(3),(4)

总结:负荷 ① 的开断也引起了系统的脆性,所以负荷 ① 也是脆性源。

3. 系统中的 4 条支路依次开断的情况

开断的顺序如表 15.6 所示。

表 15.6　支路开断的情况

开断支路	开断的顺序
(1)	(1)
(2)	(2),(1),②,③,(3),(4),①
(3)	(3),(1),②,③,(2),(4),①
(4)	(4),②,③,(1),(2),(3),①

总结:系统中的支路(2),(3) 和(4) 分断均导致系统脆性激发,所以支路(2),(3) 和(4) 为脆性源。

4. 系统中的 2 台发电机依次开断的情况

开断的顺序如表 15.7 所示。

表 15.7 发电机开断的情况

开断发电机	开断的顺序
③	③,②,(1),(2),(3),(4),①
②	②,③,(1),(2),(3),(4),①

总结:系统中的任一发电机开断,都会导致脆性的发生。所以发电机节点 ③,② 都为脆性源。

本章小结

在这一章中,首先介绍了电力系统的脆性及电力系统脆性激发的触发条件。电力系统同样具有自组织临界性,文中用大量的材料证明了电力系统的自组织临界性,包括电力系统大停电规模与频率的幂律关系、电力系统大停电规模分布的分形分维特征和检测时间序列的长时间相关性。接着对电力系统自组织临界现象作出解释,通过对电力系统与沙堆模型的比较,得出了电力系统大停电是因为电力系统处于自组织临界态的结论,用快动态和慢动态模型对电力系统自组织临界进行了模拟。最后给出了电力系统自组织临界性的临界点的求取方法,证明电力系统包含了第一临界点和第二临界点。通过对理想模型和实际电力系统的模型进行比较,得出了分析的正确性的结论。

在这一章中,首先基于元胞自动机建立了电力系统的脆性模型。通过定义元胞空间为一个电力系统,元胞为电力系统的一个元件和具体的演化规则,给出了基于元胞自动机建立电力系统脆性模型的步骤。通过对一个 6 节点电力系统的脆性分析,得到了此系统的脆性激发过程。然后基于动态潮流法和直流潮流法进行了电力系统脆性源的辨识工作,给出了具体的辨识步骤,同时对一个 3 节点的电力系统求出了其脆性源。

参考文献

[1] 陈浩,王正纲,等.从“美加大停电”看加强湖南电力系统受端系统的必要性.湖南电力,2004,24(5):23-26.

[2] 张建平.美加大停电危机的教训与启示.江西行政学院学报,2004,16(6):126-129.

[3] 朱成章.美加大停电最终调查报告——提出要建立、实行高可靠性标准的制度.陕西能源与节能,2004,35(4):34-35.

[4] 李莉华,宋平,等.“美加 8.14 大停电”初步分析与各方评论.华东电力,2003,29(9):18-22.

[5] 徐永禧.美国、加拿大 8.14 大停电.国际电力,2003,7(5):15-20.

[6] 本刊编辑.输电协作联盟查明意大利 2003 年 9 月 28 日大停电原因.国际电力,2003,7(6):38.

[7] 本刊编辑. 意大利 2003 年 9 月 29 日大停电简介. 公用电，2003，20(6)：3－5.
[8] 本刊编辑. 伦敦、北欧及意大利发生大停电. 国际电力，2003，7(5)：43.
[9] 唐堡生. 伦敦南部地区大停电及其教训. 电网技术，2003，27(11)：1－6.
[10] 本刊编辑. 美国旧金山地区大面积停电. 国际电力，1999，3(1)：60.
[11] 曹一家，江全元，丁理杰. 电力系统大停电的自组织临界现象. 电网技术，2005，29(15)：1－4.
[12] 占勇，程浩忠，等. 电力网络连锁故障综述. 电力自动化设备，2005，25(9)：93－99.
[13] 丁明，韩平平. 基于复杂系统理论的电网连锁故障研究. 合肥工业大学学报：自然科学版，2005，28(9)：1047－1051.
[14] Carreras B A, Lynch V E, et al. Complex dynamics of blackouts in power transmission systems. Chaos, 2004, 14(3): 643－652.
[15] Dobson I, Carreras B A, et al. A loading－dependent model of probabilistic cascading failure. Probability in the Engineering and Informational Sciences, 2005, 19(1): 1－20.
[16] Information on Blackouts in North America. Disturbance Analysis Working Group (DAWG) Database, North American Electric Reliability Council(NERC), Princeton, New Jersey USA 08540－5731, Available: http://www. nerc. com / dawg / database. Html.
[17] Carreras B A, Newman D E, et al. Evidence for self organized criticality in electric power system blackouts. IEEE Transactions on Circuits and Systems, part I, 2004, 51(9): 1733－1740.
[18] Carreras B A, Newman D E, et al. Initial evidence for self-organized criticality in electric power blackouts. http://eceserv0. ece. wisc. edu/dobson/PAPERS/publications. html/, 2004: 1－9.
[19] Chen J, Thorp J S, et al. Analysis of electric power system disturbance data. Thirty-fourth Hawaii International Conference on System Sciences, Maui, Hawaii, January 2001: 1－8.
[20] Dobson I, Chen J, et al. Examining criticality of blackouts in power system models with cascading events. Hawai International Conference on System Science, Hawaii, 2001: 2311－2317.
[21] Mandelbrot B B. The fractal geometry of nature. San Francisco: W. H. Freeman and Corporation, 1982.
[22] 汪富泉，李后强. 分形几何与动力系统. 哈尔滨：黑龙江教育出版社，1993.
[23] Dobson I, Carreras B A, et al. An initial model for complex dynamics in electric power system blackouts. Hawaii International Conference on System Science, Hawaii, 2001: 1321－1326.
[24] Carreras B A, Lynch V E, et al. Critical points and transitions in an electric power

transmission model for cascading failure blackouts. Chaos, 2002, 12(4): 985 - 995.
[25] 张伯明,陈寿孙. 高等电力网络分析. 北京:清华大学出版社,1996.
[26] 邹森. 电力系统安全分析与控制. 北京:水利电力出版社,1995.
[27] 罗春雷,徐国禹,孙洪波,等. 电力系统有功静态安全域的优化方法. 电力系统及其自动化学报,1994,6(2):39 - 47.